Maya 2022三维动画制作标准教程(全彩版)

曾一芳 编著

清華大学出版社
北京

内容简介

本书系统介绍了使用中文版 Maya 2022 制作三维动画的具体方法。全书共分 12 章，主要内容包括 Maya 2022 入门、曲面建模、多边形建模、材质与纹理、拓扑与烘焙、灯光技术、摄影机技术、渲染技术、动画技术、布料动画技术、粒子特效和综合实例解析等。

本书结构清晰，语言简洁，实例丰富，可作为高等学校相关专业的教材，也可作为三维动画设计师和动画建模师的参考书。

本书同步的实例操作教学视频可供读者随时扫码学习。书中对应的电子课件、习题答案和实例源文件可以到 http://www.tupwk.com.cn/downpage 网站下载，也可以扫描前言中的二维码推送配套资源到邮箱。

图书在版编目(CIP)数据

Maya 2022三维动画制作标准教程：全彩版 / 曾一芳编著. 一北京：清华大学出版社，2023.11

ISBN 978-7-302-64792-8

Ⅰ. ①M… Ⅱ. ①曾… Ⅲ. ①三维动画软件－高等学校－教材 Ⅳ. ①TP391.414

中国国家版本馆CIP数据核字(2023)第204801号

责任编辑：胡辰浩
封面设计：高娟妮
版式设计：妙思品位
责任校对：成凤进
责任印制：沈 露
出版发行：清华大学出版社

网　址：https://www.tup.com.cn，https://www.wqxuetang.com
地　址：北京清华大学学研大厦A座　　**邮　编：**100084
社 总 机：010-83470000　　**邮　购：**010-62786544
投稿与读者服务：010-62776969，c-service@tup.tsinghua.edu.cn
质 量 反 馈：010-62772015，zhiliang@tup.tsinghua.edu.cn

印 装 者：三河市龙大印装有限公司
经　销：全国新华书店
开　本：185mm×260mm　　**印　张：**19.25　　**插　页：**1　　**字　数：**480千字
版　次：2023年12月第1版　　**印　次：**2023年12月第1次印刷
定　价：98.00元

产品编号：099521-01

前言 PREFACE

三维动画建模是近年来发展最迅速、最引人注目的技术之一。三维模型的好坏直接影响到后续制作流程中材质贴图和角色动画这两个环节，所以三维建模至关重要。三维建模是 CG(计算机动画) 行业的基石，是三维动画制作人员必须掌握的一门重要专业技术。由于 Maya 具有先进的建模、节点技术和制作动画等特点，因此深受广大三维制作人员的青睐。

本书全面、翔实地介绍了 Maya 2022 的功能及使用方法。通过学习本书，读者可以把基本知识和实战操作结合起来，快速、全面地掌握 Maya 2022 软件的使用方法和建模技巧，达到融会贯通、灵活运用的效果。

全书共分为 12 章，各章内容介绍如下。

第 1 章介绍 Maya 的基础知识，帮助用户在初次打开软件进行操作时，快速掌握其工作界面中各个区域的功能。

第 2 章介绍 Maya 中曲面建模的原理和特点，帮助用户快速掌握曲面建模的方法。

第 3 章介绍 Maya 中多边形建模的创建流程，为后面的高级建模奠定基础。

第 4 章介绍 Maya 中常用材质的创建方法，以及材质和贴图的基本设置与应用。

第 5 章介绍如何在 Maya 中对模型进行拓扑并烘焙的操作方法。

第 6 章介绍 Maya 中灯光的常见设置与应用，帮助用户了解灯光系统在三维动画制作中的作用。

第 7 章介绍 Maya 中摄影机的常见设置和应用，通过摄影机设置特效并控制渲染效果。

第 8 章介绍在 Maya 中通过调整参数来控制最终图像渲染的尺寸、序列及质量等参数，让计算机渲染出令人满意的图像的方法。

第 9 章介绍三维动画的基础操作，具体包括设置关键帧、动画基本操作、曲线图编辑器、动画约束、路径动画及快速绑定角色等。

第 10 章介绍 Maya 中布料的基础知识，讲解 nCloth 的创建方法以及相关约束命令的用法。

第 11 章介绍 Maya 粒子系统的基本工具和基本概念，以及使用粒子、发射器和场 / 解算器创建不同粒子动画效果的方法。

第 12 章通过综合实例操作帮助用户巩固前面各章所学的知识，熟练掌握 Maya 建模的常用方法与技巧。

本书同步的实例操作教学视频可供读者随时扫码学习。本书对应的电子课件、习题答案和实例源文件可以到 http://www.tupwk.com.cn/downpage 网站下载，也可以扫描下方的二维码推送配套资源到邮箱。

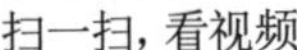

扫一扫，看视频　　　扫码推送配套资源到邮箱

本书所有内容由佛山职业技术学院的曾一芳编写。本书是作者多年教学经验与科研成果的结晶，可作为高等学校相关专业的教材，也可作为从事三维动画技术研究与应用人员的参考书。

由于作者水平有限，本书难免有不足之处，欢迎广大读者批评指正。我们的邮箱是992116@qq.com，电话是010-62796045。

作　者

2023年9月

目录 CONTENTS

第 1 章　Maya 2022 入门

第 2 章　曲面建模

第 3 章　多边形建模

第 4 章 材质与纹理

第 5 章 拓扑与烘焙

第 6 章 灯光技术

第 7 章　摄影机技术

第 8 章　渲染技术

第 9 章　动画技术

第 10 章 布料动画技术

第 11 章 粒子动画技术

第 12 章 综合实例解析

第 1 章

Maya 2022 入门

Maya 2022 是由美国 Autodesk 公司开发的一款三维动画软件，其功能丰富，操作灵活性强，制作项目效率高，渲染真实感强。借助该软件，用户可以创造宏伟的游戏世界，布置精彩绝伦的场景以及实现设计的可视化。本章将介绍 Maya 2022 软件的应用领域和基本操作，为读者深入学习建模、材质、渲染设置奠定坚实的基础。

1.1 Maya 2022 概述

随着科技的快速发展，计算机已成为各行各业广泛使用的电子产品。不断更新换代的计算机硬件和多种多样的软件技术，使数字媒体产品也逐渐出现在人们的视野中，越来越多的艺术家开始运用计算机来进行绘画、动画制作、雕刻、渲染等工作，将艺术与数字技术相互融合以制作全新的作品。

Maya 2022 是目前世界上最优秀的三维动画制作软件之一，它为广大三维建模师提供了丰富且强大的动画制作功能，帮助他们轻松制作优秀的三维作品，如图 1-1 所示。

图 1-1　Maya 三维建模

相较于旧版本，Maya 2022 的功能更加强大，提供了通用场景描述 (USD) 支持，美工人员可以将 USD 与 Maya 工作流无缝地结合使用。并且，在建模模块中，增强了扫描网格功能、Create VR for Maya 和变形器的组件标记；在绑定模块中，增强了新的固化变形器功能；在动画模块中，改进了曲线图编辑器和缓存播放；在特效模块中，提供了 Bifrost 2.2.1.0 插件；在渲染模块中，提供了 MtoA 4.2.1，其中包括性能改进和错误修复等诸多新功能。

Maya 2022 凭借着自身强大的渲染能力提高了使用者的工作效率，能够满足游戏开发、角色动画、电影电视等设计行业从业者的工作需求，能让用户更自由灵活地进行创作，发挥无限的创意空间，提供更完善的解决方案。

1.2 Maya 2022 的应用范围

Maya 2022 强大的功能深受三维设计人员的喜爱。在游戏行业中，三维艺术家及动画设计师运用 Maya 能够快速、高效地制作三维模型、贴图、动画绑定、毛发部分等。利用它可以制作出逼真的角色，渲染出电影级别的 CG 特效，如图 1-2 所示。

图 1-2 Maya 三维作品

Maya 的应用领域非常广泛，其强大的建模工具，直观的纹理和明暗处理常用于插画电影特效、三维游戏、室内设计、产品展示和风景园林设计等领域。

另外，Maya 的功能还展现在平面设计领域，如将二维作品转换成三维视觉效果。Maya 软件的强大功能正是设计师、广告设计者、影视制片人、游戏开发者、视觉艺术设计专家、网站开发人员极为推崇的原因，Maya 将他们的设计水平提升到了更高的层次。

1.3 工作界面

双击桌面上的 Maya 2022 启动图标，即可启动该软件并进入 Maya 2022 的工作界面。对于初学者来说，熟悉软件的布局并掌握操作方法，是熟悉 Maya 软件的第一步。

1.3.1 应用程序主页

打开 Maya 2022 后，界面会显示“应用程序主页”中心，它包含面向新老用户的各种有用链接，如图 1-3 所示，也可以在该主页中执行许多其他有用的功能，按 Alt+Home 快捷键，可以在 Maya 2022 的工作界面和应用程序主页之间来回切换。

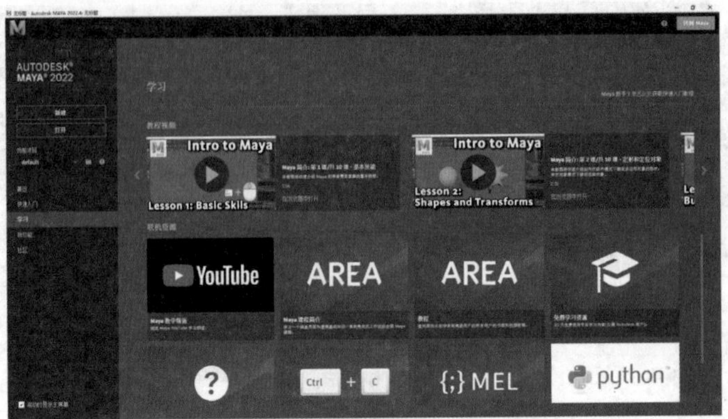

图 1-3　Maya 2022 应用程序主页

在图 1-3 中单击“新建”按钮，Maya 2022 将打开如图 1-4 所示的工作界面。该界面主要由菜单集、菜单栏、状态行、工具架、工具箱、视图面板、通道盒 / 层编辑器、快捷布局按钮、建模工具包、时间轴、命令行和帮助行等部分组成。

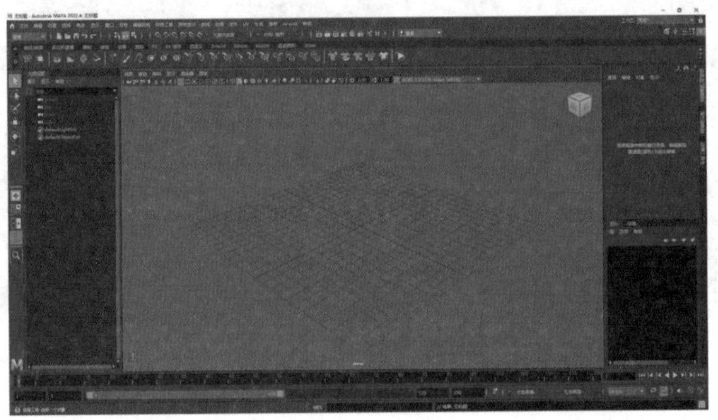

图 1-4　Maya 2022 的工作界面

1.3.2　菜单集和菜单栏

在 Maya 2022 中，菜单集位于工作界面的左上角。菜单集包含“建模”“绑定”“动画”“FX”“渲染”和“自定义”6 个菜单集模块选项，如图 1-5 所示。用户选择菜单集中不同的选项后，系统将切换至相应的菜单栏 (也可使用快捷键，快速切换菜单集模块，如按 F2 键切换至“建模”模块，按 F3 键切换至“绑定”模块，按 F4 键、F5 键和 F6 键分别切换至 FX 模块、“动画”模块和“渲染”模块)。

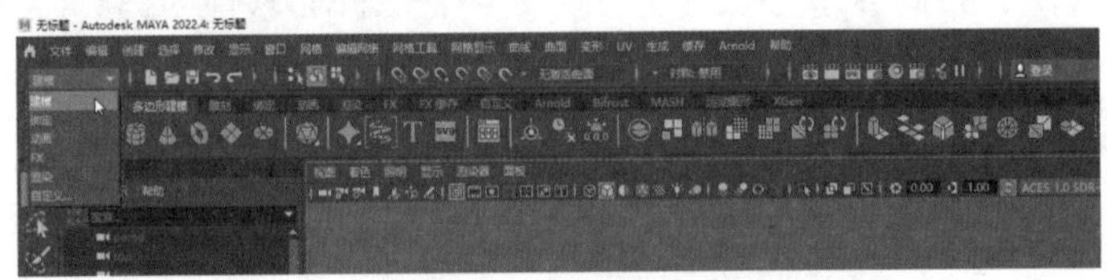

图 1-5　菜单集

例如，当选择“绑定”模块时，菜单栏的显示结果如图 1-6 所示。

图 1-6　“绑定”模块菜单栏

若用户在菜单集中选择“自定义”模块，系统会自动打开“菜单集编辑器”窗口，在该窗口中用户可以创建符合自己习惯的自定义菜单栏，如图 1-7 所示。

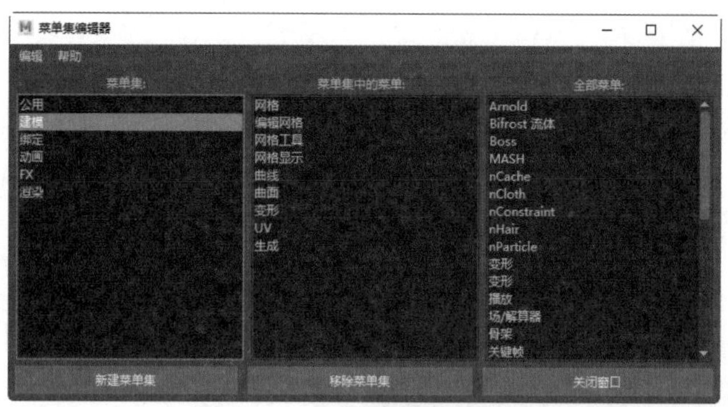

图 1-7　“菜单集编辑器”窗口

此外，在 Maya 2022 中用户还可通过单击菜单栏上方的双排虚线，如图 1-8 所示，将菜单栏中的命令单独提取出来以便灵活调用，如图 1-9 所示。

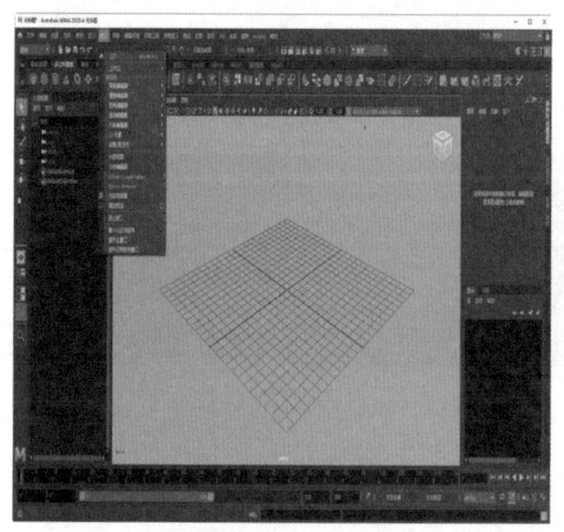

图 1-8　单击双排虚线

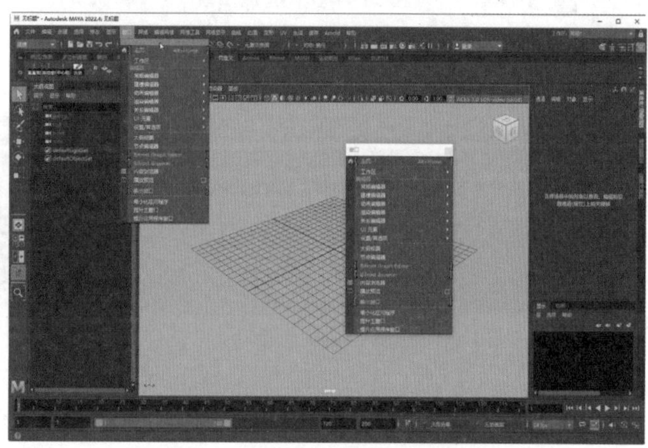

图 1-9　提取菜单栏中的命令

1.3.3　状态行

默认情况下，状态行位于 Maya 2022 菜单栏的下方。在状态行中，系统提供的常用命令图标被垂直分隔线分为多个区域，用户可以使用鼠标单击垂直分隔线展开或收拢图标组。状态行主要包括模块切换、选择模式、选择遮罩、锁定按钮、吸附工具、显示材质编辑器、显示/隐藏建模工具包、显示/隐藏角色控制、显示/隐藏通道盒/层编辑器等，如图 1-10 所示。

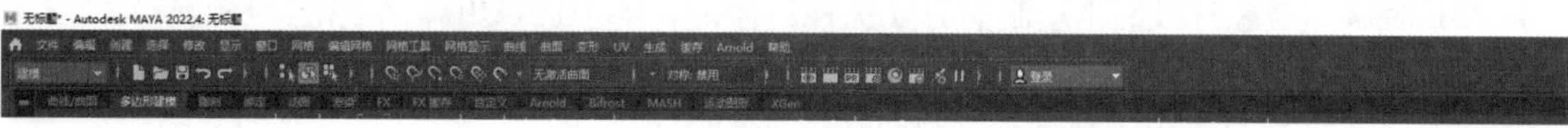

图 1-10　状态行

1.3.4 工具架

用户在制作模型时会用到 Maya 工具架，工具架位于状态行的下方，如图 1-11 所示，其根据命令的类型和作用分为多个选项卡，选择选项卡即可快速切换到对应的工具架。

图 1-11 工具架

用户还可以自定义工具架，将常用的菜单命令添加到工具架上。选择“自定义”选项卡，按住 Ctrl+Shift 快捷键，在菜单栏中选择“编辑”|“按类型删除”|“历史”命令，如图 1-12 所示。此时，工具架中将显示一个名为“删除选定对象上的构建历史”的快捷图标，如图 1-13 所示。

如果用户要删除工具架上的自定义快捷图标，可以右击该图标，在弹出的快捷菜单中选择“删除”命令。

图 1-12 选择“历史”命令

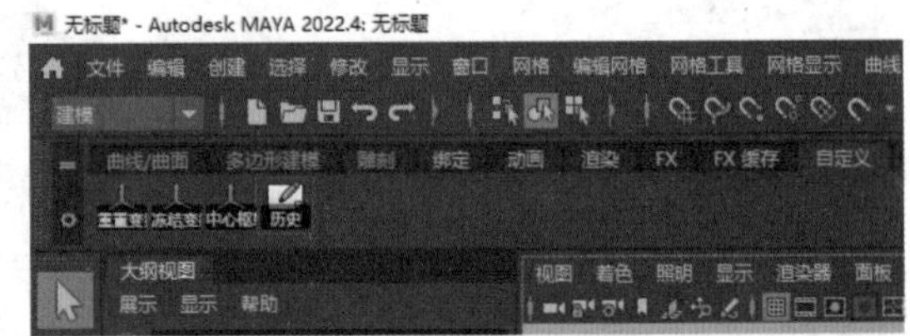

图 1-13 自定义快捷图标

1.3.5 工具箱

工具箱位于 Maya 2022 主界面的左侧，如图 1-14 所示。用户通过工具箱中的工具可以对视图中的对象进行快捷操作。同时，这些工具都有相对应的快捷键，如选择工具为 Q 键，移动工具为 W 键，旋转工具为 E 键，缩放工具为 R 键，等等。以下为各工具的功能说明。

- 选择工具：用于选择场景或编辑器中的对象和组件，选中对象后再按 Shift 键可加选其他对象，按 Ctrl 键可减选对象。
- 套索工具：通过在场景中的对象和组件周围绘制自由形式的形状来选择这些对象和组件。
- 笔刷选择工具：以笔刷绘制的方式选择组件，只用于选择组件，无法选择对象。
- 移动工具：使用鼠标分别拖动单个轴，可沿 X、Y、Z 轴方向移动选中的对象；也可拖动轴心，在场景中自由移动选中的对象。

- 旋转工具：使用鼠标拖动操纵器使对象分别沿 X、Y、Z 轴方向旋转，拖动黄色外环可沿视图轴旋转。
- 缩放工具：使用鼠标拖动缩放轴中心，可等比例缩放对象；也可分别拖动单个轴，进行轴向的缩放。

快捷布局按钮位于工具箱下方，如图 1-15 所示。图中的这些布局按钮分别对应透视图、标准四视图、双视图以及显示 / 隐藏大纲视图。这些按钮可以实现窗口布局的快速切换。另外，用户也可利用空格键执行 4 个视图间的相互切换操作。

图 1-14　工具箱

图 1-15　快捷布局按钮

1.3.6　视图面板

图 1-16 所示的视图面板是 Maya 2022 的主要窗口，用于查看场景中的对象，它也是用户创建模型的主要工作区。视图面板中可以显示一个或多个视图，也可以显示不同的编辑器。通过视图面板上方的面板工具栏，可以快速访问面板菜单中的常用命令，用户还可以按 Ctrl+Shift+M 快捷键来切换面板工具栏的显示。

图 1-16　视图面板

1. 面板菜单

面板菜单位于视图窗口的最上方，如图 1-17 所示，当切换为多个视图窗口时，面板菜单可用于每个视图窗口，可单独对每个视图区的选项进行调整。

视图　着色　照明　显示　渲染器　面板

图 1-17　面板菜单

2. 面板工具栏

面板工具栏位于面板菜单下方，如图 1-18 所示，许多面板菜单中的常用命令可在面板工具栏中找到，按 Ctrl+Shift+M 快捷键可显示或隐藏面板工具栏。

图 1-18　面板工具栏

下面对面板工具栏中的图标按钮进行介绍。

- 选择摄影机：在视图窗口中选择当前摄影机。
- 锁定摄影机：锁定摄影机，避免意外更改摄影机位置而引起动画效果更改。
- 摄影机属性：单击此按钮可打开“摄影机属性编辑器”面板。
- 书签：将当前视图设定为书签。
- 图像平面：切换现有图像平面的显示。如果场景中不包含图像平面，则提示用户导入图像。
- 二维平移 / 缩放：开启 / 关闭二维平移 / 缩放。
- 油性铅笔：单击该按钮可打开“油性铅笔”工具栏，如图 1-19 所示。它允许用户使用虚拟绘制工具在屏幕上绘制图案。

图 1-19　“油性铅笔”工具栏

- 栅格：在视图窗口中显示 / 关闭栅格。
- 胶片门：切换胶片门边界的显示。
- 分辨率门：切换分辨率门边界的显示。
- 门遮罩：切换门遮罩边界的显示。
- 区域图：切换区域图边界的显示。
- 安全动作：切换安全动作边界的显示。
- 安全标题：切换安全标题边界的显示。
- 线框：单击该按钮，Maya 2022 视图中的模型呈现线框显示效果。
- 对所有项目进行平滑着色处理：单击该按钮，Maya 2022 视图中的模型呈现平滑着色处理效果。
- 使用默认材质：切换“使用默认材质”的显示。
- 着色对象上的线框：切换所有着色对象上的线框显示。
- 带纹理：切换“硬件纹理”的显示。
- 使用所有灯光：通过场景中的所有灯光切换曲面的照明。
- 阴影：切换“使用所有灯光”处于启用状态时的硬件阴影贴图。
- 屏幕空间环境光遮挡：在开启 / 关闭“屏幕空间环境光遮挡”之间进行切换。
- 运动模糊：在开启 / 关闭“运动模糊”之间进行切换。
- 多采样抗锯齿：在开启 / 关闭“多采样抗锯齿”之间进行切换。
- 景深：在开启 / 关闭“景深”之间进行切换。
- 隔离选择：限制视图窗口仅显示选定对象。
- X 射线显示：单击该按钮，Maya 2022 视图中的模型呈现半透明度显示效果。
- X 射线显示活动组件：在其他着色对象的顶部切换活动组件的显示。
- X 射线显示关节：在其他着色对象的顶部切换骨架关节的显示。

- 曝光 0.00：调整显示亮度。通过减小曝光，可查看在高光下默认看不见的细节。单击该图标可在默认值和修改值之间进行切换。
- Gamma 1.00：调整要显示的图像的对比度和中间调亮度。增加 Gamma 值，可查看图像阴影部分的细节。
- 视图变换 sRGB gamma：用于控制视图对场景颜色的显示和转换方式。影响视图中物体颜色显示的方式包括色彩饱和度、对比度和亮度等。

1.3.7　工作区选择

工作区由各种窗口、面板及其他界面选项组成。用户可以更改当前工作区，例如打开、关闭和移动窗口、面板和其他 UI 元素，以及停靠和取消停靠窗口和面板。用户还可以使用“工作区”选择器，根据工作需要切换到不同的工作区，如图 1-20 所示。

图 1-20　“工作区”选择器

- 当 Maya 2022 软件切换至“建模 - 标准”工作区后，界面中只显示“建模”这一功能模块，同时隐藏界面下方的“时间滑块”和“动画播放控件”动画模块，如图 1-21 所示。
- 当 Maya 2022 软件切换至“建模 - 专家”工作区后，用户会发现 Maya 界面中的大部分功能模块被隐藏，该工作区仅适合熟悉快捷键的高级建模师使用，如图 1-22 所示。

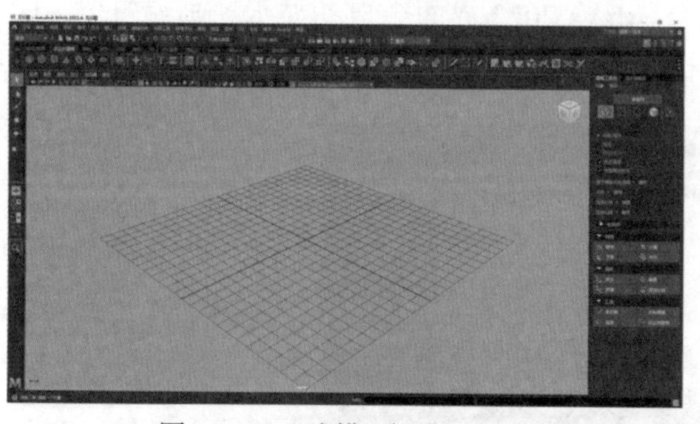

图 1-21　“建模 - 标准”工作区

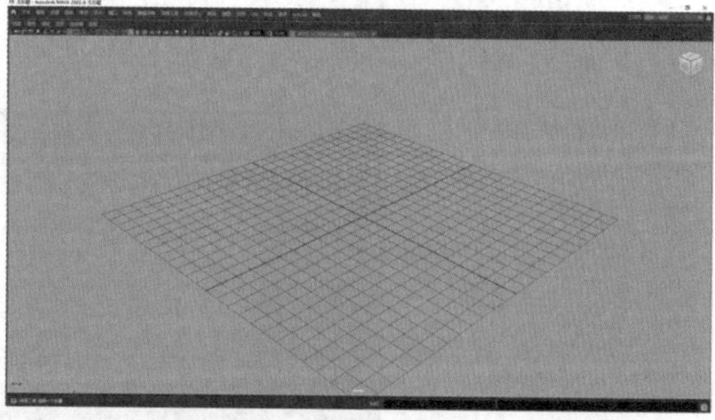

图 1-22　“建模 - 专家”工作区

- 当 Maya 2022 软件切换至“雕刻”工作区后，Maya 2022 界面会自动显示雕刻的工具架，如图 1-23 所示。这一工作区适合使用 Maya 2022 软件对模型的形状进行调整，选择雕刻工具，按住 B 键，并使用鼠标左键拖动笔刷，可调整笔刷的大小。

- 当 Maya 2022 软件切换至“UV 编辑”工作区后，界面左侧会显示 UV 编辑器。此工作区适用于低模环节，用户需要对模型进行 UV 展开以为后续贴图做准备，如图 1-24 所示。

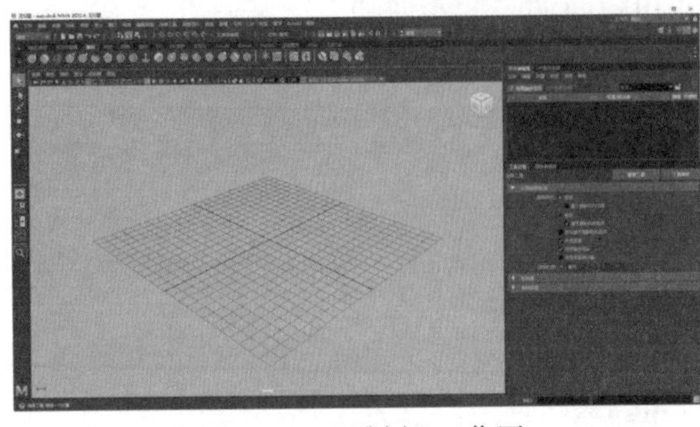

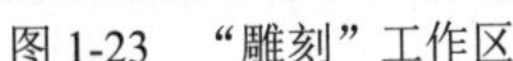

图 1-23　“雕刻”工作区

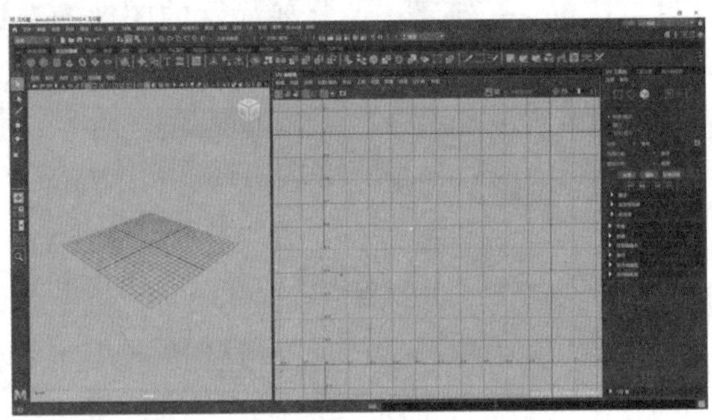

图 1-24　“UV 编辑”工作区

- 当 Maya 2022 软件切换至 XGen 工作区后，Maya 2022 界面会自动显示 XGen 编辑器及 XGen 操作快捷图标。该工作区适合制作写实角色毛发，也适合制作场景中独特的草地或者岩石。在使用 XGen 工具之前必须先设置 Maya 项目文件，文件保存类型必须是 .mb。XGen 工作区如图 1-25 所示。
- 当 Maya 2022 软件切换至“绑定”工作区后，Maya 2022 界面会自动显示骨骼编辑器、蒙皮编辑器及权重编辑器，如图 1-26 所示。该工作区适合制作角色绑定。

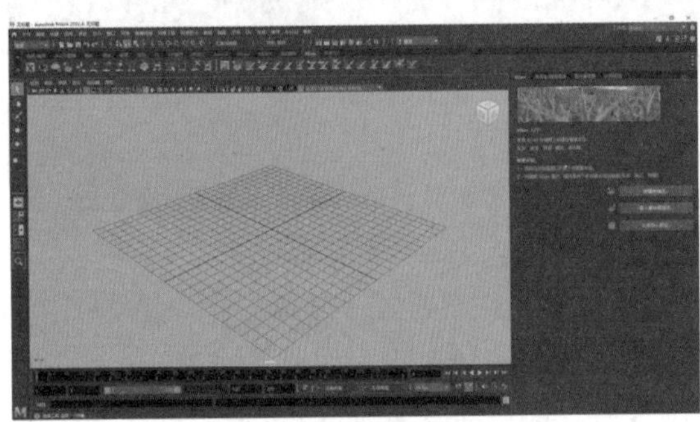

图 1-25　XGen 工作区

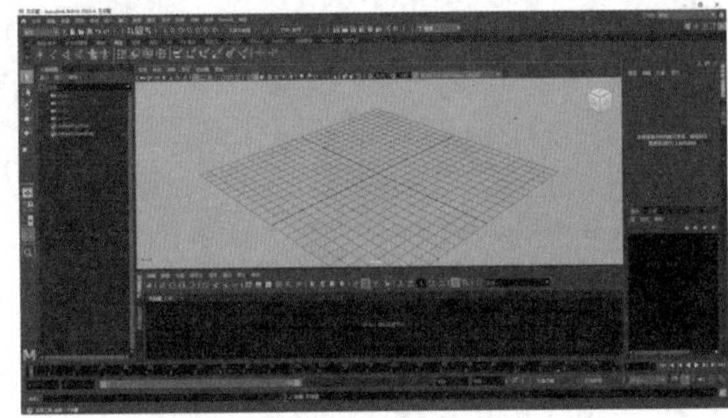

图 1-26　“绑定”工作区

- 当 Maya 2022 软件切换至“动画”工作区后，Maya 2022 界面会自动显示动画编辑器、时间编辑器和曲线编辑器，如图 1-27 所示。该工作区适合制作角色动画。

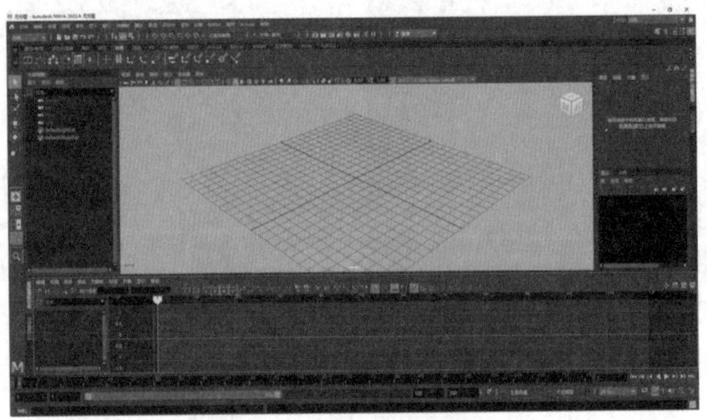

图 1-27　“动画”工作区

1.3.8　通道盒 / 层编辑器

在制作模型的过程中，用户单击工作界面右侧的“通道盒 / 层编辑器”图标，可通过通道盒来更改模型的位置或者大小，可对模型进行平移、旋转、缩放等操作，也可通过更改通道盒中的数值来制作动画。

层编辑器显示在通道盒面板的底部，通过相关的指令可对场景中的对象进行分类管理。例如，选中一个对象后，单击层编辑器中的“创建新层并指定选定对象”按钮，模型就会在创建的图层中进行分类。另外，通过相关指令还可控制图层中模型的可见性、可选择性及可渲染性，如图 1-28 所示。

“通道盒”是用于编辑对象属性的最快且最高效的主要工具。它允许快速更改属性值，在可设置关键帧的属性上设置关键帧，锁定或解锁属性以及创建属性的表达式，如图 1-29 所示。

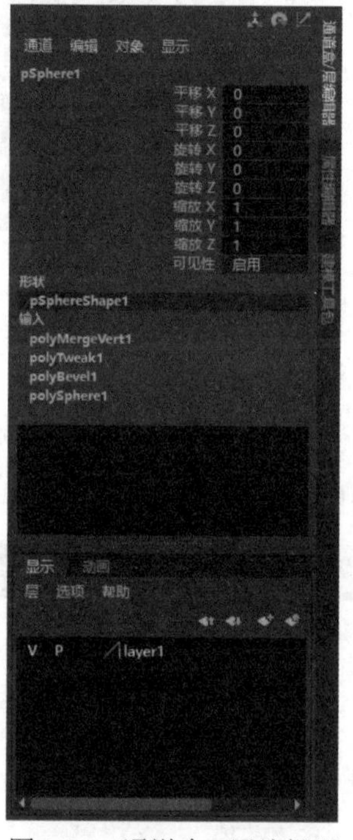

图 1-28　通道盒 / 层编辑器

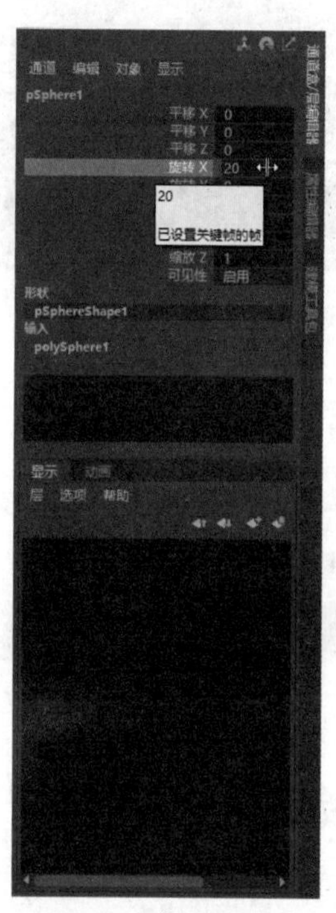

图 1-29　更改属性值

1.3.9　属性编辑器

用户通过改变“属性编辑器”相关选项卡中的命令，调整其中的数值参数，可更改场景中模型的属性，如图 1-30 所示。

1.3.10　建模工具包

“建模工具包”作为一个命令集合面板，是一个强大的工具箱，可帮助用户快捷地对模型进行顶点、边、面、UV 的编辑。此面板下方还有一些常用的建模命令，这些命令分布在“软选择”“网格”“组件”和“工具”卷展栏中，使用这些命令可节省用户制作模型时在菜单栏中寻找命令的时间，如图 1-31 所示。

图 1-30　属性编辑器

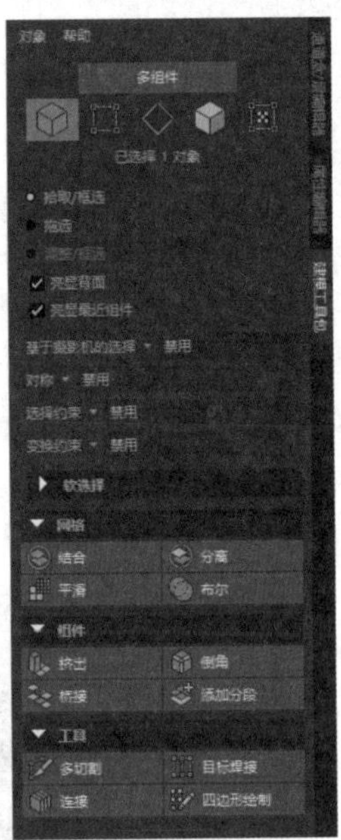

图 1-31　建模工具包

1.3.11　时间滑块和播放控件

时间滑块用于控制播放范围、关键帧和播放范围内的受控关键点，播放控件是一组播放动画和遍历动画的按钮。播放范围显示在时间滑块中，如图 1-32 所示。

图 1-32　时间滑块和播放控件

1.3.12　命令行和帮助行

命令行位于界面最下方。命令行的左侧用于输入单个 MEL 或 Python 命令。命令输入完毕后，按 Enter 键，命令的结果将显示在右侧的信息反馈栏中，如图 1-33 所示。

图 1-33　输入命令并显示结果

另外，如果用户需要输入复杂脚本，则单击“脚本编辑器”按钮，打开“脚本编辑器”窗口，在该窗口中输入命令，如图 1-34 所示，按 Enter 键或 Ctrl+Enter 快捷键执行命令，场景中会出现一个弹簧模型，如图 1-35 所示。

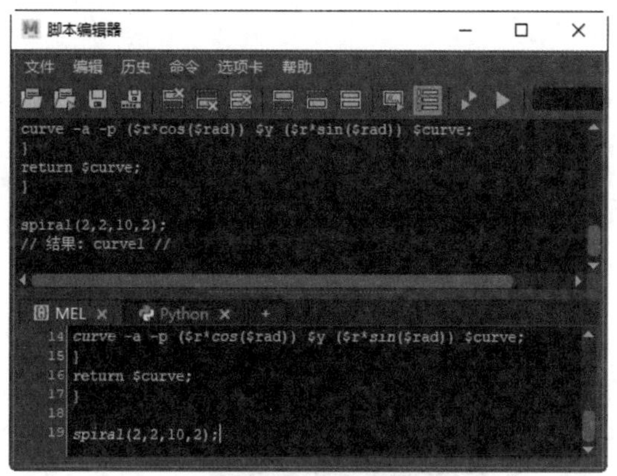

图 1-34　输入命令

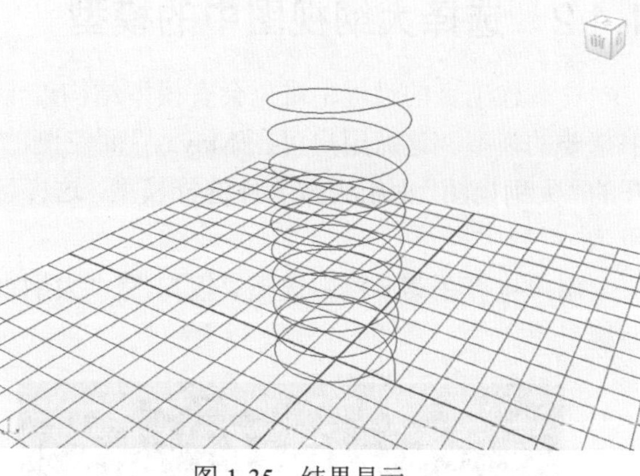

图 1-35　结果显示

帮助行的作用是当鼠标放在相应的工具或菜单项时，帮助栏中会实时显示相关的信息，如图 1-36 所示。

图 1-36　帮助行

1.4　基本操作

认识了 Maya 2022 软件的工作界面后，接下来分别介绍 Maya 2022 软件中的浮动菜单、选择大纲视图中的模型、软选择、分组物体、删除历史记录、修改对象轴心等常用建模命令。

1.4.1　浮动菜单

在 Maya 2022 视图区中按住空格键将显示浮动菜单。用户可利用浮动菜单快速访问相关命令。例如，若要从透视图切换到前视图，右击浮动菜单中的 Maya 命令，并向下拖动选择“前视图”命令，如图 1-37 所示，此时，所在界面则会变为前视图，如图 1-38 所示。

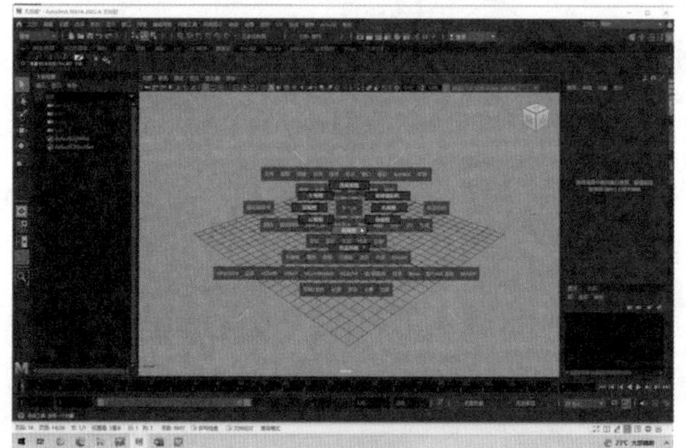

图 1-37　选择“前视图”命令

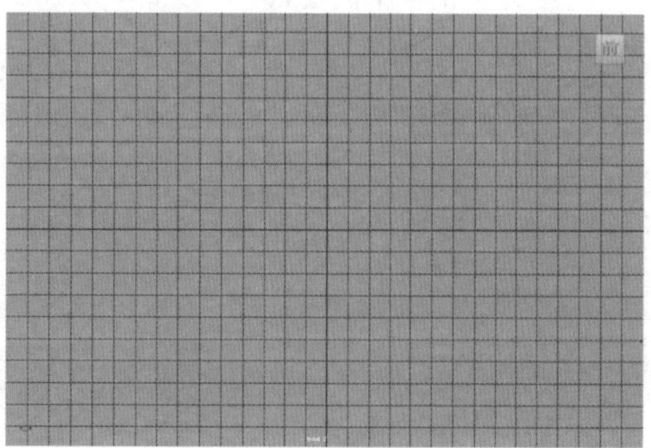

图 1-38　切换至前视图

1.4.2 选择大纲视图中的模型

在制作项目的过程中难免会有模型结构过于复杂的时候，有时无法通过鼠标单击精准地选中想要的模型。这时用户可在 Maya 界面左侧的快捷布局按钮中单击“大纲视图”按钮，在打开的“大纲视图”面板中按名称选择模型，这样可在场景中快速显示出所选择的对象，如图 1-39 所示。

用户也可在菜单栏中选择“窗口”|“大纲视图”命令，如图 1-40 所示，打开“大纲视图”面板。

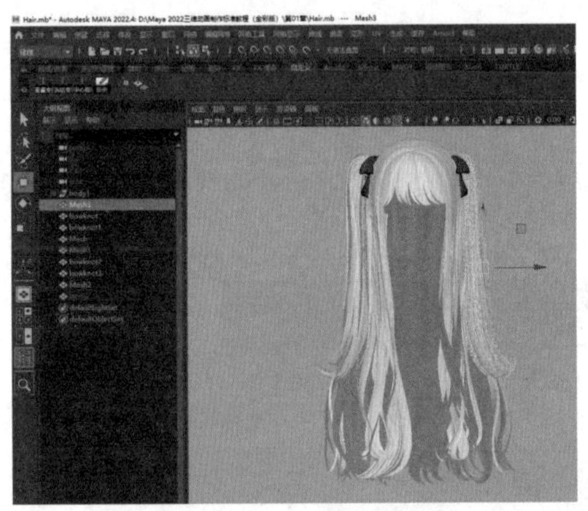

图 1-39 在大纲视图中选择模型

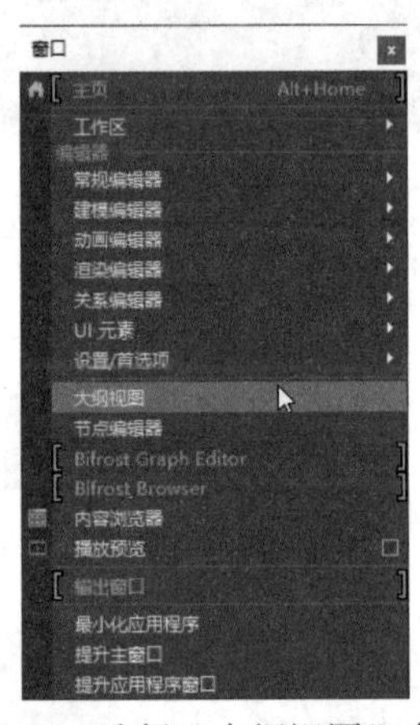

图 1-40 选择“大纲视图”命令

1.4.3 软选择

在“软选择”模式下选中一个或多个组件时，选中的地方会出现一片彩色区域，这片区域的范围称为衰减半径。“软选择”的影响是从中心向周围逐渐衰减，可带动周围的网格结构创建出平滑的轮廓效果，这种效果可应用于多边形、NURBS 曲线或者 NURBS 曲面。想调节大面积的结构时，使用“软选择”命令更方便、快捷。选中模型，右击鼠标，从打开的快捷菜单中选择“顶点”组件模式，如图 1-41 所示。

单击选中对象上的任意一个顶点，按 B 键，可激活“软选择”命令，如图 1-42 所示。

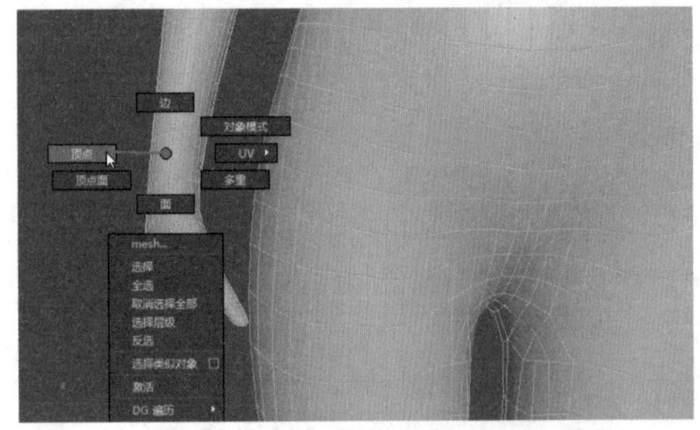

图 1-41 选择“顶点”组件模式

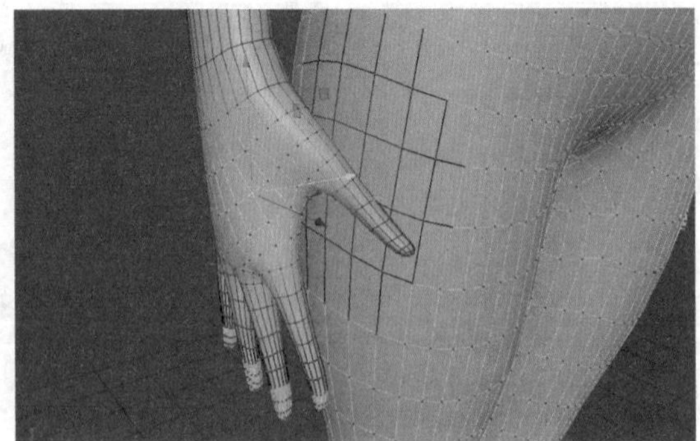

图 1-42 激活“软选择”命令

按住 B 键加鼠标中键进行左右拖动，可增大或减小衰减半径，如图 1-43 所示。如果要进行更细致的调整，可在状态行中单击“工具设置”按钮，在打开的“工具设置”窗口中展开“软选择”卷展栏，在其中调整相应的参数以达到理想的效果，如图 1-44 所示。

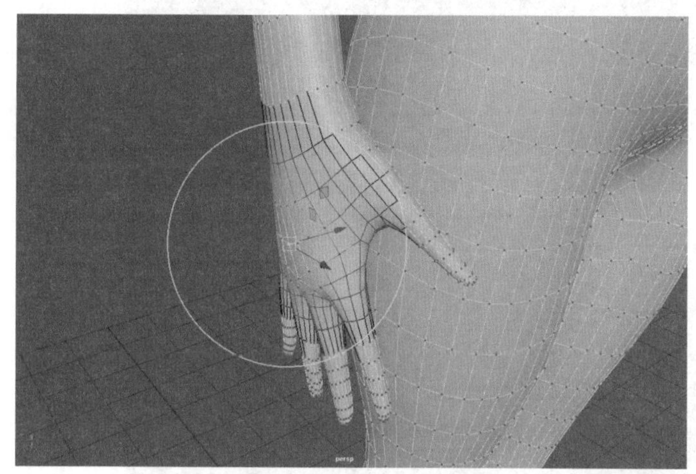

图 1-43　调整软选择范围

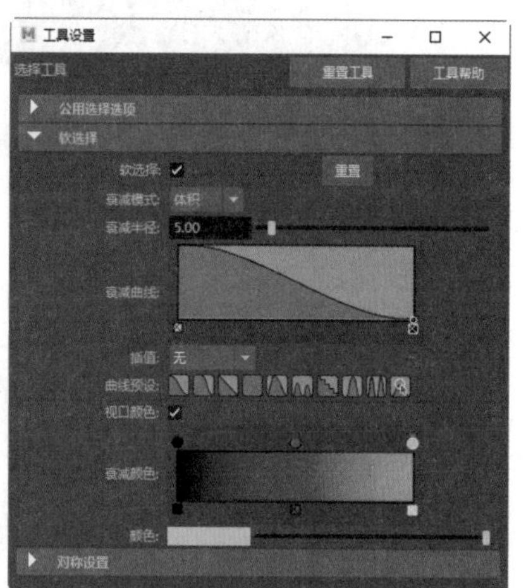

图 1-44　“工具设置”窗口

1.4.4　分组物体

选中需要进行分组的物体，在菜单栏中选择“编辑”|“分组”命令，如图 1-45 所示，或按 Ctrl+G 快捷键进行分组。分组成功后，会在大纲视图中出现 group1，如图 1-46 所示，用户可根据需要双击 group1 图标进行重命名操作。

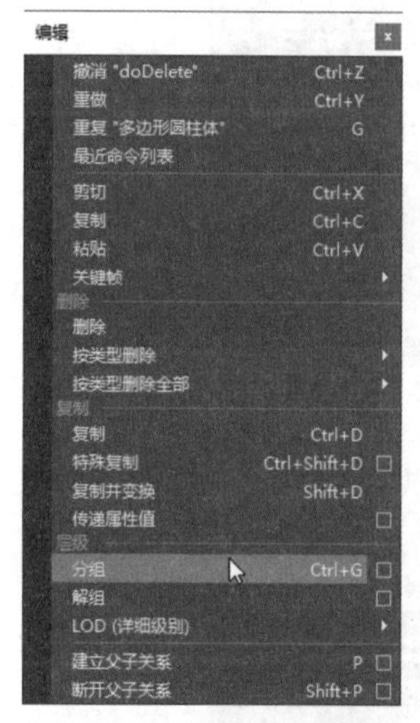

图 1-45　选择“分组”命令

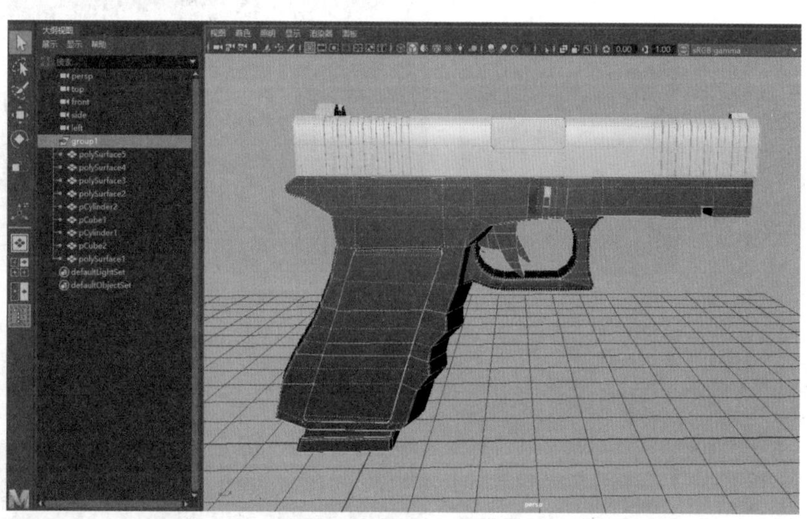

图 1-46　对物体进行分组

1.4.5　删除历史记录

在制作项目的过程中，历史记录显示在 Maya 2022 工作界面右侧的通道盒 / 层编辑器中，如图 1-47 所示，以方便用户修改之前的步骤，但同时会占用系统资源。删除历史记录可优化场景，删除不必要的节点可加快后续渲染速度。因此，在模型制作完成并确保不会再进行修改时，可执行“删除历史”命令。

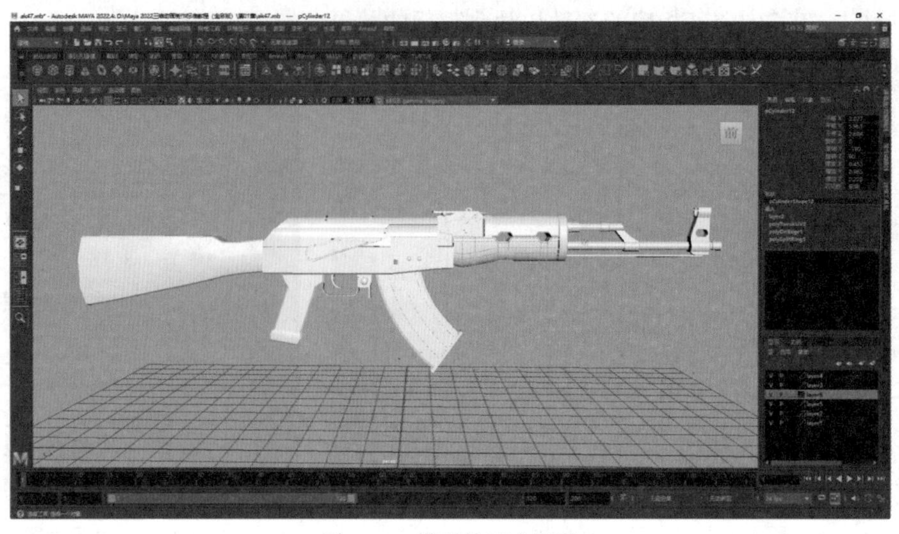

图 1-47　模型的历史记录

删除历史记录主要分为两种。打开“编辑”菜单，从打开的菜单栏中可以看到“按类型删除”和“按类型删除全部”，这两种删除历史记录的方法是有区别的。前者是最常用的删除命令，删除的是所选中物体的历史记录，如图 1-48 所示。

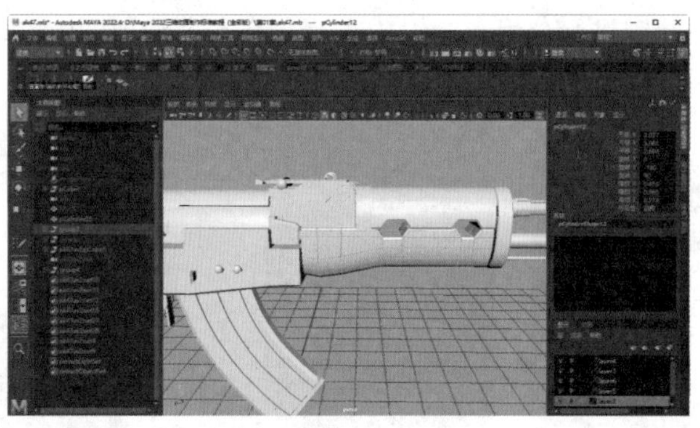

图 1-48　按类型删除历史记录

后者是删除场景中所有物体的历史记录，使用鼠标选中场景中的其他物体时，会发现即使是未被选中的物体，其历史记录也被删除了，如图 1-49 所示。

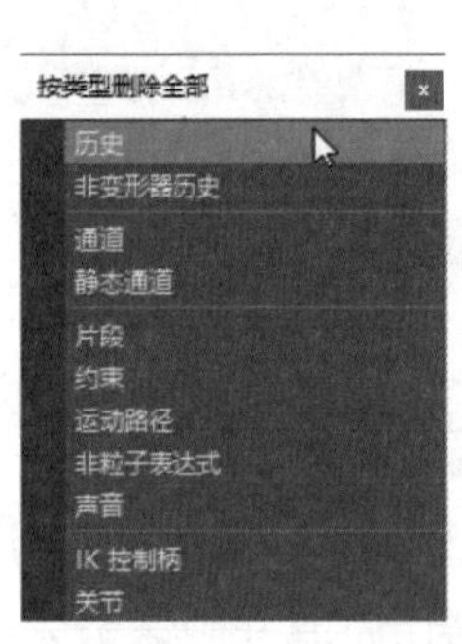

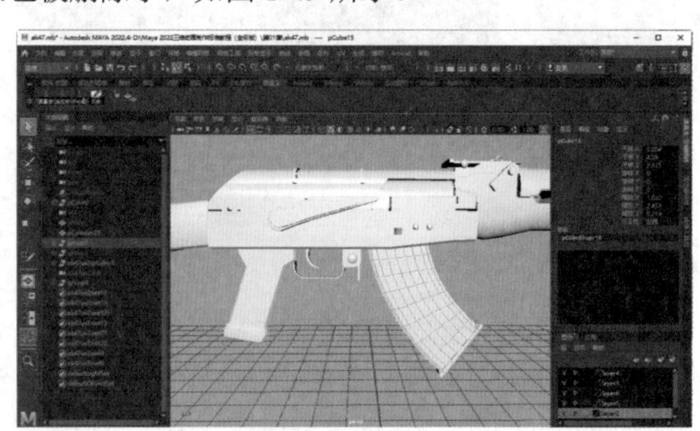

图 1-49　按类型删除全部历史记录

1.4.6 修改对象轴心

创建物体时，坐标轴心默认处于物体中心处，在操作时物体会根据轴心点进行变换。随着制作的需要，用户需要更改轴心点到理想的位置，以方便后续操作。

- 自定义轴心点：按D键，激活自定义枢轴编辑模式，用户可使用鼠标左键拖动轴心轴或利用旋转轴调整轴的位置和方向，如图1-50所示。
- 将枢轴的位置捕捉到组件：按D键，激活“自定义枢轴”命令，按住Shift键并使用鼠标单击组件，枢轴会被捕捉到所选组件上，如图1-51所示。

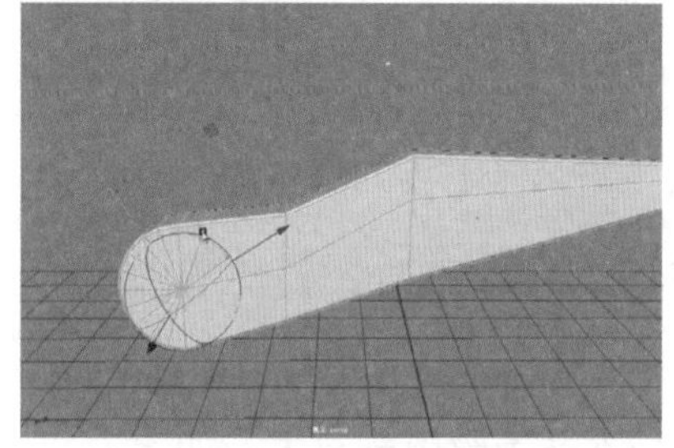

图1-50 自定义轴心点

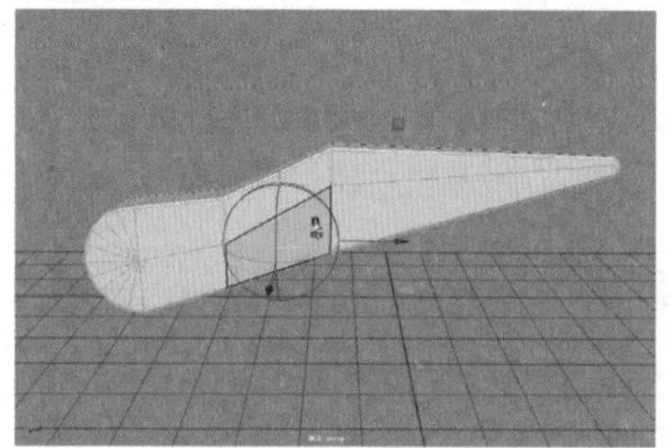

图1-51 将枢轴的位置捕捉到组件

- 将枢轴的方向对齐到组件：按D键，激活“自定义枢轴”命令，按住Ctrl键并单击组件，将枢轴的方向对齐到组件，如图1-52所示。
- 将枢轴的位置和方向捕捉到组件：按D键，激活“自定义枢轴”命令，使用鼠标单击组件，枢轴的位置和方向会被捕捉到组件，如图1-53所示。

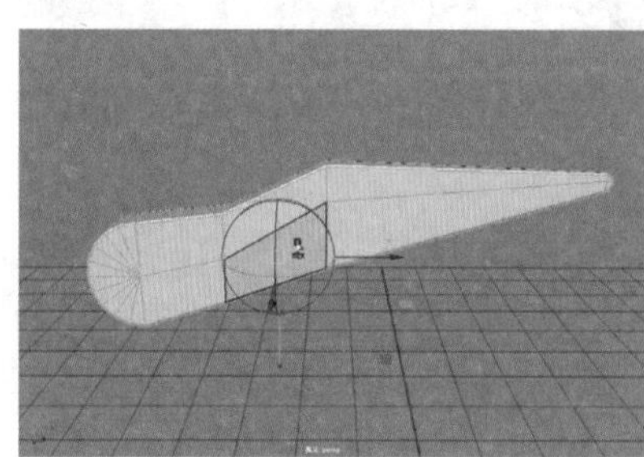

图1-52 将枢轴的方向对齐到组件

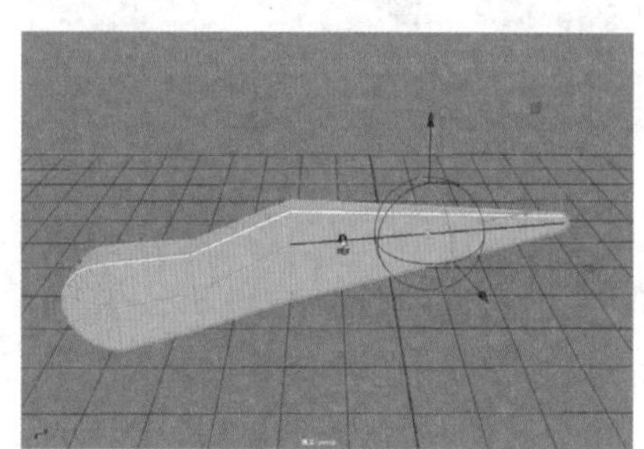

图1-53 将枢轴的位置和方向捕捉到组件

1.4.7 捕捉对象

捕捉工具共有6个，分别是捕捉到栅格、捕捉到曲线、捕捉到点、捕捉到投影中心、捕捉到视图平面和激活选定对象，如图1-54所示。下面介绍常用的几个捕捉工具。

无激活曲面

图1-54 捕捉工具

1. 捕捉到栅格

选中物体或者组件，按快捷键X，激活“捕捉到栅格”命令，激活后坐标轴中心会由方块变成圆形。使用鼠标左键拖动坐标中心的圆心就能将物体或者组件精确地吸附到栅格上，如图1-55所示。

2. 捕捉到曲线

选中物体或者组件，按 C 键，激活“捕捉到曲线”命令，按住鼠标中键并使用鼠标在另一个物体的边、曲线或者曲面上进行滑动，选中的物体或者组件就会被吸附到曲线上，如图 1-56 所示。

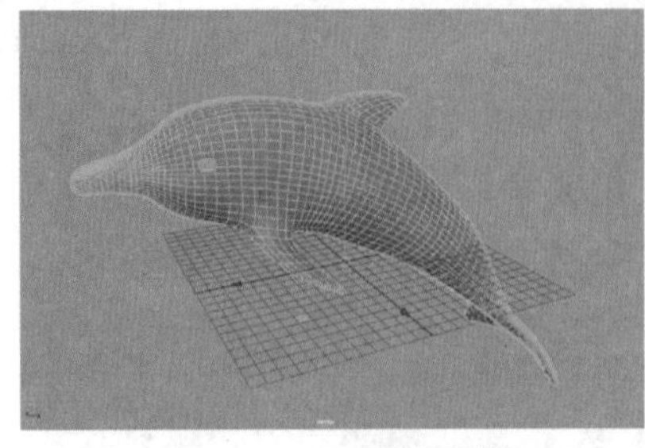
图 1-55　捕捉到栅格

图 1-56　捕捉到曲线

3. 捕捉到点

选中物体或者组件，按 V 键，激活“捕捉到点”命令。使用鼠标左键拖动所选的组件或物体到另一个物体的顶点上，选中的物体或者组件就会被吸附到点上，如图 1-57 所示。

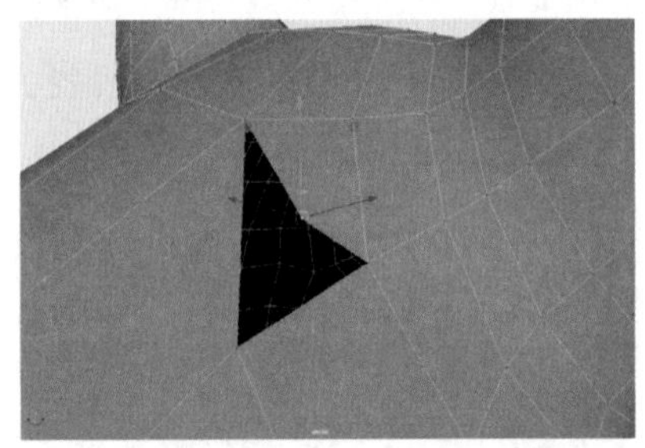
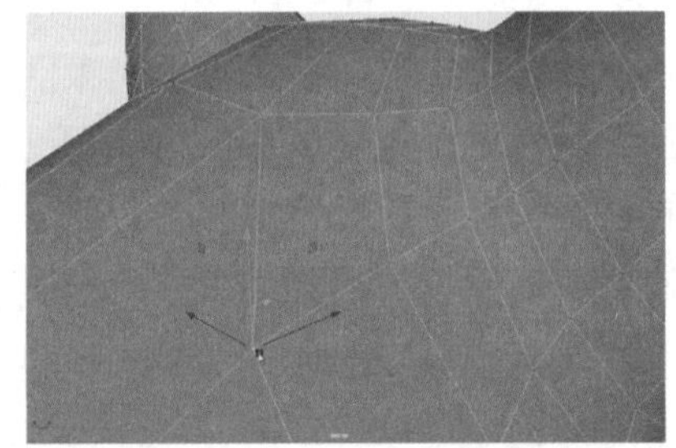
图 1-57　捕捉到点

4. 激活选定对象

激活选定对象是重新进行拓扑网格操作时最主要的功能，需要配合建模工具包使用。当与建模工具包中的“四边形绘制”工具一起使用时，可以在捕捉到的曲面特征上创建新拓扑，如图 1-58 所示。

图 1-58　创建拓扑模型

1.4.8　复制对象

在 Maya 建模中，用户可通过复制命令创建原始模型的副本，不必重新创建同样的物体。该命令在制作项目时使用频率较高。

1. 普通复制

选中模型，在菜单栏中选择“编辑” | “复制”命令或按 Ctrl+D 快捷键，在原物体的基础上复制出一个副本，使用移动工具将副本从重合位置移出，如图 1-59 所示。

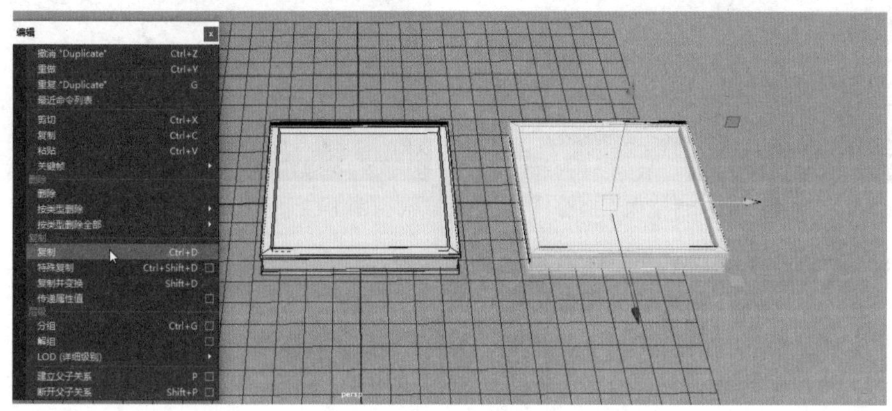

图 1-59　普通复制

2. 复制并变换

选中模型，按 Ctrl+D 快捷键，复制出一个原始模型的副本，使用移动工具将副本沿指定方向移出。使用鼠标单击选中副本，在菜单栏中选择“编辑” | “复制并变换”命令或按 Shift+D 快捷键，可复制出一系列等间距的物体模型，如图 1-60 所示。

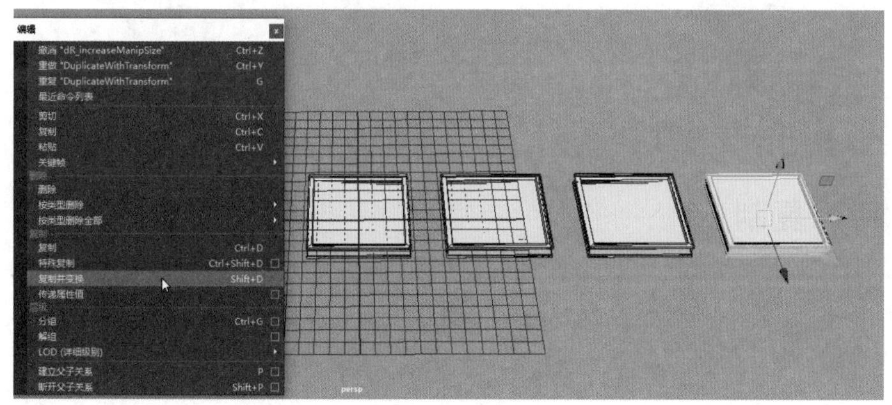

图 1-60　复制并变换

3. 镜像复制

在制作模型时，如果遇到对称的物体，可以使用镜像功能制作模型。选择物体并选择 Mesh | “镜像”命令，如图 1-61 所示；或选中“镜像”命令右侧的复选框，打开“镜像选项”窗口，如图 1-62 所示，单击“镜像”按钮，即可生成模型的镜像副本。

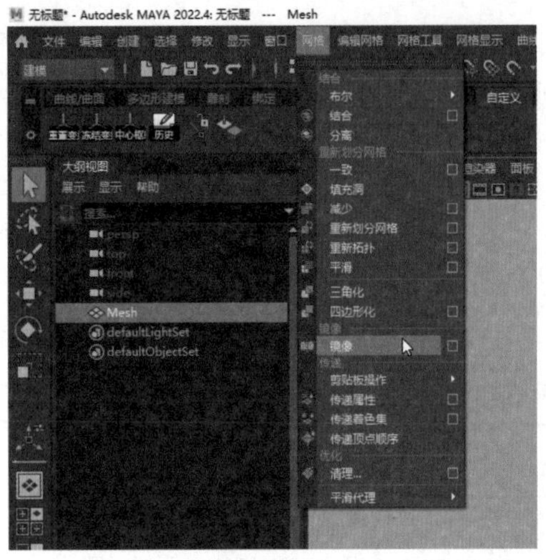

图 1-61 选择 Mesh |“镜像”命令

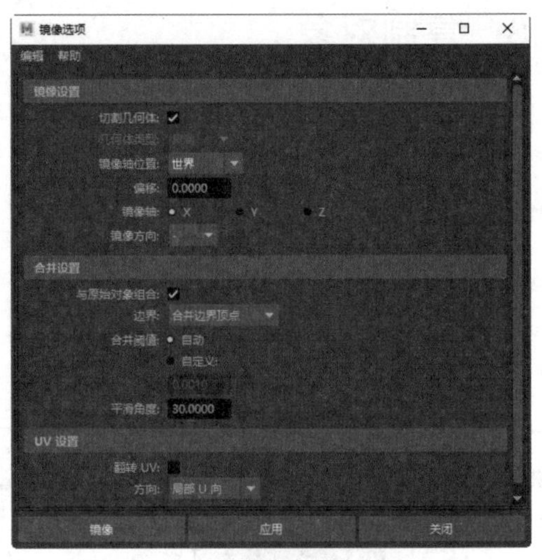

图 1-62 “镜像选项”窗口

完成多边形的半个模型 (并删除其构建历史) 后，需要通过跨对称轴对其进行复制来创建模型的另一半，以便拥有完整的模型。

在通过跨对称轴复制模型的另一半之前，应检查模型所有边界的边是否沿对称轴放置。如果有任何边未沿该轴放置，如图 1-63 所示，可使用“缩放工具”使所有位于对称轴沿线的顶点对齐对称轴，镜像复制后的效果如图 1-64 所示。如果沿线的顶点没有对齐对称轴，则可能导致两半模型之间存在间隙。

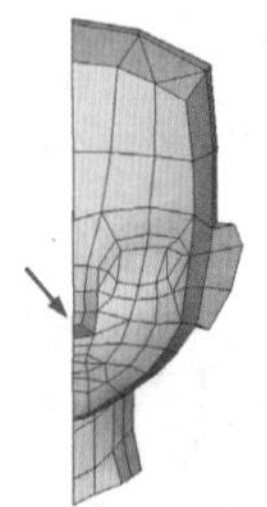

图 1-63 检查边界的边

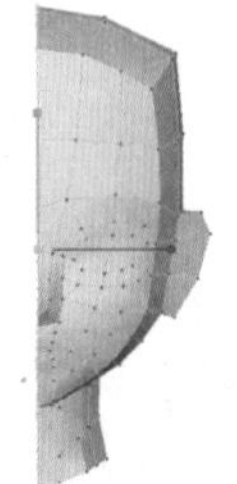
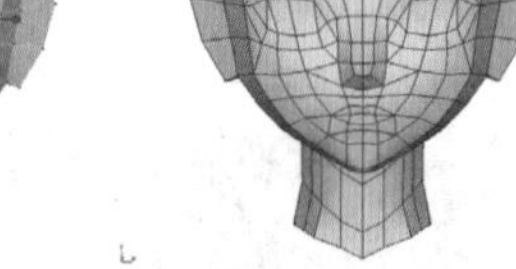

图 1-64 镜像复制

1.4.9 特殊复制

特殊复制分为“对称复制”和“实例复制”两种模式。通过选中“编辑”|“特殊复制”命令右侧的复选框，可打开“特殊复制选项”窗口，在该窗口中设置特殊复制的参数值，可以实现物体的等距复制、阵列复制等。

1. 对称复制

完成多边形的半个模型 (并删除其构建历史) 后，与“镜像”复制的操作相似，需要通过跨对称轴对其进行复制来创建模型的另一半，以便拥有完整的模型。在菜单栏中选择“编辑”|“特殊复制”命令；或选择“编辑”|“特殊复制”命令右侧的复选框，打开“特殊复制选项”窗口，单击“特殊复制”按钮，可生成对称的副本，如图 1-65 所示。需要确保边界顶点沿对称轴放置，如果沿线的顶点没有对齐对称轴，则可能导致两半模型之间存在间隙。

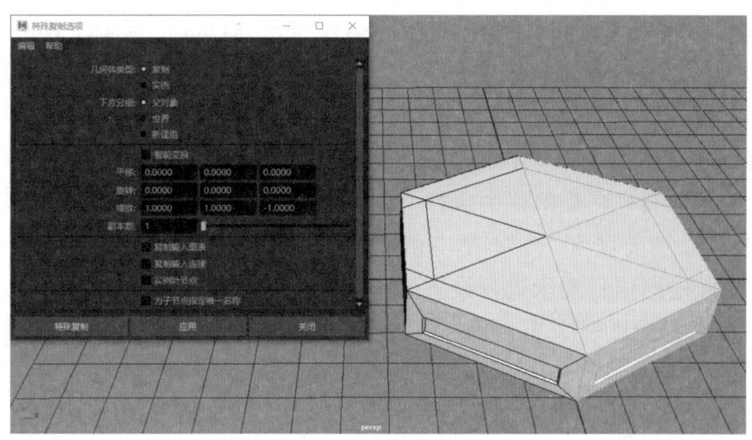

图 1-65　对称复制

2. 实例复制

除了使用基本的方法复制物体模型，还可通过如下方式复制：选中“编辑”|“特殊复制”右侧的复选框，打开“特殊复制选项”窗口，在“几何体类型”选项组中选中“实例”单选按钮，在“副本数”文本框中输入 5，单击“特殊复制”按钮，如图 1-66 所示。利用特殊复制的实例缩放实现模型关联编辑，通常称为关联复制，这样可同时对场景中所复制的所有模型进行同步编辑操作，提高建模效率。

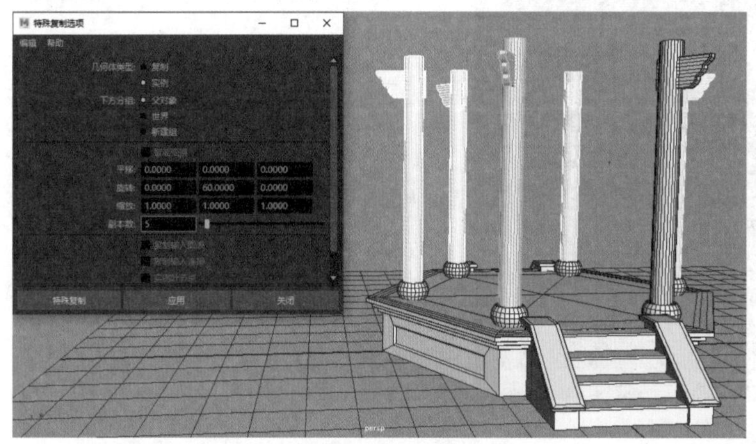

图 1-66　实例复制

1.5　项目管理

项目文件又称工程文件，它是一个或多个模型文件的集合。集合内容包括模型、XGen 毛发、灯光、摄影机、贴图等元素。在创建项目文件后，各类元素将被统一归档到用户所设置的文件地址中。

Maya 项目管理机制的主要功能是对各类元素进行详细归类，将不同类型的数据文件分别放在集合文件下的对应目录中，以方便用户将打包完成的文件转移至不同的计算机中。例如，要在另一台计算机中打开之前已创建的 Maya 项目文件，Maya 会根据文件分类自动读取相关的数据。Maya 项目文件需要建模师在创作之初就有意识地进行设置，在此后的制作过程中 Maya 会自动将文件保存在相对应的文件名称下。在开始制作项目前完成 Maya 项目文件的设置，有助于用户更好地整理整个场景中的相关元素，可以有效地提高工作效率。

打开 Maya 2022 软件，在菜单栏中执行“文件”|“项目窗口”命令，打开“项目窗口”窗口，如图 1-67 所示。在“当前项目”文本框右侧单击“新建”按钮并在“当前项目”文本框中输入项目的名称(名称根据项目要求进行设置)。在“位置”文本框内更改项目文件存放的路径。所有项目文件名称中不能出现中文(中文会导致在制作过程中文件有损坏或之后无法打开所保存的 Maya 文件)。

其他设置保持默认即可，单击“接受”按钮，如图 1-67 所示，完成新项目的创建。项目创建成功后，打开指定的项目文件夹，其中包含 14 个子文件夹，如 scenes(场景)文件夹、sourceimages(源图像)文件夹、images(图像)文件夹等，如图 1-68 所示。其中，场景文件夹主要用于存储场景中创建的所有模型文件，保存的 Maya 文件会自动保存在该文件夹中；源图像文件夹主要用于存储各种模型的贴图文件；图像文件夹用于存储图像文件。

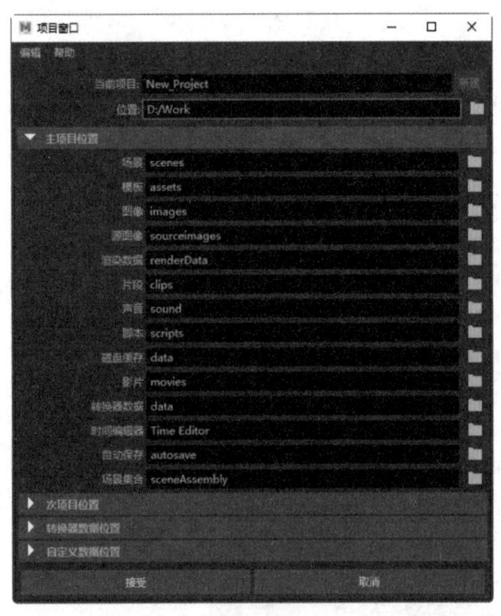

图 1-67 “项目窗口”窗口

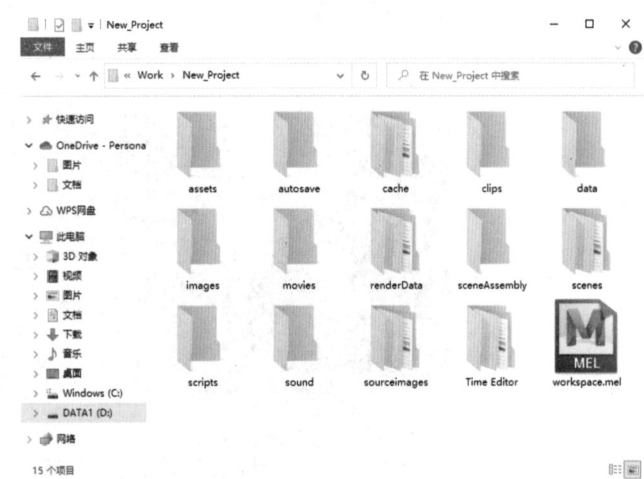

图 1-68 项目文件夹

1.6 文件存储

Maya 文件存储分为手动存储和自动存储，对于在制作过程中没有随时保存文件习惯的用户，Maya 2022 还提供定时存储文件的功能。

1.6.1 保存场景

单击 Maya 2022 软件界面上的“保存文件”按钮，如图 1-69 所示，或在菜单栏中选择“文件”|“保存场景”命令，或按 Ctrl+S 快捷键，如图 1-70 所示，可以完成当前文件的存储。

图 1-69　单击“保存文件”按钮

图 1-70　选择“保存场景”命令

1.6.2　自动保存文件

Maya 为用户提供了一种以自定义的时间间隔自动保存场景的方法，用户可以在菜单栏中选择“窗口”|“设置 / 首选项”|“首选项”命令，如图 1-71 所示，打开“首选项”窗口，在其中设置保存的路径及其他相关参数。

在“首选项”窗口的“类别”列表框中，选择“文件 / 项目”选项，选中“自动保存”选项组中的“启用”复选框后，即可在下方设置“自动保存目标”“自动保存数”及“间隔 (分钟)”等参数，如图 1-72 所示。用户需要自行甄别计算机的性能，以设置保存文件的间隔时间，或者后续在所设置的路径中手动删除阶段性自动保存的文件。

图 1-71　选择“首选项”命令

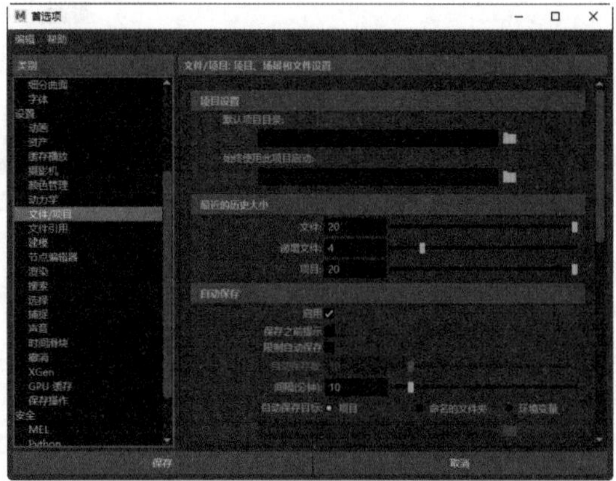

图 1-72　设置各项参数

1.6.3　保存增量文件

Maya 2022 为用户提供了一种被称为“保存增量文件”的存储方法，即按照当前文件的名称，后续保存的文件会在该文件名后以添加数字后缀的方式不断对工作中的文件进行存储。

首先在本地存储场景文件，然后在菜单栏中执行“文件”|“递增并保存”命令，或按 Ctrl+Alt+S 组合键执行“递增并保存”命令，如图 1-73 所示。

完成以上操作后，即可在该文件保存的路径目录下另存为一个新的 Maya 项目文件，保存递增文件后，文件名就会递增 0001。默认情况下，递增版本文件的名称为 scenes.0001.mb、scenes.0002.mb，如图 1-74 所示。保存递增文件后，原始文件将关闭，新版本的文件将成为当前文件。

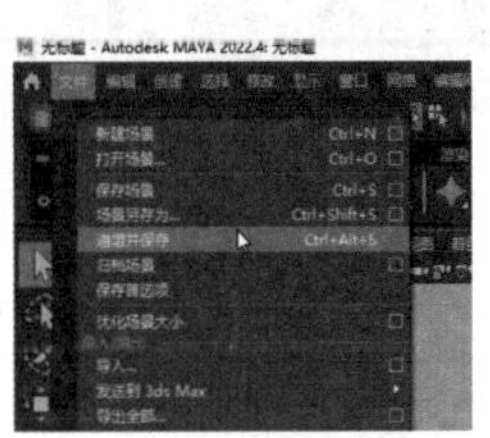

图 1-73　选择“递增并保存”命令

图 1-74　已保存的递增文件

1.6.4　归档场景

使用“归档场景”命令可以将 Maya 文件及相关文件资源（如贴图文件）打包成一个 .zip 文件。在菜单栏中选择“文件”|“归档场景”命令，如图 1-75 所示，打包的文件将与当前场景文件置于同一目录下，如图 1-76 所示。

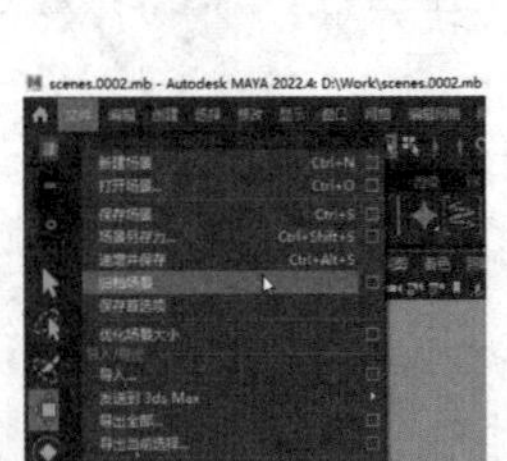

图 1-75　选择“归档场景”命令

图 1-76　打包的文件与当前文件在同一目录下

1.7　习题

1. 简述 Maya 2022 工作界面的各个组成部分。
2. 简述如何删除物体的历史记录。
3. 简述普通复制和特殊复制的区别。
4. 简述如何在 Maya 场景中创建项目文件。

第 2 章

曲面建模

在 Maya 2022 中，曲面建模是常用的建模方法之一。可通过两种方式创建曲面模型：第一种是通过创建曲线来构建曲面的基本轮廓，然后使用相应的命令生成模型；第二种是创建曲面基本体，然后使用相应的工具或命令修改其造型。本章将通过实例帮助读者快速了解曲面建模的原理和特点，为后面的高级建模打下基础。

二维码教学视频

【例 2-1】 绘制并修改曲线
【例 2-2】 制作花瓶模型
【例 2-3】 制作糖果棍模型
【例 2-4】 创建并编辑曲面模型
【例 2-5】 制作梨子模型

2.1 曲面建模概述

曲面建模也称为NURBS建模，它能够产生平滑的、连续的曲面，是专门制作曲面物体的一种造型方法。这种建模方法适用于工业造型及生物模型的创建，并被广泛运用于游戏制作、角色动画建模、工业设计、产品设计等。曲面建模作为视觉表现使用更常见，最终以生成效果图或视频表现为主，如果后续项目需要，还可将NURBS模型转换为多边形模型。

2.2 曲线工具

Maya 2022 工具架的前半部分提供了多种曲线工具，如图 2-1 所示。

图 2-1 Maya 2022 工具架提供的部分曲线工具

- NURBS 圆形：创建 NURBS 圆形。
- NURBS 方形：创建一个由 4 条线组成的 NURBS 方形组合。
- EP 曲线工具：通过指定编辑点创建曲线。
- 铅笔曲线工具：通过移动鼠标创建曲线。
- 三点圆弧：通过指定 3 个点创建圆弧。
- 附加曲线：将所选择的两条曲线附加在一起。
- 分离曲线：根据曲线参数点的位置将曲线断开。
- 插入结：根据曲线参数点的位置插入编辑点。
- 延伸曲线：延伸所选择的曲线长度。
- 偏移曲线：偏移所选择的曲线。
- 重建曲线：重建所选择的曲线。
- 添加点工具：通过添加指定点的位置延长所选择的曲线。
- 曲线编辑工具：编辑所选择的曲线。
- Bezier 曲线工具：创建 Bezier 曲线。

2.3 实例：绘制并修改曲线

【例 2-1】 本实例将讲解如何绘制并编辑 NURBS 曲线。视频

01 单击“曲线 / 曲面”工具架上的“NURBS 方形”按钮，如图 2-2 所示。

02 在场景中创建一条方形曲线，如图 2-3 所示。

03 选择一条曲线，按 R 键对其进行缩放，如图 2-4 所示。

04 按照步骤 03 的方法对其他两条曲线进行缩放，结果如图 2-5 所示。

图 2-2　单击“NURBS 方形”按钮

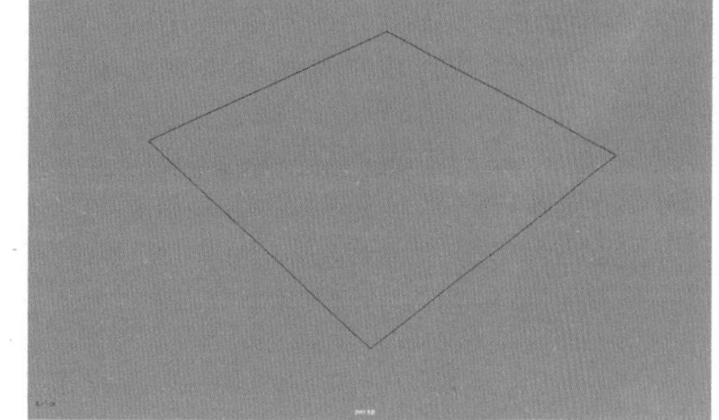

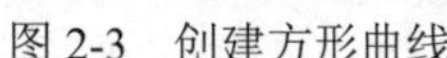

图 2-3　创建方形曲线

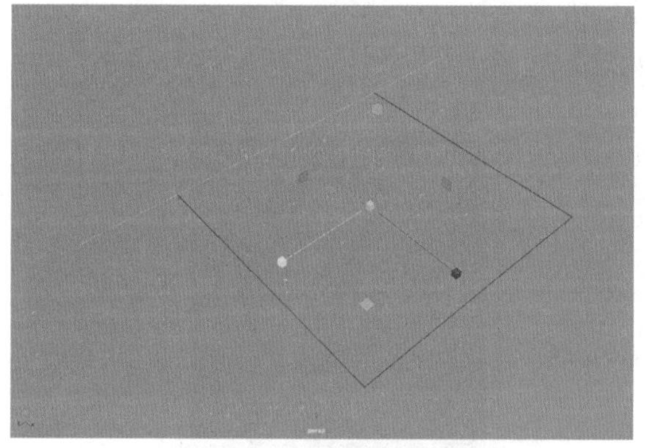

图 2-4　对曲线进行缩放

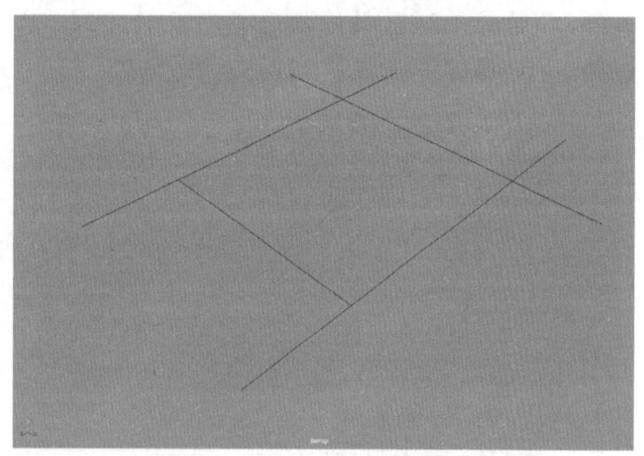

图 2-5　对其他两条曲线进行缩放

05 选择如图 2-6 所示的曲线，按 W 键调整其位置。

06 右击并从弹出的菜单中选择“控制顶点”命令，如图 2-7 所示，进入“顶点”模式。

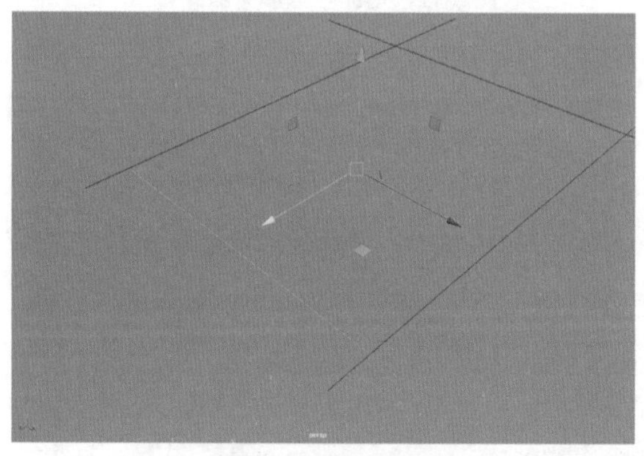

图 2-6　调整曲线位置

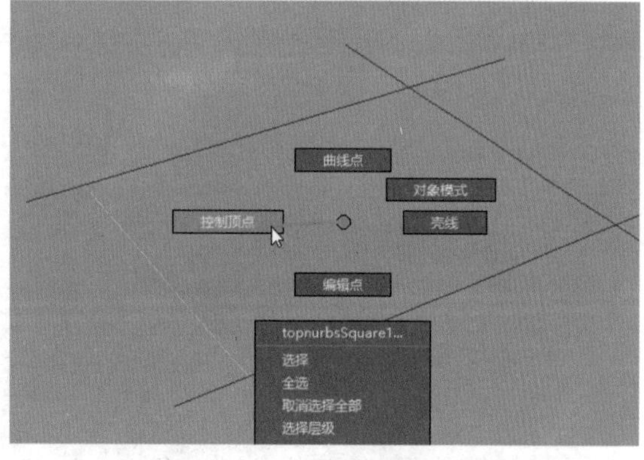

图 2-7　选择“控制顶点”命令

07 选择顶点，调整曲线的造型，如图 2-8 所示。

08 右击并从弹出的菜单中选择“对象模式”命令，如图 2-9 所示。

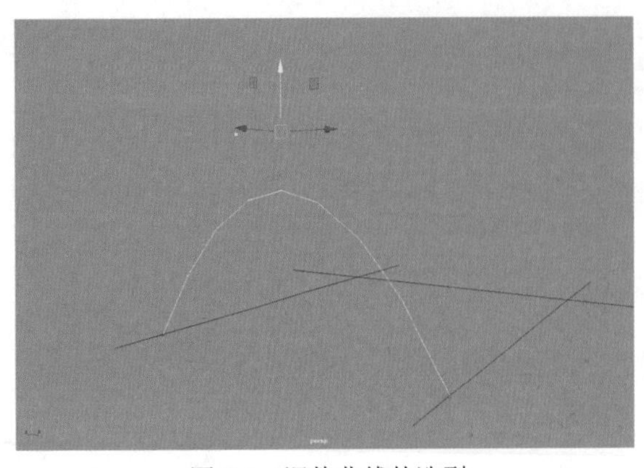

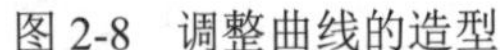
图 2-8 调整曲线的造型

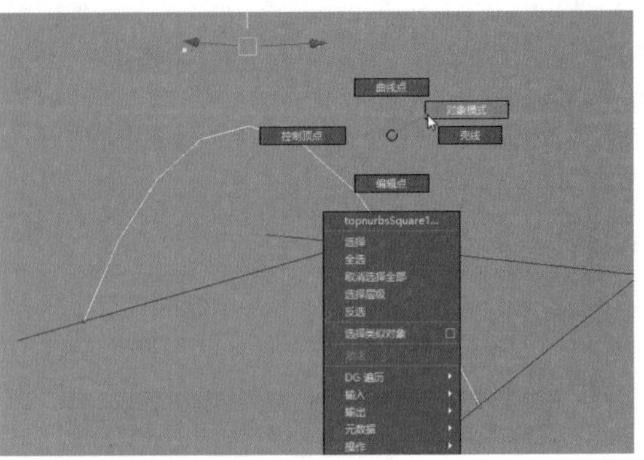

图 2-9 选择“对象模式”命令

09 顺时针或逆时针依次选择所有的曲线，如图 2-10 所示。

10 在菜单栏中选择“曲面”|“方形”命令，如图 2-11 所示。

图 2-10 选择所有的曲线

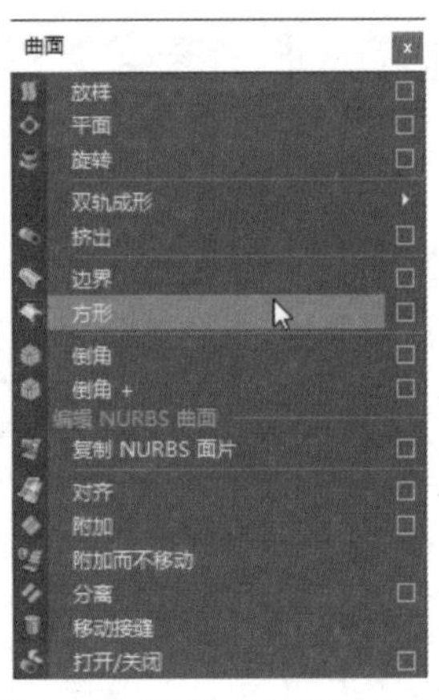

图 2-11 选择“方形”命令

11 设置完成后，在默认情况下曲面模型显示为黑色，如图 2-12 所示。

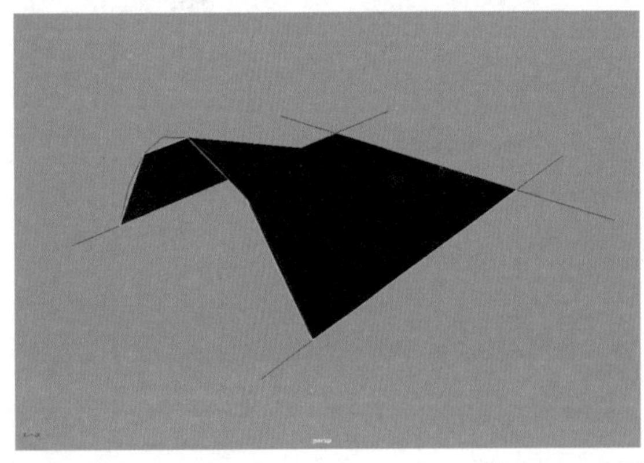

图 2-12 曲面模型的显示效果

12 选择曲面模型，在菜单栏中选择“曲面”|“反转方向”命令，如图 2-13 所示。

13 设置完成后，曲面模型的显示效果如图 2-14 所示。

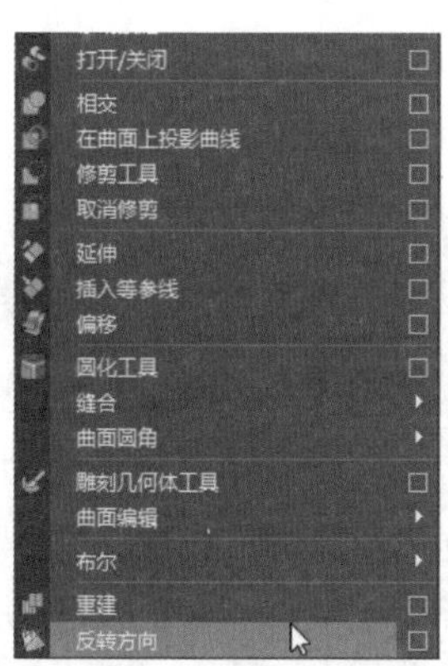

图 2-13　选择“反转方向”命令

图 2-14　曲面模型的显示效果

2.4　实例：制作花瓶模型

【例 2-2】 本实例将讲解如何使用 NURBS 曲线工具制作花瓶模型，如图 2-15 所示。

图 2-15　花瓶模型

01 启动 Maya 2022，按住空格键，单击 Maya 按钮，在弹出的菜单中选择“右视图”命令，如图 2-16 所示，将当前视图切换至右视图。

02 在“曲线 / 曲面”工具架中单击“EP 曲线工具”按钮，如图 2-17 所示。

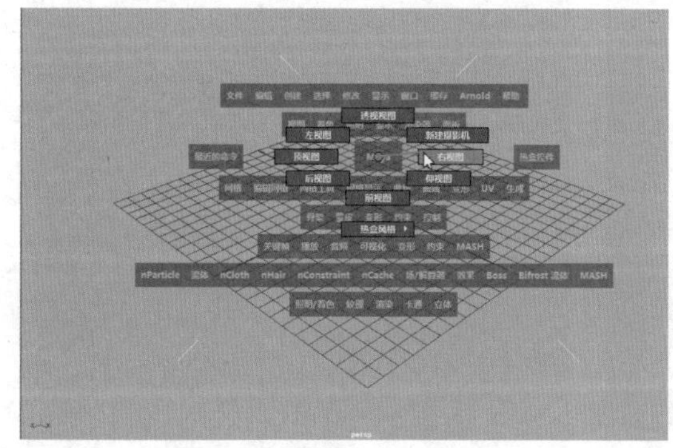

图 2-16　选择“右视图”命令

图 2-17　单击“EP 曲线工具”按钮

03 按 Shift 键并单击，从花瓶底部开始绘制曲线，如图 2-18 所示。

04 顺着花瓶的底部向上绘制出花瓶的侧面曲线，完成后按 Entcr 键确认，如图 2-19 所示。

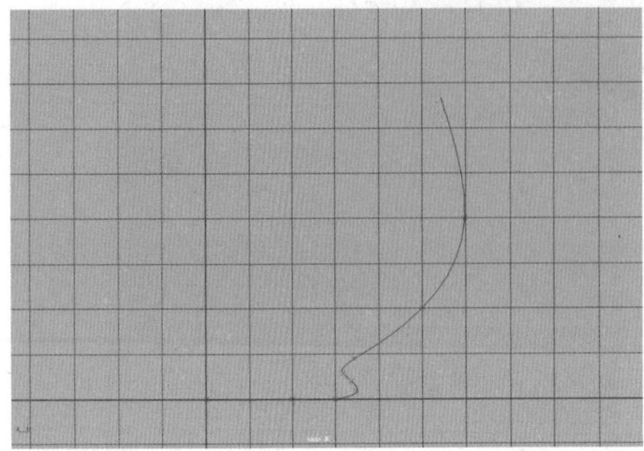

图 2-18　绘制曲线

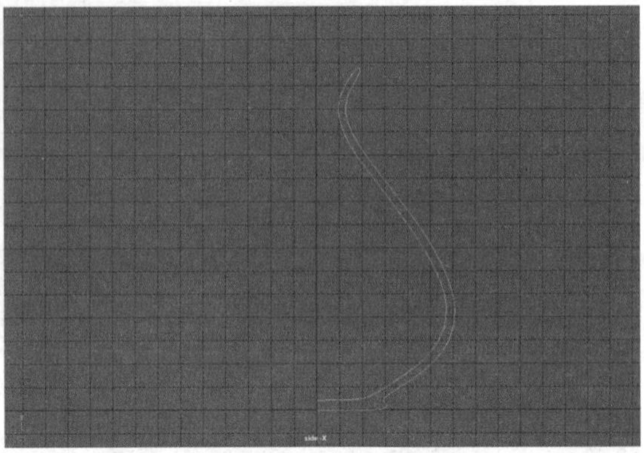

图 2-19　绘制花瓶的侧面曲线

05 在初次绘制曲线时可能无法准确地绘制出想要的曲线造型，此时可以右击鼠标并在弹出的快捷菜单中选择“控制顶点”命令，如图 2-20 所示。

06 选择需要调整的顶点，手动对曲线的局部造型进行调整，如图 2-21 所示。

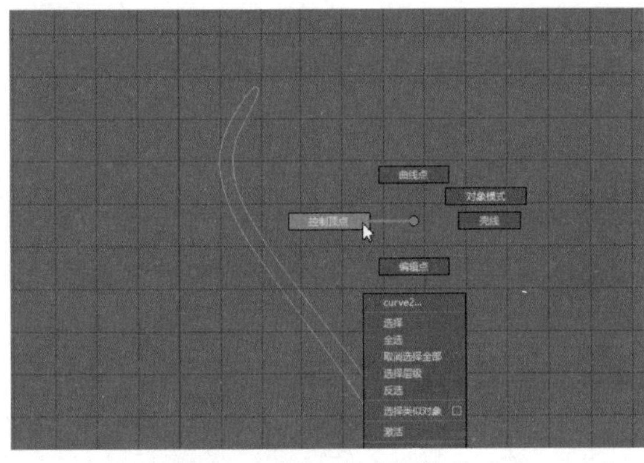

图 2-20　选择“控制顶点”命令

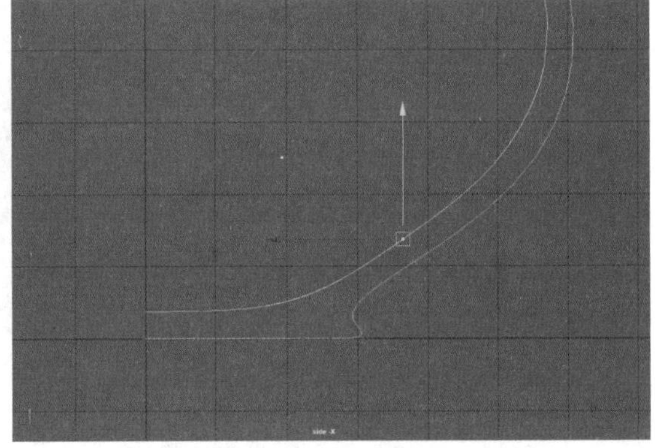

图 2-21　手动调整造型

07 右击顶点并从弹出的菜单中选择“编辑点”命令，如图 2-22 所示。

08 然后选择需要调整的点，如图 2-23 所示。

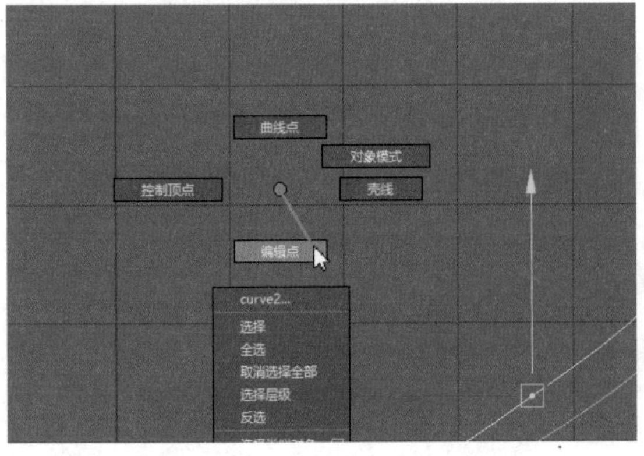

图 2-22　选择“编辑点”命令

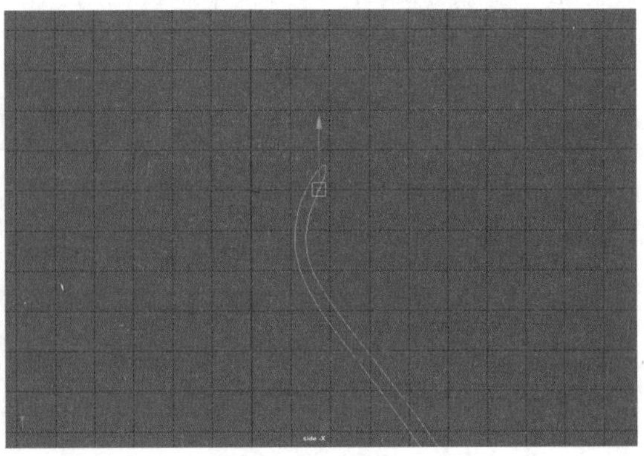

图 2-23　选择点

09 选择瓶口处的顶点，然后在菜单栏中选择“曲线”|“插入结”命令，如图 2-24 所示。

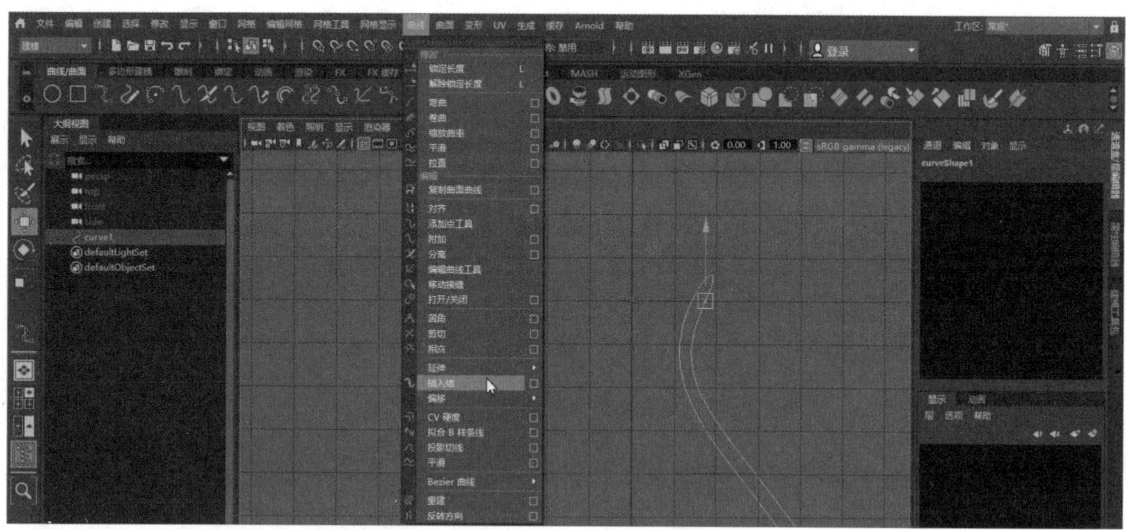

图 2-24　选择“曲线”|“插入结”命令

10 右击顶点并从弹出的菜单中选择“控制顶点”命令，此时会在之前所选择的顶点处插入一个新的顶点，如图 2-25 所示，通过插入此类顶点可以对模型进行更细致的调整。

11 右击并从弹出的菜单中选择“对象模式”命令，然后选择曲线，在“曲线 / 曲面”工具架中单击“旋转”按钮，可在场景中生成一个曲面模型，如图 2-26 所示。

12 设置完成后，花瓶模型的最终显示效果如图 2-15 所示。

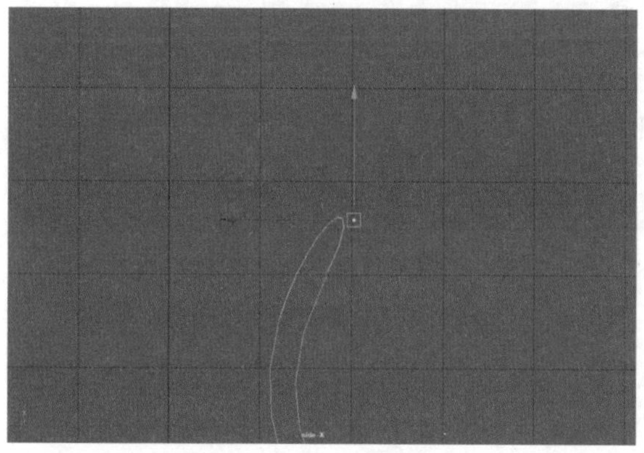

图 2-25　插入新的顶点

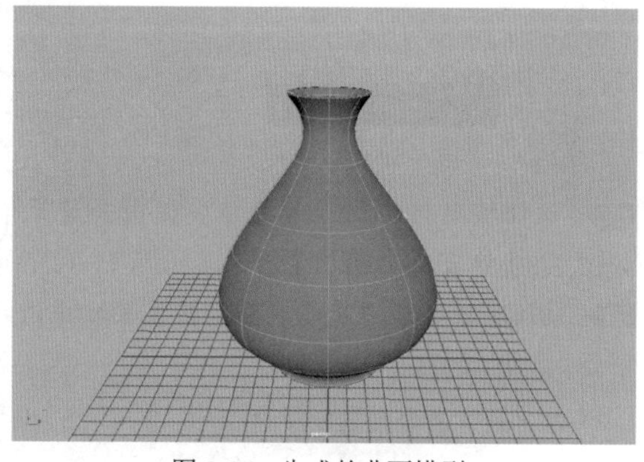

图 2-26　生成的曲面模型

注意

若对模型的最终效果不满意，可选择绘制的曲线，调整控制点，在调整的同时模型也会实时跟随控制点的变化而发生改变。

2.5　实例：制作糖果棍模型

【例 2-3】本实例将讲解如何使用 NURBS 曲线工具制作糖果棍模型，结果如图 2-27 所示。

视频

图 2-27　糖果棍模型

01 在“曲线 / 曲面”工具架中单击“EP 曲线工具”按钮，如图 2-28 所示。

02 按 X 键激活“捕捉到栅格”命令，通过单击绘制出糖果棍的大致造型，如图 2-29 所示。

图 2-28　单击“EP 曲线工具”按钮

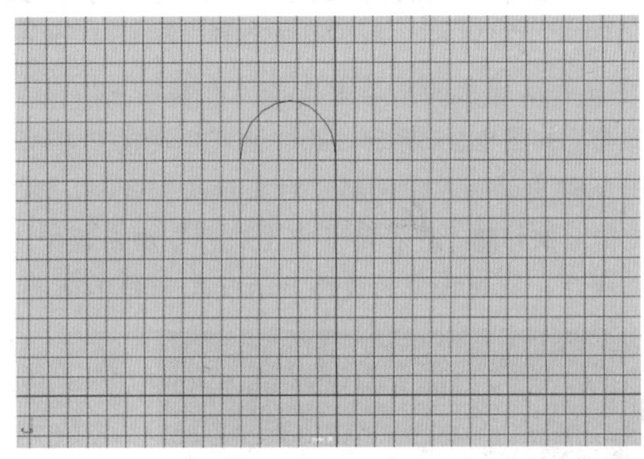

图 2-29　绘制曲线

03 选择糖果棍模型，右击并从弹出的菜单中选择“控制顶点”命令，调整曲线造型，结果如图 2-30 所示。

04 切换到透视图并选择曲线，在菜单栏中选中“曲面”|“挤出”命令右侧的复选框，如图 2-31 所示。

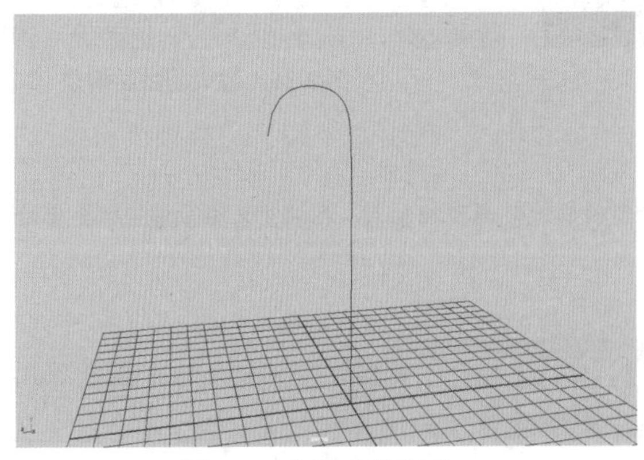

图 2-30　调整曲线造型

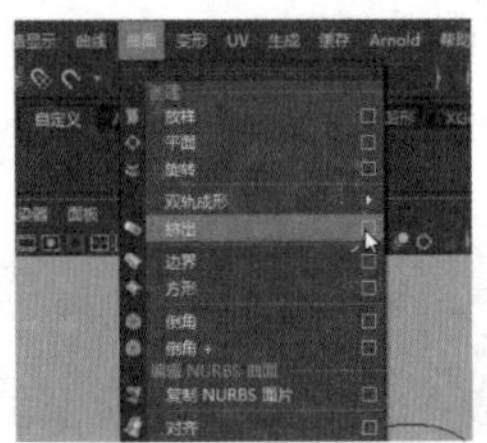

图 2-31　选中复选框

05 打开“挤出选项”窗口，在“样式”选项组中选中“距离”单选按钮，在“输出几何体”选项组中选中“多边形”单选按钮，在“类型”选项组中选中“四边形”单选按钮，在“细分方法”选项组中选中“常规”单选按钮，在“U向数量”文本框中输入20，在“V向数量”文本框中输入1，然后单击“应用”按钮，如图2-32所示。

06 设置完成后，模型在视图中的显示结果如图2-33所示。

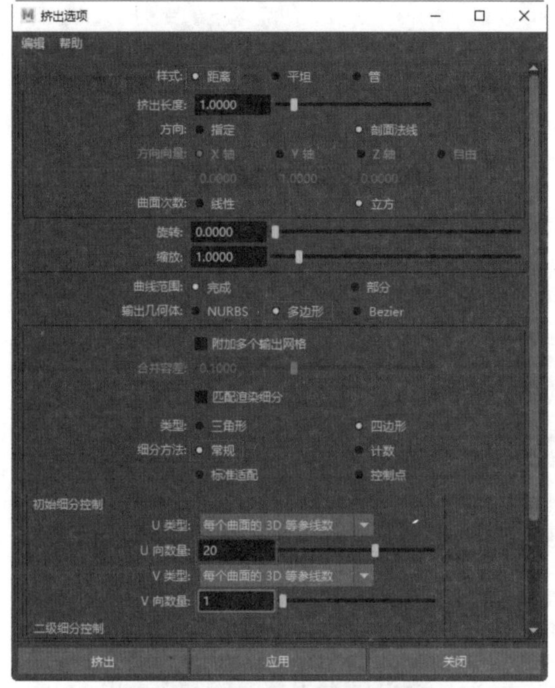

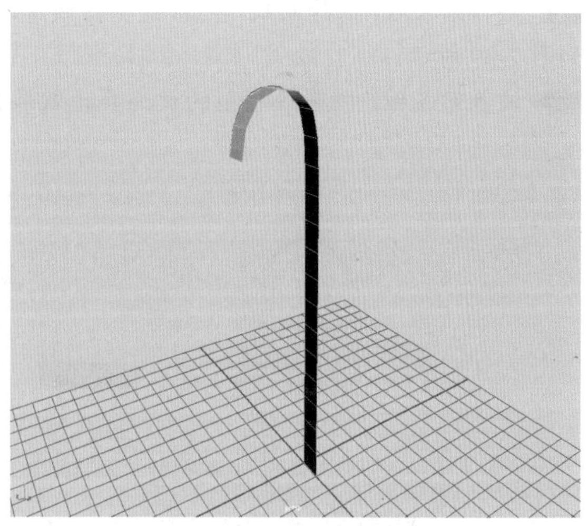

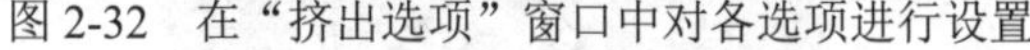

图2-32 在“挤出选项”窗口中对各选项进行设置　　图2-33 模型的显示结果

07 按R键使用缩放工具沿着X轴调整模型的宽度，如图2-34所示。

08 在“多边形建模”工具架中单击“挤出”按钮，沿着Z轴向外拖曳，制作出模型的厚度，如图2-35所示。完成后单击旁边空白处确认操作。

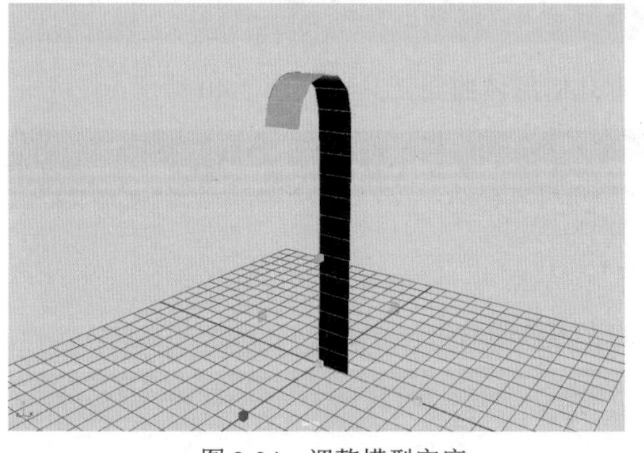

图2-34 调整模型宽度

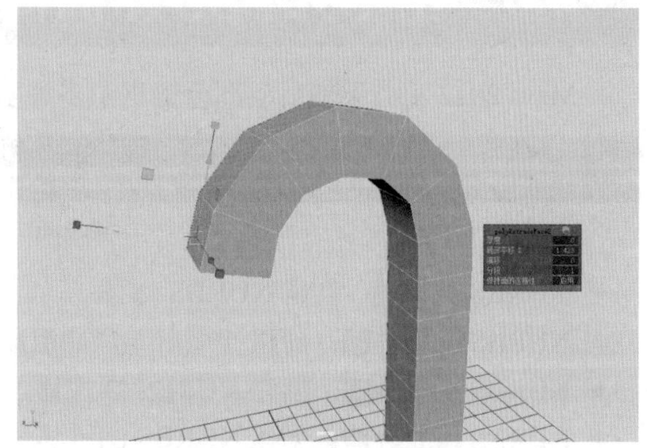

图2-35 制作出模型厚度

09 选择模型，右击并从弹出的菜单中选择“对象模式”命令，如图2-36所示。

10 按Shift键并右击，选择“平滑”命令，如图2-37所示。

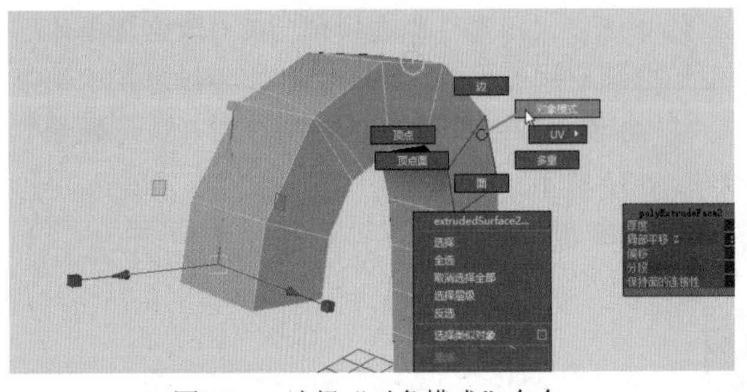

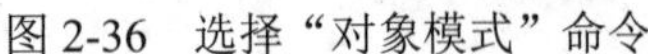
图 2-36　选择“对象模式”命令

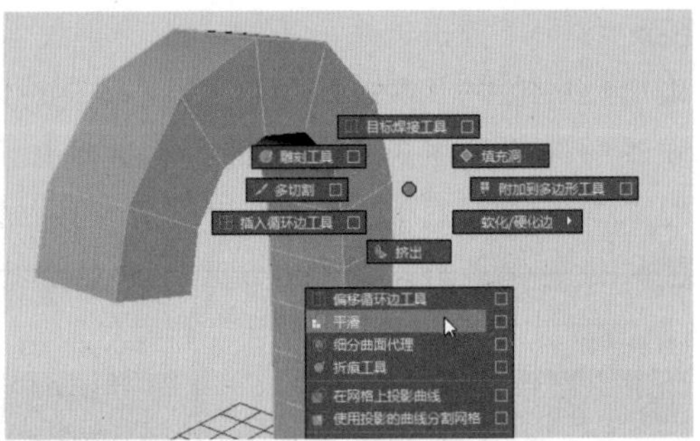

图 2-37　选择“平滑”命令

11 场景中的模型被细化完善，整体变得圆润，如图 2-38 所示。

12 制作结束后，选择曲线，按 H 键将曲线隐藏，被隐藏模型的名称在大纲视图中会变成灰色，如图 2-39 所示。

13 设置完成后，糖果棒模型的最终显示效果如图 2-27 所示。

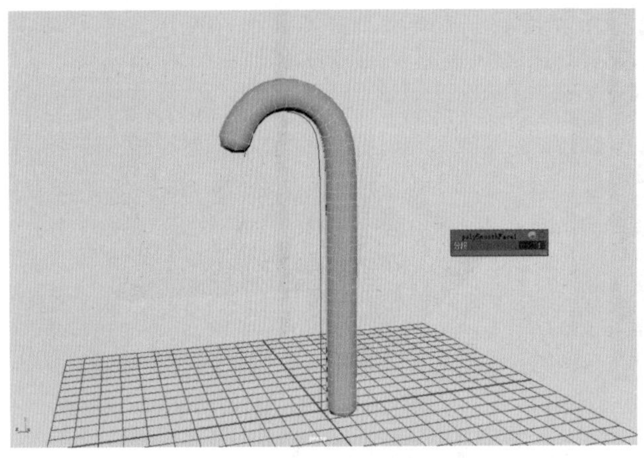

图 2-38　细化模型

图 2-39　隐藏曲线

2.6　基本几何形体曲面工具

Maya 2022 工具架的后半部分提供了多种基本几何形体曲面工具，如图 2-40 所示。

图 2-40　曲面工具

- NURBS 球体：创建 NURBS 球体。
- NURBS 立方体：创建一个由 6 个面组成的立方体组合。
- NURBS 圆柱体：创建 NURBS 圆柱体。
- NURBS 圆锥体：创建 NURBS 圆锥体。
- NURBS 平面：创建 NURBS 平面。
- NURBS 圆环：创建 NURBS 圆环。
- 旋转：以旋转的方式根据所选择的曲线生成曲面模型。

- 放样：以放样的方式根据所选择的曲线生成曲面模型。
- 平面：根据所选择的曲线生成平面曲面模型。
- 挤出：以挤出的方式根据所选择的曲线生成曲面模型。
- 双轨成形 1 工具：根据两条轨道线和剖面曲线创建曲面模型。
- 倒角：对曲面模型进行倒角操作。
- 在曲面上投影曲线：在曲面模型上投影曲线。
- 曲面相交：根据两个相交的曲面模型生成曲线。
- 修剪工具：根据曲面上的曲线对曲面进行修剪。
- 取消修剪曲面：用于取消修剪曲面操作。
- 附加曲面：将两个曲面模型附加为一个曲面模型。
- 分离曲面：根据等参线的位置将曲面模型断开。
- 开放 / 闭合曲面：对所选择的曲面模型进行开放 / 闭合操作。
- 插入等参线：对所选择的曲面模型插入等参线。
- 延伸曲面：延伸所选择的曲面模型。
- 重建曲面：重建所选择的曲面模型。
- 雕刻几何体工具：使用雕刻的方式编辑曲面模型。
- 曲面编辑工具：使用操纵器编辑所选择的曲面模型。

2.7　实例：创建并编辑曲面模型

【例 2-4】 本实例将讲解如何绘制并编辑 NURBS 曲面。视频

01 启动 Maya 2022 软件，在“曲线 / 曲面”工具架上单击“NURBS 圆环”按钮，如图 2-41 所示。

02 在场景中创建一个圆环曲面模型，如图 2-42 所示。

图 2-41　单击“NURBS 圆环”按钮

图 2-42　创建一个圆环曲面模型

03 在菜单栏中选择“曲线”|“复制曲面曲线”命令，如图 2-43 所示。

04 按 W 键沿 X 轴拖曳出复制出的曲线副本，如图 2-44 所示。

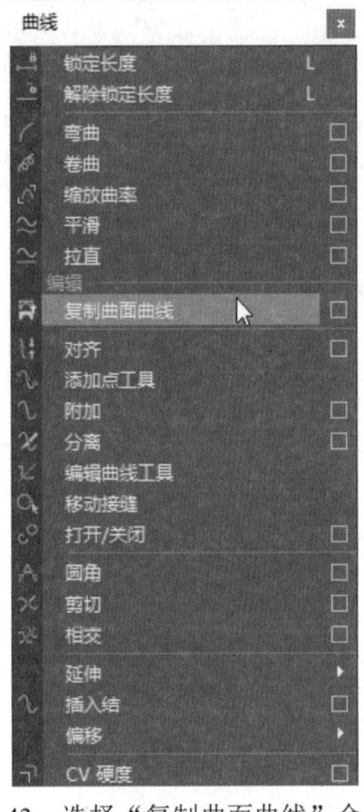

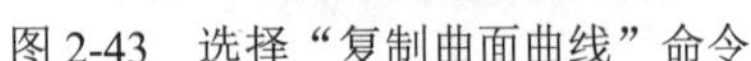
图 2-43　选择“复制曲面曲线”命令

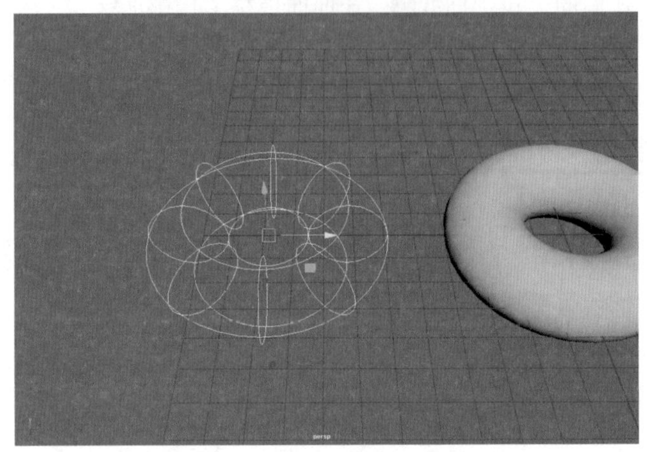
图 2-44　拖曳出复制出的曲线副本

05 打开“大纲视图”面板，可以看到复制出来的所有曲线，如图 2-45 所示。

06 若要复制圆环曲面模型中的几条曲线，可选择圆环曲线模型，然后右击并从弹出的菜单中选择“等参线”命令，如图 2-46 所示。

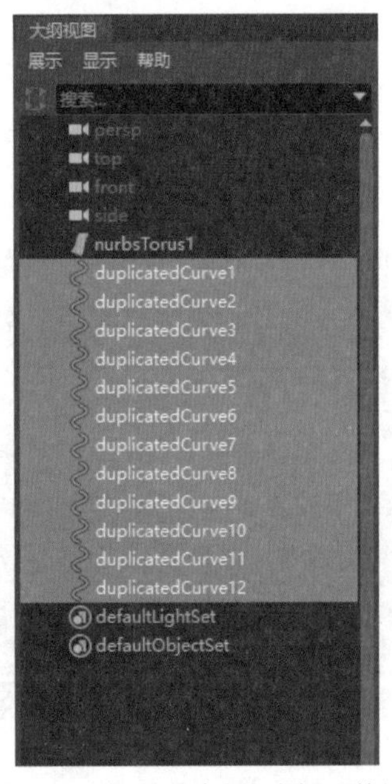

图 2-45　打开“大纲视图”面板

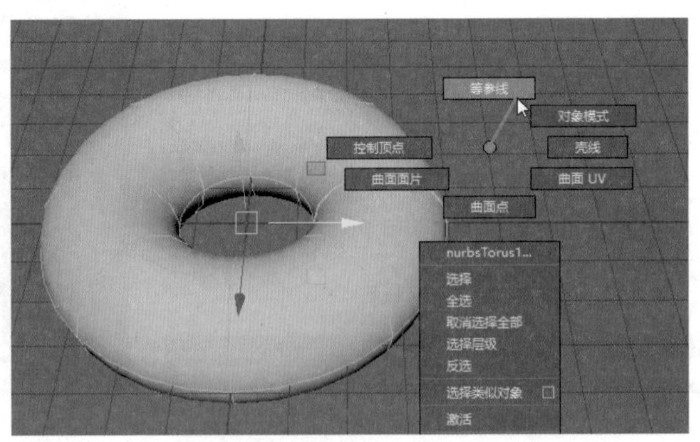

图 2-46　选择“等参线”命令

07 按 4 键切换至线框显示模式，然后按住 Shift 键依次加选多条曲线，如图 2-47 所示。

08 在菜单栏中选择“曲线”|“复制曲面曲线”命令，即可复制出所选的曲线，如图 2-48 所示。

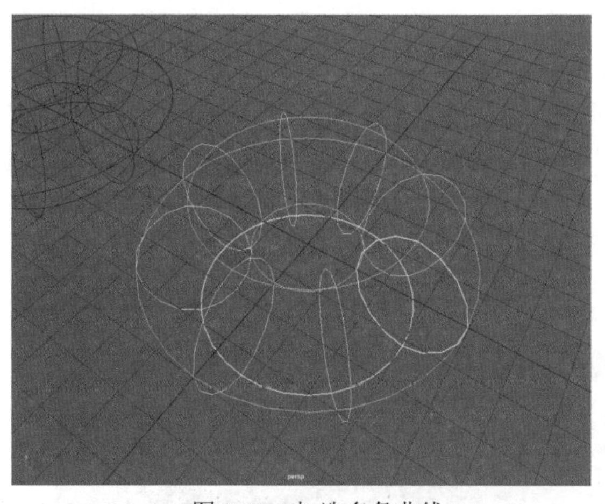

图 2-47　加选多条曲线

图 2-48　复制出所选的曲线

09 按 5 键切换至物体显示模式，选择圆环曲面模型，在菜单栏中选中“曲线”|“复制曲面曲线”命令右侧的复选框，如图 2-49 所示。

10 打开“复制曲面曲线选项”窗口，选中“与原始对象分组”复选框，再选中 U 单选按钮，然后单击“应用”按钮，如图 2-50 所示。

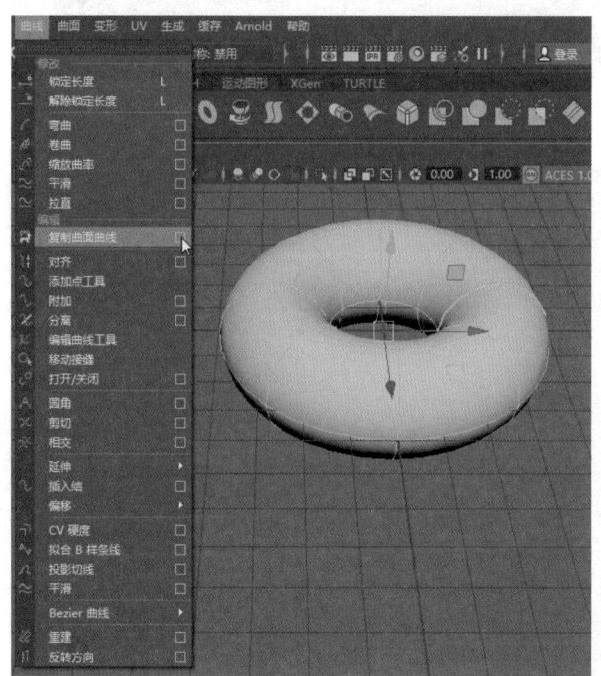

图 2-49　选中“复制曲面曲线”命令右侧的复选框

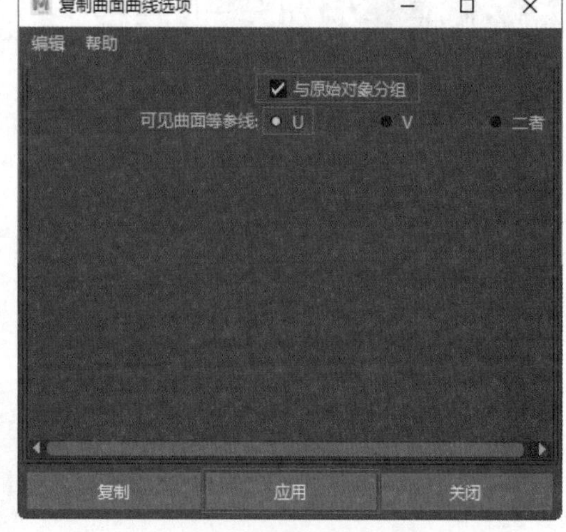

图 2-50　设置“复制曲面曲线选项”窗口

11 打开“大纲视图”面板，即可看到复制出的曲线被分到圆环曲线模型的层级下，如图 2-51 所示，复制的曲线将作为圆环曲面模型的子对象。

12 此时，曲线的显示效果如图 2-52 所示。

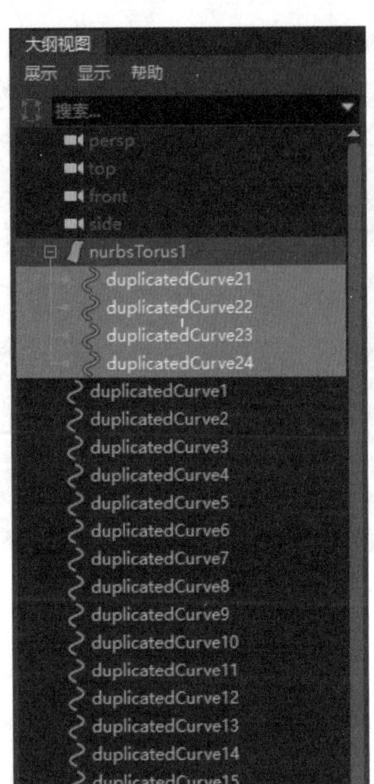

图 2-51　曲线作为圆环曲面模型的子对象

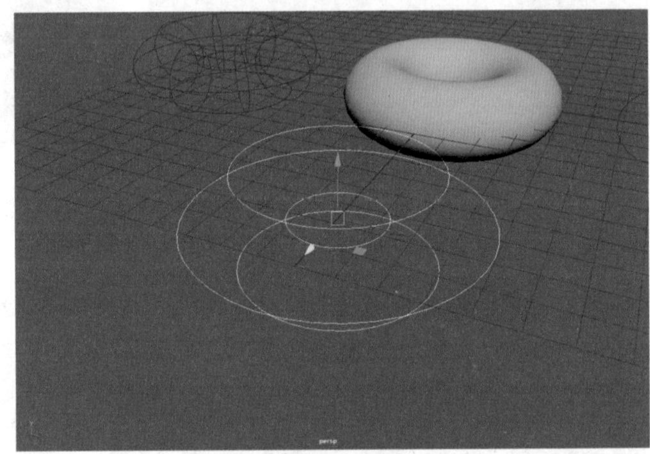

图 2-52　曲线的显示效果

2.8　实例：制作梨子模型

【例 2-5】 本实例将讲解如何使用 NURBS 曲面工具制作梨子模型，如图 2-53 所示。

图 2-53　梨子模型

01 在“曲线 / 曲面”工具架中单击“NURBS 球体”按钮，如图 2-54 所示。

02 在场景中创建一个球体模型，如图 2-55 所示。

图 2-54　单击"NURBS 球体"按钮

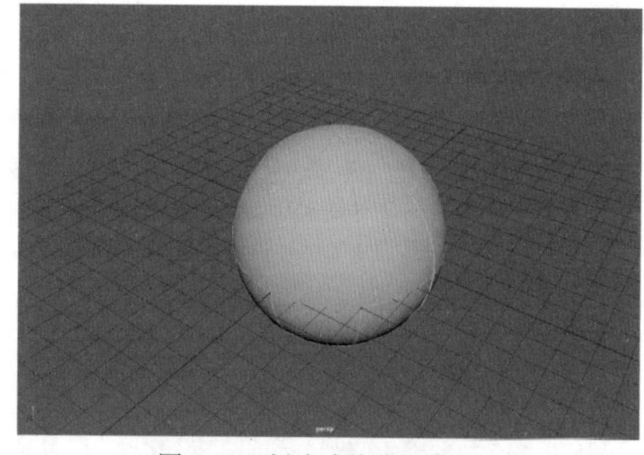

图 2-55　创建球体曲面模型

03 选择球体曲面模型，右击并从弹出的菜单中选择"等参线"命令，如图 2-56 所示。

04 按 4 键切换至线框显示模式，单击并长按球体曲面模型顶部的第一条等参线，线段会变成红色，将该红线向上拖曳，使其靠近顶端，如图 2-57 所示，然后释放鼠标，红色等参线会变成黄色虚线。

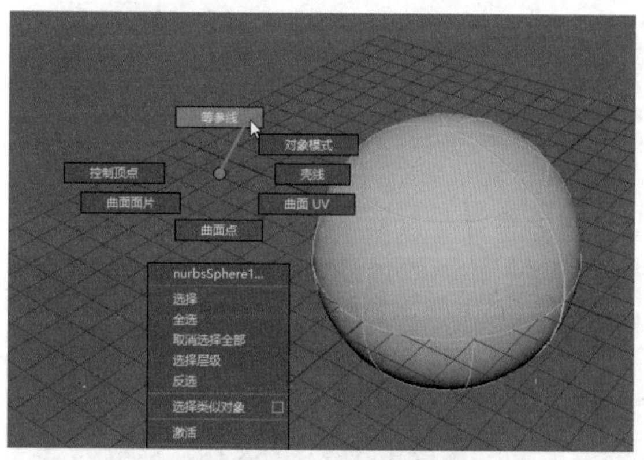

图 2-56　选择"等参线"命令

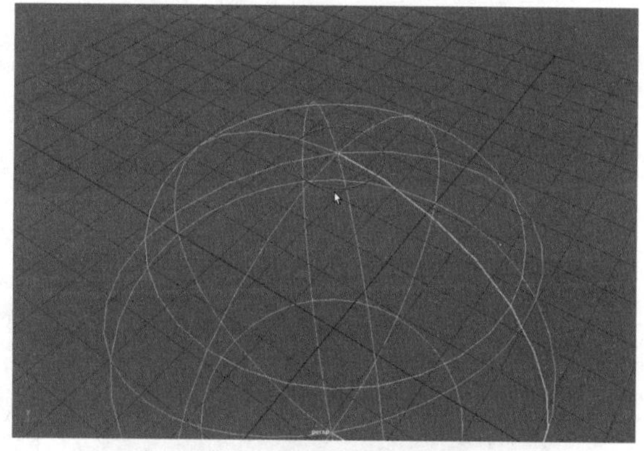

图 2-57　向上拖曳红色等参线

05 按住 Shift 键，按照步骤 04 的方法，在球体曲面模型下方添加等参线，结果如图 2-58 所示。

06 在菜单栏中选择"曲面"|"插入等参线"命令，如图 2-59 所示。

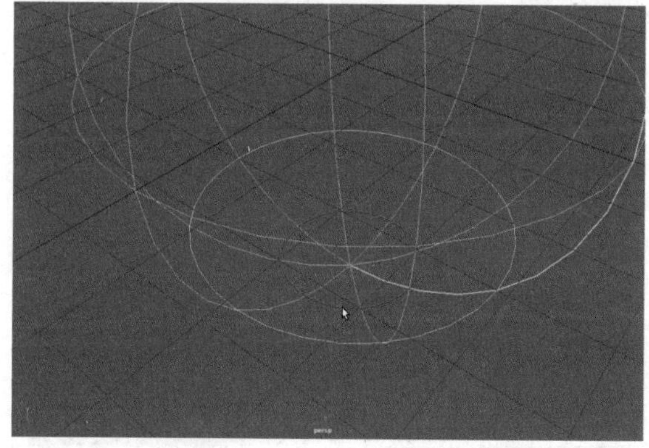

图 2-58　添加等参线

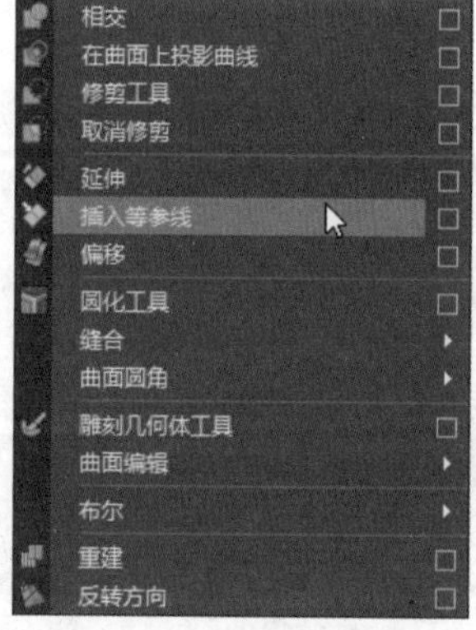

图 2-59　选择"插入等参线"命令

07 此时，上下两端的黄色虚线变成了实线，如图 2-60 所示。

08 右击并从弹出的菜单中选择“控制顶点”命令，选择球体曲面模型顶部的顶点沿 Y 轴向下移动，制作出梨子顶部的凹槽结构，如图 2-61 所示。

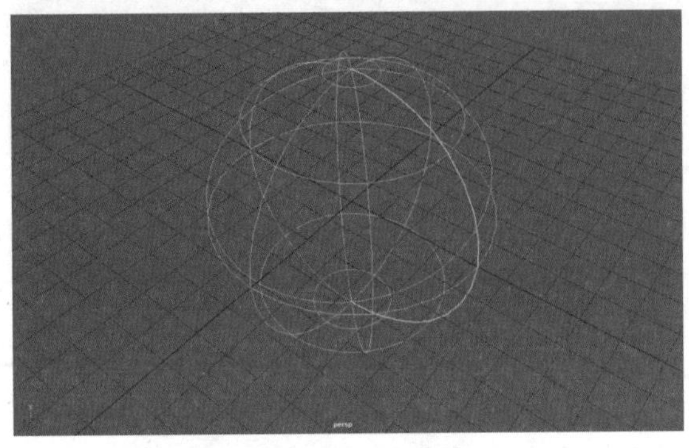

图 2-60 虚线变为实线

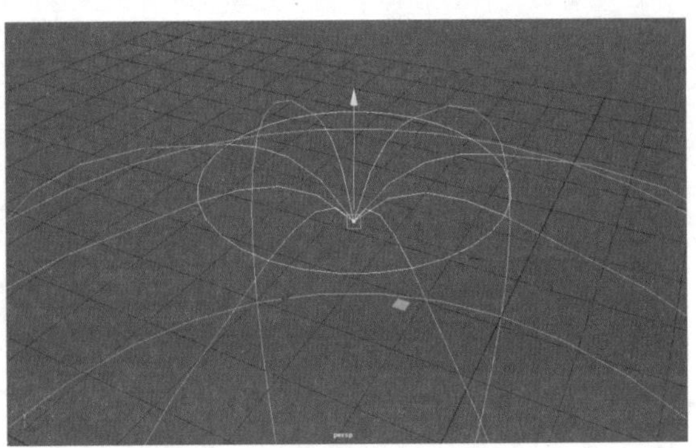

图 2-61 制作顶部的凹槽结构

09 切换至前视图，框选球体曲面模型中部的所有顶点，使用缩放工具调整其造型，如图 2-62 所示。

10 按 5 键切换至物体显示模式，然后按空格键切换至四视图，按照步骤 09 的方法，调整模型的造型，结果如图 2-63 所示。

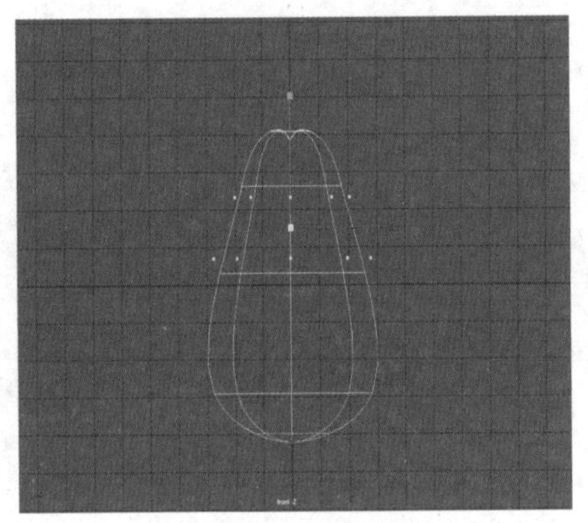

图 2-62 调整造型

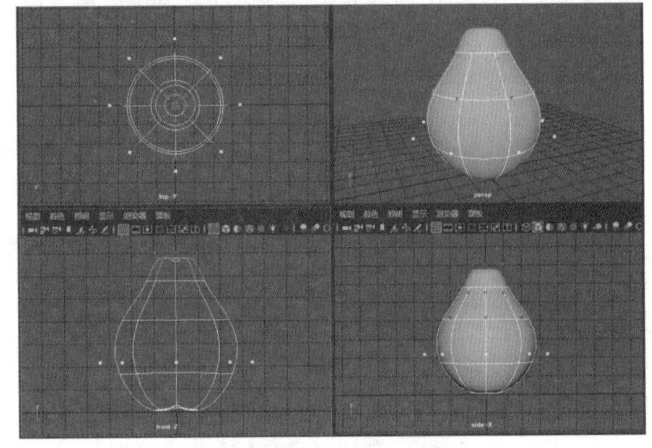

图 2-63 继续调整造型

11 在“曲线 / 曲面”工具架中单击“NURBS 圆形曲线”按钮，在场景中创建一条圆形曲线，然后将其移至梨子顶端的凹槽处，如图 2-64 所示。

12 按 Ctrl+D 快捷键执行“复制”命令，向上复制出圆形曲线的副本，如图 2-65 所示。

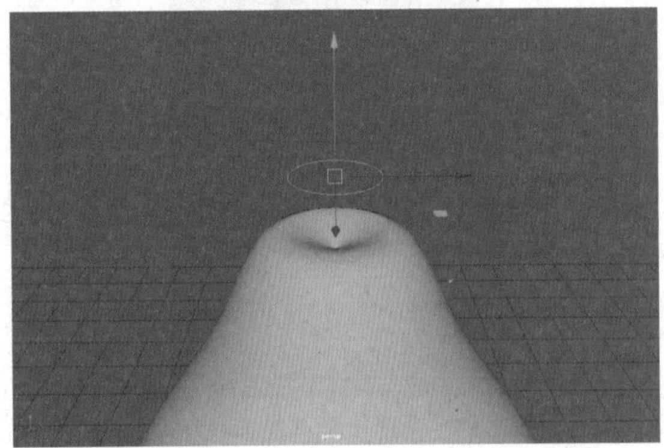

图 2-64 创建圆形曲线

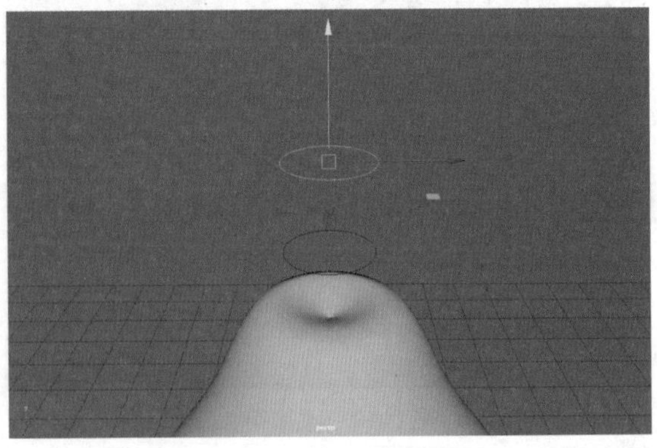

图 2-65 复制圆形曲线

13 按照步骤12的方法，再向上复制出4条圆形曲线，并调整所复制的5条圆形曲线的比例和方向，如图2-66所示，目的是制作梨子模型的枝干。

14 依次从上往下单击选择5条圆形曲线，在“曲线/曲面”工具架中单击“放样”按钮，如图2-67所示。

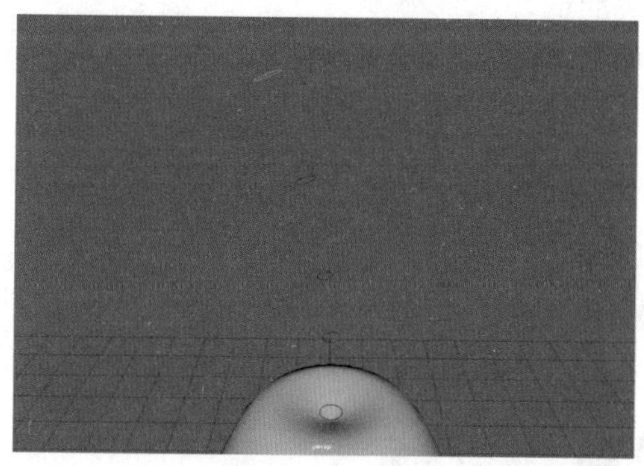
图2-66　再向上复制出4条圆形曲线

图2-67　单击“放样”按钮

15 此时场景中选择的5条圆形曲线会生成一个曲面模型，如图2-68所示。

16 检查该曲面模型，会发现枝干的顶部还处于未封口的状态，如图2-69所示。

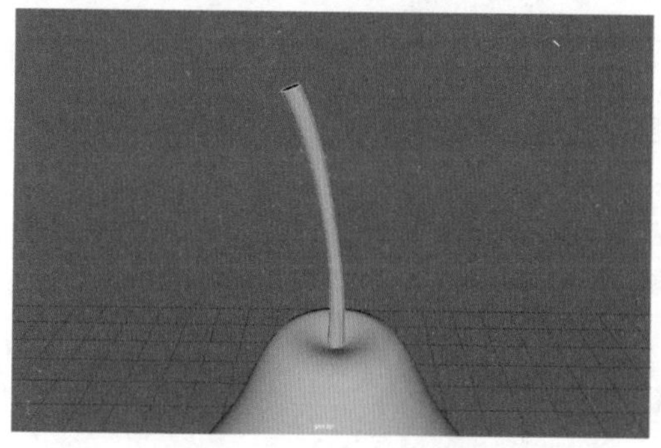
图2-68　生成曲面模型

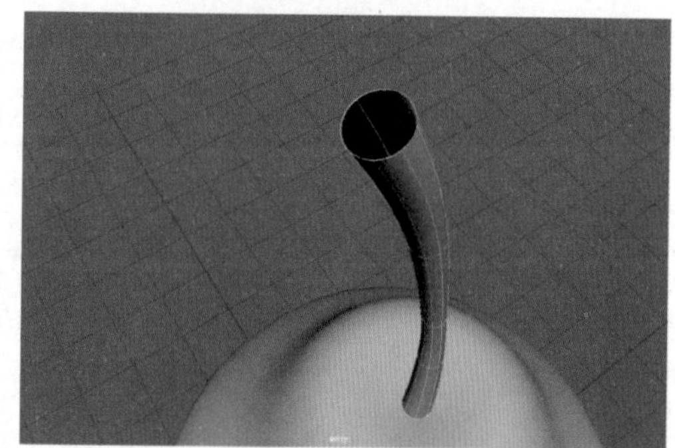
图2-69　枝干顶部处于未封口的状态

17 选择曲面模型，右击并从弹出的菜单中选择“等参线”命令，然后在“曲线/曲面”工具架中单击“平面”按钮，如图2-70所示。

18 对洞口进行封口，如图2-71所示。

19 设置完成后，梨子模型的最终显示效果如图2-53所示。

图2-70　单击“平面”按钮

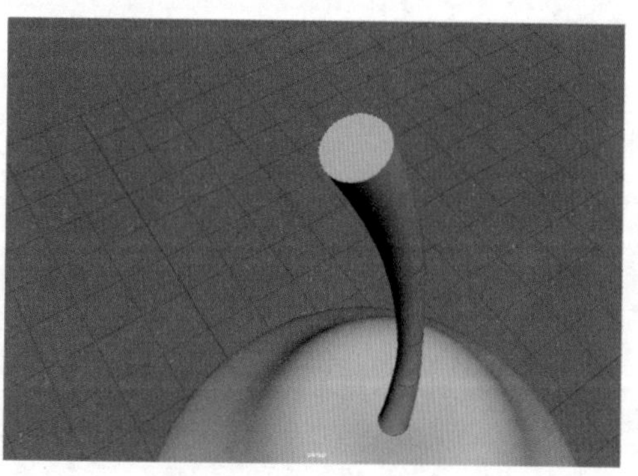
图2-71　对洞口进行封口

2.9 习题

1. 简述在 Maya 中如何创建 NURBS 曲线。
2. 简述在进行 NURBS 建模时，如何调整曲线的造型。
3. 运用本章所学的 NURBS 建模方法，创建如图 2-72 所示的樱桃模型。

图 2-72　樱桃模型

第 3 章

多边形建模

Polygon 建模与 NURBS 建模在使用的工具和创建模型的方法上有所区别。Polygon 建模较为便捷，制作模型时速度较快，常用于创建三维游戏模型或动画等。本章将通过实例帮助读者快速了解 Polygon 建模的原理和特点，为后面的高级建模打下基础。

二维码教学视频

【例 3-1】 创建并修改多边形模型
【例 3-2】 制作石柱模型
【例 3-3】 制作桌子模型
【例 3-4】 制作柠檬模型
【例 3-5】 制作沙发凳模型

3.1 Polygon 建模概述

Polygon(多边形)建模是三维软件中两大流行建模方式之一。在电影《最终幻想》和《魔比斯环》中，大部分复杂的角色结构是通过 Polygon 建模完成的，使用该建模方式可以优化整个项目流程的操作步骤。

Polygon 建模的特点是操作灵活，可在创建的基本模型之上利用多边形建模工具对组件进行编辑，为其添加足够的细节并进行优化，从而制作出关系结构复杂的模型。在项目制作中也可用较少的面来描绘复杂模型的造型，这样在后续制作中，不仅能加快渲染速度，还能在游戏或其他应用软件中提供更快的运行速度和更卓越的交互式性能。Polygon 建模适用于 CG 动画、游戏建模、工业产品、室内设计等领域。

Polygon 建模与曲面建模在技术上存在差异。Polygon 模型在 UV 编辑上非常自由，用户可以对 UV 进行手动编辑，方便后续的贴图制作，而 NURBS 模型的 UV 则无法手动编辑。

3.2 常用的建模工具

在 Maya 2022 中，常用的多边形工具和命令位于“多边形建模”工具架上，如图 3-1 所示。

图 3-1　常用的多边形工具和命令

- 多边形球体：用于创建多边形球体。
- 多边形立方体：用于创建多边形立方体。
- 多边形圆柱体：用于创建多边形圆柱体。
- 多边形圆锥体：用于创建多边形圆锥体。
- 多边形圆环：用于创建多边形圆环。
- 多边形平面：用于创建多边形平面。
- 多边形圆盘：用于创建多边形圆盘。
- 柏拉图多面体：用于创建柏拉图多面体。
- 超形状：用于创建多边形超形状。
- 多边形文字：用于创建多边形文字模型。
- SVG：使用剪贴板中的可扩展向量图形或导入的 SVG 文件创建多边形模型。

用户还可通过另外两种方法创建多边形对象，第一种是通过“创建”|“多边形基本体”命令创建多边形对象，如图 3-2 所示；第二种是在视图中按住 Shift 键并右击，从弹出的菜单中选择创建多边形对象的相关命令，如图 3-3 所示。

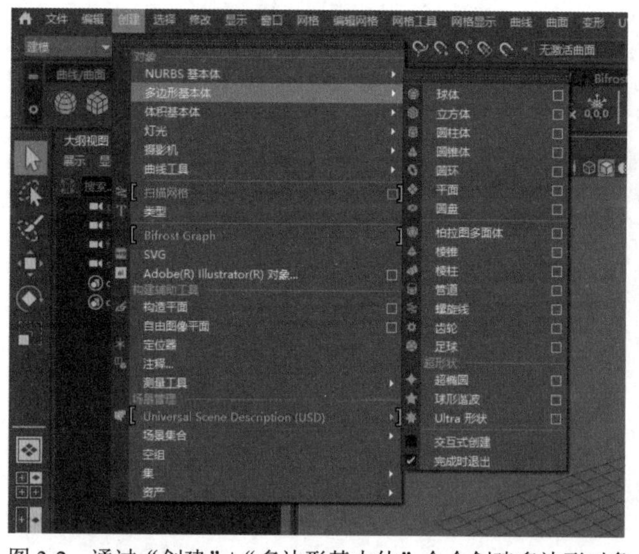

图 3-2　通过“创建” | “多边形基本体”命令创建多边形对象

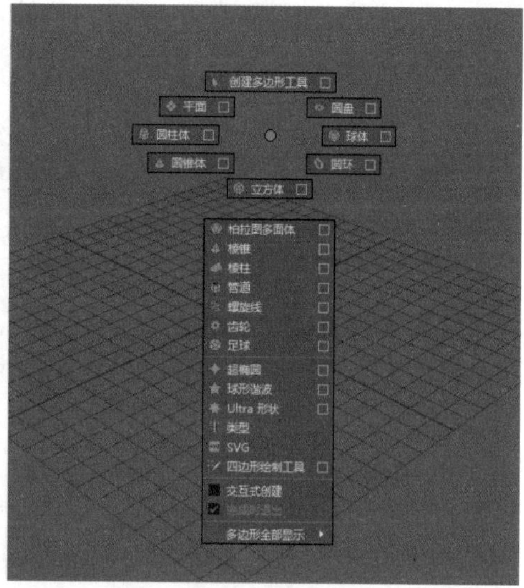

图 3-3　通过快捷菜单中的命令创建多边形对象

3.3　实例：创建并修改多边形模型

【例 3-1】本实例将主要讲解如何创建并修改多边形模型。视频

01 启动 Maya 2022 软件，在“多边形建模”工具架中单击“多边形立方体”按钮，如图 3-4 所示。此时会在场景中创建一个多边形立方体。

02 在场景中创建多边形立方体后，按 R 键调整其比例，如图 3-5 所示。

图 3-4　单击“多边形立方体”按钮

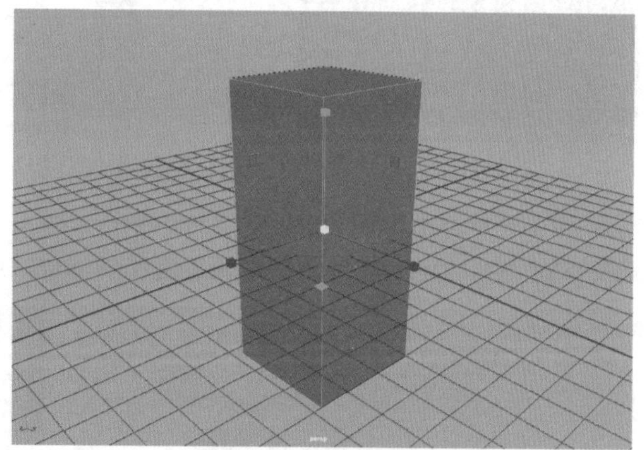
图 3-5　调整比例

03 按 D 键激活“移动枢轴”命令，并按 V 键激活“捕捉到点”命令，将枢轴捕捉至如图 3-6 所示的顶点上。

04 切换到前视图，再按一次 D 键结束操作，然后按 X 键激活“捕捉到栅格”命令，将模型移至栅格上，如图 3-7 所示。

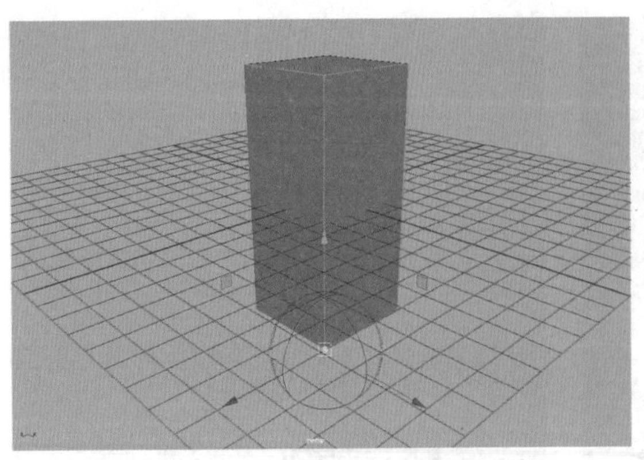

图 3-6 调整枢轴位置

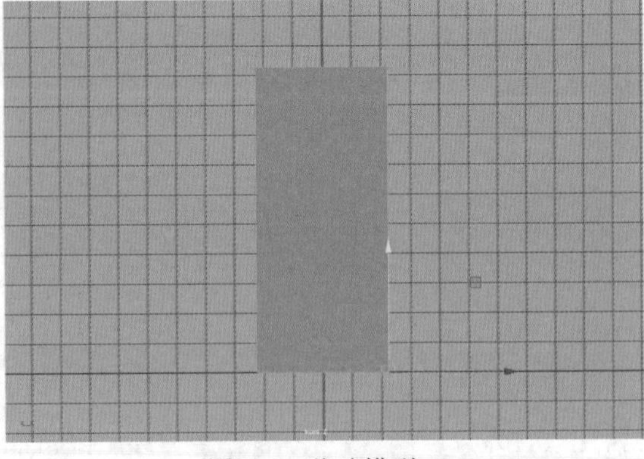

图 3-7 移动模型

05 在菜单栏中选择“修改”|“中心枢轴”命令，如图 3-8 所示，将枢轴回归到对象中心位置。

06 在“通道盒/层编辑器”面板中，设置“高度细分数”数值和“深度细分数”数值为 4，如图 3-9 所示。

图 3-8 选择“中心枢轴”命令

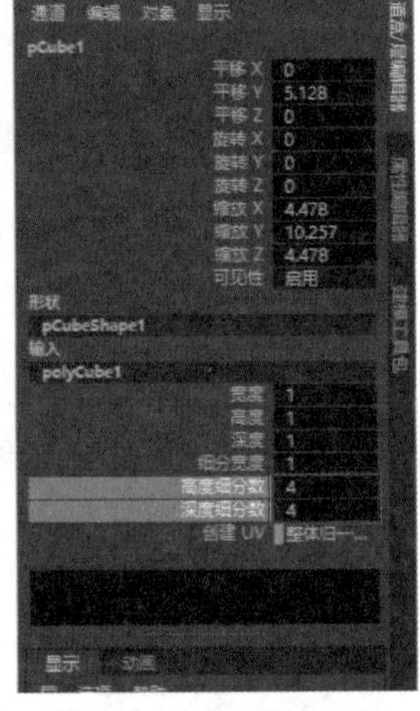

图 3-9 设置模型参数

07 右击并从弹出的菜单中选择“边”命令，如图 3-10 所示，进入“边”模式。

08 双击模型上的一条边，即可快速选择循环边，结果如图 3-11 所示。

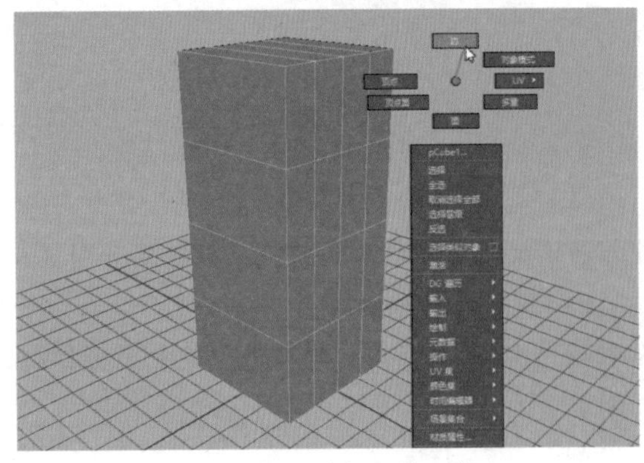

图 3-10 选择“边”命令

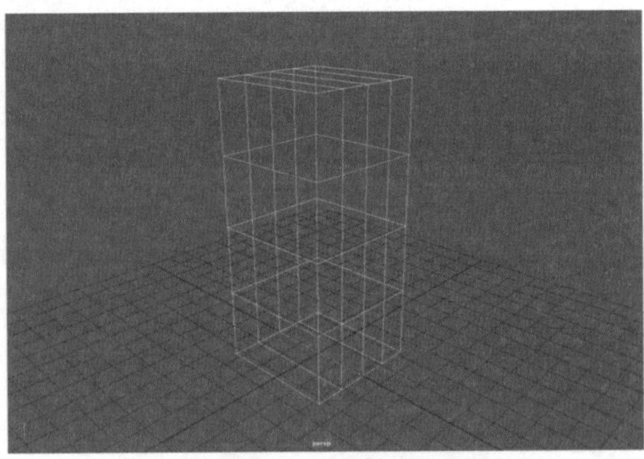

图 3-11 选择循环边

09 按 Shift 键双击加选模型下半部分的循环边，然后调整模型的造型，结果如图 3-12 所示。

10 删除模型上的边和点通常有四种方法，第一种方法，双击选择一条循环边，按 Delete 键或 Backspace 键将其删除，此时被删除循环边部分的造型并没有发生改变，如图 3-13 所示。

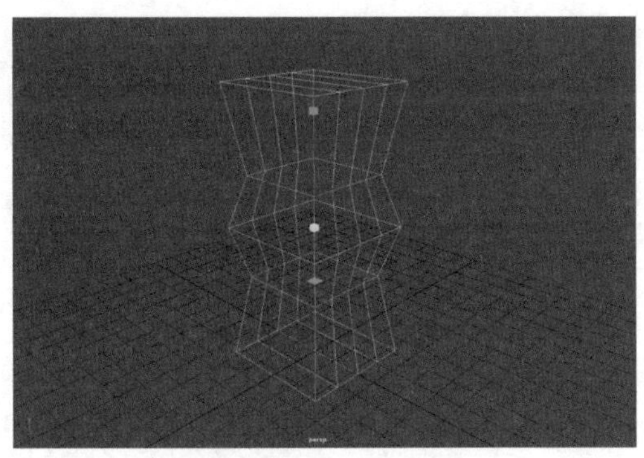

图 3-12　调整模型的造型

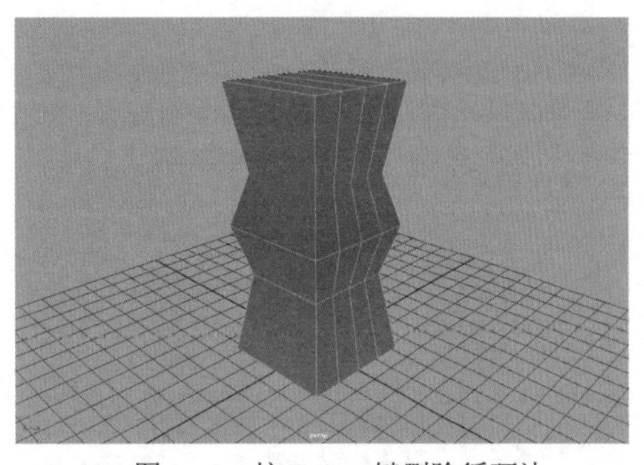

图 3-13　按 Delete 键删除循环边

11 右击并选择“顶点”命令，可以看到使用步骤 10 的方法之后，循环边上的顶点并没有被删除，如图 3-14 所示。

12 选择循环边上的顶点，按 Delete 键将其删除，结果如图 3-15 所示，此时模型的造型发生了改变。

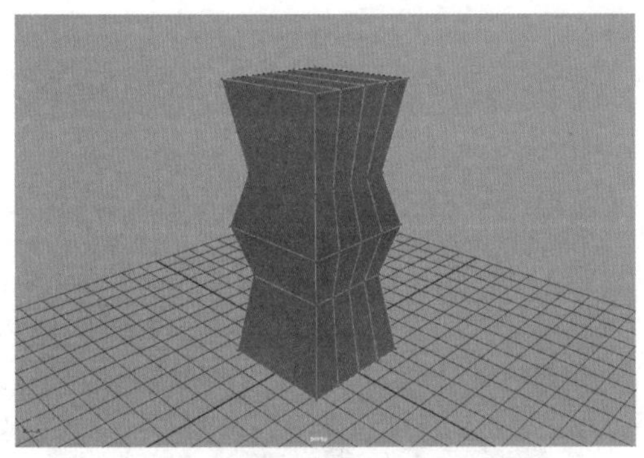

图 3-14　顶点并未删除

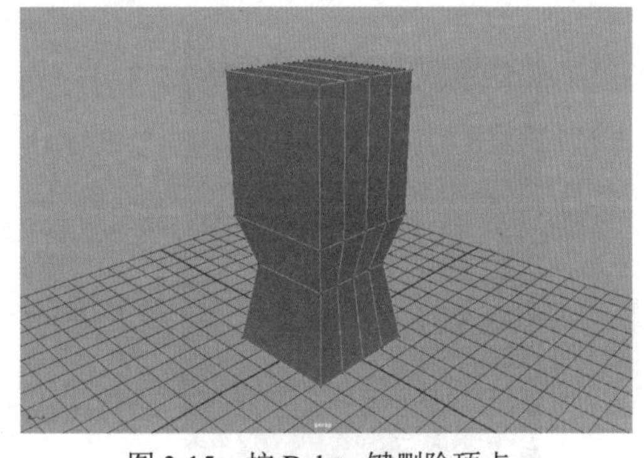

图 3-15　按 Delete 键删除顶点

13 第二种方法，右击并选择“边”命令，选择下半部分的一条循环边，按 Shift 键并右击，从弹出的快捷菜单中选择“删除边”命令，如图 3-16 所示。

14 此时，即可在删除所选边的同时删除顶点，并且模型的造型也发生了改变，如图 3-17 所示。

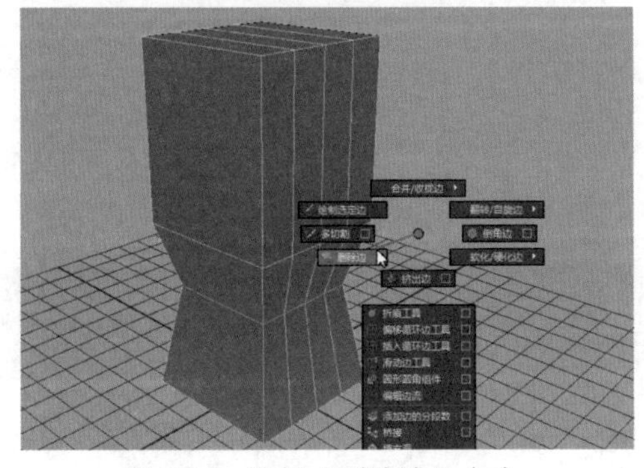

图 3-16　选择“删除边”命令

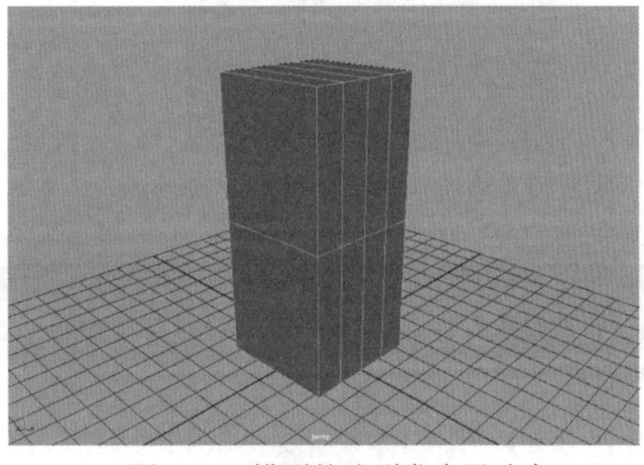

图 3-17　模型的造型发生了改变

15 第三种方法，选择一个顶点，当该顶点连着多条边时，按 Delete 键无法将其删除。按 Shift 键并右击，从弹出的快捷菜单中选择“删除顶点”命令，如图 3-18 所示。

16 此时，顶点所连接的边也会被删除，显示结果如图 3-19 所示。

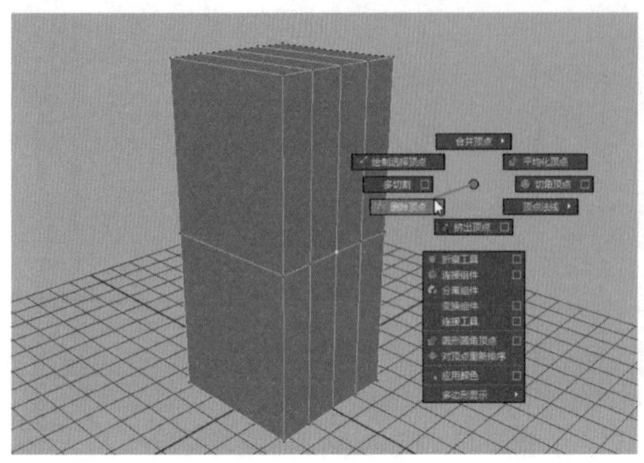

图 3-18　选择“删除顶点”命令

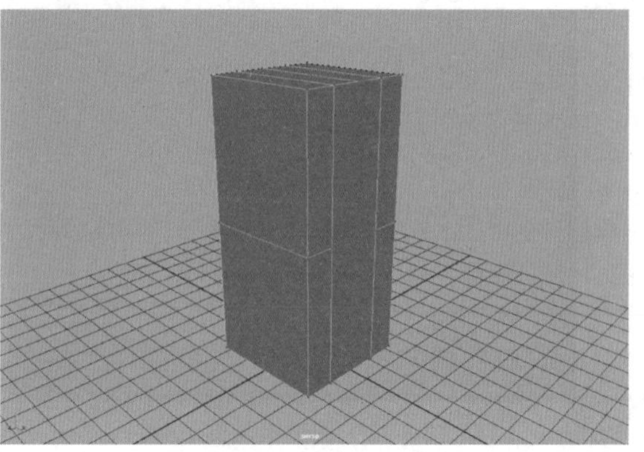

图 3-19　删除顶点和边后的显示结果

17 第四种方法，选择边或顶点，在菜单栏中选择“编辑网格”|“删除边 / 顶点”命令，如图 3-20 所示，或者按 Ctrl+Delete 快捷键。

18 此时，不管是选择边还是选择顶点，都会被一同快速删除，如图 3-21 所示。

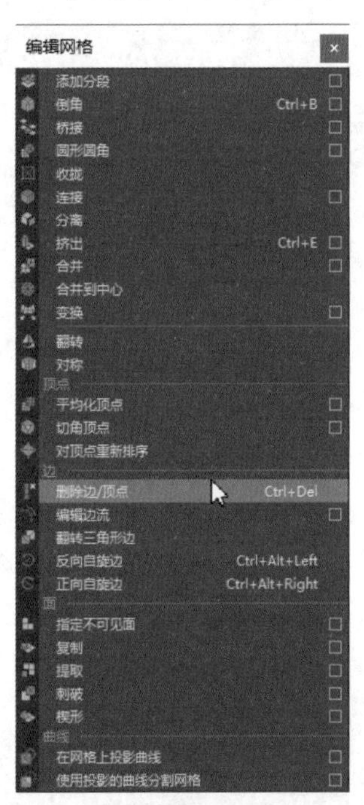

图 3-20　选择“删除边 / 顶点”命令

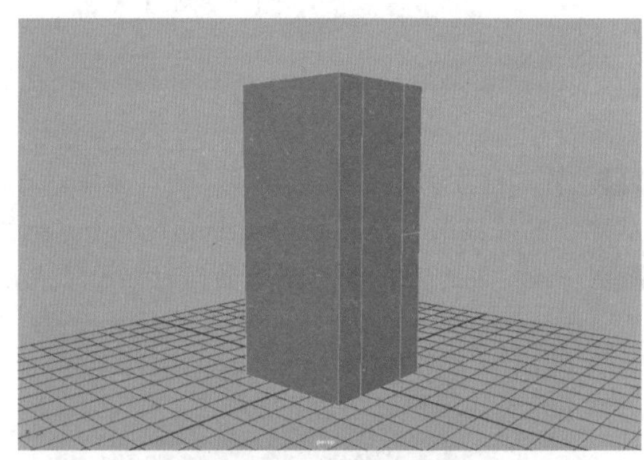

图 3-21　边或顶点被一同删除

3.4　实例：制作石柱模型

【例 3-2】本实例将主要讲解如何制作石柱模型，效果如图 3-22 所示。

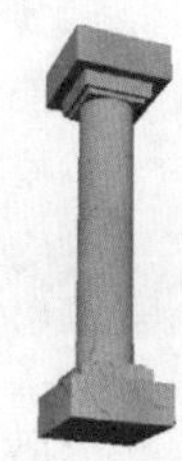

图 3-22 石柱模型

01 在“多边形建模”工具架中单击“多边形立方体”按钮，在场景中创建一个多边形立方体，使用缩放工具调整其比例，如图 3-23 所示。

02 按空格键切换至前视图，然后按 D 键激活“移动枢轴”命令，再按 V 键激活“捕捉到点”命令，沿 Y 轴拖曳，将枢轴捕捉至如图 3-24 所示的位置，完成后再按一次 D 键结束操作。

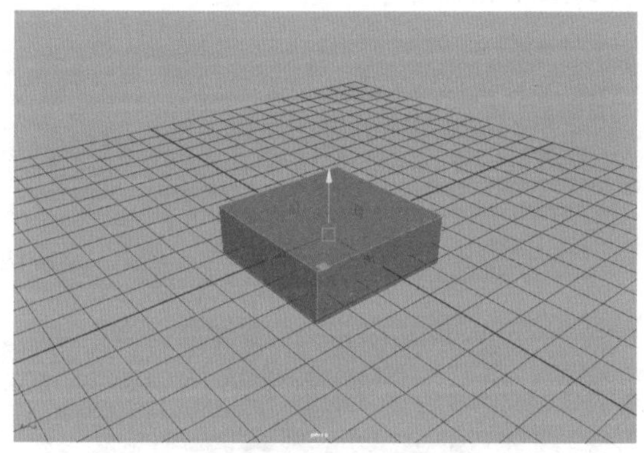

图 3-23 调整多边形立方体的比例

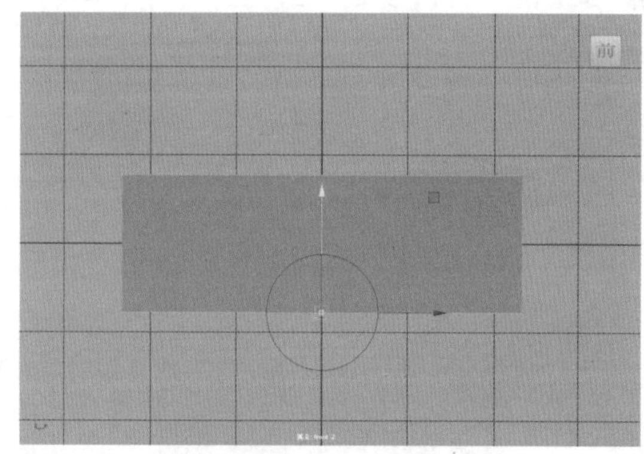

图 3-24 调整枢轴位置

03 删除立方体模型顶部的面，如图 3-25 所示。

04 双击选择空洞的一圈边缘线，按 Ctrl+E 快捷键激活“挤出”命令，单击坐标轴箭头上方的方块，可切换到缩放模式，拖曳坐标中心向内挤出，如图 3-26 所示。

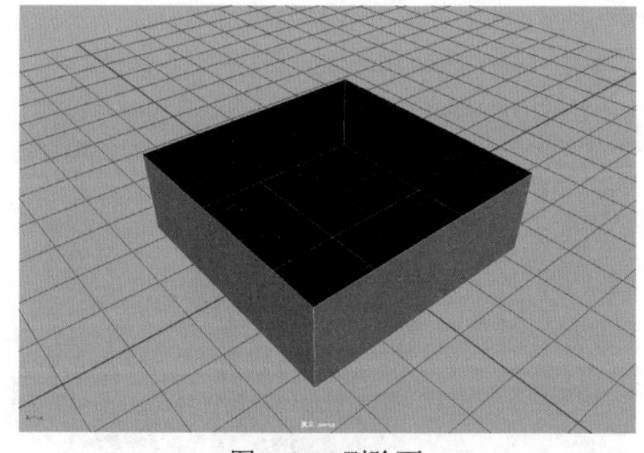

图 3-25 删除面

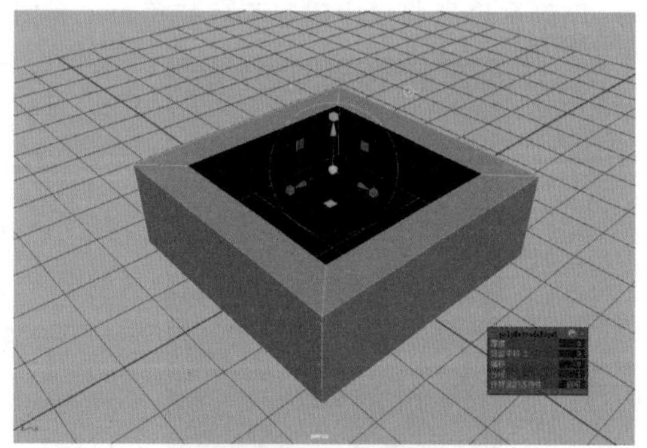

图 3-26 向内挤出

05 再按一次 Ctrl+E 快捷键，沿 Y 轴向上挤出，如图 3-27 所示。

06 按照步骤 04 和步骤 05 的方法，使用“挤出”命令制作底座模型的造型，如图 3-28 所示。

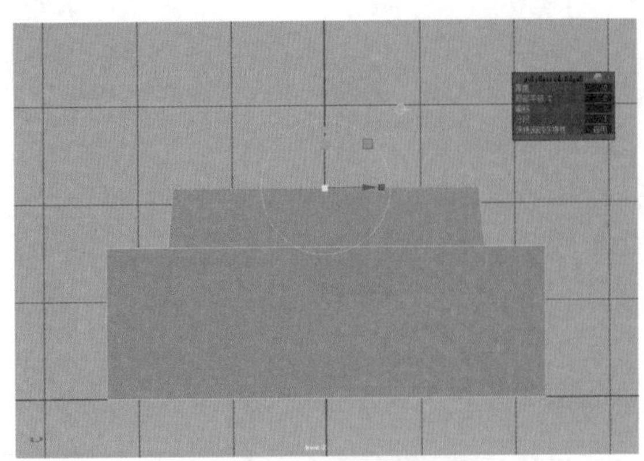

图 3-27　沿 Y 轴向上挤出

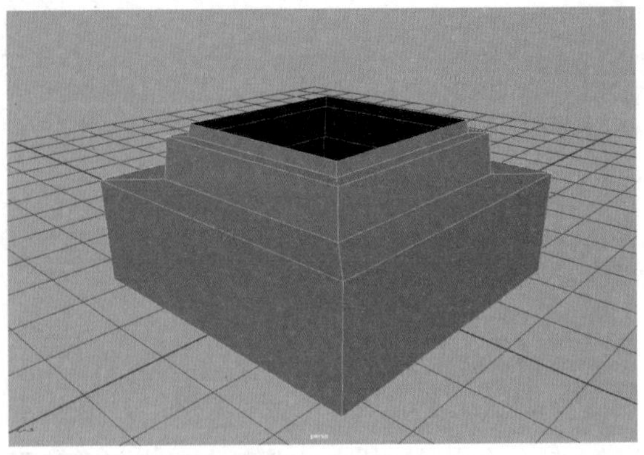

图 3-28　制作底座模型的造型

07 双击选择洞口边缘的一圈边，按 Shift 键并右击，从弹出的菜单中选择“填充洞”命令，如图 3-29 所示。

08 此时，即可对多边形上的空洞进行填充，结果如图 3-30 所示。

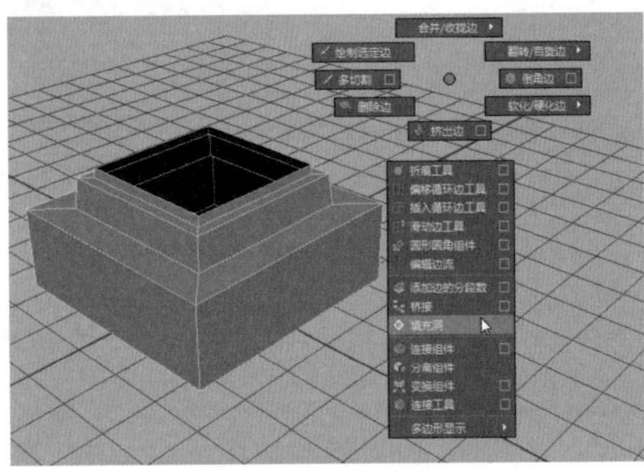

图 3-29　选择“填充洞”命令

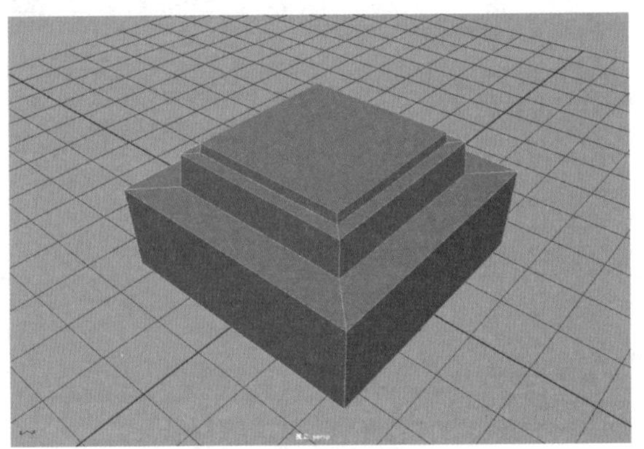

图 3-30　对空洞进行填充

09 在“多边形建模”工具架中单击“多边形圆柱体”按钮，在场景中创建一个多边形圆柱体，然后在“通道盒 / 层编辑器”面板中设置“轴向细分数”数值为 16，如图 3-31 所示。

10 删除多边形圆柱体顶部和底部的面，如图 3-32 所示。

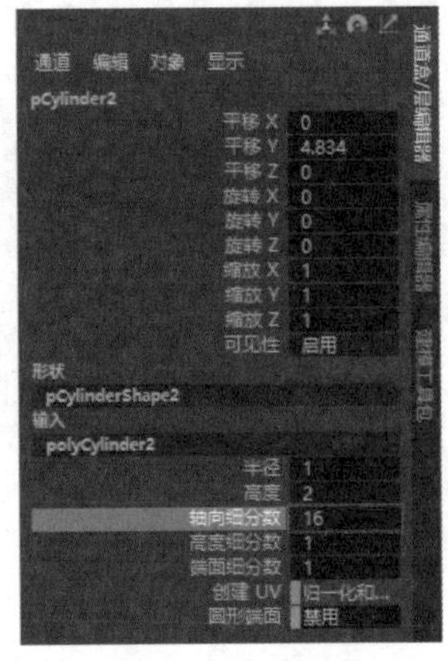

图 3-31　设置“轴向细分数”数值

图 3-32　删除多边形圆柱体顶部和底部的面

11 调整多边形圆柱体的比例，如图 3-33 所示。

12 在面板工具栏中单击“隔离选择”按钮，在场景中单独显示多边形圆柱体，然后在“多边形建模”工具架中单击“多切割工具”按钮，如图 3-34 所示。

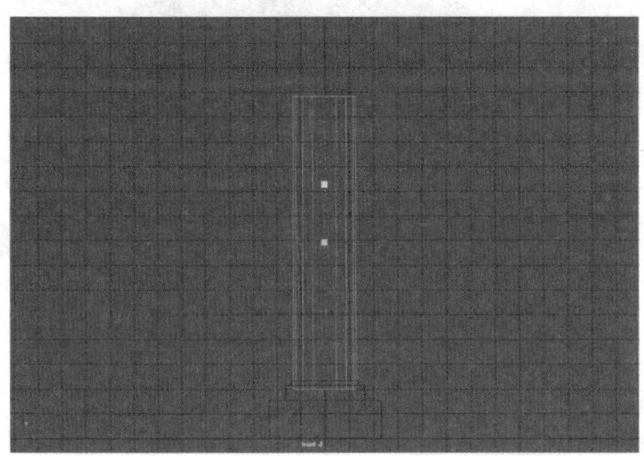
图 3-33　调整多边形圆柱体的比例

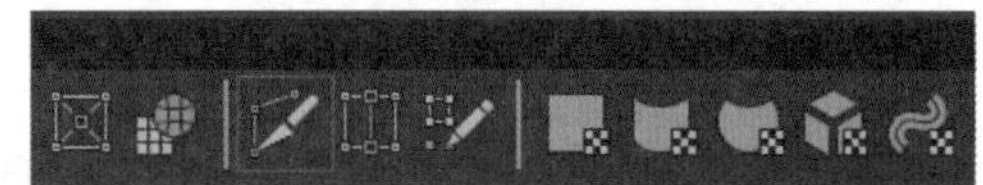
图 3-34　单击“多切割工具”按钮

13 按住 Ctrl 键不放，单击需要卡线的地方，如图 3-35 左图所示。在线段的两侧分别添加一条循环边，对其进行卡边，如图 3-35 右图所示。

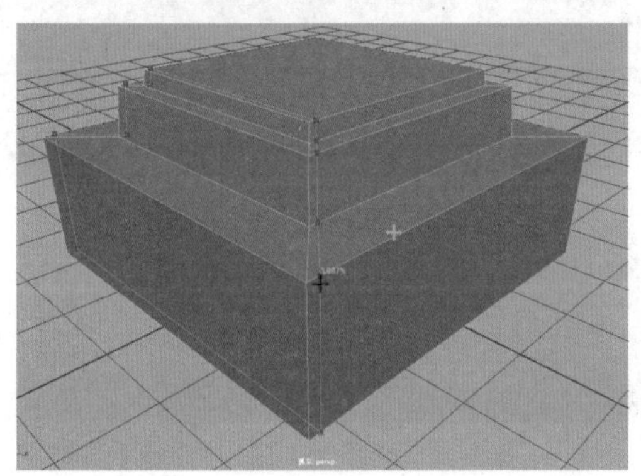
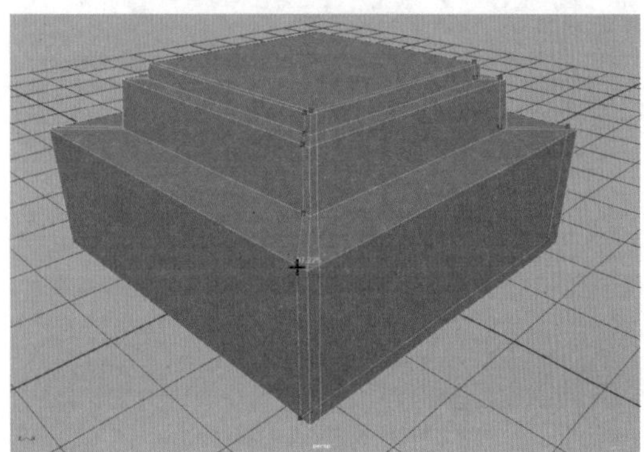
图 3-35　对模型进行卡边

14 完成卡边操作后，模型布线的显示结果如图 3-36 所示。

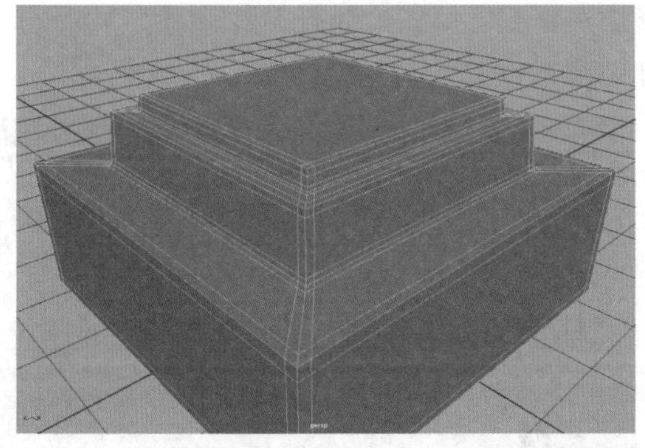
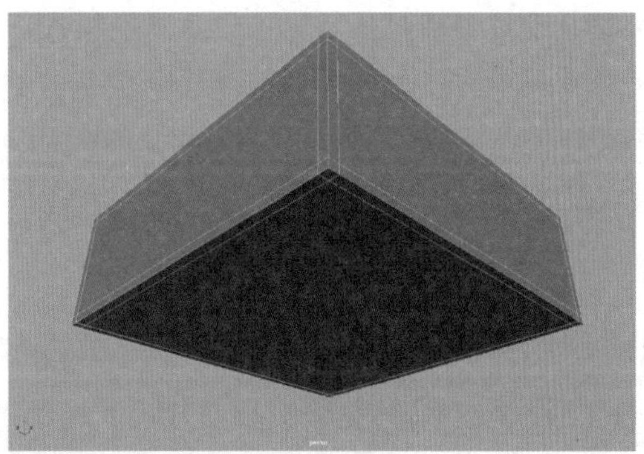
图 3-36　模型布线的显示结果

15 按 3 键进入平滑质量显示模式，如图 3-37 所示，确认底座模型的形状，检查模型是否有忘记卡线的地方，否则细分后模型会出现变形的情况。

16 按照步骤 13 的方法，选择多边形圆柱体，对顶部进行卡边，如图 3-38 所示。

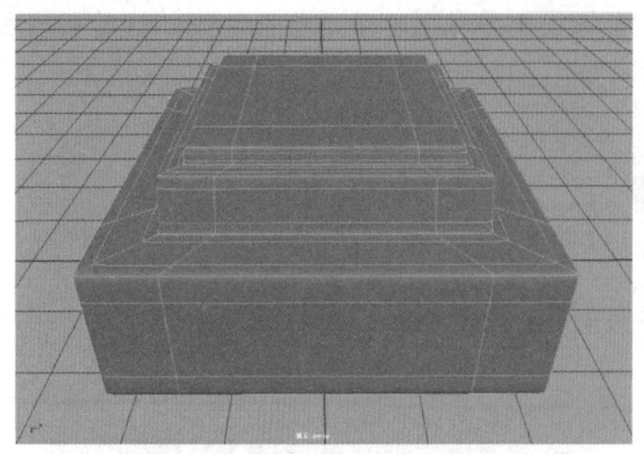

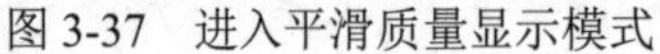

图 3-37　进入平滑质量显示模式

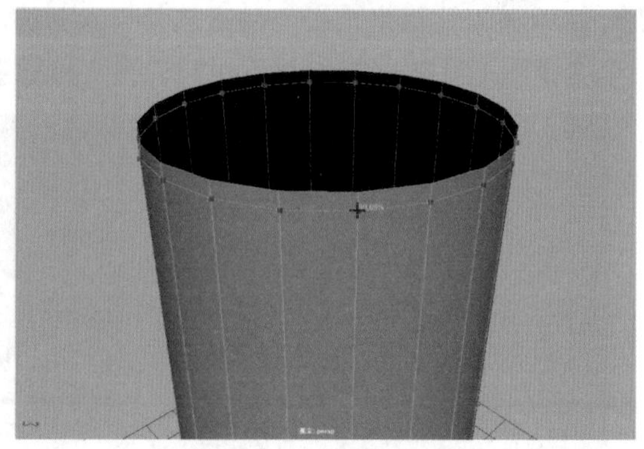

图 3-38　对顶部进行卡边

17 对多边形圆柱体底部进行卡边，如图 3-39 所示。

18 选择底座模型，在菜单栏中选择“修改”|“中心枢轴”命令，如图 3-40 所示，将枢轴重置到选定对象的中心位置。

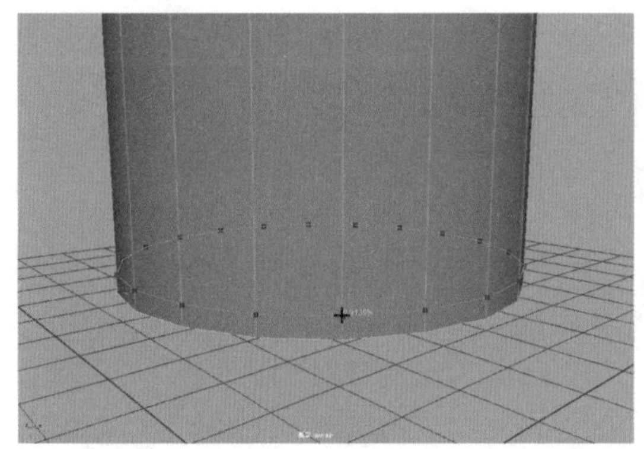

图 3-39　对底部进行卡边

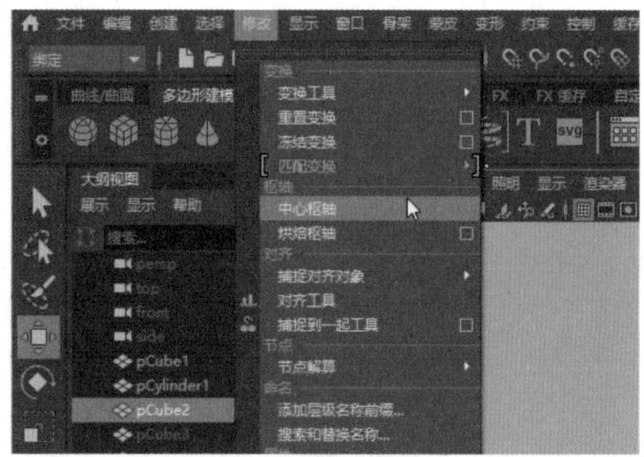

图 3-40　选择“中心枢轴”命令

19 选择底座模型，按 Ctrl+D 快捷键，复制一个底座模型的副本，并分别按 W 键和 R 键调整其位置及方向，如图 3-41 所示。

20 选择多边形圆柱体，进入“顶点”模式，调整其顶点的位置，如图 3-42 所示。

21 设置完成后，石柱模型的最终显示效果如图 3-22 所示。

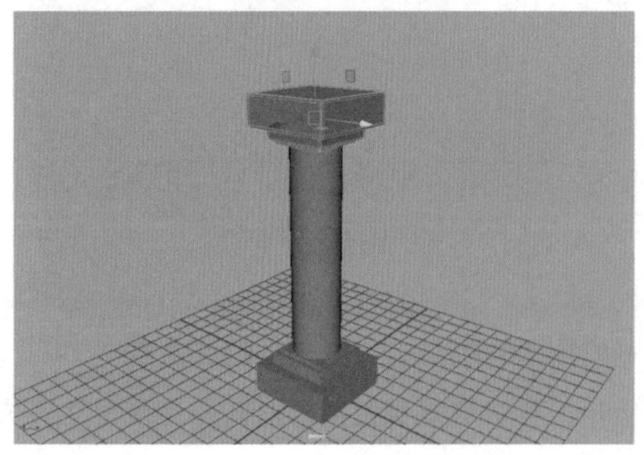

图 3-41　复制一个底座模型的副本

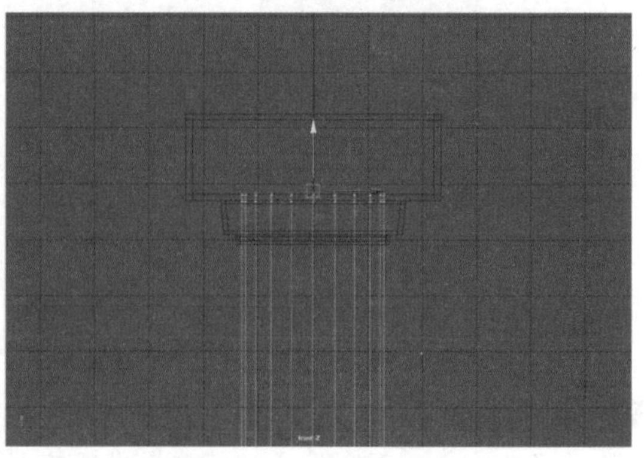

图 3-42　调整顶点的位置

3.5　实例：制作桌子模型

【例 3-3】本实例将主要讲解如何制作桌子模型，效果如图 3-43 所示。

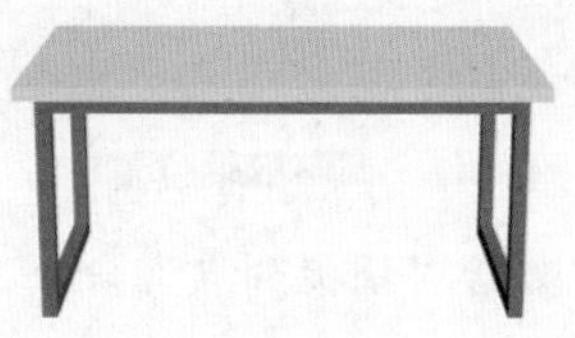

图 3-43　桌子模型

01 在“多边形建模”工具架中单击“多边形立方体”按钮，在场景中创建一个多边形立方体，然后在“通道盒 / 层编辑器”面板的“宽度”文本框中输入 120，在“高度”文本框中输入 5，在“深度”文本框中输入 240，如图 3-44 所示。

02 设置完成后，多边形立方体的显示结果如图 3-45 所示。

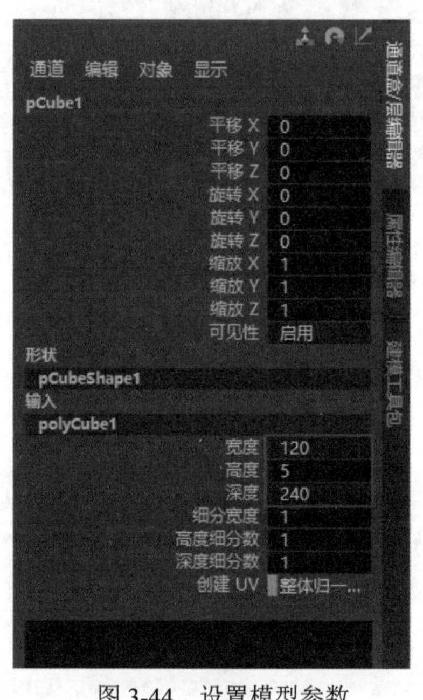

图 3-44　设置模型参数

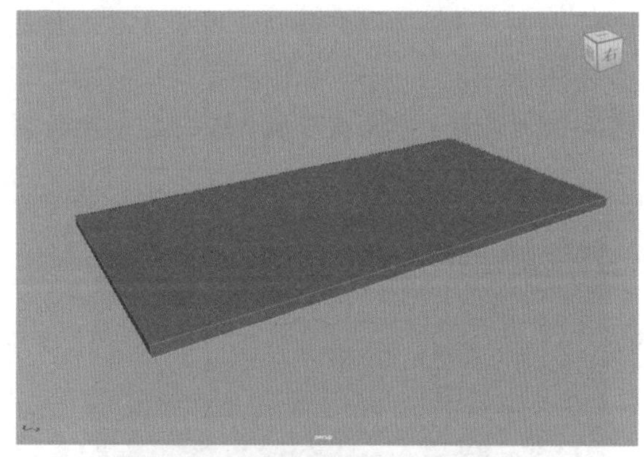

图 3-45　多边形立方体的显示结果

03 再次创建一个多边形立方体，制作桌子腿模型，并选择模型顶部的面，如图 3-46 所示，按 Delete 键将其删除。

04 按 D 键激活“移动枢轴”命令，并按 V 键激活“捕捉到点”命令，将枢轴捕捉至如图 3-47 所示的顶点上。

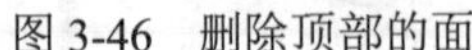
图 3-46　删除顶部的面

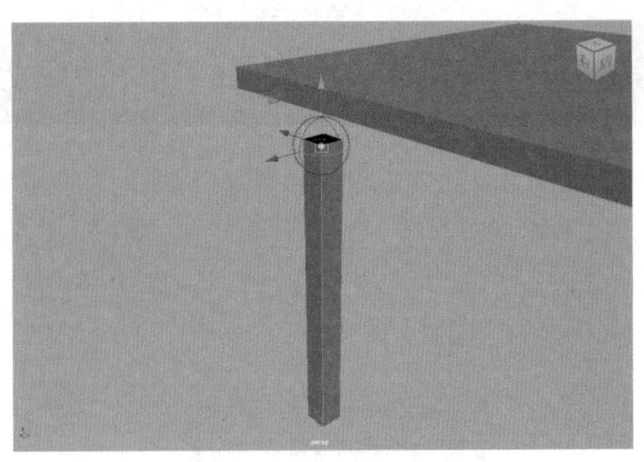
图 3-47　调整枢轴位置

05 切换到前视图，再按一次 D 键结束操作，然后按 V 键激活“捕捉到点”命令，移动桌子腿模型，使其顶部与桌面模型底部平行，结果如图 3-48 所示。

06 选择桌子腿模型上的一条线段，按 Shift 键并右击，从弹出的菜单中选中“插入循环边工具”命令右侧的复选框，如图 3-49 所示。

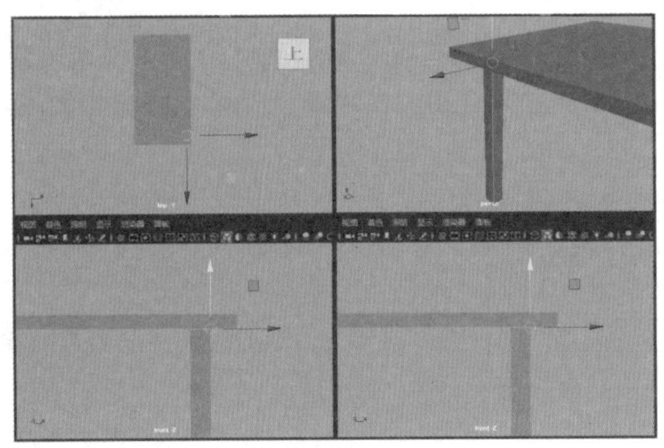
图 3-48　调整模型位置

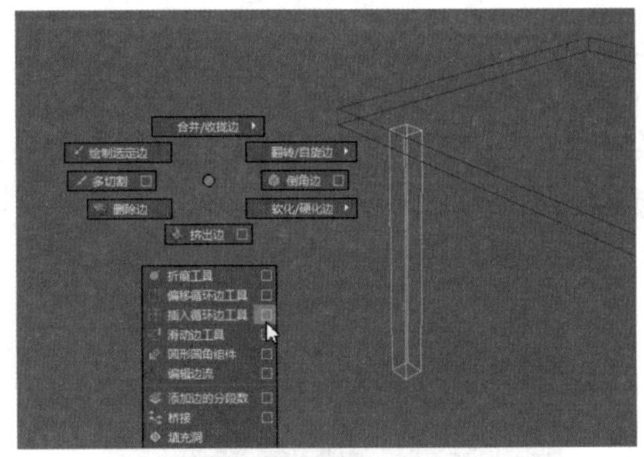

图 3-49　选中复选框

07 打开“工具设置”窗口，选中“多个循环边”单选按钮，设置“循环边数”数值为 2，如图 3-50 所示。

08 回到场景，单击桌子腿模型，会出现两条等分的循环边，如图 3-51 所示。

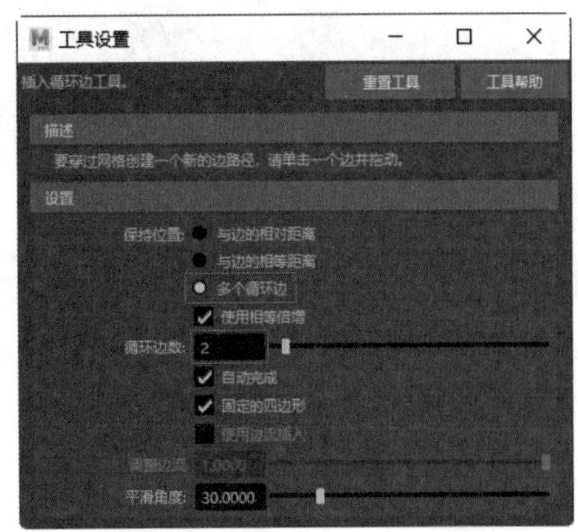

图 3-50　设置“工具设置”窗口

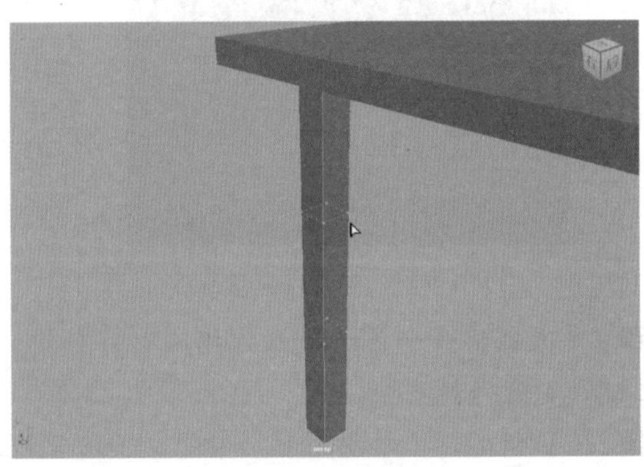
图 3-51　桌子腿模型上出现了两条等分的循环边

09 按 R 键调整循环边的间距，并按 Delete 键删除如图 3-52 所示的面。

10 按 D 键激活“移动枢轴”命令，再按 X 键激活“捕捉到栅格”命令，将枢轴捕捉至栅格中心位置，如图 3-53 所示。

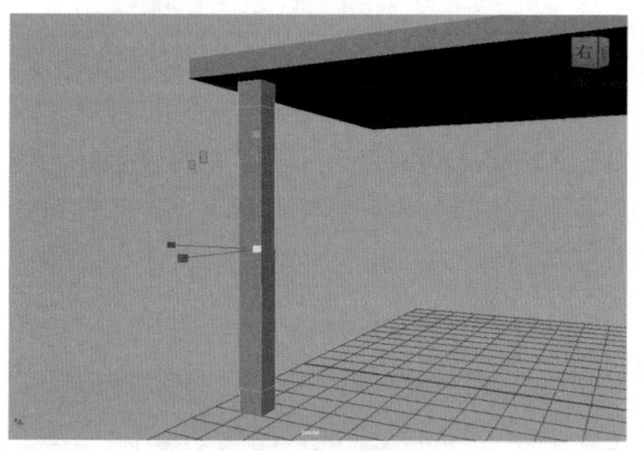

图 3-52　删除面

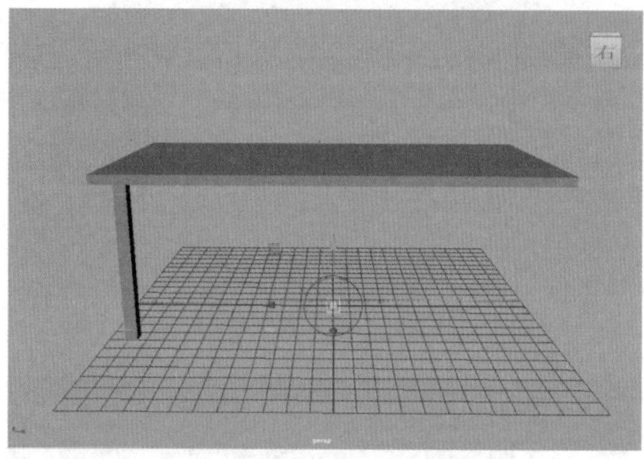

图 3-53　调整枢轴位置

11 再按一次 D 键结束操作，按住 Shift 键并右击，从弹出的菜单中选中“镜像”命令右侧的复选框，如图 3-54 所示。

12 打开“镜像选项”窗口，在“镜像轴”选项组中选中 X 单选按钮，然后选中“与原始对象组合”复选框，单击“应用”按钮，如图 3-55 所示。在进行桥接之前，需要把两个或两个以上的对象合并为一个独立的对象。

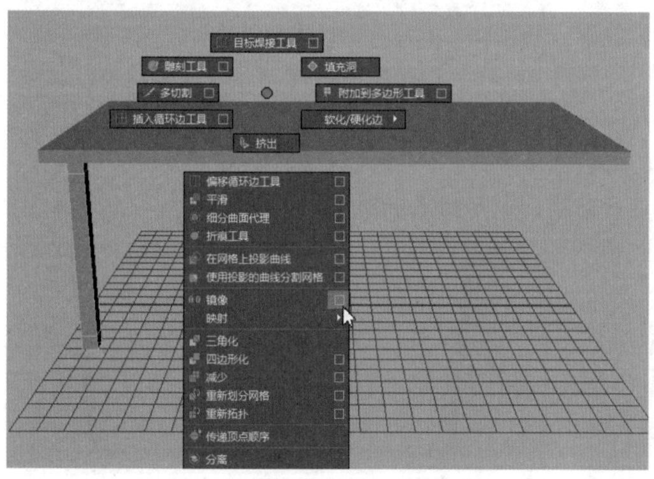

图 3-54　选中复选框

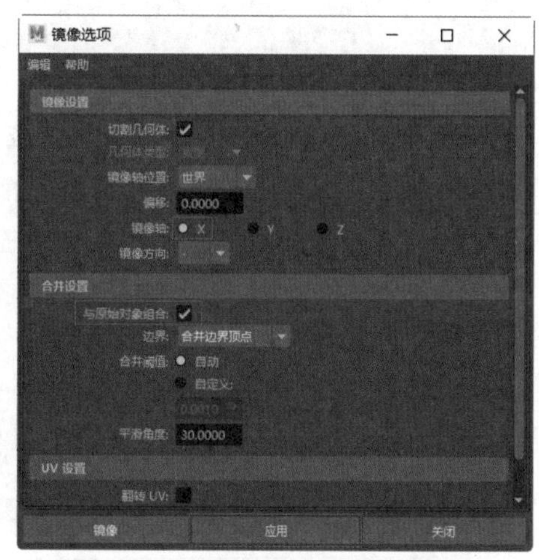

图 3-55　设置“镜像选项”窗口

13 此时，即可复制另一个桌子腿模型，如图 3-56 所示。

14 按照步骤 12 的方法，复制其余的桌子腿模型，如图 3-57 所示。

15 选择如图 3-58 所示的面，按 Delete 键将其删除。

16 按 Shift 键双击加选两个桌子腿模型洞口的一圈边界边，如图 3-59 所示。

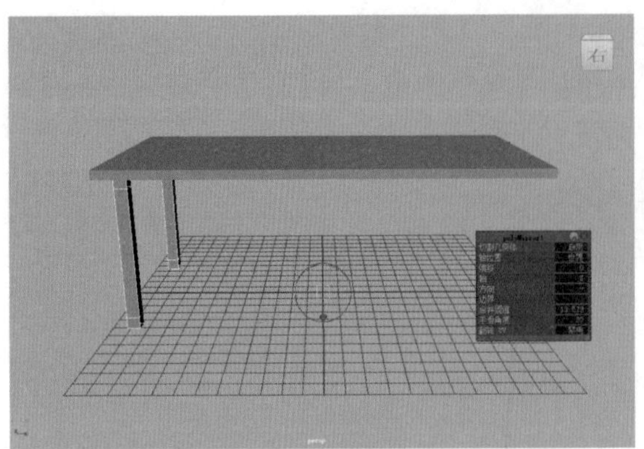

图 3-56　镜像复制模型

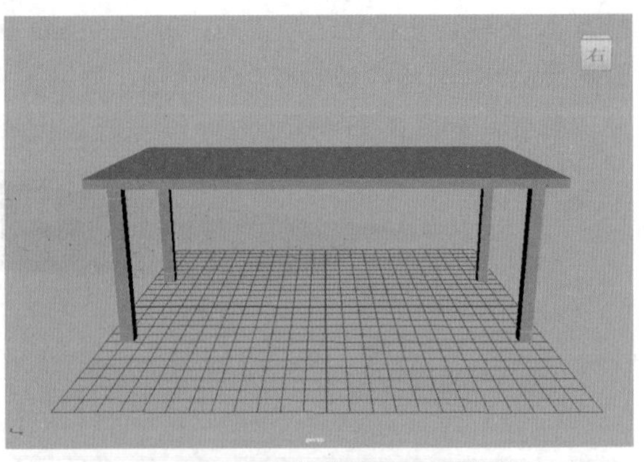

图 3-57　复制其余的桌子腿模型

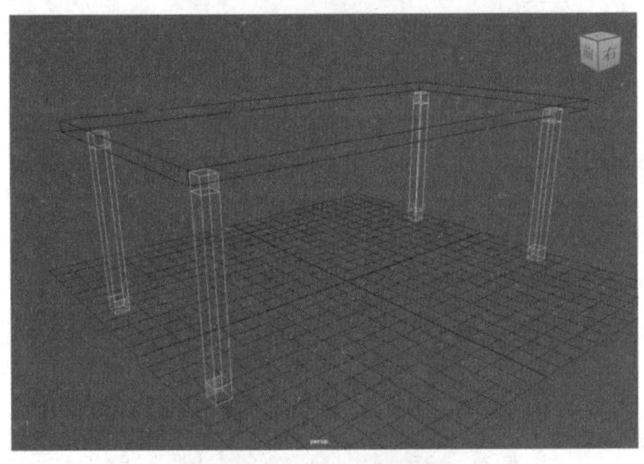

图 3-58　删除面

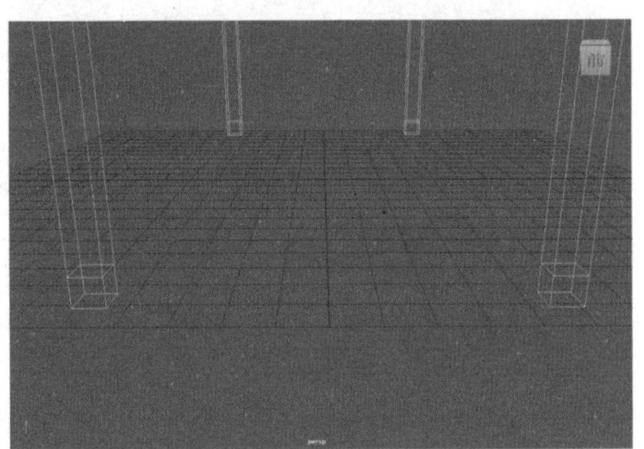

图 3-59　按 Shift 键双击加选边界边

17 按 Shift 键并右击，从弹出的菜单中选择“桥接”命令，如图 3-60 所示，能够在模型的边界边以及面和面之间建立面来进行连接。

18 此时，在这两个洞口之间建立了面进行连接，显示结果如图 3-61 所示。

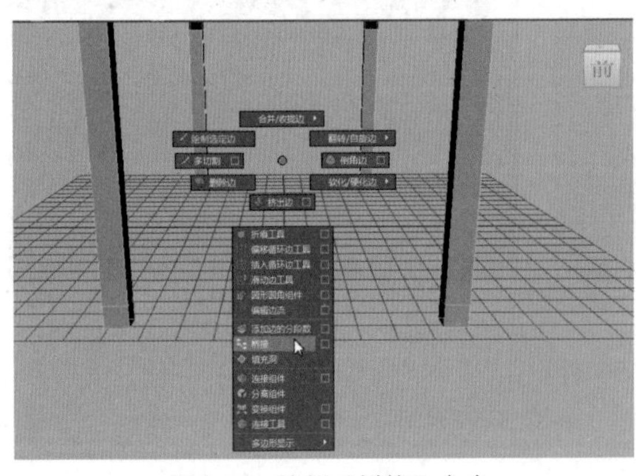

图 3-60　选择“桥接”命令

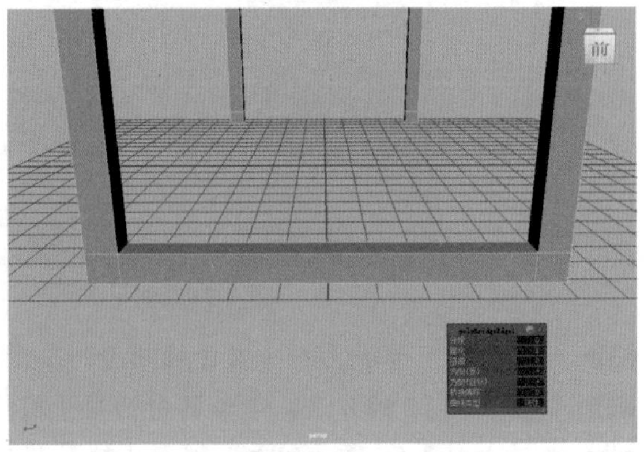

图 3-61　桥接后的显示结果

19 按 Shift 键加选如图 3-62 所示的四条边界边。

20 按照步骤 17 的方法，将模型的边界边进行连接，结果如图 3-63 所示。

21 按照步骤16到步骤20的方法，对其他对象进行桥接，桌子模型的最终显示效果如图3-43所示。

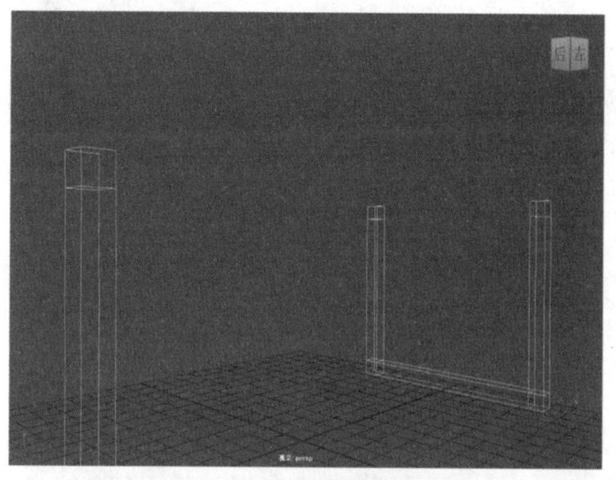
图3-62 选择边界边

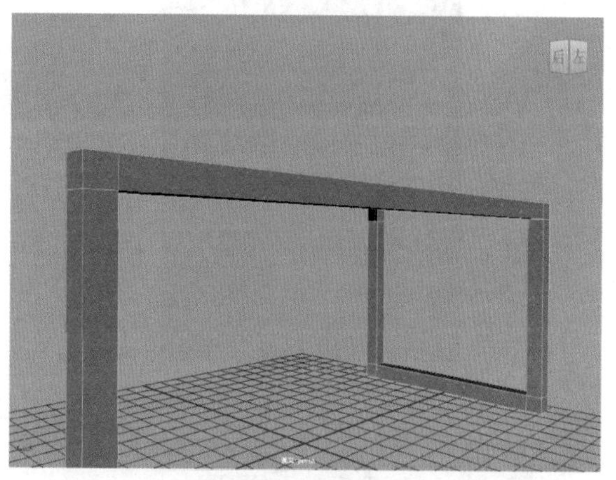
图3-63 连接边界边

3.6 实例：制作柠檬模型

【例3-4】本实例将主要讲解如何制作柠檬模型，效果如图3-64所示。视频

图3-64 柠檬模型

01 在“多边形建模”工具架中单击“多边形圆柱体”按钮，在场景中创建一个多边形圆柱体，按R键调整其比例，然后在“通道盒/层编辑器”面板的“旋转Z”文本框中输入90，在“轴向细分数”文本框中输入5，如图3-65所示。

02 设置完成后，多边形圆柱体的显示结果如图3-66所示。

03 按Shift键并右击，从弹出的菜单中选择“平滑”命令，如图3-67所示。

04 选择模型左右两端的顶点，按空格键切换至前视图，再按R键沿X轴向外进行拖曳，制作出柠檬模型两端向外凸出的结构，结果如图3-68所示。

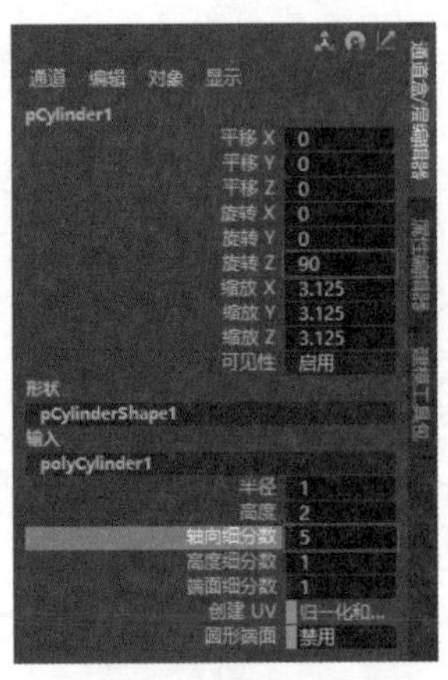

图 3-65　设置模型参数

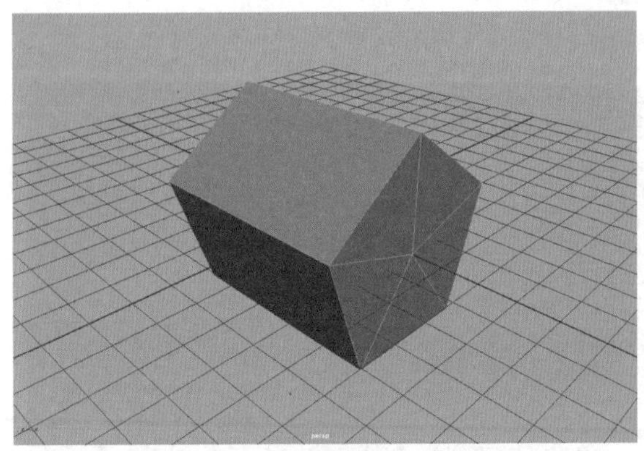

图 3-66　多边形圆柱体的显示结果

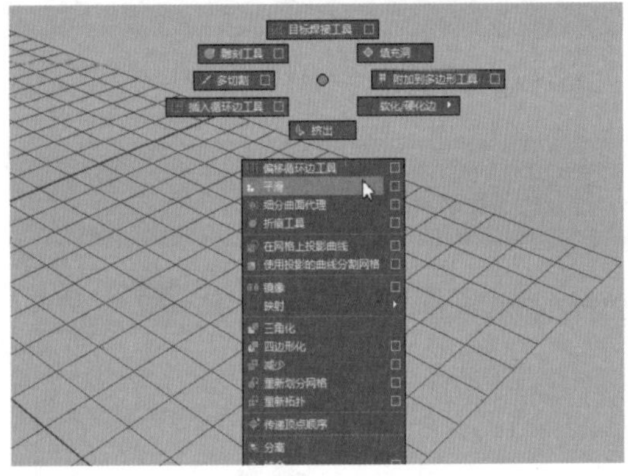

图 3-67　选择“平滑”命令

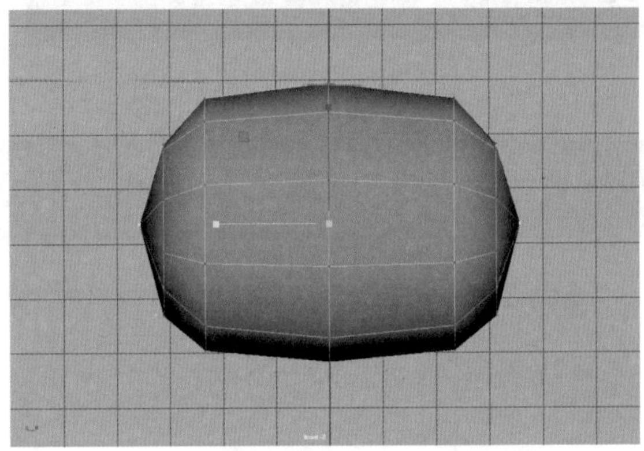

图 3-68　制作凸出的结构

05 选择如图 3-69 左图所示的面，然后按 Shift 键并右击，从弹出的菜单中选择“挤出面”命令，如图 3-69 右图所示，或者按 Ctrl+E 快捷键。

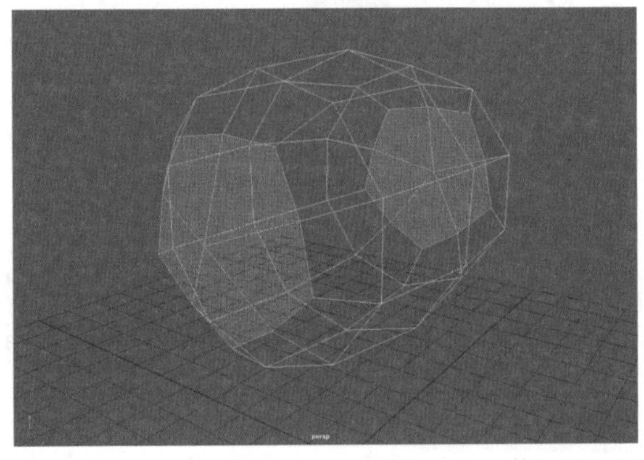

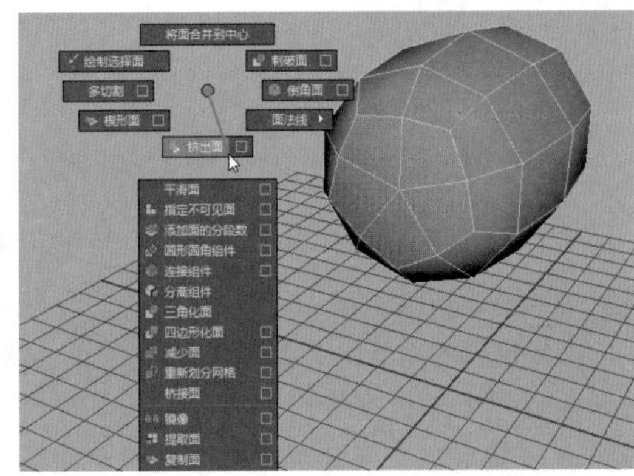

图 3-69　选择面然后选择“挤出面”命令

06 单击坐标轴箭头上方的方块，可切换到缩放模式，拖曳坐标中心向内挤出，如图 3-70 左图所示，并沿 X 轴向外进行拖曳，如图 3-70 右图所示。

07 选择模型左侧的面，如图 3-71 左图所示，按 Ctrl+E 快捷键再次进行挤出，并调整其造型，如图 3-71 右图所示。

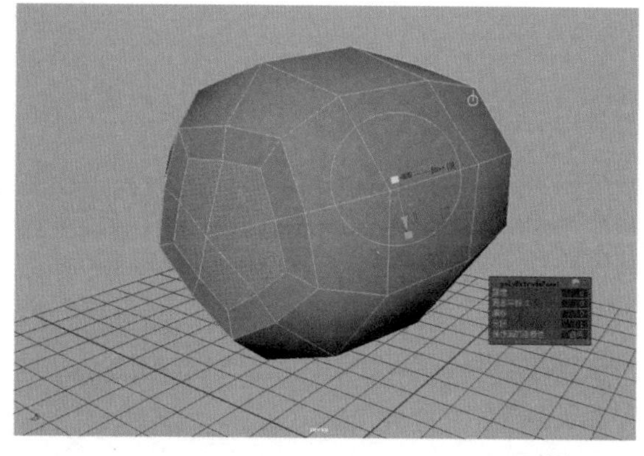
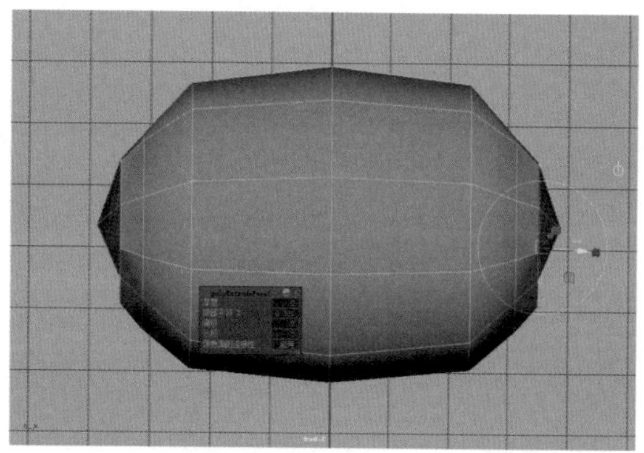

图 3-70 挤出结构

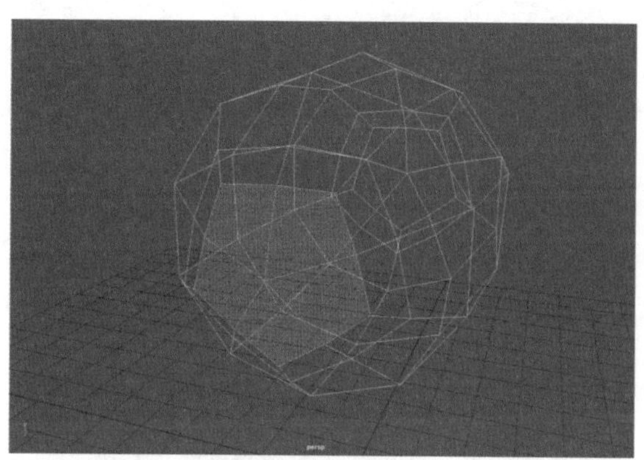
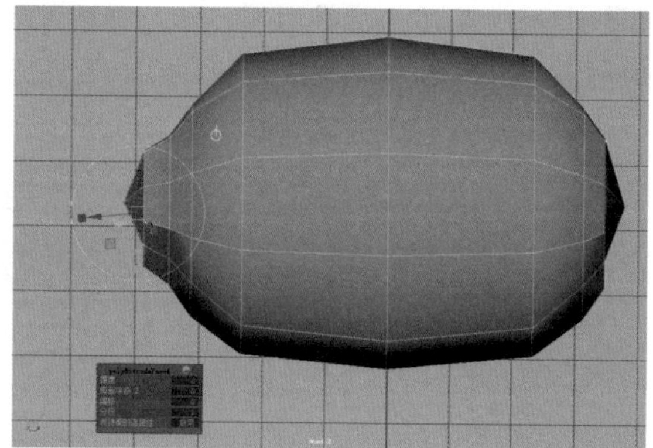

图 3-71 继续进行挤出操作

08 按 Ctrl+E 快捷键再次沿 X 轴进行挤出，然后设置“保持面的连续性”文本框为“禁用”，如图 3-72 所示。

09 单击坐标轴箭头上方的方块，可切换到缩放模式，拖曳坐标中心向内挤出，如图 3-73 所示。

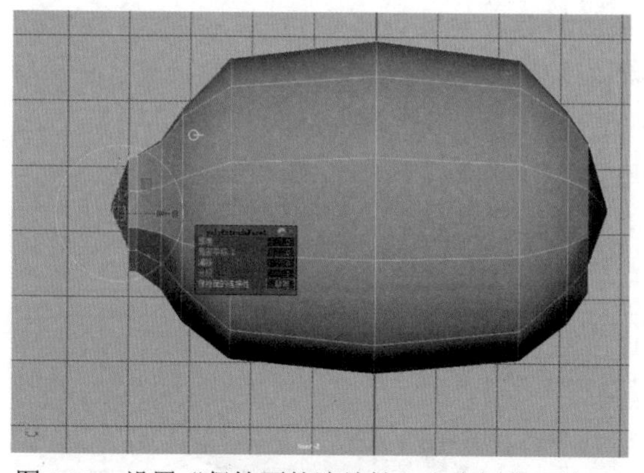

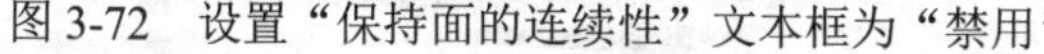

图 3-72 设置“保持面的连续性”文本框为“禁用”

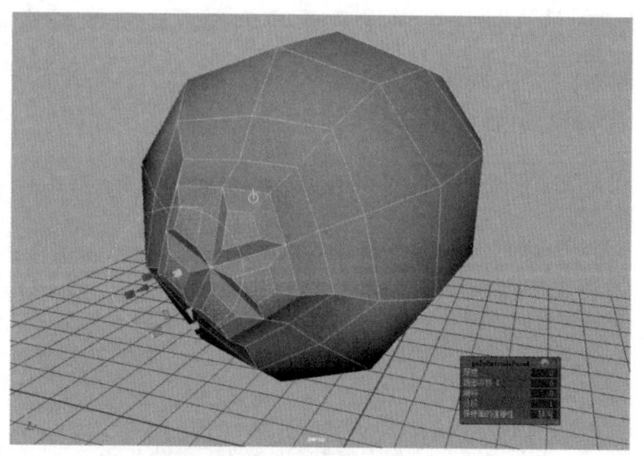

图 3-73 拖曳坐标中心向内挤出

10 切换至左视图，分别单击选择如图 3-74 所示的顶点，不要进行框选，否则会一起选中模型右侧的顶点。

11 按 R 键，拖曳坐标中心向外进行缩放，如图 3-75 所示，调整模型的结构。

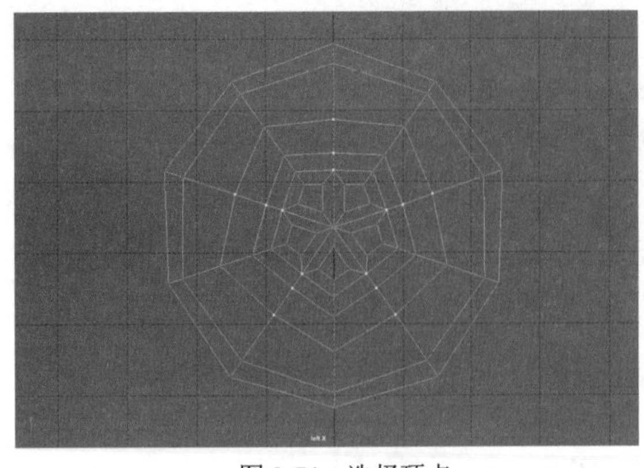

图 3-74　选择顶点

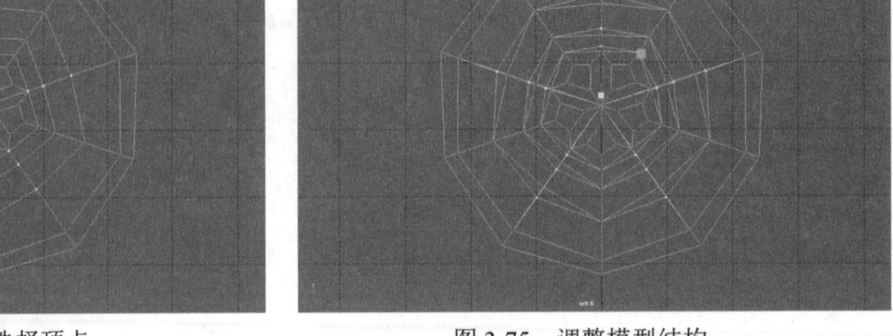

图 3-75　调整模型结构

12 按照步骤 10 到步骤 11 的方法，调整模型右侧的造型，如图 3-76 所示。

13 按照步骤 05 到步骤 07 的方法，多次执行“挤出”命令，制作模型右侧的结构，如图 3-77 所示。

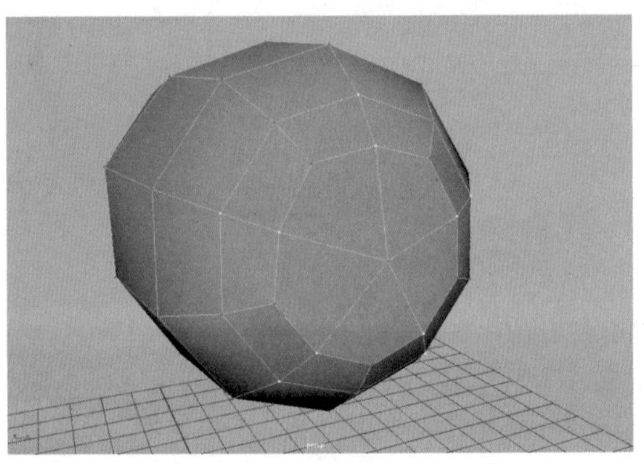

图 3-76　调整模型右侧的造型

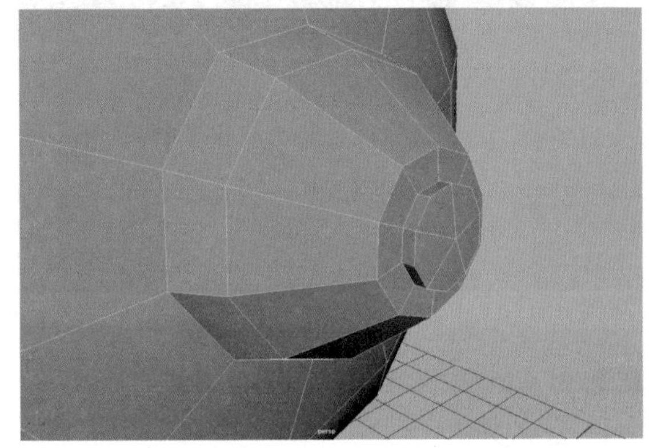

图 3-77　制作模型右侧的结构

14 按 3 键进入平滑质量显示模式，确认柠檬模型的形状，如图 3-78 所示。

15 按 D 键激活“移动枢轴”命令，再按 V 键激活“捕捉到点”命令，沿 Y 轴拖曳，将枢轴捕捉至如图 3-79 所示的位置。

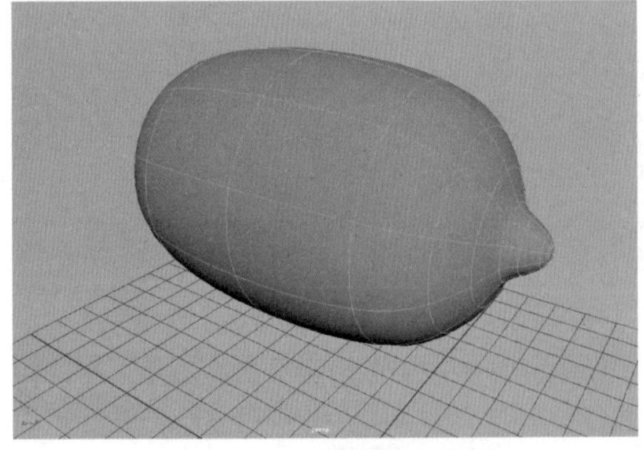

图 3-78　进入平滑质量显示模式

图 3-79　调整枢轴位置

16 选择模型，按 Ctrl+D 快捷键复制一个柠檬模型的副本，如图 3-80 所示。

17 删除副本模型右半部分的面，如图 3-81 所示。

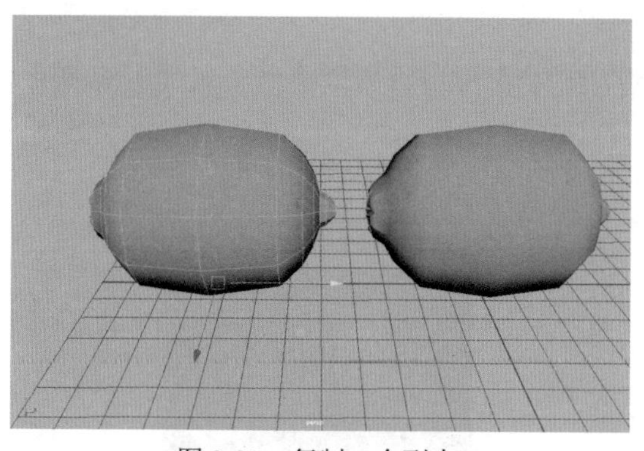

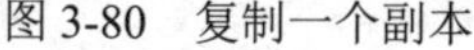

图 3-80　复制一个副本

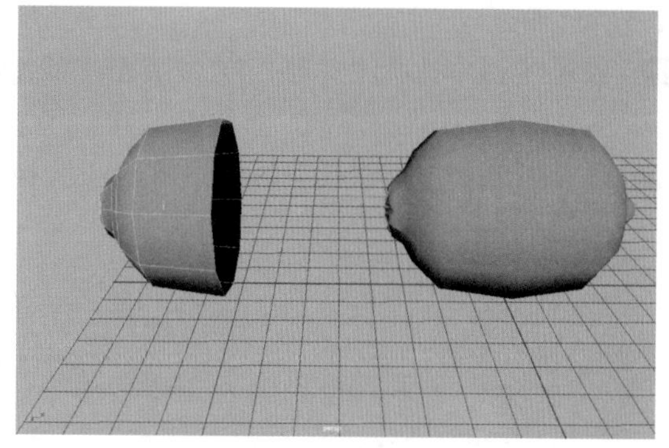

图 3-81　删除面

18 选择副本模型洞口的一圈边缘线，分别按两次 Ctrl+E 快捷键激活“挤出”命令，拖曳枢轴中心向内挤出，如图 3-82 所示。

19 按 Ctrl 键并右击，从弹出的菜单中选择“到顶点”|“到顶点”命令，如图 3-83 所示，进入“顶点”模式。

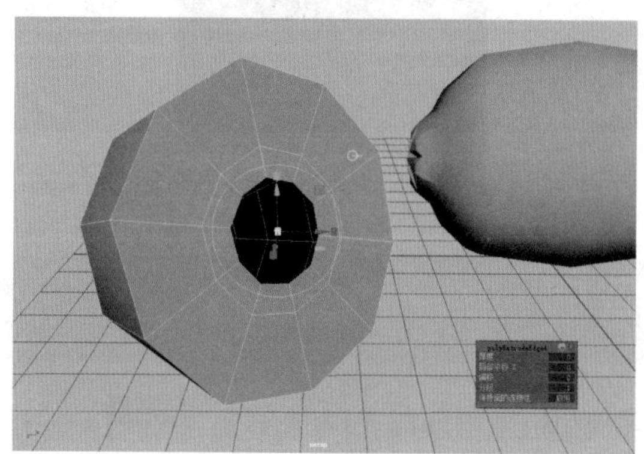

图 3-82　向内挤出

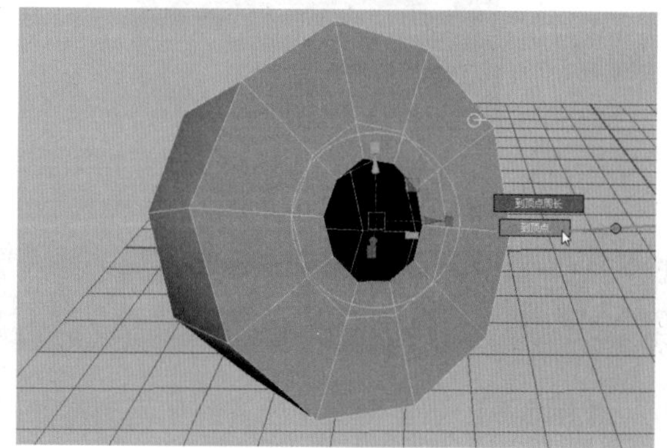

图 3-83　选择“到顶点”命令

20 选择模型，按 Shift 键并右击，从弹出的菜单中选择“合并顶点”|“合并顶点到中心”命令，如图 3-84 所示。

21 设置完成后，半个柠檬的显示结果如图 3-85 所示。

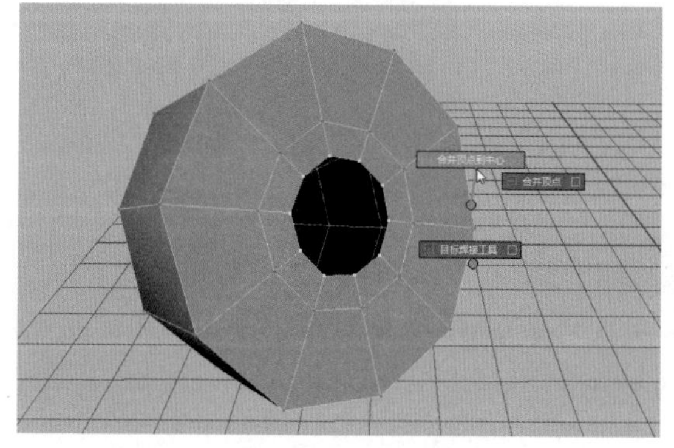

图 3-84　选择“合并顶点到中心”命令

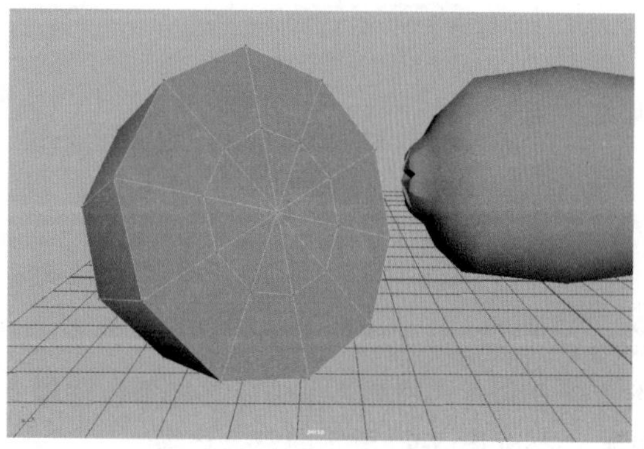

图 3-85　半个柠檬的显示结果

22 选择场景中所有的模型，在菜单栏中分别选择“冻结变换”和“中心枢轴”命令，如图 3-86 所示，使选定对象在“通道盒 / 层编辑器”面板中的数值全部为零，并将枢轴重置到选定对象的中心位置。

23 在菜单栏中选择“编辑”|“按类型删除全部”|“非变形器历史”命令，如图 3-87 所示，删除模型的历史。

24 设置完成后，柠檬模型的最终显示结果如图 3-64 所示。

图 3-86　设置枢轴

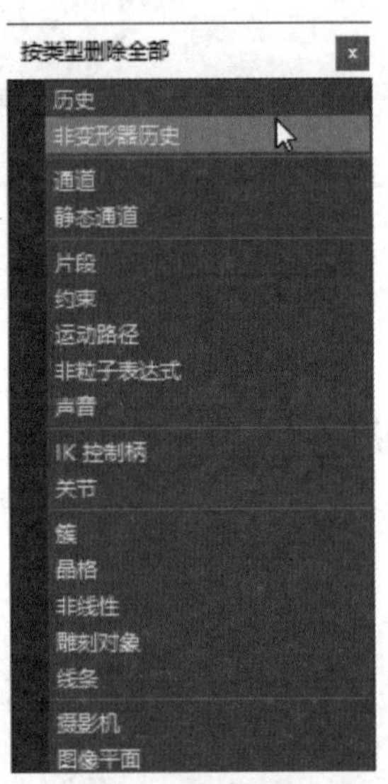

图 3-87　选择“非变形器历史”命令

3.7　实例：制作沙发凳模型

【例 3-5】 本实例将主要讲解如何制作沙发凳模型，效果如图 3-88 所示。

图 3-88　沙发凳模型

01 在“多边形建模”工具架中单击“多边形立方体”按钮，在场景中创建一个多边形圆柱体，按 R 键使用缩放工具调整其比例，如图 3-89 所示。

02 选择如图 3-90 所示的四条边。

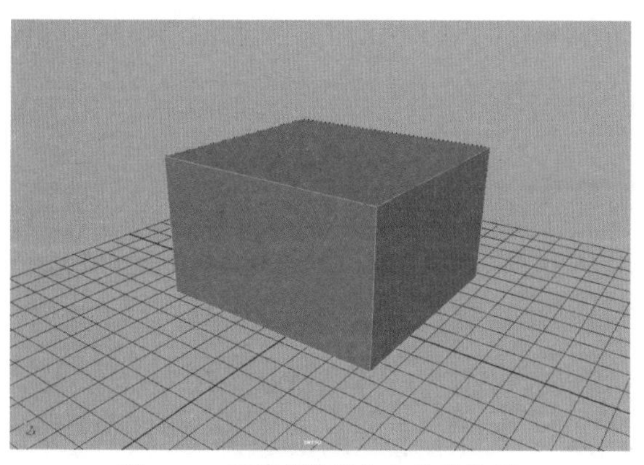

图 3-89　调整多边形立方体的比例

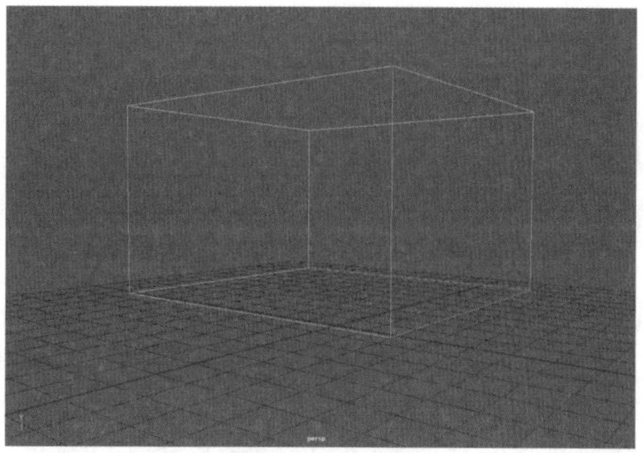

图 3-90　选择边

03 在“多边形建模”工具架中单击“倒角”按钮，如图 3-91 所示，或按 Ctrl+B 快捷键激活此命令。

04 在打开的面板中，在“分数”文本框中输入 0.3，在“分段”文本框中输入 3，如图 3-92 所示。

图 3-91　单击“倒角”按钮

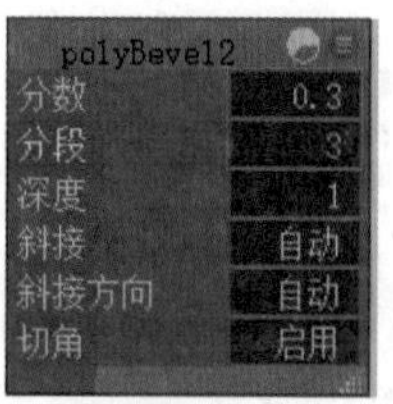

图 3-92　设置倒角参数

05 按 4 键切换至线框显示模式，右击并从弹出的菜单中选择“顶点”命令，如图 3-93 所示。

06 按 5 键切换至物体显示模式，选择左右两端对应的两个顶点，然后按 Shift 键并右击，在弹出的菜单中选择“连接工具”命令，如图 3-94 所示。

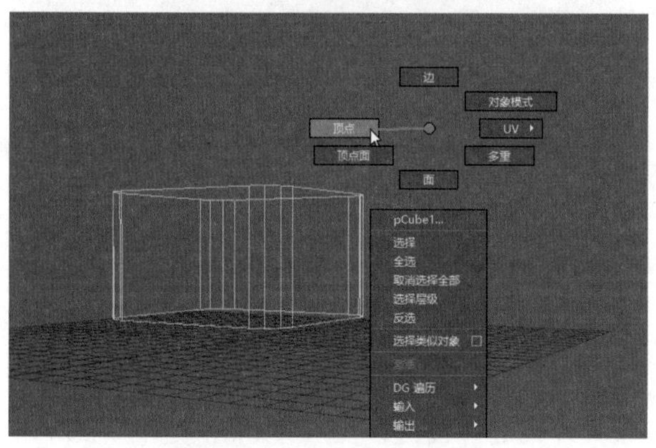

图 3-93　选择“顶点”命令

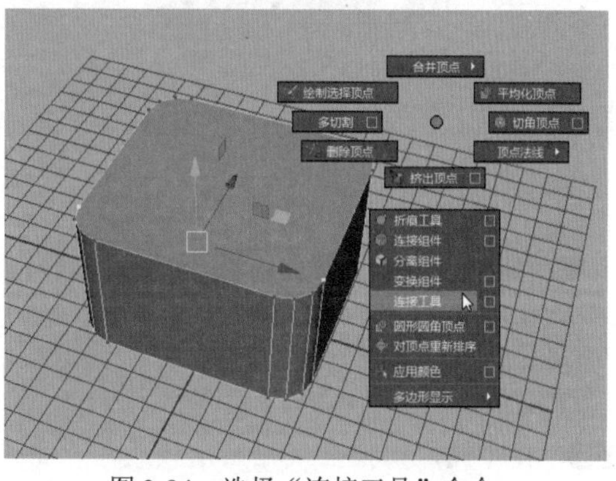

图 3-94　选择“连接工具”命令

07 此时即可看到一条绿色线段出现在顶面，在确认所连接的边无误后，按 Enter 键插入边，如图 3-95 所示。

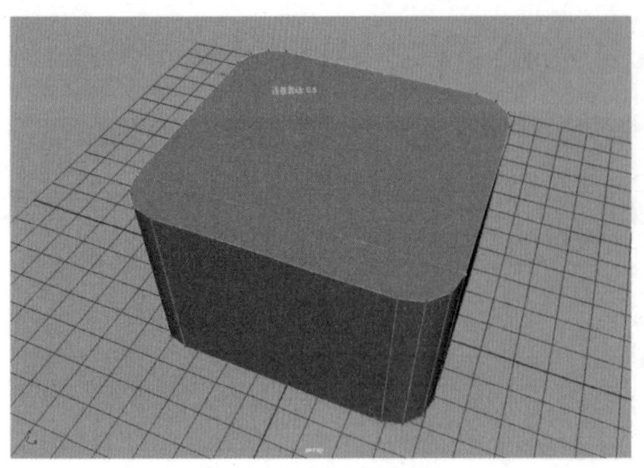
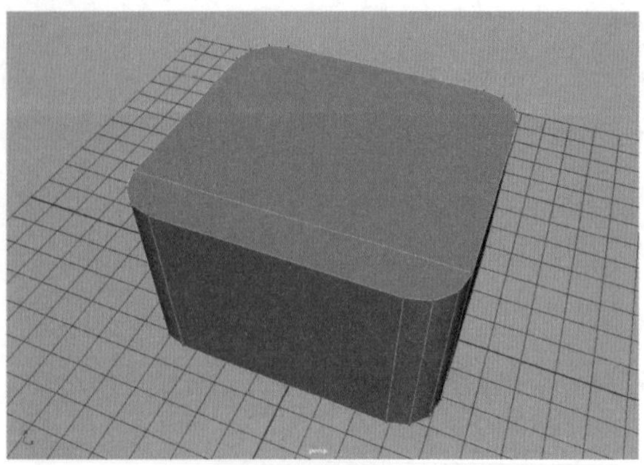

图 3-95　连接边并插入边

注意

在这里也可以执行“多切割工具”命令对面进行切分，但对于结构复杂的模型使用该方法可能会出现失误的情况，会破坏原有的布线，而使用“连接工具”能确保用户不会选错顶点。

08 按照步骤 06 到步骤 07 的方法，对其他顶点进行连接，结果如图 3-96 所示，仔细检查模型，确保顶面和底面没有大于四边的面出现。

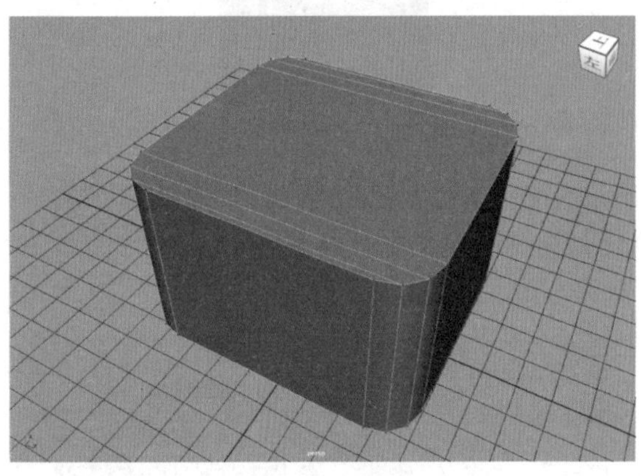
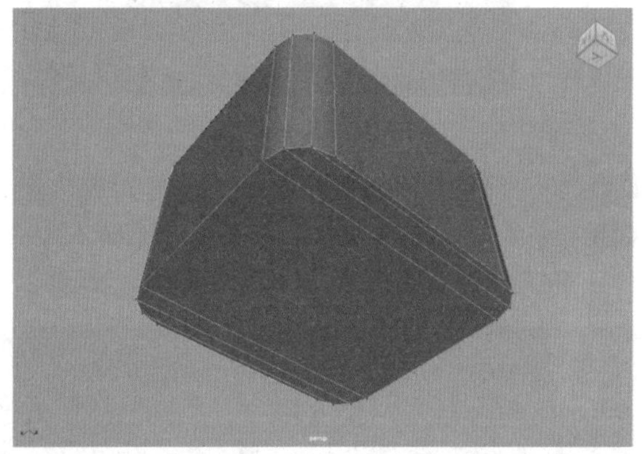

图 3-96　检查模型

注意

虽然 Maya 支持使用 4 条以上的边创建多边形，但是多于 4 条边的面在后期渲染时易出现扭曲错误，故进行多边形建模时，通常使用四边面创建模型。

09 按 4 键，切换至线框显示模式，双击选择顶部外围的一圈边，然后按 Shift 键并双击加选底部外围的一圈边，如图 3-97 所示。

10 按 5 键，切换至物体显示模式，按 Ctrl+B 快捷键激活“倒角”命令，在打开的面板中设置“分数”数值为 1，如图 3-98 所示。

11 选择上下两端倒角出的边，使用“缩放”工具沿着 Y 轴向下拖曳缩短两条边的间距，如图 3-99 所示。

12 删除顶部的面，如图 3-100 所示。

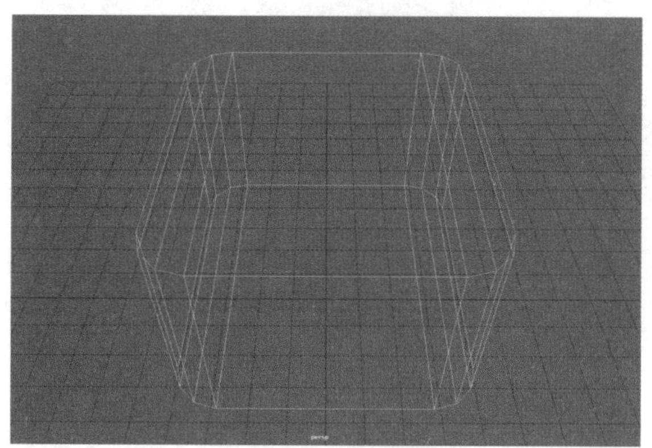

图 3-97　选择边

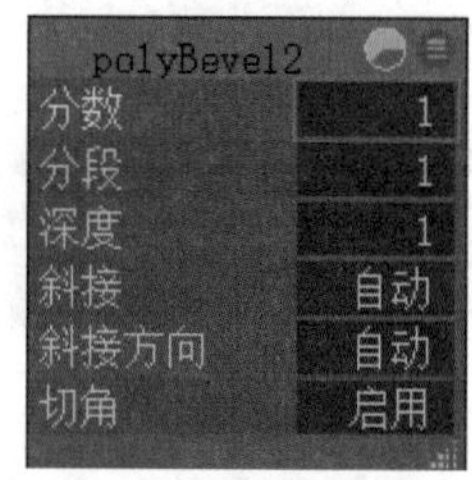

图 3-98　设置倒角参数

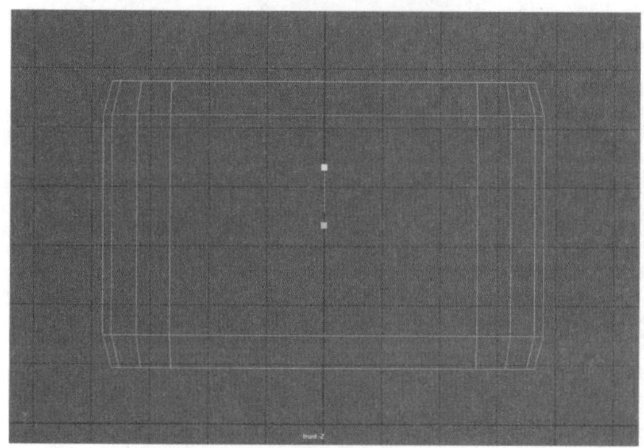

图 3-99　缩短两条边的间距

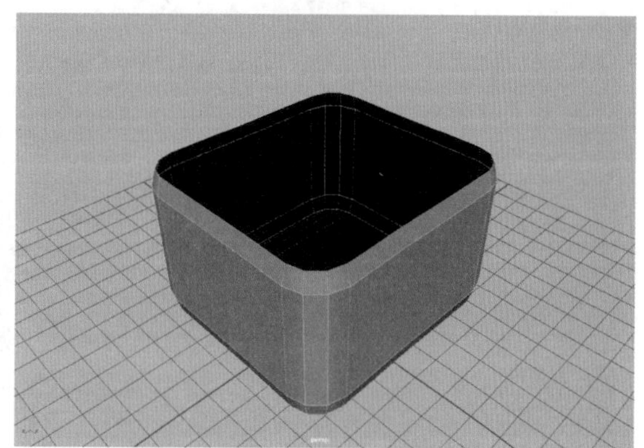

图 3-100　删除顶部的面

13 选择洞口边缘的一圈边，按 Ctrl+E 快捷键沿 Y 轴向上挤出，如图 3-101 所示。

14 按 Ctrl+E 快捷键激活“挤出”命令，单击坐标轴箭头上方的方块，切换到缩放模式，拖曳坐标中心向内挤出，结果如图 3-102 所示。

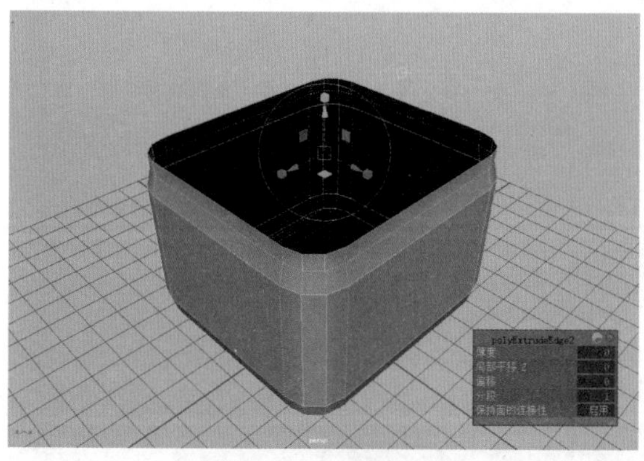

图 3-101　向上挤出

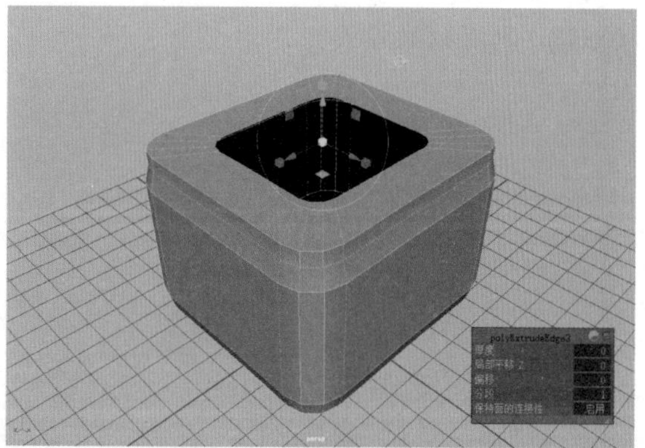

图 3-102　继续向内挤出

15 按 Ctrl 键并右击，从弹出的菜单中选择“到顶点” | “到顶点”命令，如图 3-103 所示。

16 按 Shift 键并右击，从弹出的菜单中选择“合并顶点”|“合并顶点到中心”命令，如图 3-104 所示。

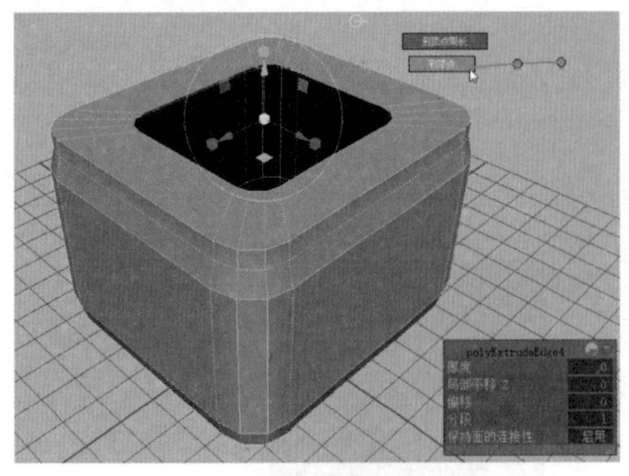

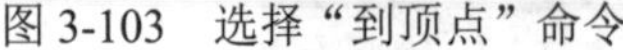

图 3-103　选择“到顶点”命令

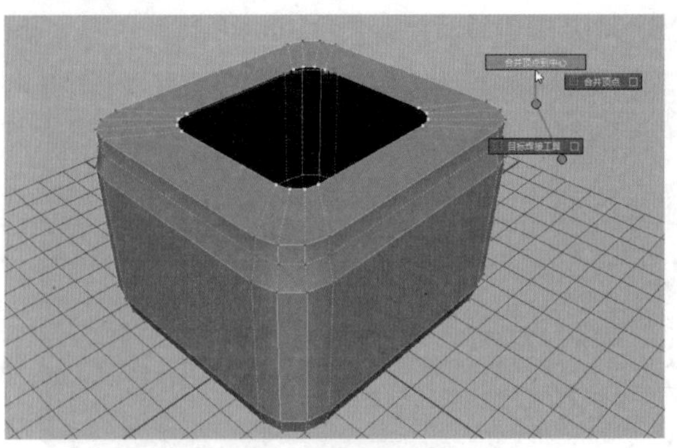

图 3-104　选择“合并顶点到中心”命令

17 选择如图 3-105 左图所示的顶点，按 Shift 键并右击，从弹出的菜单中选择“删除顶点”命令，如图 3-105 右图所示。

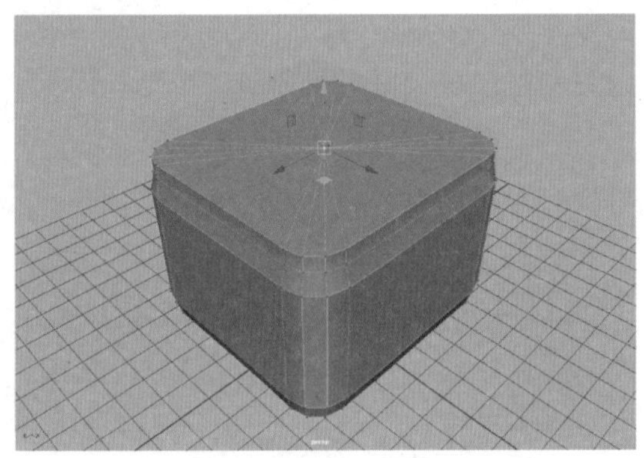

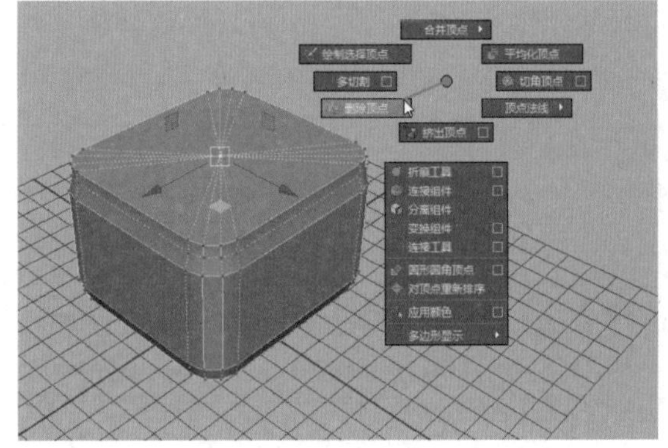

图 3-105　选择“删除顶点”命令

18 按照步骤 06 到步骤 07 的方法，对顶点进行连接，结果如图 3-106 所示。

19 在场景中创建一个多边形圆柱体作为凳子腿，在面板工具栏中单击“隔离选择”按钮，将其单独显示，然后删除多边形圆柱体顶部的面，如图 3-107 所示，然后再次单击“隔离选择”按钮，取消独显模式。

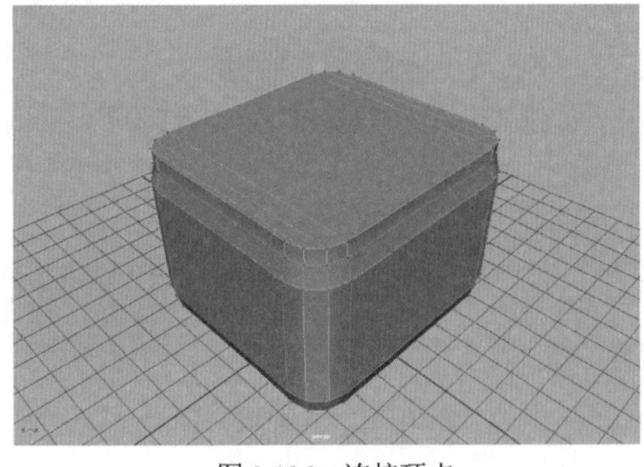

图 3-106　连接顶点

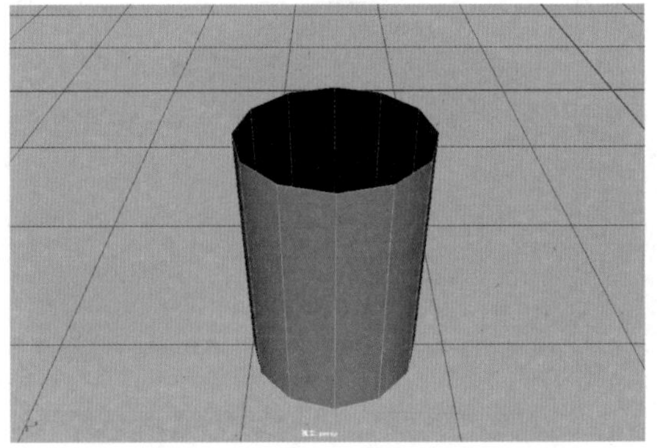

图 3-107　删除多边形圆柱体顶部的面

20 在“多边形建模”工具架中单击“多切割工具”按钮，按住 Ctrl 键不放，单击需要插入循环边的地方，如图 3-108 所示。

21 选择如图 3-109 所示的顶点，调整凳子腿模型的造型。

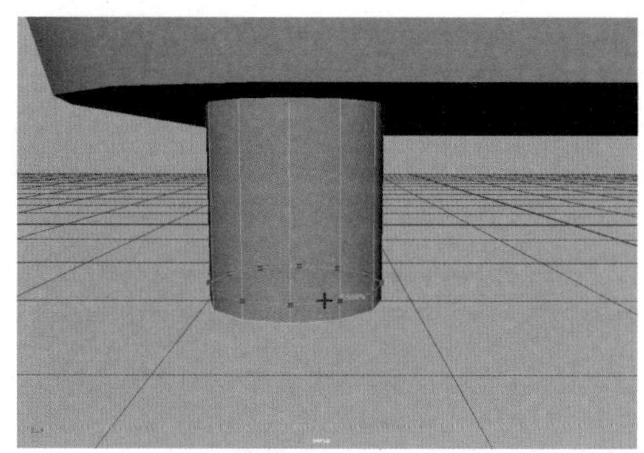

图 3-108　插入循环边

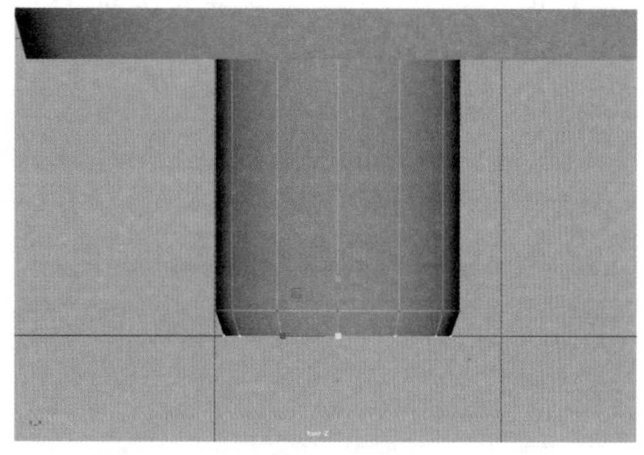

图 3-109　调整凳子腿模型的造型

22 按 D 键激活“移动中心轴”命令，然后按 X 键激活“捕捉到栅格”命令，将枢轴捕捉到栅格中心位置，如图 3-110 所示。

23 在菜单栏中选中“编辑”|“特殊复制”命令右侧的复选框，打开“特殊复制选项”窗口，选中“实例”单选按钮，在“缩放”X 轴文本框中输入 –1，然后单击“应用”按钮，如图 3-111 所示。

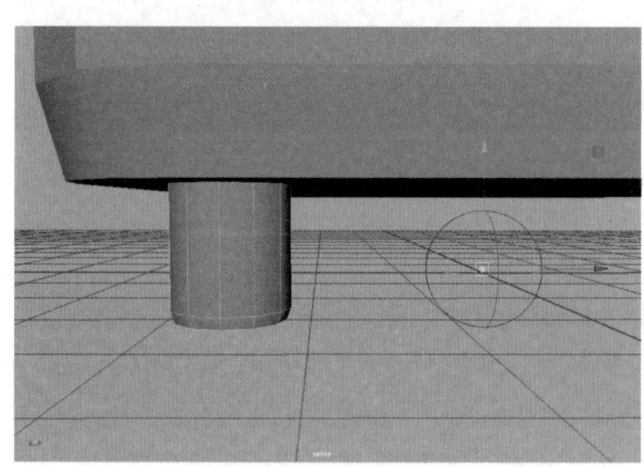

图 3-110　调整枢轴位置

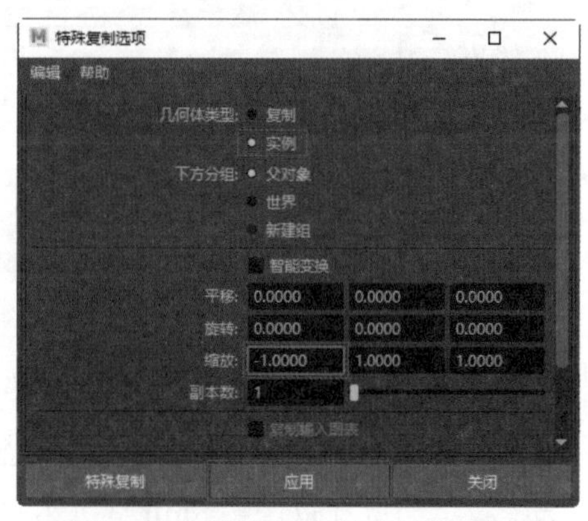

图 3-111　设置“缩放”X 轴文本框

24 设置完成后，模型复制结果如图 3-112 所示。

25 在“缩放”Z 轴文本框中输入 –1，然后单击“应用”按钮，如图 3-113 所示。

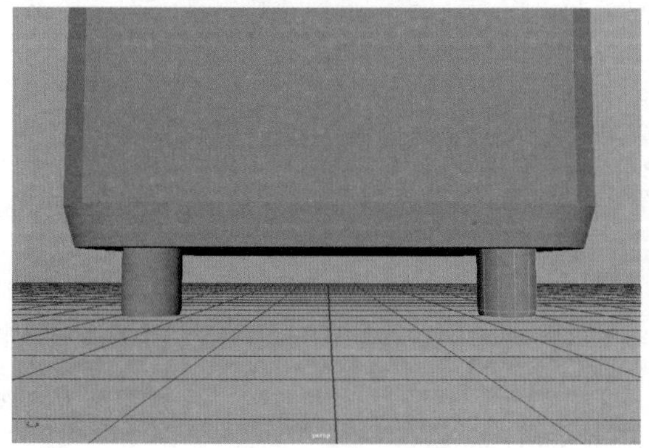

图 3-112　复制结果

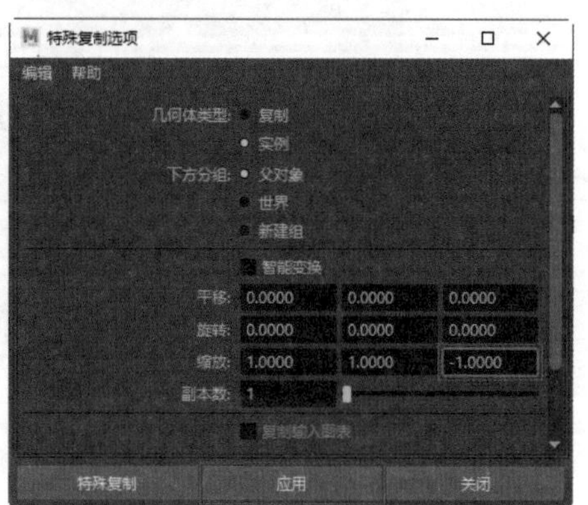

图 3-113　设置“缩放”Z 轴文本框

26 设置完成后，模型复制结果如图 3-114 所示。

27 按照步骤 23 的方法，复制其余的桌子腿模型，如图 3-115 所示。

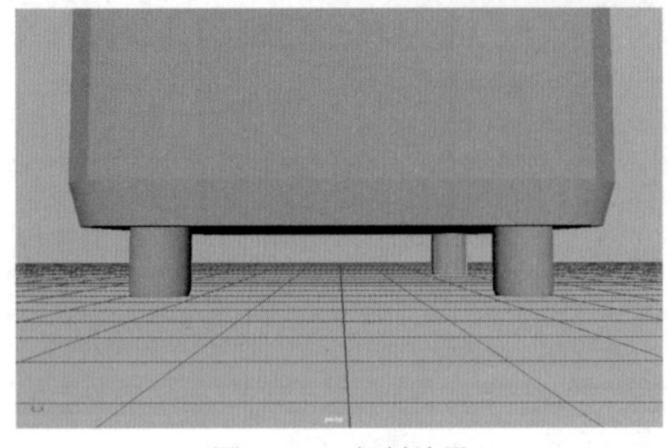

图 3-114 复制结果

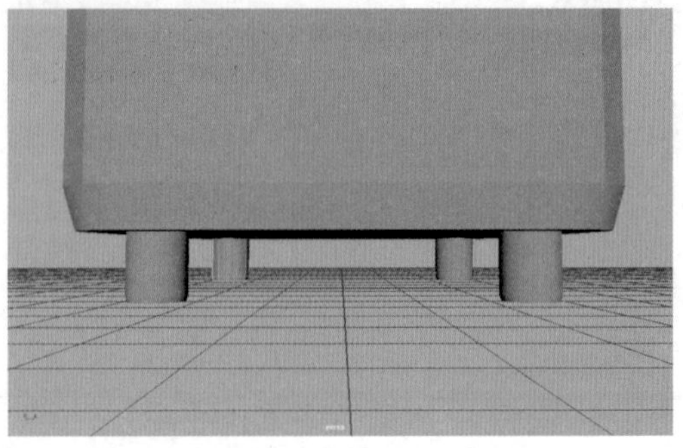

图 3-115 复制其余的桌子腿模型

28 选择一条边，按 Shift 并右击，从弹出的菜单中选择“插入循环边工具”命令，如图 3-116 所示，插入两条循环边。

29 选择两条循环边，调整其间距，如图 3-117 所示。

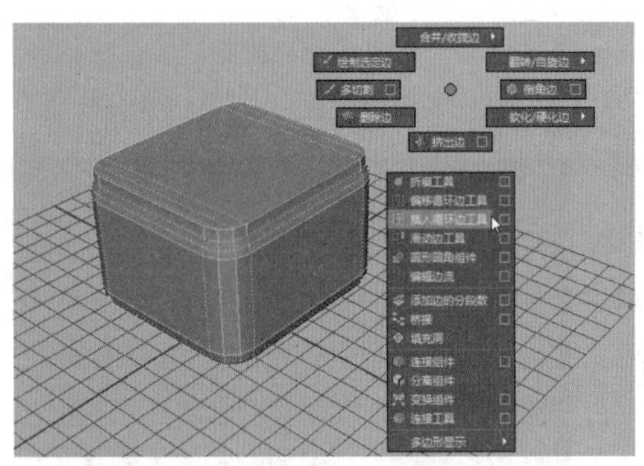

图 3-116 选择“插入循环边工具”命令

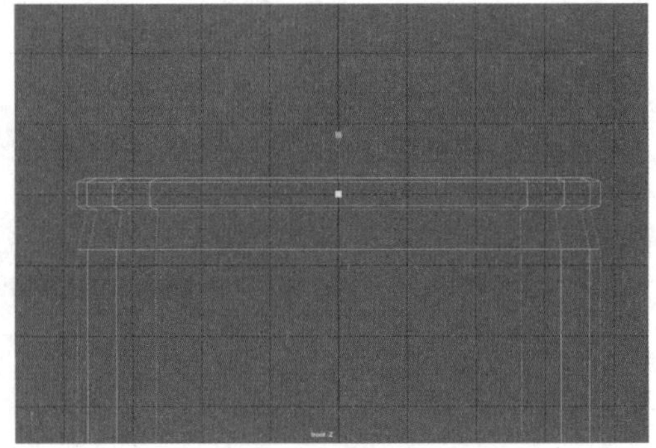

图 3-117 调整两条循环边的间距

30 检查模型，部分线段会显示硬边，边缘看上去较为明显，如图 3-118 所示。

31 选择模型的所有边，按 Shift 键并右击，从弹出的菜单中选择“软化 / 硬化边”|“切换软边显示”命令，如图 3-119 所示。

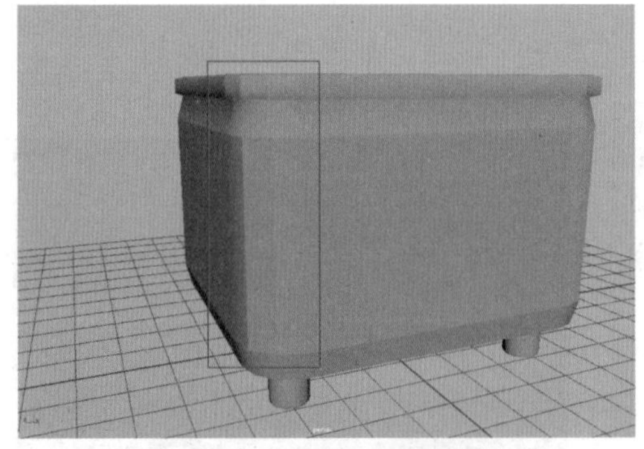

图 3-118 边缘的显示较为明显

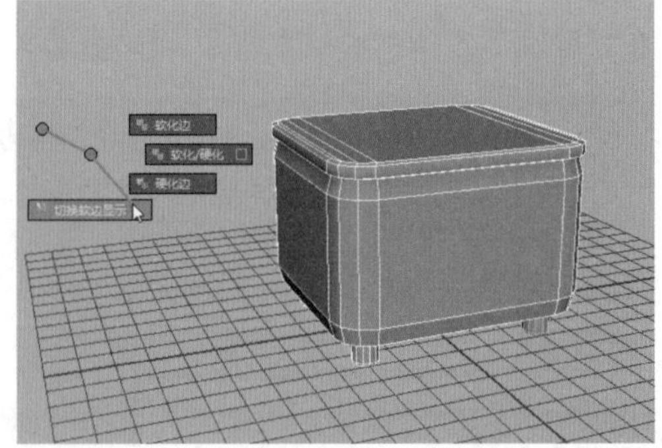

图 3-119 选择“切换软边显示”命令

32 此时即可显示模型的软边和硬边，如图 3-120 所示，软边显示为虚线，硬边显示为实线。

33 选择需要将硬边切换为软边的所有边，如图 3-121 所示。

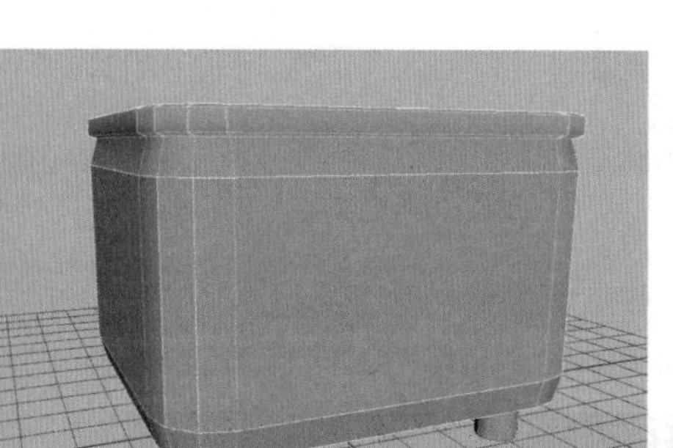

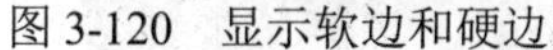

图 3-120　显示软边和硬边

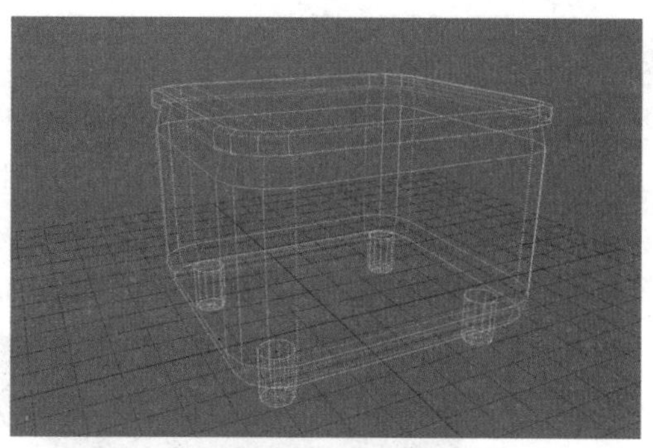

图 3-121　选择要切换为软边的所有边

34 按 Shift 键并右击，从弹出的菜单中选择“软化 / 硬化边”|“软化边”命令，如图 3-122 所示。

35 选择需要将软边切换为硬边的所有边，从弹出的菜单中选择“软化 / 硬化边”|“硬化边”命令，如图 3-123 所示。

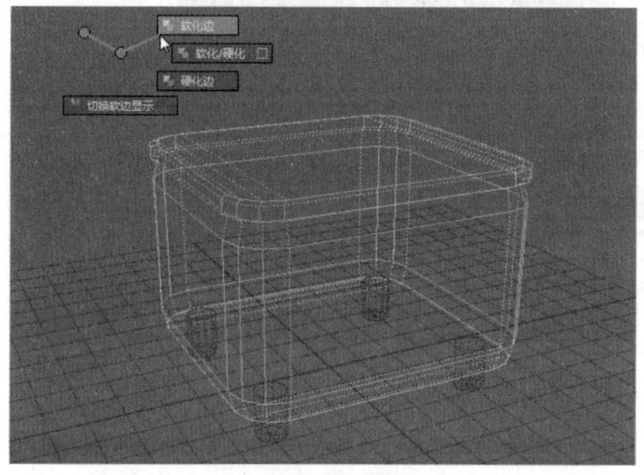

图 3-122　选择“软化边”命令

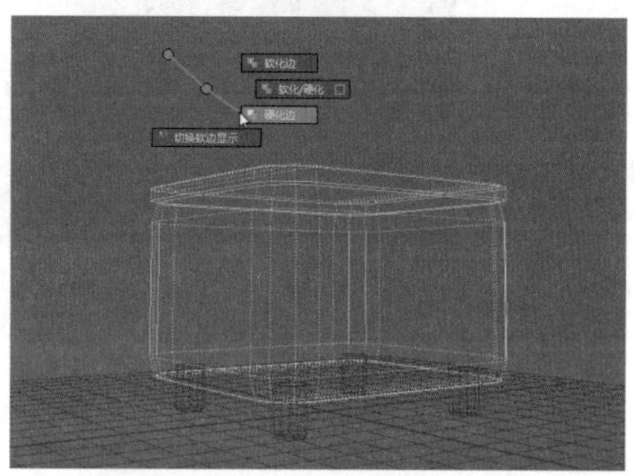

图 3-123　选择“硬化边”命令

36 选择一条边，按 Shift 按并双击沿同一环形路径的另一条平行边，即可选择环形边，然后按 Shift 键并右击，从弹出的菜单中选择“环形边工具”|“到环形边并分割”命令，如图 3-124 所示。

37 按照步骤 29 的方法，在沙发凳顶部和底部分别插入一条环形边，然后按 Shift 键加选插入的两条环形边，调整模型的造型，结果如图 3-125 所示。

38 设置完成后，沙发凳模型的最终显示效果如图 3-88 所示。

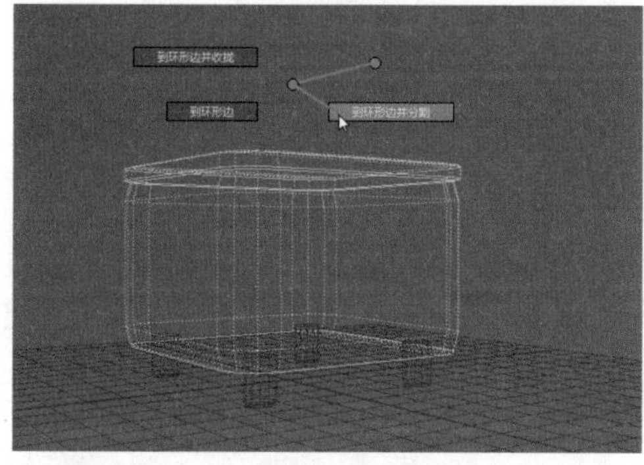

图 3-124　选择“到环形边并分割”命令

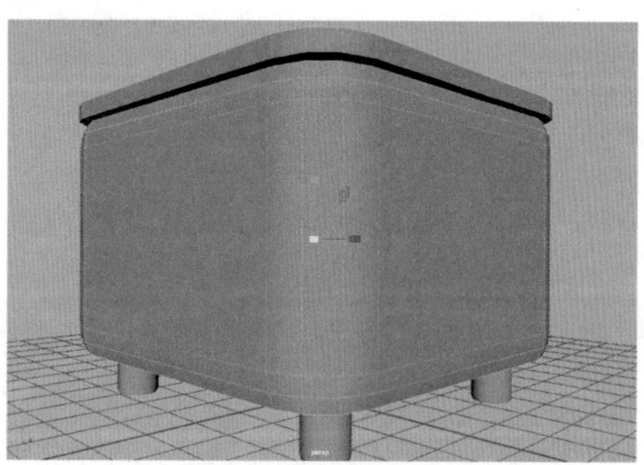

图 3-125　调整模型的造型

3.8 习题

1. 简述在 Maya 中如何创建并修改多边形模型。
2. 简述在 Maya 中可通过哪几种方法创建多边形对象。
3. 运用本章所学的知识，尝试使用 Maya 制作如图 3-126 所示的牛奶盒模型。

图 3-126　牛奶盒模型

第 4 章 材质与纹理

在 Maya 中，材质主要用于表现物体的颜色、质地、纹理、透明度和光泽度等特性。用户可以对模型进行拆分二维纹理坐标的操作，赋予模型想要的材质或者纹理。本章将通过实例帮助读者较全面地了解 Maya 中材质与纹理的运用。

二维码教学视频

【例 4-1】 对象的材质指定方式
【例 4-2】 材质关联
【例 4-3】 制作透明材质
【例 4-4】 制作金属材质
【例 4-5】 制作陶瓷材质
【例 4-6】 制作面包材质
【例 4-7】 创建并编辑纹理节点
【例 4-8】 使用“平面映射”工具编辑贴图
【例 4-9】 使用“UV 编辑器”编辑贴图

4.1 材质概述

在Maya中，简单地说，使用材质就是为了给模型添加色彩及质感，材质反映了模型的质感、属性，使物体更具有真实物体的物理属性。要使制作的物体更逼真，需要用户多观察现实世界中的物体，并对物体的属性有深入的了解。图4-1所示为Maya 2022中为模型添加材质并渲染后的效果。

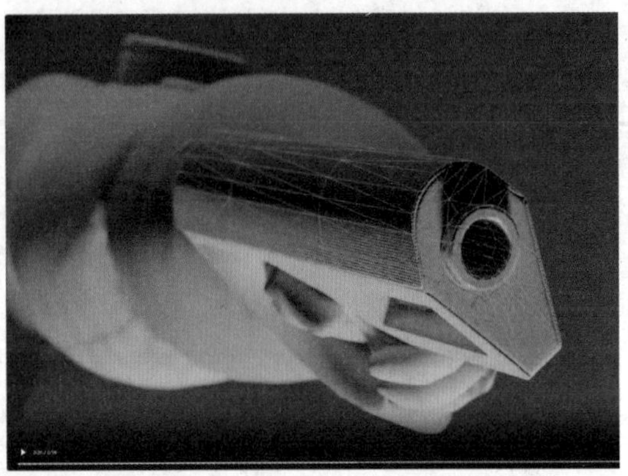

图4-1　添加材质并渲染后的模型

4.2 Hypershade 面板

Hypershade为材质编辑器，也称为超级着色器，在启动Maya 2022后，在菜单栏中选择“窗口”|“渲染编辑器”| Hypershade命令，如图4-2所示，或者在状态行中单击“显示Hypershade窗口”按钮，如图4-3所示。

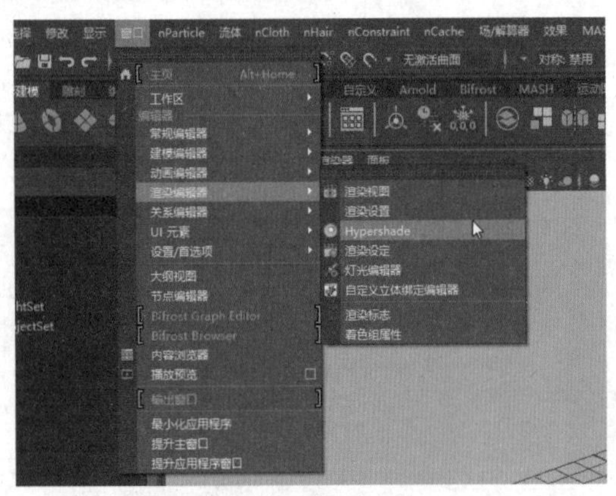

图4-2　选择Hypershade命令

图4-3　单击“显示Hypershade”按钮

Hypershade窗口默认分为6部分，包括“浏览器”面板、“存储箱”面板、“创建”面板、“材质查看器”面板、“工作区”面板和“特性编辑器”面板，如图4-4所示，在Hypershade窗口中，在菜单栏中单击“窗口”命令，即可从弹出的列表中选择所需的面板添加到Hypershade窗口中，如图4-5所示，拖曳窗口即可选择停靠位置。

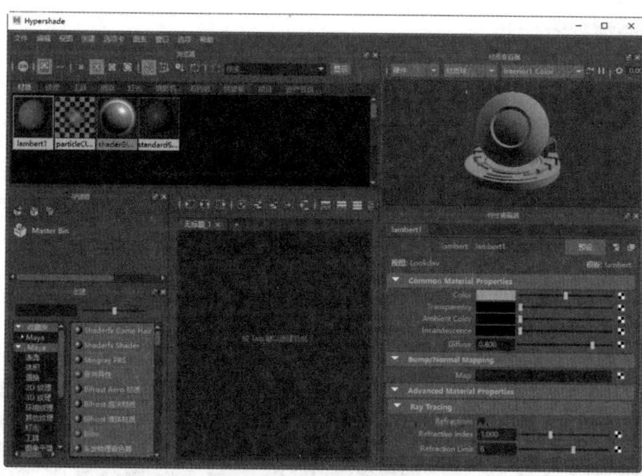

图 4-4　Hypershade 窗口的布局

图 4-5　在 Hypershade 窗口中添加所选的面板

4.3　Maya 材质基本操作

在场景中创建的模型，默认状态下材质为 Lambert1，这就是我们在 Maya 软件中创建的模型均是同一个色彩的原因。我们在新的场景中随意创建多边形几何体，在其“属性编辑器”面板中找到最后的一个选项卡，就可以看到这个材质的类型及参数选项，如图 4-6 所示。

一般来说，我们在制作项目时，是不会更改这个默认材质球的，因为一旦更改了这个材质球的默认颜色，以后我们再次在 Maya 中创建的几何体就全部是这个新更改的颜色，这会使场景看起来非常别扭。通常的做法是在场景中逐一选择单个模型对象，再一一指定全新的材质球进行材质调整。

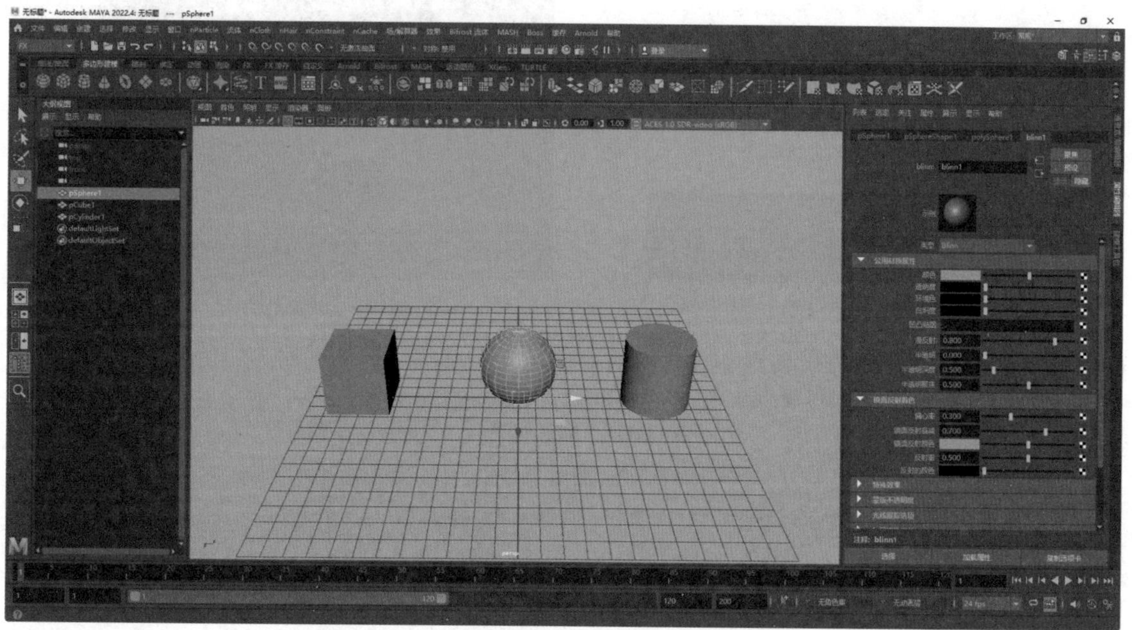

图 4-6　在“材质编辑器”面板查看材质的类型及参数

4.3.1 实例：对象的材质指定方式

【例 4-1】模型制作好后，接下来就是为对象赋予材质，本实例将主要讲解如何为对象指定材质。视频

01 在场景中新建一个多边形球体，右击并从弹出的菜单中选择“指定收藏材质”| Lambert 命令，如图 4-7 所示。

02 在状态行中单击“显示 Hypershade 窗口”按钮，打开 Hypershade 窗口，即可看到创建的 Lambert2 材质球，如图 4-8 所示。

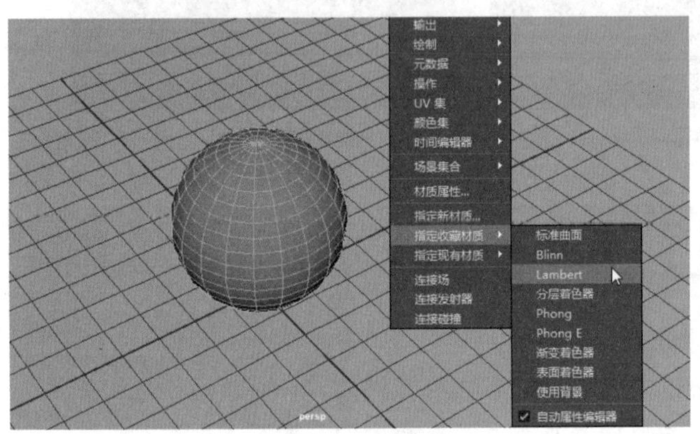

图 4-7 选择 Lambert 命令

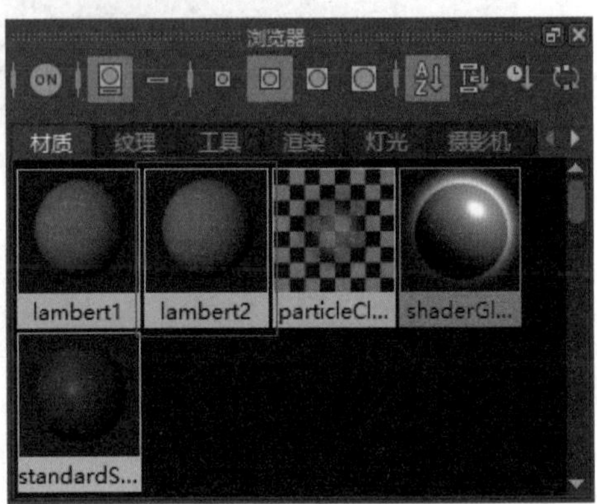

图 4-8 Lambert2 材质球

03 选择多边形球体，然后在“渲染”工具架中单击 Blinn 按钮，如图 4-9 所示，为模型指定一个新材质。

04 打开 Hypershade 窗口，在“特性编辑器”面板中设置 Color 为黄色，如图 4-10 所示。

图 4-9 单击 Blinn 按钮

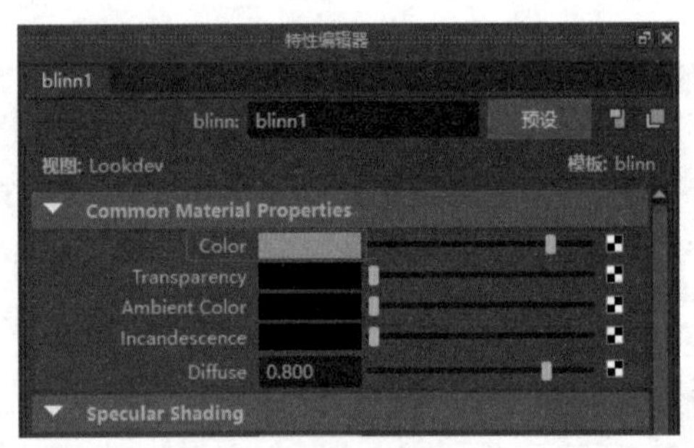

图 4-10 设置颜色

05 观察场景，可以看到多边形球体模型的颜色发生了改变，结果如图 4-11 所示。

06 用户还可以在“创建”面板中选择 Arnold | aiStandardSurface 命令，创建一个 Arnold 材质，如图 4-12 所示。

07 创建成功后在，即可在“工作区”面板中弹出 aiStandardSurface 材质节点，如图 4-13 所示。

08 将鼠标移至“浏览器”面板中的 aiStandardSurface 材质球上，然后右击，从弹出的菜单中选择“为当前选择指定材质”命令，如图 4-14 所示，即可为多边形球体指定 aiStandardSurface 材质。

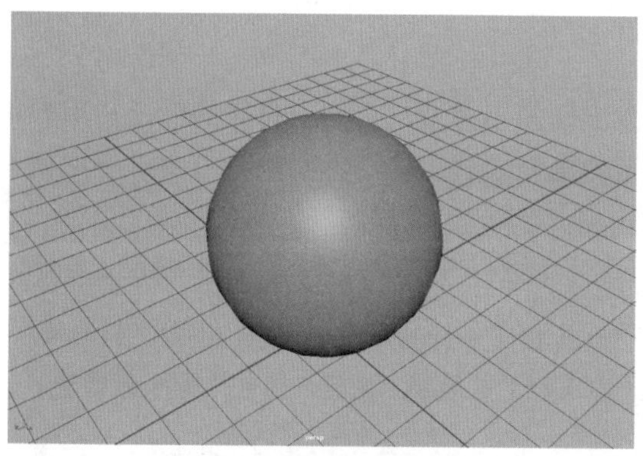

图 4-11　观察场景

图 4-12　选择 aiStandardSurface 命令

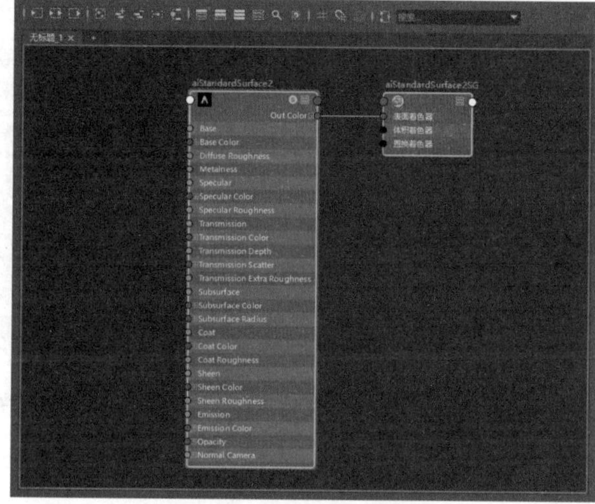

图 4-13　弹出材质节点

图 4-14　选择“为当前选择指定材质”命令

09 在菜单栏中选择“编辑”|“删除未使用节点”命令，如图 4-15 所示，将场景中未使用的材质节点全部删除。

10 此时，可以将场景中未使用的材质全部删除，结果如图 4-16 所示。

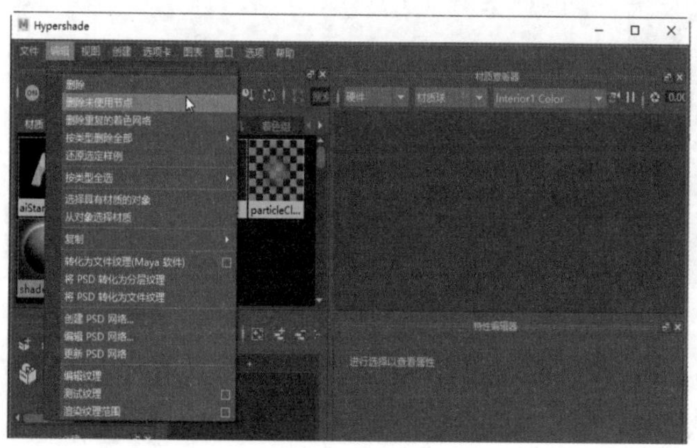

图 4-15　选择“删除未使用节点”命令

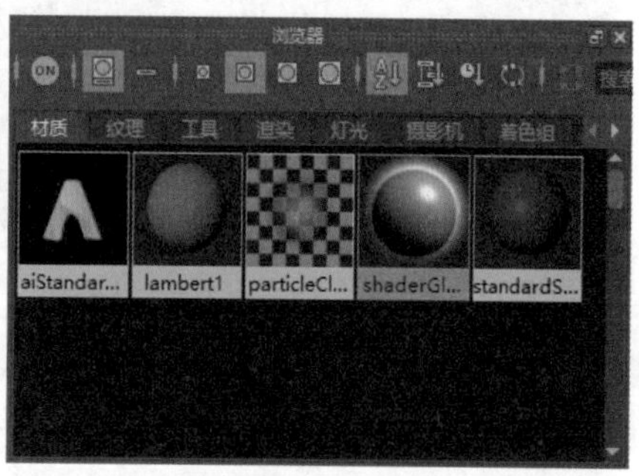

图 4-16　删除所有未使用材质后的结果

4.3.2 实例：材质关联

【例 4-2】在制作项目时，在场景中会出现多个模型具有同一材质的情况，用户可以将相同材质对象的材质关联起来，从而避免大量的重复调试工作，本实例将主要讲解如何为相同材质的对象进行材质关联。视频

01 在场景中新建 3 个多边形球体模型，选择其中一个多边形球体模型，右击并从弹出的菜单中选择“指定收藏材质”| Lambert 命令，为其指定一个新的 Lambert 材质，如图 4-17 所示。

02 在“属性编辑器”面板中，展开“公用材质属性”卷展栏，设置“颜色”属性为蓝色，如图 4-18 所示。

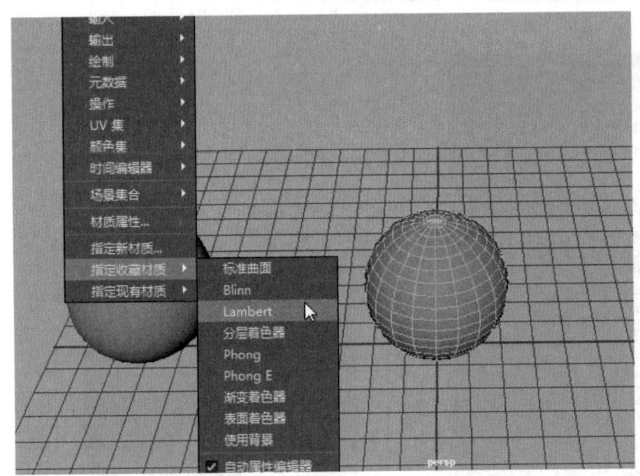

图 4-17 选择 Lambert 命令

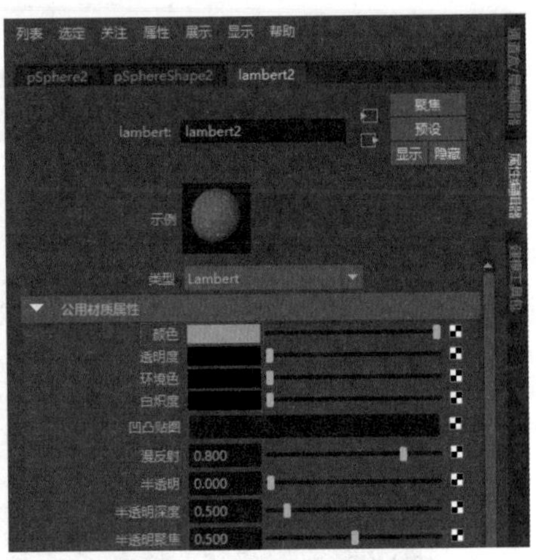

图 4-18 设置“颜色”属性

03 “颜色”的参数设置如图 4-19 所示。

04 此时，场景中多边形球体模型的显示结果如图 4-20 所示。

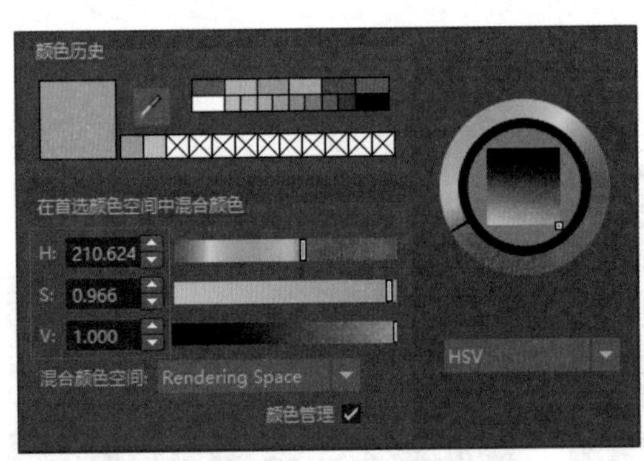

图 4-19 设置颜色

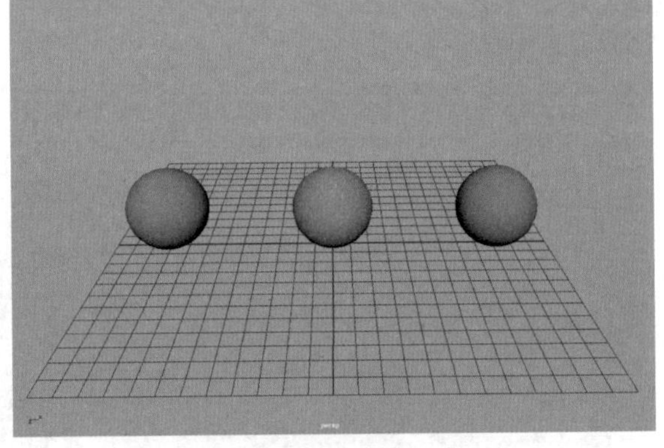

图 4-20 多边形球体模型的显示结果

05 选择场景中其他两个多边形球体，将鼠标移至“浏览器”面板中的 Lambert2 材质球上，然后右击，在弹出的菜单中选择“为当前选择指定材质”命令，如图 4-21 所示。

06 观察场景，可以看到所有多边形球体模型的颜色发生了改变，结果如图 4-22 所示。

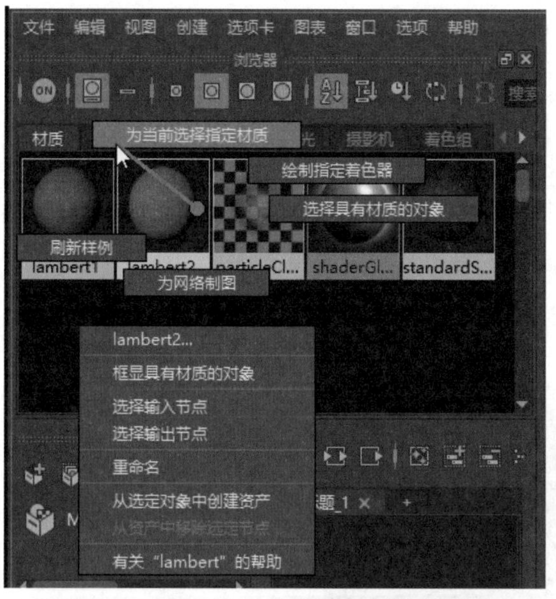

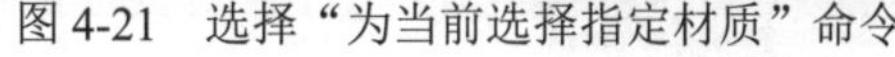
图 4-21　选择“为当前选择指定材质”命令

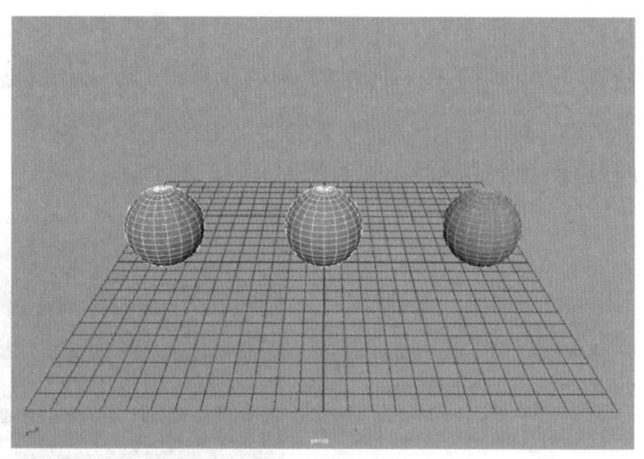
图 4-22　观察场景

4.4　常用的材质类型

Maya 为用户提供了多个常见的、不同类型的材质球图标，这些图标被整合到了“渲染”工具架中，非常便于用户使用，如图 4-23 所示。

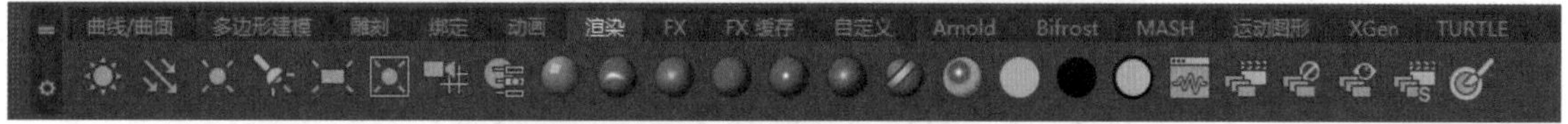

图 4-23　“渲染”工具架

- 编辑材质属性：显示着色组属性编辑器。
- 标准曲面材质：将新的标准曲面材质指定给活动对象。
- 各项异性材质：将新的各项异性材质指定给活动对象。
- Blinn 材质：将新的 Blinn 材质指定给活动对象。
- Lambert 材质：将新的 Lambert 材质指定给活动对象。
- Phong 材质：将新的 Phong 材质指定给活动对象。
- Phong E 材质：将新的 Phong E 材质指定给活动对象。
- 分层材质：将新的分层材质指定给活动对象。
- 渐变材质：将新的渐变材质指定给活动对象。
- 着色贴图：将新的着色贴图指定给活动对象。
- 表面材质：将新的表面材质指定给活动对象。
- 使用背景材质：将新的背景材质指定给活动对象。

4.4.1 标准曲面材质

“标准曲面材质”的参数设置与 Arnold 渲染器的 aiStandardSurface(ai 标准曲面) 材质的参数设置非常相似，与 Arnold 渲染器兼容性良好。该材质是一种基于物理的着色器，能够生成许多类型的材质。它包含漫反射层、适用于金属的具有复杂菲涅尔的镜面反射层、适用于玻璃的镜面反射透射、适用于蒙皮的次表面散射、适用于水和冰的薄散射、次镜面反射涂层和灯光发射。可以说，“标准曲面材质”和 aiStandardSurface 材质几乎可用来制作我们所能见到的大部分材质。“标准曲面材质”的命令参数主要分布于“基础”“镜面反射”“透射”“次表面”“涂层”等多个卷展栏内，如图 4-24 所示。

图 4-24 “标准曲面材质”的卷展栏

1. “基础”卷展栏

展开“基础”卷展栏，其中的参数如图 4-25 所示，各参数的功能说明如下。

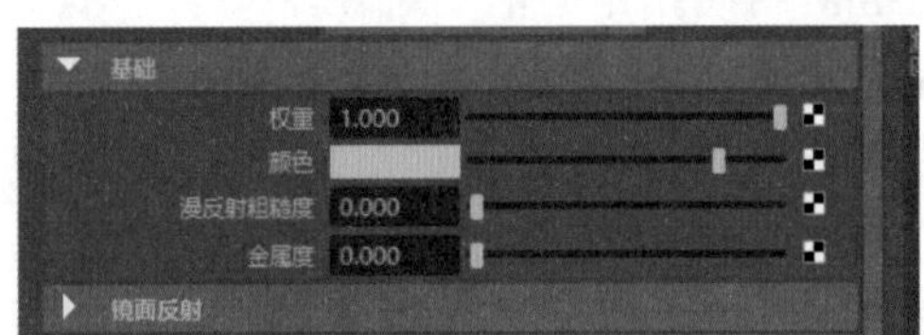

图 4-25 “基础”卷展栏

- 权重：用于设置基础颜色的权重。
- 颜色：用于设置材质的基础颜色。
- 漫反射粗糙度：用于设置材质的漫反射粗糙度。
- 金属度：用于设置材质的金属度，当该值为 1 时，材质表现为明显的金属特性。

2. “镜面反射”卷展栏

展开“镜面反射”卷展栏，其中的参数如图 4-26 所示，各参数的功能说明如下。

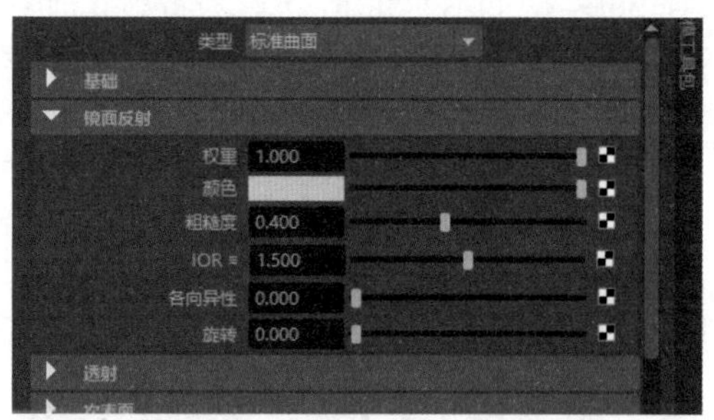

图 4-26　“镜面反射”卷展栏

- 权重：用于控制镜面反射的权重。
- 颜色：用于调整镜面反射的颜色，调试该值可以对材质的高光部分进行染色。
- 粗糙度：用于控制镜面反射的光泽度。值越小，反射越清晰。对于两种极限条件，值为 0 时会产生完美清晰的镜像反射效果，值为 1.0 时则会产生接近漫反射的反射效果。
- IOR：用于控制材质的折射率，这在制作玻璃、水、钻石等透明材质时非常有用。
- 各向异性：用于控制高光的各向异性属性，以得到具有椭圆形状的反射及高光效果。
- 旋转：用于控制材质 UV 空间中各向异性反射的方向。

3. “透射”卷展栏

展开“透射”卷展栏，其中的参数如图 4-27 所示，各参数的功能说明如下。

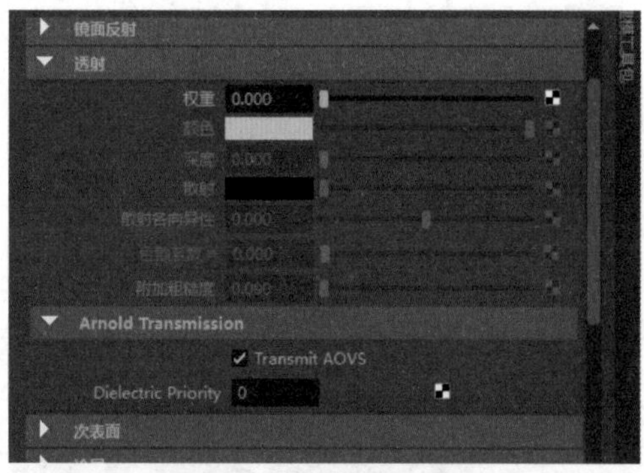

图 4-27　“透射”卷展栏

- 权重：用于设置灯光穿过物体表面所产生的散射权重。
- 颜色：此项会根据折射光线的传播距离过滤折射。灯光在网格内传播的距离越长，受透射颜色的影响就越大。因此，光线穿过较厚的部分时，绿色玻璃的颜色将更深。此效应呈指数递增，可以使用比尔定律进行计算。建议使用浅颜色值。
- 深度：用于控制透射颜色在体积中达到的深度。
- 散射：透射散射适用于各类稠密的液体或者有足够多的液体能使散射可见的情况，例如模拟较深的水体。
- 散射各向异性：用来控制散射的方向偏差或各向异性。

- 色散系数：指定材质的色散系数，用于描述折射率随波长变化的程度。对于玻璃和钻石，此值的范围通常为 10 ～ 70，值越小，色散就越多。默认值为 0，表示禁用色散。
- 附加粗糙度：对使用各向同性微面 BTDF 所计算的折射增加一些额外的模糊度。范围为 0 ～ 1，为 0 时表示无粗糙度。

4. “次表面”卷展栏

展开“次表面”卷展栏，其中的参数如图 4-28 所示，主要参数的功能说明如下。

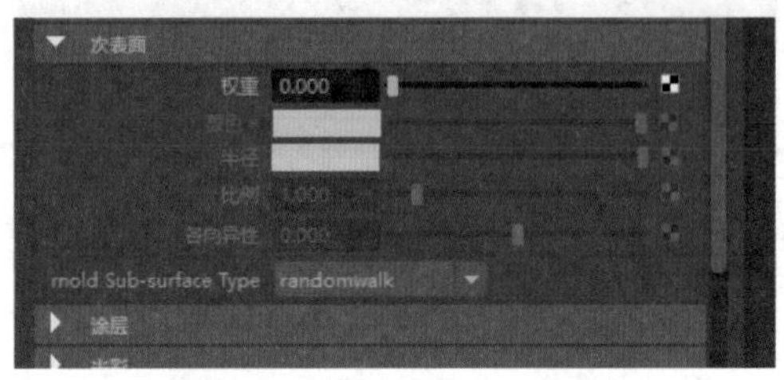

图 4-28　“次表面”卷展栏

- 权重：用于控制漫反射和次表面散射之间的混合权重。
- 颜色：用于确定次表面散射效果的颜色。
- 半径：用于设置光线在散射出曲面前在曲面下可能传播的平均距离。
- 比例：用于控制灯光在再度反射出曲面前在曲面下可能传播的距离。它将扩大散射半径并增加 SSS 半径颜色。

5. “涂层”卷展栏

展开“涂层”卷展栏，其中的参数如图 4-29 所示，主要参数的功能说明如下。

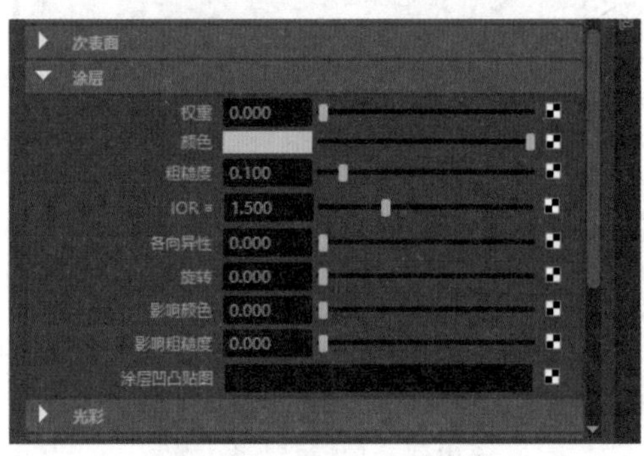

图 4-29　“涂层”卷展栏

- 权重：用于控制材质涂层的权重值。
- 颜色：用于控制涂层的颜色。
- 粗糙度：用于控制镜面反射的光泽度。
- IOR：用于控制材质的菲涅耳反射率。

6. “光彩”卷展栏

展开“光彩”卷展栏，其中的参数如图 4-30 所示，各参数的功能说明如下。

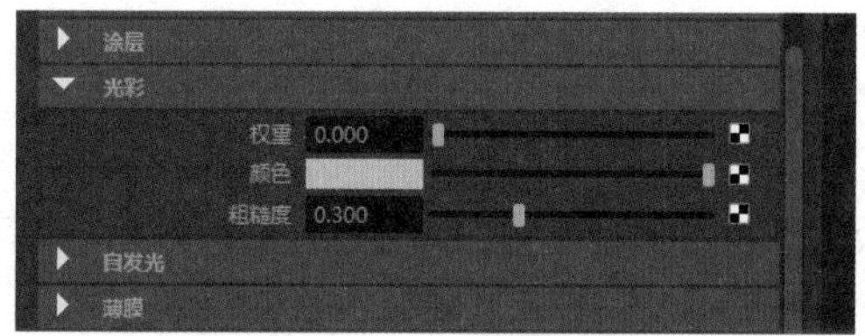

图 4-30　“光彩”卷展栏

- 权重：用于控制材质表面的光泽程度，一般用于模拟布料或织物等材质。
- 颜色：用于控制光彩层的颜色。
- 粗糙度：用于控制光彩层的粗糙度。

7. “自发光”卷展栏

展开“自发光”卷展栏，其中的参数如图 4-31 所示，各参数的功能说明如下。

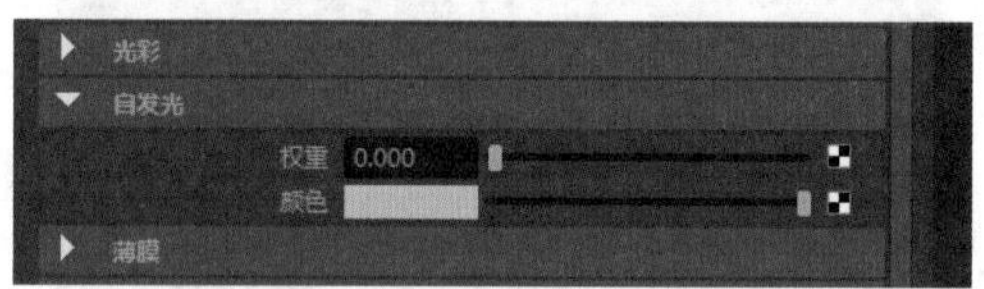

图 4-31　“自发光”卷展栏

- 权重：用于设置发射的白炽灯光的量。
- 颜色：用于设置发射的灯光的颜色。

8. “薄膜”卷展栏

展开“薄膜”卷展栏，其中的参数如图 4-32 所示，各参数的功能说明如下。

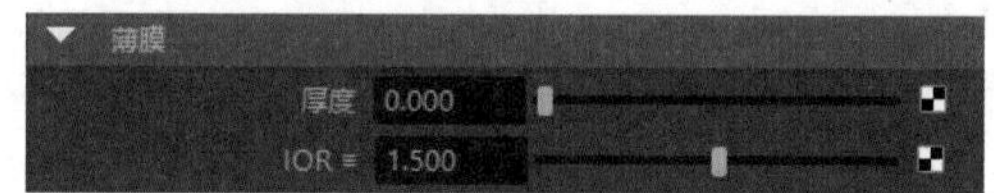

图 4-32　“薄膜”卷展栏

- 厚度：用于定义薄膜的实际厚度。
- IOR：用于控制材质周围介质的折射率。

9. “几何体”卷展栏

展开“几何体”卷展栏，其中的参数如图 4-33 所示，各参数的功能说明如下。

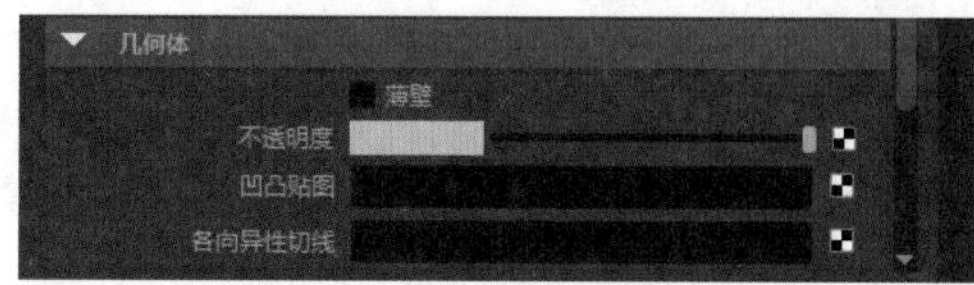

图 4-33　“几何体”卷展栏

- 薄壁：选中该复选框，可以提供从背后照亮半透明对象的效果。
- 不透明度：控制不允许灯光穿过的程度。
- 凹凸贴图：通过添加贴图来设置材质的凹凸属性。
- 各向异性切线：为镜面反射各向异性着色指定一条自定义切线。

4.4.2 各向异性材质

使用各向异性材质可以制作出椭圆形的高光，非常适合CD光碟、绸缎、金属等物体的材质模拟，其命令主要由“公用材质属性”“镜面反射着色”“特殊效果”和“光线跟踪选项”等几个卷展栏组成，如图4-34所示。

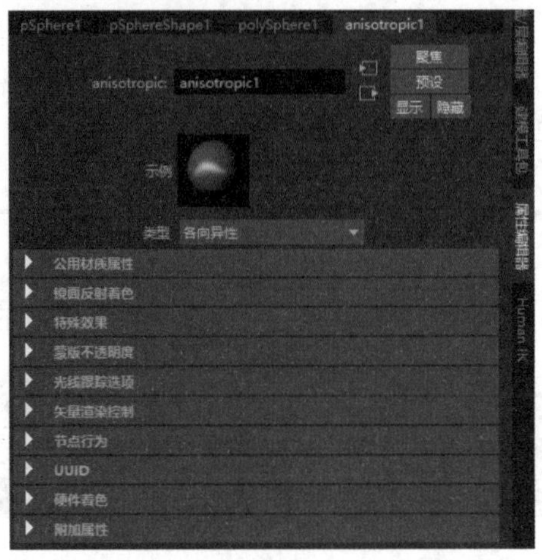

图4-34 “各项异性材质”的卷展栏

1. “公用材质属性”卷展栏

“公用材质属性”卷展栏是Maya多种类型材质球所公用的一个材质属性命令集合，如Blinn材质、Lambert材质、Phong材质等，均有这样一个相同的卷展栏。其参数如图4-35所示，各参数的功能说明如下。

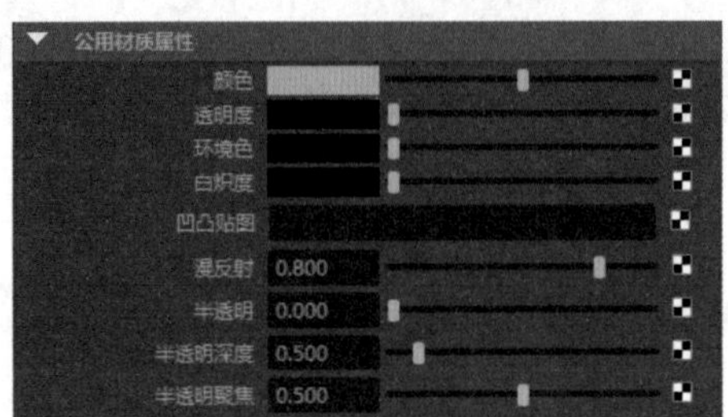

图4-35 “公用材质属性”卷展栏

- 颜色：用于控制材质的基本颜色。
- 透明度：用于控制材质的透明程度。
- 环境色：用于模拟环境对该材质球所产生的色彩影响。
- 白炽度：用于控制材质发射灯光的颜色及亮度。
- 凹凸贴图：通过纹理贴图来控制材质表面的粗糙纹理及凹凸程度。
- 漫反射：使材质能够在所有方向反射灯光。
- 半透明：使材质可以透射和漫反射灯光。
- 半透明深度：模拟灯光穿透半透明对象的程度。
- 半透明聚集：控制半透明灯光的散射程度。

2. “镜面反射着色”卷展栏

“镜面反射着色”卷展栏主要用于控制材质反射灯光的方式及程度，其参数如图 4-36 所示，各参数的功能说明如下。

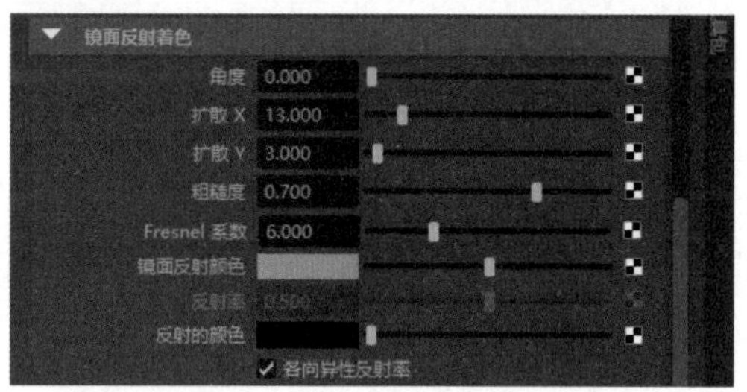

图 4-36　“镜面反射着色”卷展栏

- 角度：用于确定高光角度的方向，范围为 0.0 ～ 360.0，默认值为 0.0。用于确定非均匀镜面反射高光的 X 和 Y 方向。图 4-37 所示分别为“角度”值是 0 和 180 时的渲染结果对比。

图 4-37　不同“角度”值的渲染结果对比

- 扩散 X/ 扩散 Y：用于确定高光在 X 和 Y 方向上的扩散程度。图 4-38 所示分别为扩散 X/ 扩散 Y 值是 13/3 和 15/19 时的渲染结果对比。

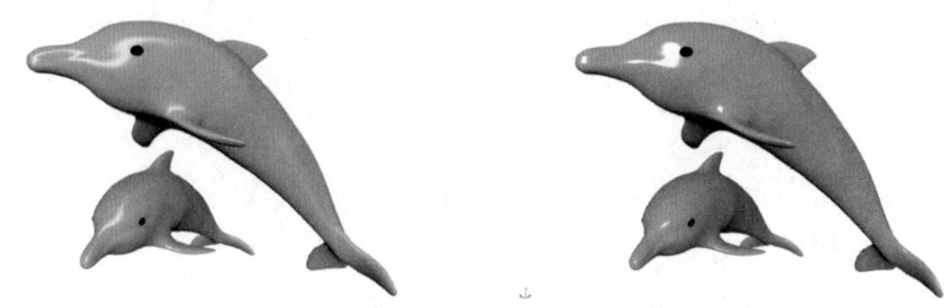

图 4-38　不同扩散 X/ 扩散 Y 值的渲染结果对比

- 粗糙度：用于确定曲面的总体粗糙度。范围为 0.01 ～ 1.0，默认值为 0.7。较小的值对应较平滑的曲面，并且镜面反射高光较集中。较大的值对应较粗糙的曲面，并且镜面反射高光较分散。
- Fresnel 系数：计算将反射光波连接到传入光波的 Fresnel 因子。
- 镜面反射颜色：用于控制反射高光的颜色。
- 反射率：用于控制材质表面反射周围物体的程度。
- 反射的颜色：用于控制材质反射光的颜色。
- 各向异性反射率：如果启用该参数，Maya 将自动计算“反射率”并将其作为“粗糙度”的一部分。

3. “特殊效果”卷展栏

“特殊效果”卷展栏用来模拟发光的特殊材质，其参数如图 4-39 所示，各参数的功能说明如下。

图 4-39 “特殊效果”卷展栏

- 隐藏源：选中该复选框，可以隐藏该物体的渲染，仅进行辉光渲染计算。
- 辉光强度：用于控制物体材质的发光程度。

4. “光线跟踪选项”卷展栏

“光线跟踪选项”卷展栏主要用来控制材质的折射相关属性，其参数如图 4-40 所示，各参数的功能说明如下。

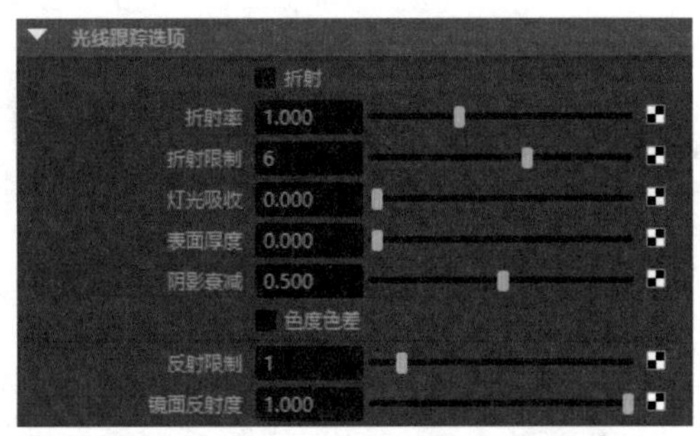

图 4-40 “光线跟踪选项”卷展栏

- 折射：选中该复选框后，穿过透明或半透明对象跟踪的光线将折射，或根据材质的折射率弯曲。
- 折射率：指光线穿过透明对象时的弯曲量，要想模拟出真实效果，该值的设置可以参考现实中不同物体的折射率。
- 折射限制：指曲面允许光线折射的最大次数，折射的次数应该由具体的场景决定。
- 灯光吸收：用于控制材质吸收灯光的程度。
- 表面厚度：用于控制材质所要模拟的厚度。
- 阴影衰减：通过控制阴影来影响灯光的聚焦效果。
- 色度色差：指在光线跟踪期间，灯光透过透明曲面时以不同角度折射的不同波长。
- 反射限制：指曲面允许光线反射的最大次数。
- 镜面反射度：用于控制镜面高光在反射中的影响程度。

4.4.3 Blinn 材质

Blinn 材质可用来模拟具有柔和镜面反射高光的金属曲面及玻璃制品，其参数设置与各向异性材质基本相同，不过在“镜面反射着色”卷展栏上，其参数的设置略有不同，如图 4-41 所示，各参数的功能说明如下。

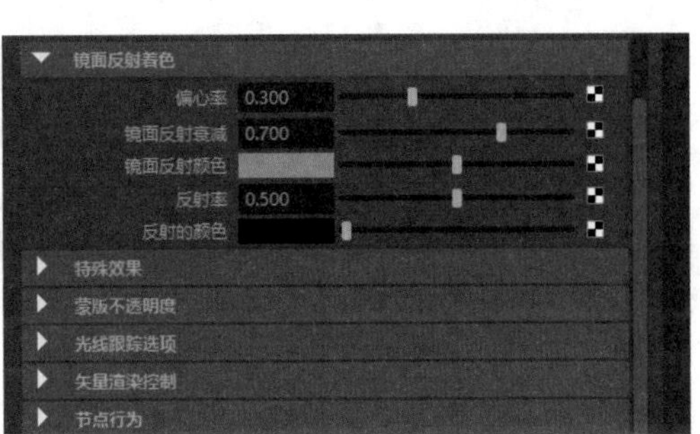

图 4-41　Blinn 材质的“镜面反射着色”卷展栏

- 偏心率：用于控制曲面上发亮高光区的大小。
- 镜面反射衰减：用于控制曲面高光的强弱。
- 镜面反射颜色：用于控制反射高光的颜色。
- 反射率：用于控制材质表面反射周围物体的程度。
- 反射的颜色：用于控制材质反射光的颜色。

4.4.4　Lambert 材质

Lambert 材质没有用于控制高光的相关属性，是 Maya 为场景中所有物体添加的默认材质。该材质的属性可以参考各向异性材质内各个卷展栏内的参数。

4.4.5　Phong 材质

Phong 材质常常用来模拟表示具有清晰的镜面反射高光的像玻璃一样的或有光泽的曲面，如汽车、电话、浴室金属配件等。其参数设置与各向异性材质基本相同。Phong 材质也是在“镜面反射着色”卷展栏中的参数设置与各向异性材质和 Blinn 材质略有不同，如图 4-42 所示，各参数的功能说明如下。

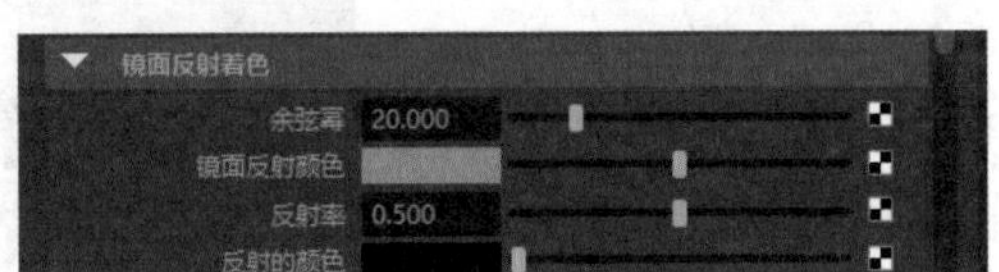

图 4-42　Phong 材质的“镜面反射着色”卷展栏

- 余弦幂：用于控制曲面上反射高光的大小。
- 镜面反射颜色：用于控制反射高光的颜色。
- 反射率：用于控制材质表面反射周围物体的程度。
- 反射的颜色：用于控制材质反射光的颜色。

4.4.6　Phong E 材质

Phong E 材质是 Phong 材质的简化版本，“Phong E”曲面上的镜面反射高光较“Phong”曲面上的更为柔和，且“Phong E”曲面渲染的速度更快。其“镜面反射着色”卷展栏的参数与其他材质略有不同，如图 4-43 所示，各参数的功能说明如下。

- 粗糙度：用于控制镜面反射度的焦点。
- 高光大小：用于控制镜面反射高光的数量。
- 白度：用于控制镜面反射高光的颜色。
- 镜面反射颜色：用于控制反射高光的颜色。
- 反射率：用于控制材质表面反射周围物体的程度。
- 反射的颜色：用于控制材质反射光的颜色。

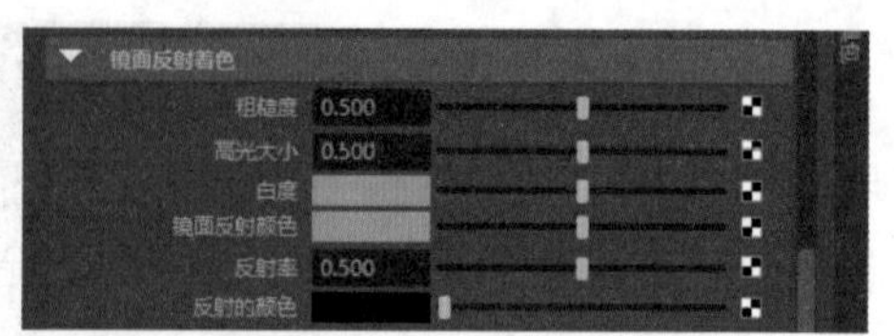

图 4-43　Phong E 材质的“镜面反射着色”卷展栏

4.4.7　使用背景材质

使用背景材质可以将物体渲染成与当前场景背景一样的颜色，“使用背景属性”卷展栏如图 4-44 所示。各参数的功能说明如下。

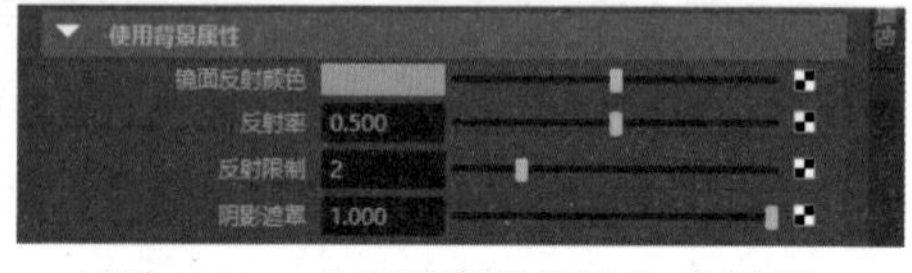

图 4-44　“使用背景属性”卷展栏

- 镜面反射颜色：用于定义材质的镜面反射颜色。如果更改此颜色或指定其纹理，场景中的反射将会显示这些更改。
- 反射率：用于控制材质表面反射周围物体的程度。
- 反射限制：用于控制材质反射的距离。
- 阴影遮罩：用于确定材质阴影遮罩的密度。如果更改此值，阴影遮罩将变暗或变亮。

4.4.8　aiStandardSurface 材质

aiStandardSurface(ai 标准曲面)材质是 Arnold 渲染器提供的标准曲面材质，其功能强大。由于其参数与 Maya 2022 新增的标准曲面材质几乎一样，所以，这里不再重复讲解。另外，需要读者注意的是，aiStandardSurface 材质中的命令参数目前都是英文的，而标准曲面材质中的命令参数都是中文的，读者可以自行翻译对照学习，如图 4-45 所示。

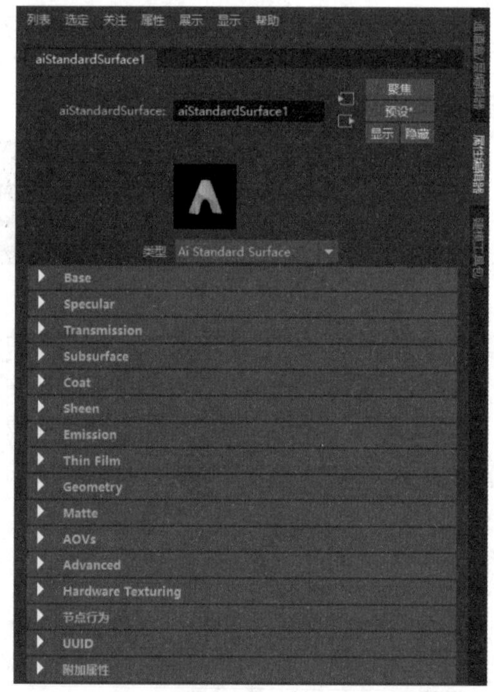

图 4-45　ai 标准曲面材质

4.4.9　实例：制作透明材质

【例 4-3】本实例将主要讲解如何制作透明材质，渲染效果如图 4-46 所示。

图 4-46　玻璃杯材质

01 启动 Maya 2022 软件，打开本书配套资源文件“厨房 .mb”，选择三个杯子模型，如图 4-47 所示，本场景已设置好灯光、摄影机及渲染基本参数。

02 在“渲染”工具架中单击“标准曲面材质”按钮，为其赋予标准曲面材质，如图 4-48 所示。

图 4-47　打开“厨房 .mb”文件

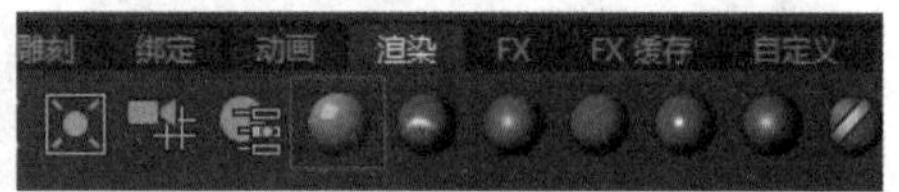

图 4-48　单击“标准曲面材质”按钮

03 在状态行中单击“显示 Hypershade 窗口”按钮，打开 Hypershade 窗口，在“特性编辑器”面板中展开 Specular 卷展栏，在 Roughness 文本框中输入 0.05，如图 4-49 所示。

04 展开 Transmission 卷展栏，在 Weight 文本框中输入 0.95，如图 4-50 所示。

图 4-49　设置玻璃杯模型的基本参数

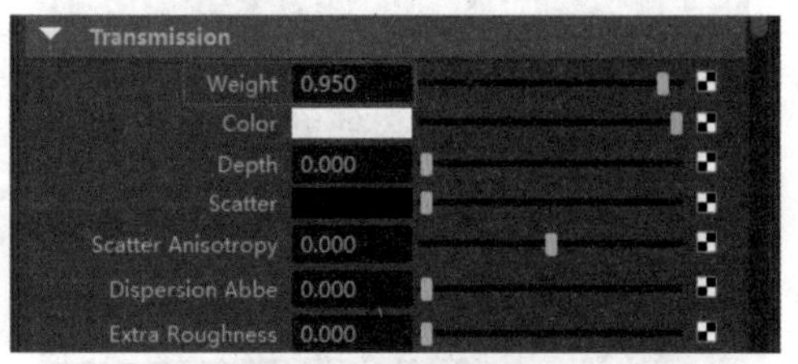

图 4-50　设置玻璃杯模型的基本参数

05 设置完成后，在状态行中单击“渲染当前帧”按钮渲染场景，渲染结果如图 4-46 所示。

4.4.10 实例：制作金属材质

【例 4-4】本实例将主要讲解如何制作金属材质，渲染结果如图 4-51 所示。

图 4-51 金属材质

01 启动 Maya 2022 软件，打开本书配套资源文件“厨房.mb”，如图 4-52 所示，本场景已设置好灯光、摄影机及渲染基本参数。

02 选择摆件模型，在“渲染”工具架中单击“标准曲面材质”按钮，为其赋予标准曲面材质，如图 4-53 所示。

图 4-52 打开“厨房.mb”文件

图 4-53 单击“标准曲面材质”按钮

03 打开 Hypershade 窗口，在“特性编辑器”面板中展开 Base 卷展栏，设置 Color 属性为黄色，在 Metalness 文本框中输入 1，展开 Specular 卷展栏，在 Roughness 文本框中输入 0.35，如图 4-54 所示。

04 Color 属性的具体参数设置如图 4-55 所示。

05 设置完成后，在状态行中单击“渲染当前帧”按钮渲染场景，渲染结果如图 4-51 所示。

图 4-54 展开 Base 卷展栏中的参数

图 4-55 设置材质的“颜色”属性

4.4.11　实例：制作陶瓷材质

【例 4-5】本实例将主要讲解如何制作陶瓷材质，渲染效果如图 4-56 所示。

图 4-56　陶瓷材质

01 启动 Maya 2022 软件，打开本书的配套场景资源“厨房 .mb”文件，如图 4-57 所示。本场景已设置好灯光、摄影机及渲染基本参数。

02 选择杯子和杯碟模型，在“渲染”工具架中单击“标准曲面材质”按钮，为其赋予标准曲面材质，如图 4-58 所示。

图 4-57　打开“厨房 .mb”文件

图 4-58　单击“标准曲面材质”按钮

03 在“属性编辑器”面板的“基本参数”卷展栏中展开“基础”卷展栏，设置“颜色”为蓝色。展开“镜面反射”卷展栏，在“粗糙度”文本框中输入 0.1，如图 4-59 所示。

04 Color 属性的具体参数设置如图 4-60 所示。

05 设置完成后，在状态行中单击“渲染当前帧”按钮渲染场景，渲染结果如图 4-56 所示。

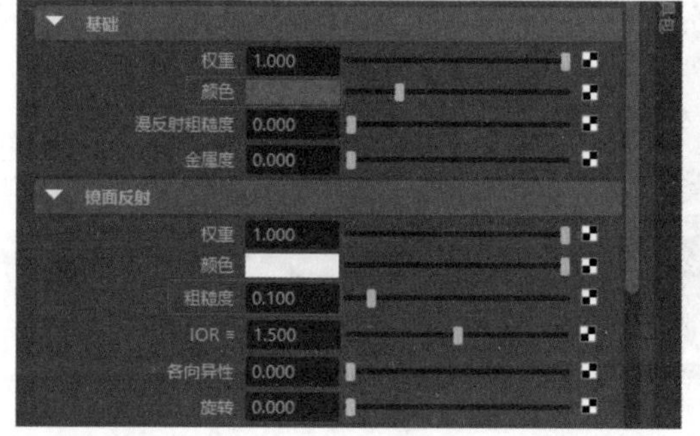

图 4-59　设置“基础”和“镜面反射”卷展栏中的参数

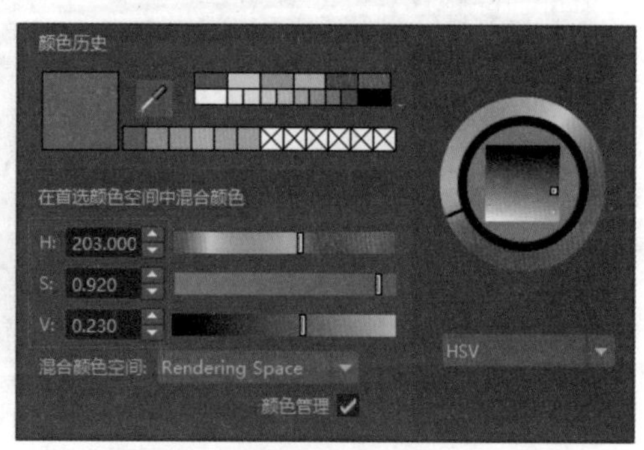

图 4-60　设置材质的“颜色”属性

4.4.12 实例：制作面包材质

【例 4-6】本实例将主要讲解如何制作面包材质，渲染结果如图 4-61 所示。

图 4-61　面包材质

01 启动 Maya 2022 软件，打开本书的配套场景资源“厨房.mb”文件，如图 4-62 所示。本场景已设置好灯光、摄影机及渲染基本参数。

02 选择面包模型，在“渲染”工具架中单击“标准曲面材质”按钮，如图 4-63 所示，为其赋予标准曲面材质。

图 4-62　打开“厨房.mb”文件

图 4-63　单击“标准曲面材质”按钮

03 在“属性编辑器”面板中，单击“颜色”选项右侧的■按钮，如图 4-64 所示。

04 打开“创建渲染节点”窗口，选择“文件”选项，如图 4-65 所示。

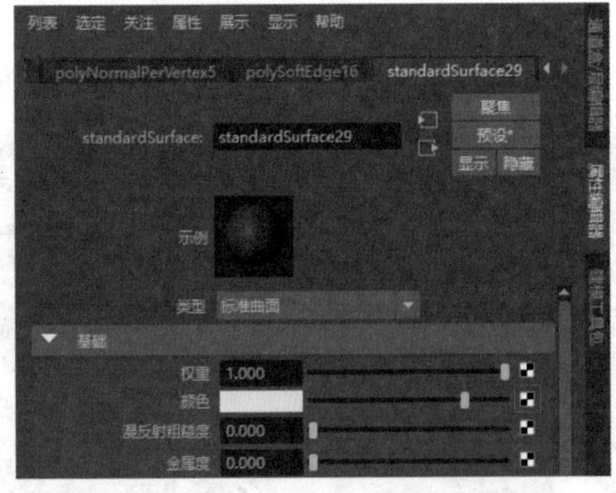

图 4-64　单击“颜色”选项右侧的按钮

图 4-65　选择“文件”选项

05 在"文件属性"卷展栏中，单击"图像名称"文本框右侧的■按钮，在弹出的对话框中选择"面包 _BaseColor.png"贴图文件，单击"转到输出链接"按钮■，结果如图 4-66 所示。回到场景后按 6 键，即可在视图中显示纹理。

06 展开"镜面反射"卷展栏，在"粗糙度"文本框中输入 0.3，如图 4-67 所示，制作出甜甜圈材质的光泽属性。

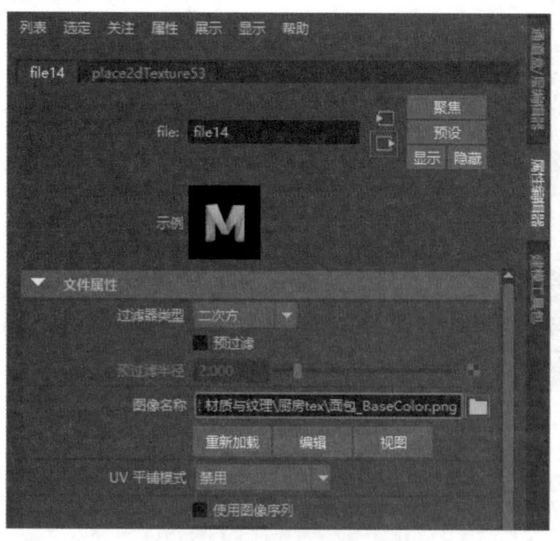

图 4-66 添加贴图文件

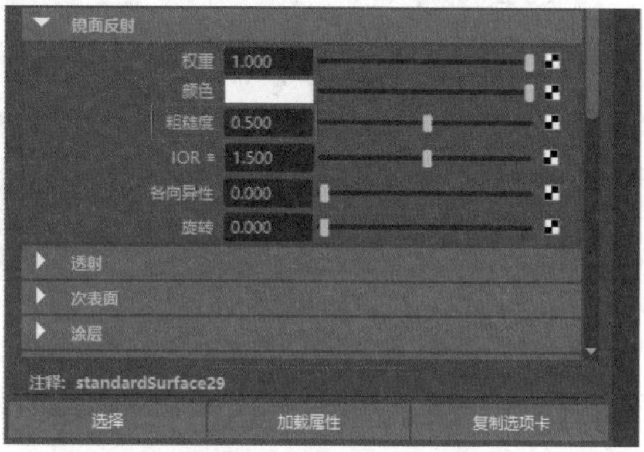

图 4-67 设置"粗糙度"

07 展开"几何体"卷展栏，单击"凹凸贴图"文本框右侧的"构建输出"按钮■，如图 4-68 所示，添加一个"文件"渲染节点。

08 在"file15"选项卡中展开"文件属性"卷展栏，单击"图像名称"文本框右侧的■按钮，在弹出的对话框中选择"面包 _Normal.png"贴图文件，结果如图 4-69 所示。

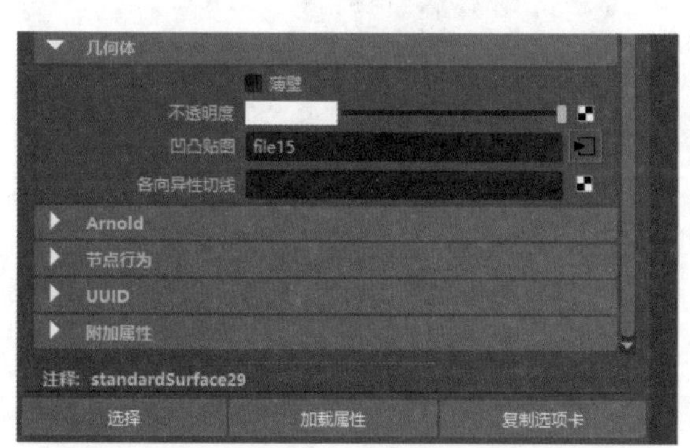

图 4-68 添加一个"文件"渲染节点

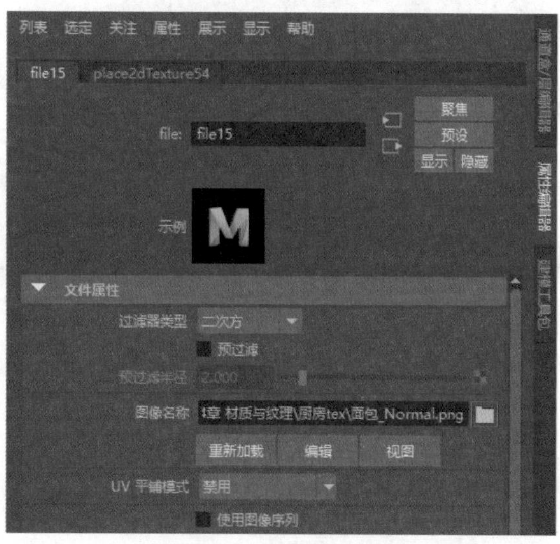

图 4-69 添加贴图文件

09 打开 Hypershade 窗口，在“工作区”面板中单击 bump2d1 节点，如图 4-70 所示。

10 在“属性编辑器”面板中展开“2D 凹凸属性”卷展栏，在“凹凸深度”文本框中输入 0.8，如图 4-71 所示，降低面包材质的凹凸质感效果。

11 设置完成后，在状态行中单击“渲染当前帧”按钮渲染场景，渲染结果如图 4-61 所示。

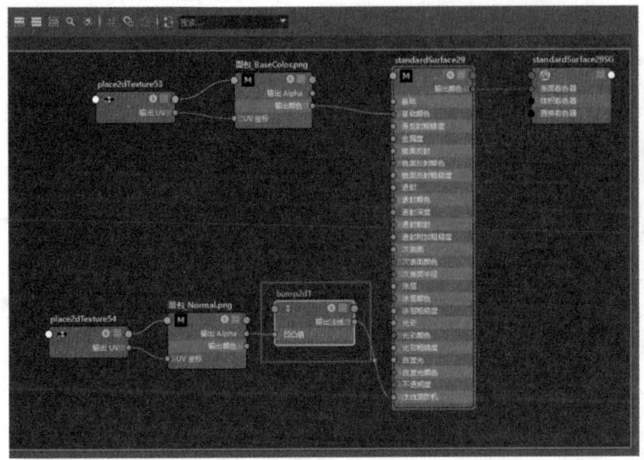

图 4-70　单击 bump2d1 节点

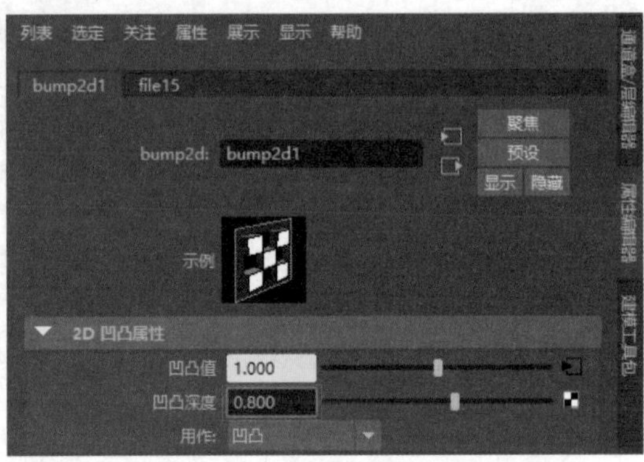

图 4-71　设置“凹凸深度”

4.5　纹理

纹理通过贴图反映模型的具体表现，如布料、皮肤、锈迹等纹理，如图 4-72 所示，可通过叠加多张不同的纹理实现更复杂的立体花纹效果，如凹凸、辉光效果，从而增强视觉效果。

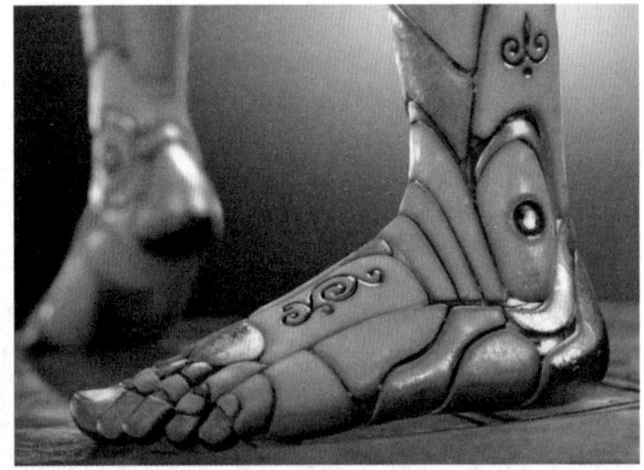

图 4-72　不同纹理的效果

4.5.1　纹理类型

在 Maya 2022 中，纹理主要包括“2D 纹理”“3D 纹理”“环境纹理”“其他纹理”4 种类型，如图 4-73 所示。用户可使用材质节点和文件节点快速地为模型赋予基础纹理。

图 4-73　纹理类型

4.5.2　实例：创建并编辑纹理节点

【例 4-7】本实例将主要讲解如何创建并编辑纹理节点。视频

01 在场景中创建一个球体，并赋予其 Blinn 材质，如图 4-74 所示。

02 在状态行中单击“显示 Hypershade 窗口”按钮，打开 Hypershade 面板，在“浏览器”面板中选择 Blinn 材质球，在工作区工具栏中单击“输入和输出连接”按钮，即可在“工作区”面板中看到“Blinn1”的节点，如图 4-75 所示。

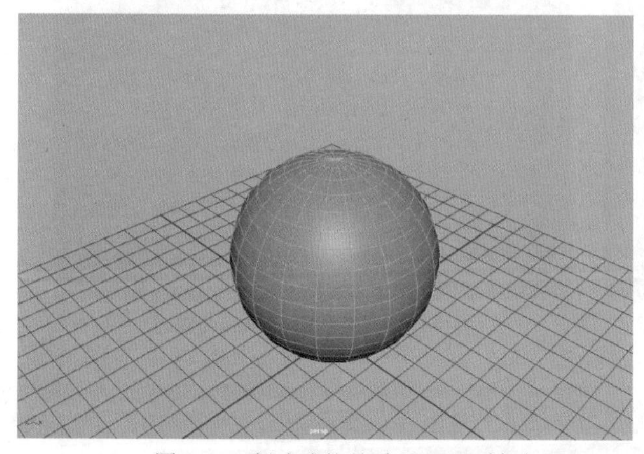
图 4-74　创建球体并赋予 Blinn 材质

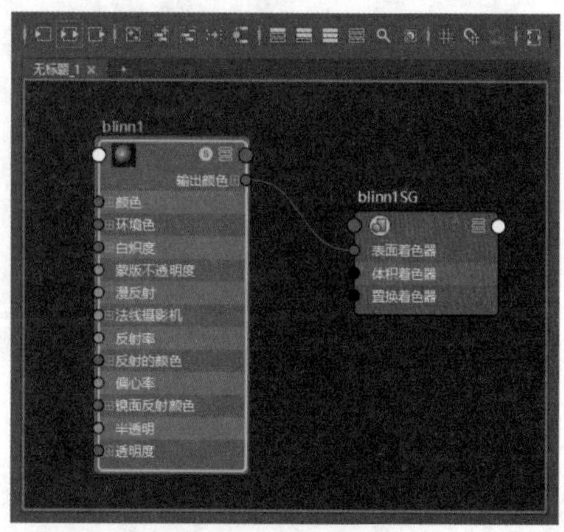

图 4-75　查看节点

03 选择多边形球体，按 Ctrl+A 快捷键打开“属性编辑器”面板，展开“公用材质属性”卷展栏，单击“颜色”属性右侧的按钮，如图 4-76 所示。

04 打开“创建渲染节点”窗口，选择“3D 纹理”|“大理石”命令，如图 4-77 所示，赋予球体一个大理石纹理。

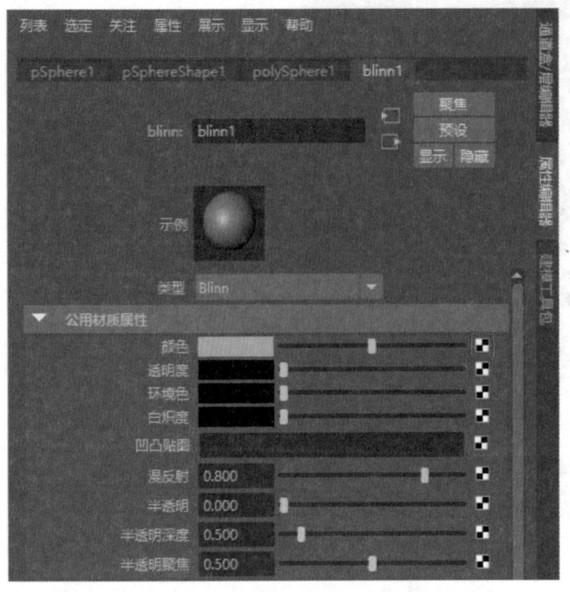

图 4-76 单击“颜色”属性右侧的按钮

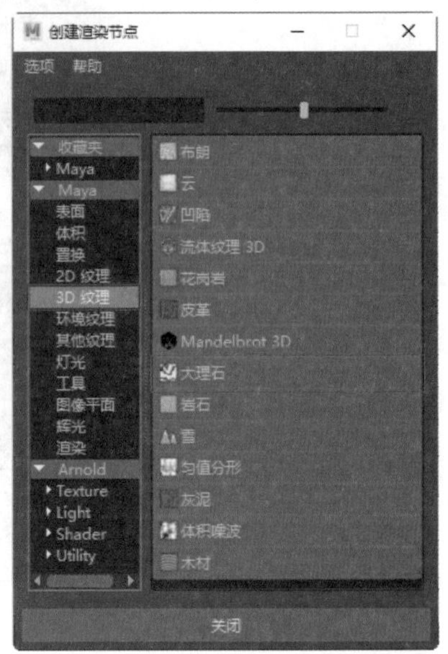

图 4-77 选择“大理石”命令

05 在“特性编辑器”中，展开“Common Material Properties”卷展栏，右击 Color 图标，在弹出的快捷菜单中选择“断开连接”命令，即可断开纹理与材质球的连接，如图 4-78 所示。

06 或者在“工作区”中，按 Ctrl+Alt+Shift 组合键，鼠标会变成一个小刀形状，单击并拖曳鼠标，即可断开纹理与材质球的连接，如图 4-79 所示。

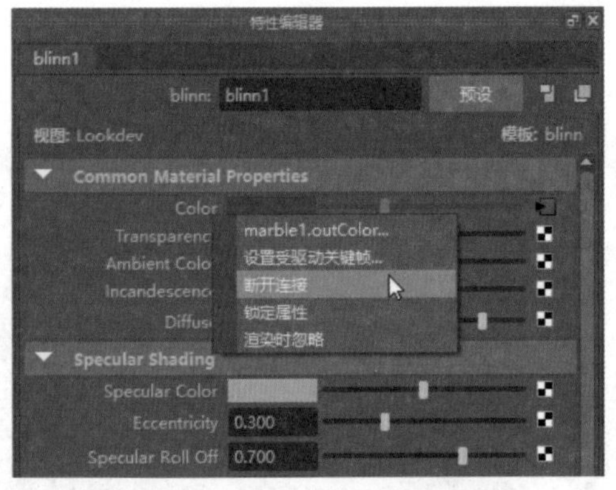

图 4-78 选择“断开连接”命令

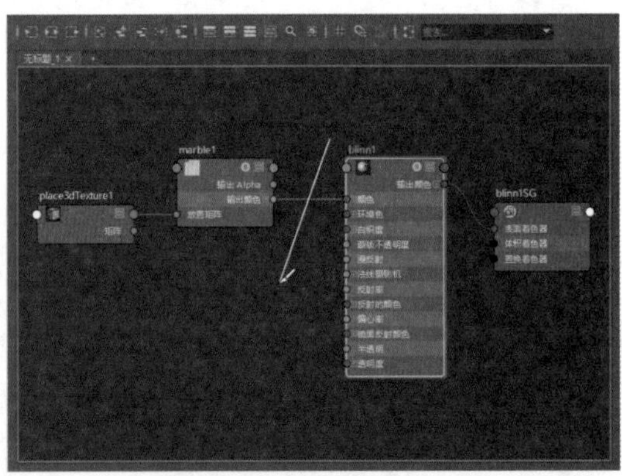

图 4-79 使用组合键断开连接

4.6 二维纹理坐标

二维纹理坐标指的是 UV，它决定了贴图放置在物体表面的位置，U 代表水平，V 代表垂直，用于控制三维模型的顶点与纹理贴图上的像素之间的对应关系。三维模型根据 UV 平面所截取的图案在模型上显示所赋予它的 2D 纹理或者材质。

在大部分情况下，用户需要重新排列 UV，需要通过 UV 编辑器对模型的 UV 进行编辑。在制作项目的过程中，在多边形和细分曲面上创建和修改 UV 以生成贴图和纹理是必不可少的步骤。为模型绘制贴图之前，需要拆分 UV 操作，用户需要删除模型历史记录，并且冻结变换，将模型的变换参数归零。如果没有执行“冻结变换”命令，在后期展开 UV 时会出现拉伸情况，所以这一步操作是非常有必要的。

在“多边形”工具架中单击“UV 编辑器”按钮，打开“UV 编辑器”窗口，然后在“UV 编辑器”窗口的工具栏中单击“棋盘格着色器”按钮，打开棋盘格，此时可见场景中的模型表面会出现分布均匀的棋盘格图案，如图 4-80 所示，说明当前 UV 贴图与模型的对应关系正确。如果某处棋盘格图案出现拉伸严重的情况，参照当前 UV 创建贴图并赋予模型，模型表面贴图必定会产生相应的拉伸效果。不过小部分的拉伸在所难免，所以可在模型定型后再进行创建 UV 的操作。

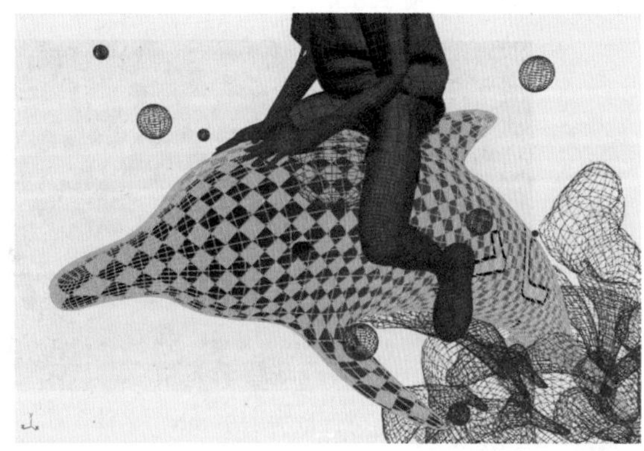

图 4-80　打开棋盘格后的效果

选择模型，单击“UV 着色”图标，会发现模型会变成红色，说明 UV 发生了重叠，如图 4-81 所示。

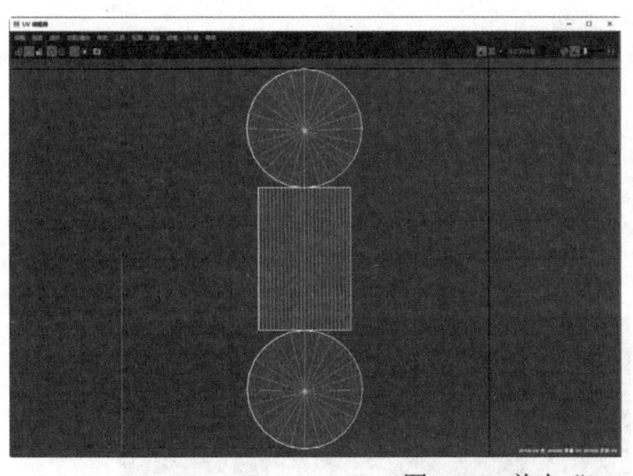
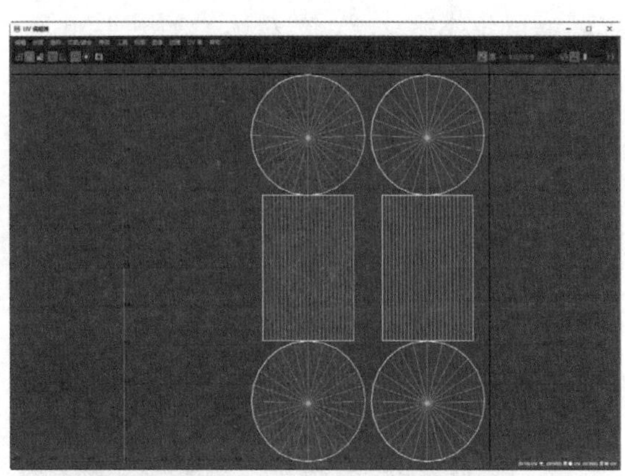

图 4-81　单击“UV 着色”按钮后的结果

4.6.1　实例：使用“平面映射”工具设置贴图

【例 4-8】 本实例将主要讲解如何使用“平面映射”工具为图书模型设置贴图 UV 坐标，渲染效果如图 4-82 所示。视频

图 4-82　图书渲染效果

01 启动 Maya 2022 软件，打开本书的配套场景资源“厨房 .mb”文件，选择图书模型，如图 4-83 所示。本场景已设置好灯光、摄影机及渲染基本参数。

02 选择图书模型，在“渲染”工具架中单击“标准曲面材质”按钮，如图 4-84 所示，为其赋予标准曲面材质。

图 4-83　打开“厨房 .mb”文件

图 4-84　单击“标准曲面材质”按钮

03 在“属性编辑器”面板中展开 Base 卷展栏，单击“颜色”选项右侧的■按钮，打开“创建渲染节点”窗口，选择“文件”选项，然后在“文件属性”卷展栏中单击“图像名称”文本框右侧的■按钮，在弹出的对话框中选择“图书 .jpg”贴图文件，结果如图 4-85 所示。

04 按 6 键显示纹理，然后选择如图 4-86 所示的封面。

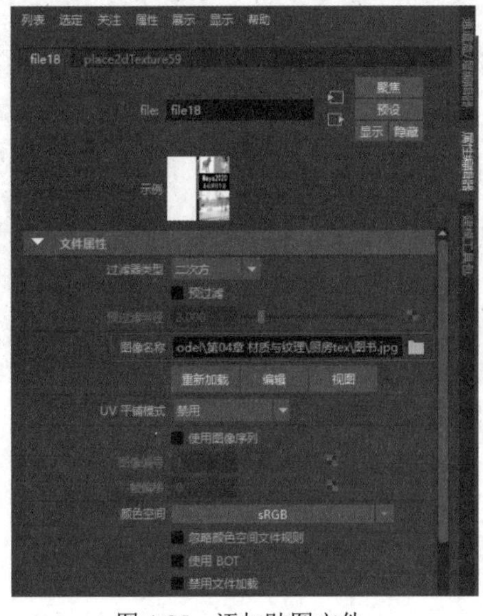

图 4-85　添加贴图文件

图 4-86　选择封面

05 在“多边形建模”工具架中单击“UV 编辑器”按钮，在打开的“UV 编辑器”窗口中，选中“创建”|“平面”命令右侧的复选框，如图 4-87 所示。

06 打开“平面映射选项”窗口，选中“Y 轴”单选按钮，然后单击“应用”按钮，如图 4-88 所示。

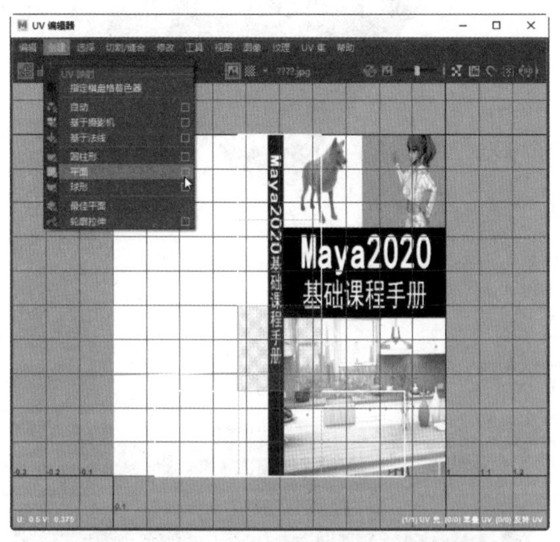

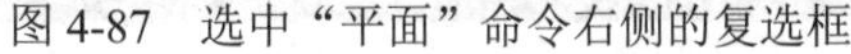

图 4-87 选中“平面”命令右侧的复选框

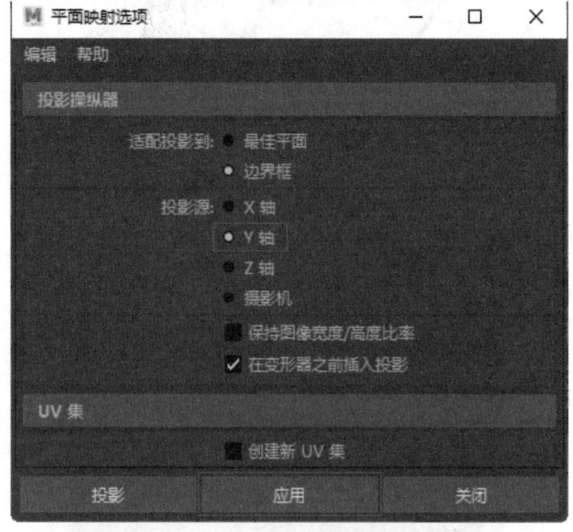

图 4-88 设置“平面映射选项”窗口

07 在场景中单击“平面映射”右上角的十字标记按钮，如图 4-89 所示，将平面映射的控制柄切换至旋转控制柄。

08 单击场景中出现的蓝色圆圈，如图 4-90 所示，则可以显示出旋转坐标轴。

图 4-89 单击十字标记按钮

图 4-90 显示旋转坐标轴

09 将平面映射的旋转方向调至水平位置，然后单击坐标轴箭头上方的方块，如图 4-91 所示，可切换到位移控制柄。

10 如图 4-92 所示，仔细调整平面映射的比例，得到正确的图书封面贴图坐标效果。

11 选择书脊的面，在“UV 编辑器”窗口中，选中“创建”|“平面”命令右侧的复选框，打开“平面映射选项”窗口，选中“最佳平面”单选按钮，然后单击“应用”按钮，如图 4-93 所示。

12 按照步骤 07 到步骤 10 的方法，完成图书书脊的贴图，效果如图 4-94 所示。

图 4-91　单击坐标轴箭头上方的方块

图 4-92　调整平面映射的比例

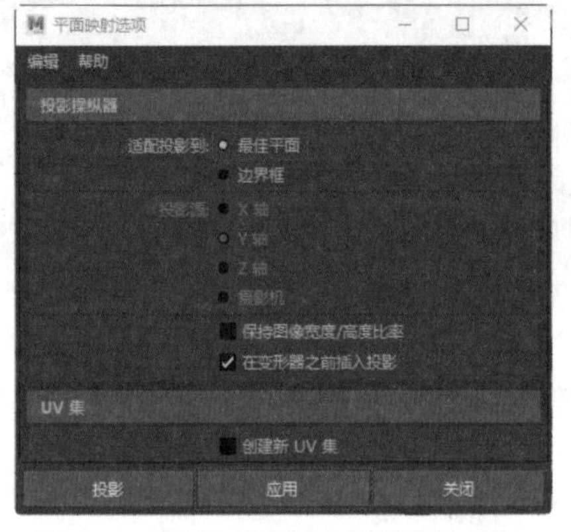

图 4-93　设置“平面映射选项”窗口

图 4-94　书脊的贴图效果

13 按照步骤 04 到步骤 10 的方法，完成图书封底的贴图，效果如图 4-95 所示。

14 选择书页部分的面，单击“渲染”工具架上的“标准曲面材质”图标，为其赋予标准曲面材质，效果如图 4-96 所示。

图 4-95　封底贴图效果

图 4-96　赋予书页标准曲面材质

15 设置完成后，图书模型的渲染效果如图 4-82 所示。

4.6.2　实例：使用“UV编辑器”设置贴图

【例4-9】本实例将主要讲解如何使用“UV编辑器”为图书模型设置贴图UV坐标。

视频

01 选择场景中的图书模型，赋予其标准曲面材质，并为其添加“图书.jpg"贴图文件，之后按6键显示纹理。然后在“多边形建模”工具架中单击“UV编辑器”按钮，打开“UV编辑器”窗口，如图4-97所示。

02 在“UV编辑工作区”面板中右击，从弹出的菜单中选择“边”命令，如图4-98所示。

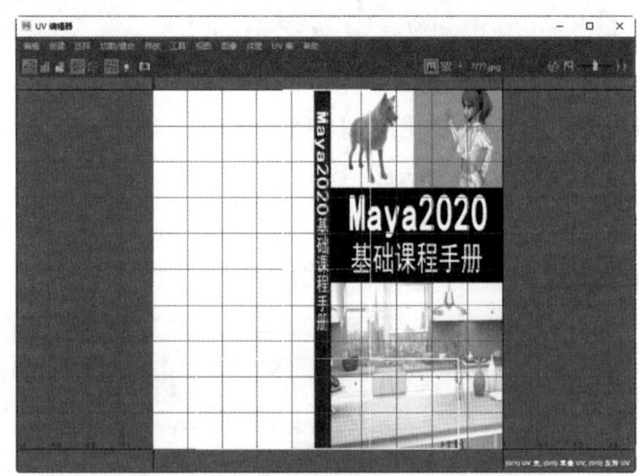

图4-97　打开“UV编辑器”窗口

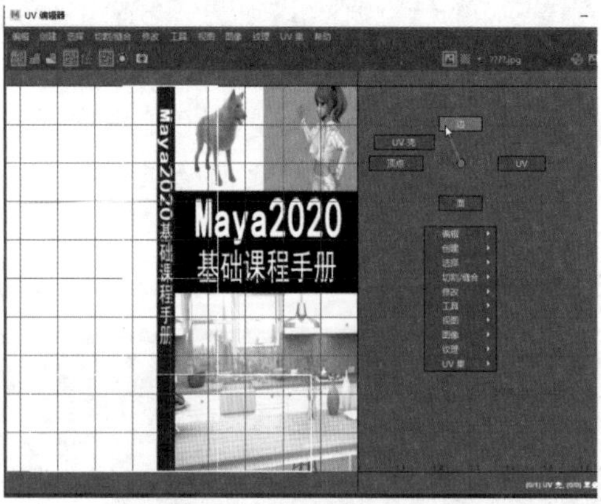

图4-98　选择“边”命令

03 在“UV编辑器”窗口的工具栏中单击“显示图像”按钮，选择模型面之间的连接线，然后按Shift键并右击，从弹出的菜单中选择“剪切”命令，如图4-99所示，将连接处断开。

04 选择边，按Shift键并右击，在弹出的菜单中选择“缝合”命令，如图4-100所示，将断开的连接处缝合。

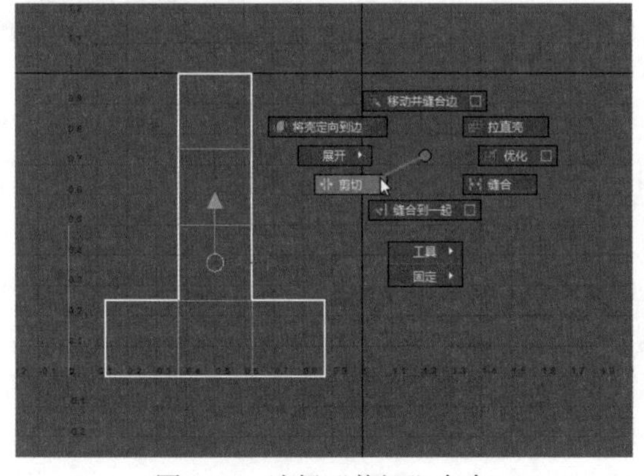

图4-99　选择“剪切”命令

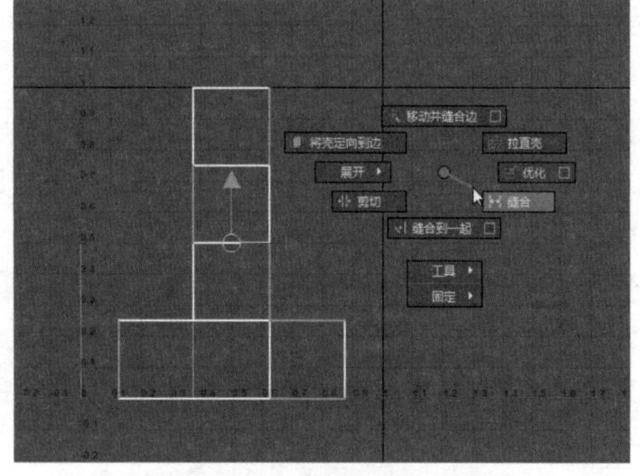

图4-100　选择“缝合”命令

05 在“UV编辑器”窗口中右击并从弹出的菜单中选择“UV壳”命令，如图4-101所示。

06 框选所有UV，按Shift键并右击，选择“展开”|“展开”命令，如图4-102所示，展开UV。

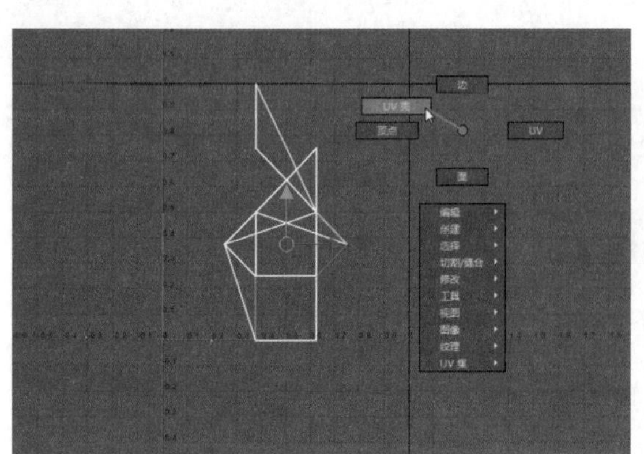

图 4-101　选择“UV 壳”命令

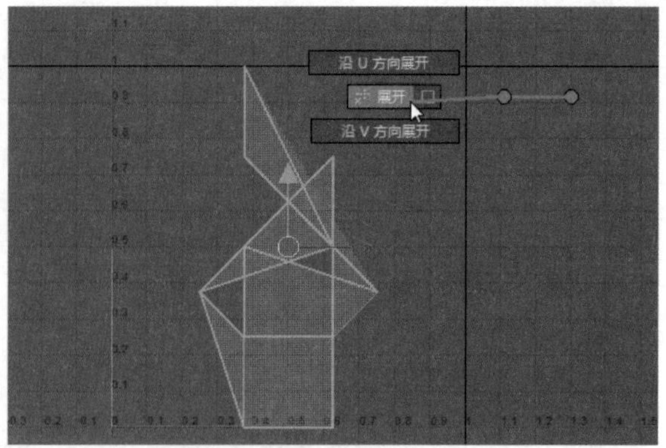

图 4-102　选择“展开”命令

07 按 Shift 键并右击，选择“排布”|“排布 UV”命令，如图 4-103 所示，自动将 UV 重新定位在第一象限，使 UV 之间的距离和适配度达到最大化，手动调整 UV 的比例，使其与贴图大小一致。

08 选择 UV，按 Shift 键并右击，从弹出的菜单中选择 UV 命令，如图 4-104 所示。

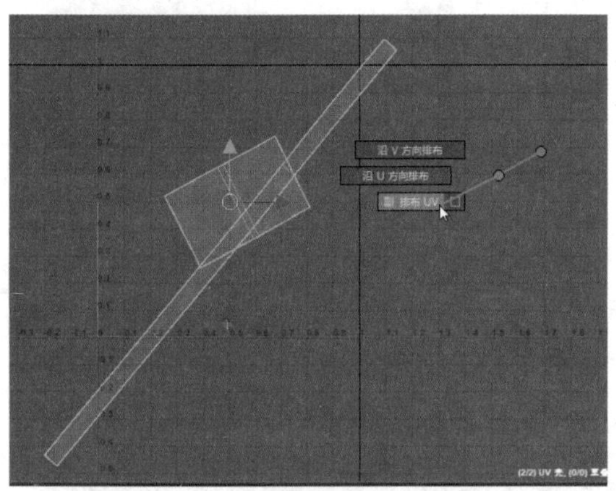

图 4-103　选择“排布 UV”命令

图 4-104　选择 UV 命令

09 在“UV 编辑器”窗口中选择右侧的 UV 点，在“UV 工具包”面板中展开“对齐和捕捉”卷展栏，在“对齐”选项组中单击按钮，如图 4-105 所示，沿 U 方向将 UV 或 UV 壳对齐到右侧，即可拉直 UV。

10 选择顶部的 UV 点，单击按钮，如图 4-106 所示，沿 U 方向将 UV 或 UV 壳对齐到顶部。

11 按照步骤 08 到步骤 10 的方法拉直其余边缘的 UV，结果如图 4-107 所示。

12 选择书页部分的面，在“渲染”工具架中单击“标准曲面材质”按钮，为其赋予标准曲面材质，结果如图 4-108 所示。

13 设置完成后，图书模型的渲染效果如图 4-82 所示。

图 4-105　对齐到右侧

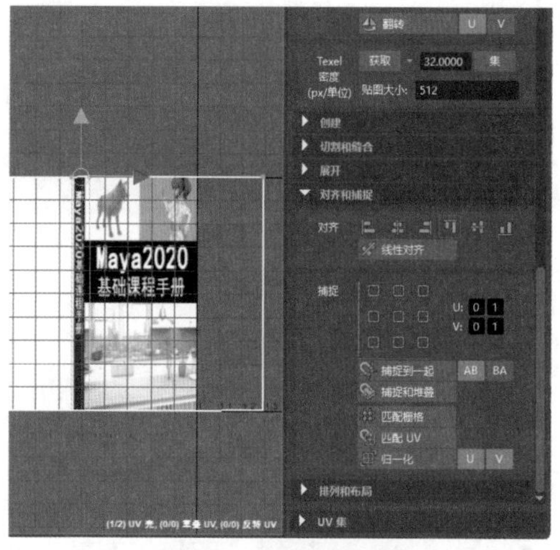

图 4-106　对齐到顶部

图 4-107　拉直其余边缘的 UV

图 4-108　为图书模型赋予标准曲面材质

4.7　习题

1. 简述什么是材质？什么是纹理？
2. 简述 Maya 中常用材质的类型和作用。
3. 简述在建模步骤完成后，拆分 UV 的作用。

第 5 章
拓扑与烘焙

根据项目要求，高模在制作完成后，需要进行拓扑和烘焙操作。用户利用拓扑技术制作出与高模包裹度相匹配的低模后，再对其进行烘焙操作，使高模的细节信息通过贴图的方式传递给低模。本章将通过实例操作，帮助读者全面了解 Maya 软件中的拓扑与烘焙技术。

二维码教学视频

【例 5-1】拓扑快捷键的基本用法
【例 5-2】拓扑锤子模型
【例 5-3】拆分锤子低模 UV
【例 5-4】烘焙锤子模型

5.1 拓扑概述

拓扑是三维建模师必须掌握的一门技术，旨在通过创建较少面数的低模来最大限度地保留高模的结构。高精度模型也就是高模，指的是次世代建模，次世代的模型细节丰富，结构复杂，点线面的数量庞大；低模就是面数较少的模型。影视模型为了追求逼真的效果，使用预渲染，模型面数非常多。游戏模型使用的是实时渲染，如果计算机内存资源有限，就难以支持面数百万甚至上千万的模型，这样大量的点线面的高模便无法使用，所以需要简化模型的面数，以达到更好的优化效果。

建模师通常会通过雕刻软件或其他三维软件来制作高模，如图 5-1 所示，但是高模很难在后续进行动画处理，所以需要限制模型的面数。将一个复杂的模型用规整和整洁的布线拓扑出基本的结构特征，不仅外观上看着清爽，还可以在很大程度上提升建模效率。

图 5-1　高模作品展示

5.1.1 拓扑方式

建模师会使用 Maya、ZBrush 或 Topogun 等三维软件进行拓扑，他们需要确保拓扑出的低模能包裹住高模，这样在后续的烘焙中能使高模上的细节结构烘焙到低模上。利用 Maya 的绘制工具用户可快速地在高模对象表面上创建新模型。在 ZBrush 软件中，可使用 ZRemesher 进行自动拓扑，如图 5-2 所示，但有时并不能达到用户需要的效果，还需要用户通过调节数值达到需要的效果。本章主要介绍如何使用 Maya 软件进行拓扑。

Maya 软件的拓扑功能主要集中在界面右侧的建模工具包中，该建模工具包能为用户提供很大的帮助，如图 5-3 所示。

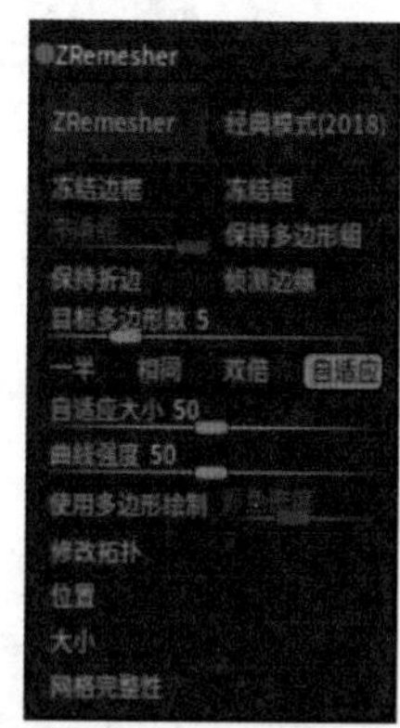

图 5-2　使用 ZRemesher 进行自动拓扑

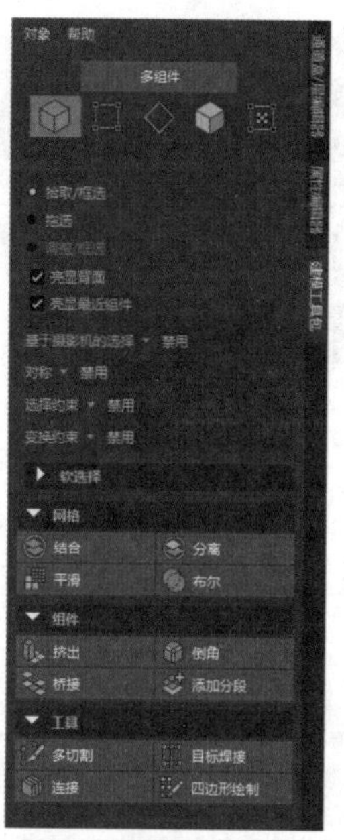

图 5-3　建模工具包

在拓扑过程中要尽量避免出现三边面，三边面在后续会影响模型细分、角色动画或打断插入循环边等，从而破坏了整体的拓扑结构，尤其是在制作角色动画时，在不合适的地方使用三边面会出现穿刺变形的情况。

5.1.2　实例：拓扑快捷键的基本用法

【例 5-1】本实例将主要讲解在进行拓扑时如何使用快捷键。视频

01 启动 Maya 2022 软件，打开本书配套资源文件“龙.ma”，选择高模，如图 5-4 所示，然后单击状态行中的“激活选定对象”按钮，之后在该按钮右侧将显示被选中的高模名称，如图 5-4 所示，激活后，将无法选择高模。

图 5-4　选择高模并单击“激活选定对象”按钮

02 在“建模工具包”面板中展开“工具”卷展栏，单击“四边形绘制”按钮，如图 5-5 所示。

03 如果模型为对称模型，可以在状态行中单击“对称”下拉按钮，选择“对象 X”命令，如图 5-6 所示，进行对称拓扑。

图 5-5 单击“四边形绘制”按钮

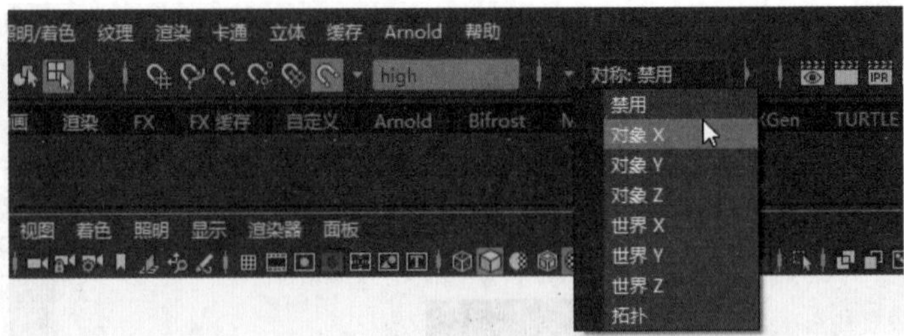

图 5-6 选择“对象 X”命令

04 按照高模结构，从模型中线位置的左侧开始单击，即可在右侧绘制出相对称的绿色顶点，如图 5-7 所示，“四边形绘制”工具会自动捕捉到高模上。

05 将光标移至绿色顶点范围内，按 Shift 键并单击鼠标左键，可创建新拓扑，如图 5-8 所示。

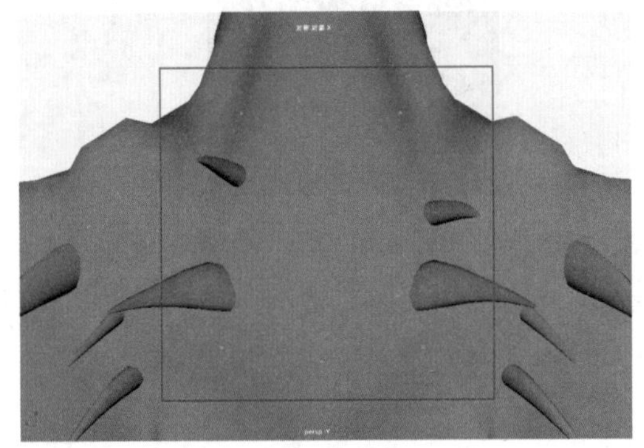

图 5-7 创建对称顶点

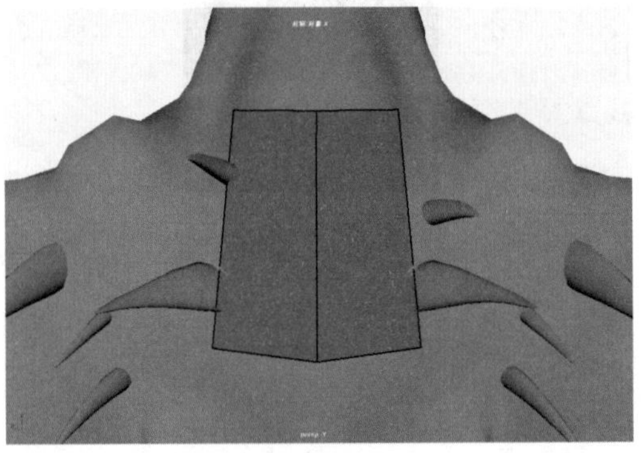

图 5-8 创建新拓扑

注意

在进行拓扑时用户在面板工具栏中单击“着色对象上的线框”按钮，即可在模型上显示线框，辅助用户参考高模上的布线进行拓扑。

06 若要删除点，用户按 Ctrl+Shift 快捷键并单击顶点，即可将其删除，如图 5-9 所示。

07 按 Ctrl+Shift 快捷键，单击并滑动鼠标，可快速删除连续的面，如图 5-10 所示。

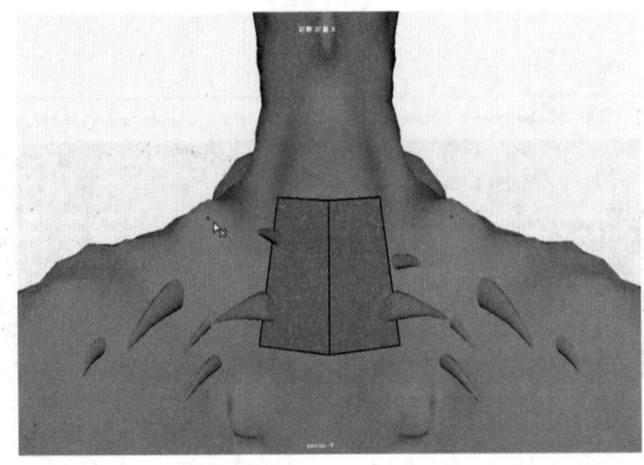

图 5-9 删除顶点

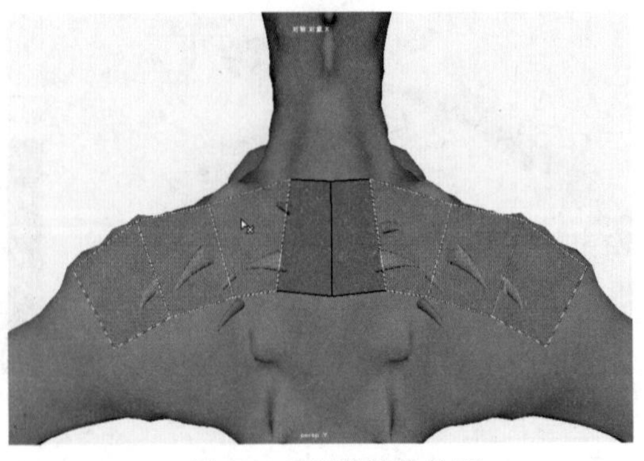

图 5-10 删除连续的面

08 单击边并进行拖曳，可以调整拓扑面的范围，如图 5-11 所示，同样还可以选择顶点进行调整。

09 在一段连续规则的循环面中，按住 Ctrl 键并将鼠标移至高模上，将显示绿色虚线循环边预览线，指示将会在此处插入新循环边，如图 5-12 所示。

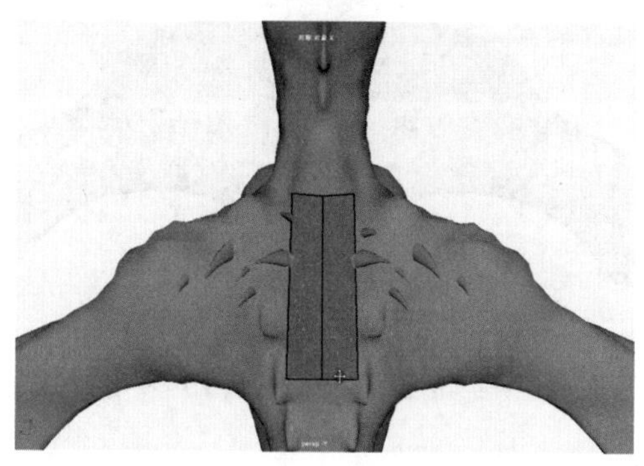

图 5-11　拖曳边调整拓扑面

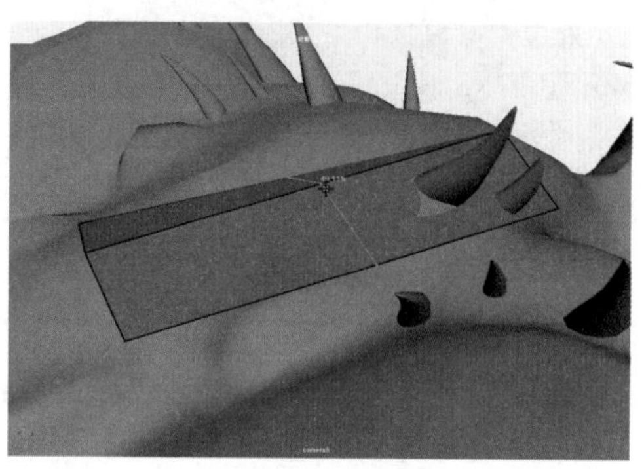

图 5-12　显示绿色虚线循环边预览线

10 单击即可插入循环边，如图 5-13 所示，若按 Ctrl 加鼠标中键，即可在拓扑面的中心位置插入循环边。

11 按照步骤 04 到步骤 05 的方法继续进行拓扑操作，如图 5-14 所示。

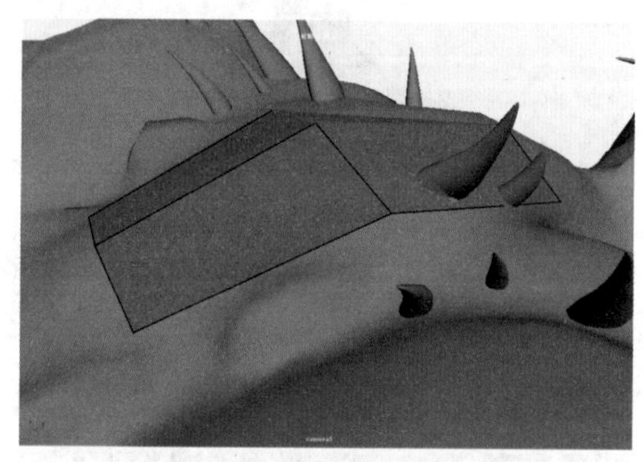

图 5-13　循环边显示结果

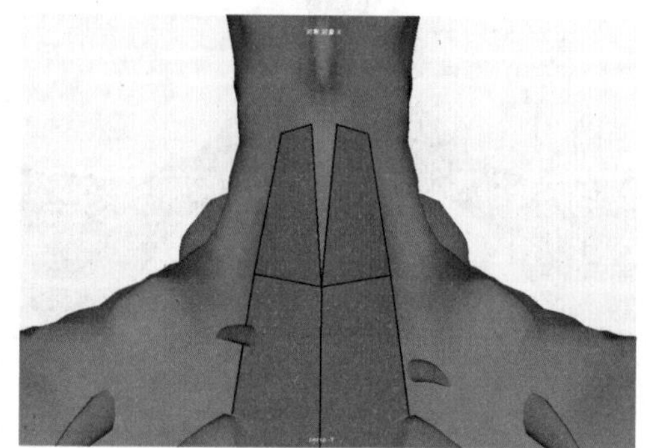

图 5-14　继续进行拓扑操作

12 单击顶点，将其向中心拖曳进行靠拢，两个点即可自动吸附在一起，结果如图 5-15 所示。

13 将光标放在单条边上，然后按 Tab 键不放，效果如图 5-16 所示。

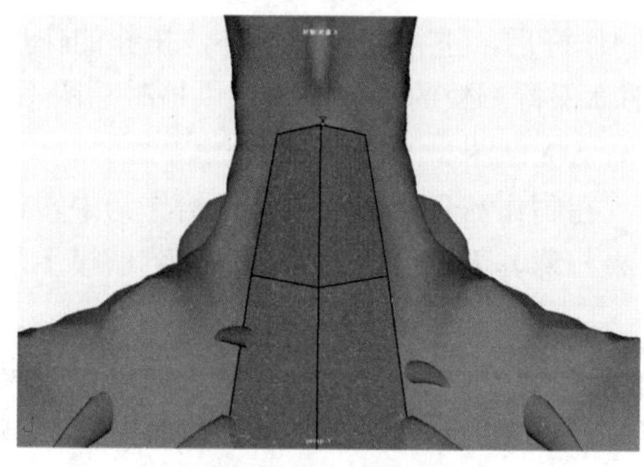

图 5-15　吸附点

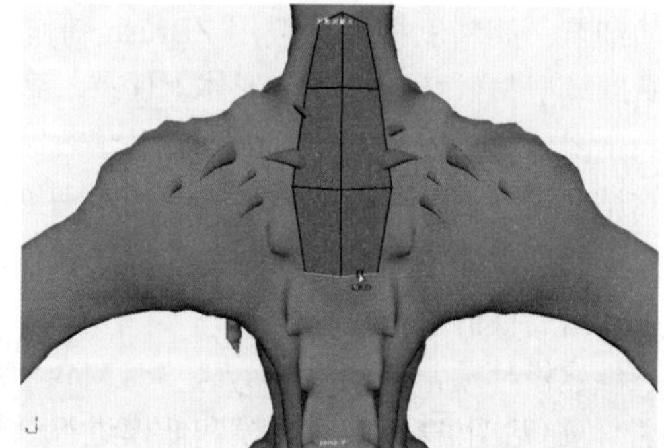

图 5-16　将光标放在单条边上后按 Tab 键的效果

14 选择一条边界边，并对其进行拖曳即可延伸边，如图 5-17 所示。

15 按 Tab 键加鼠标中键，选择边并进行拖曳，即可延伸循环边，如图 5-18 所示。

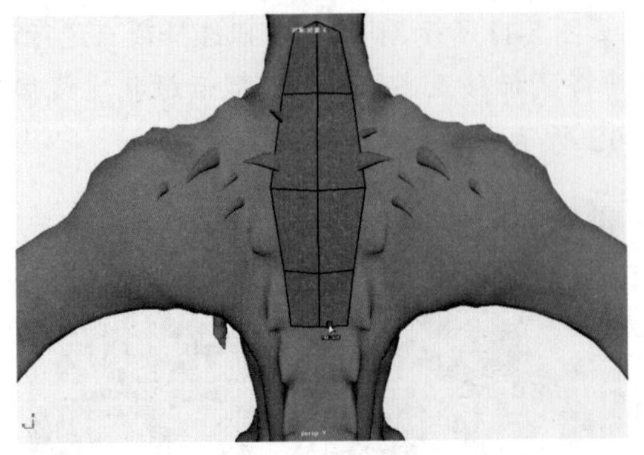

图 5-17 延伸边

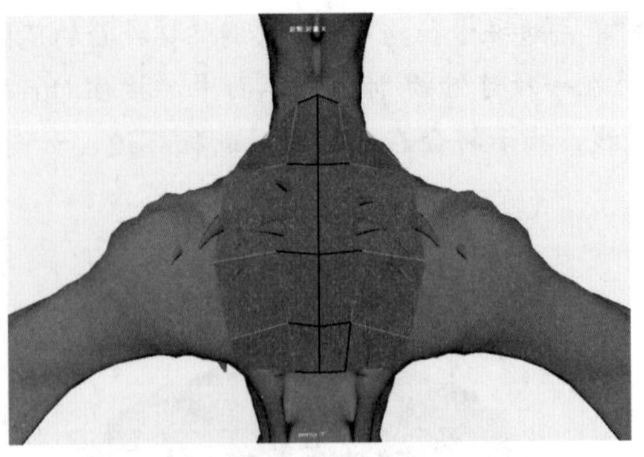

图 5-18 延伸循环边

16 按 Tab 键，在高模上单击并进行拖曳，即可快速绘制四边形，如图 5-19 所示，按鼠标中键可以调整四边形的大小。

17 按 Shift 键加左击不放，光标处会出现 relax 图标，此时可使用松弛笔刷在拓扑出的曲面上进行滑动，使布线更均匀，如图 5-20 所示。

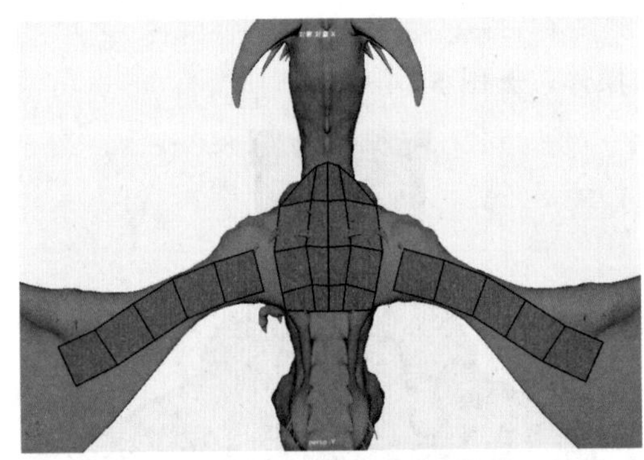

图 5-19 快速绘制四边形

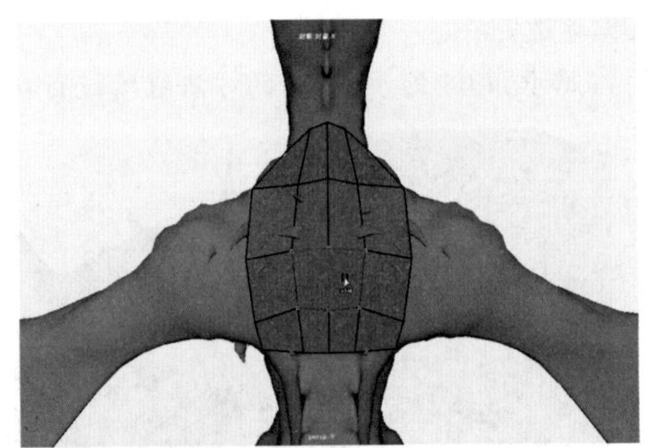

图 5-20 平滑整个曲面

5.2 烘焙概述

烘焙就是将高模上的细节用贴图渲染出来，贴到低模上，让低精度的模型看上去有高精度模型的细节。高精度模型一般用 ZBrush 制作，制作好后，进行模型的拓扑，拓扑的作用是保证高精度模型与低精度模型在形体上保持一致，形体保持一致的作用是保证烘焙时贴图不出错。烘焙的贴图种类比较多，一般用到的是法线贴图与 AO 贴图。

高精度模型具有低精度模型没有的纹理细节，在制作流程中需要进行烘焙作为中转过程，将高模上的点线面空间关系以图片的形式转换出来，称其为贴图，并将贴图贴到低模上，使低模能呈现出高模的细节纹理效果。

三维建模师通常会使用 Maya、3ds Max、八猴等软件来对模型进行烘焙。通过在如图 5-21 所示的“传递贴图”窗口中对高模和低模进行烘焙，可以得到法线、AO(环境光遮蔽贴图)等贴图。如果是由多个子物体组合的模型，通常需要将它们按照结构拆分后再分别进行烘焙（在实际操作中，个体模型如果结构复杂，可以酌情拆分模型），最后在 Photoshop 中将多个贴图进行整合，这样就可以高效地解决高模信息烘焙不完整的情况。

图 5-21　“传递贴图”窗口

如果项目要求对相似模型进行 UV 重叠，则在烘焙时，只需在 UV 第一象限留有一个选定模型的 UV，其余相似模型使用 UV 编辑器向右位移到第二象限，烘焙完的贴图将自动匹配第二象限的 UV。

5.2.1　目标网格

“目标网格”作为传递贴图的目标，会将贴图纹理烘焙到所选的目标对象上，“目标网格”卷展栏内的参数如图 5-22 所示，主要参数的功能说明如下。

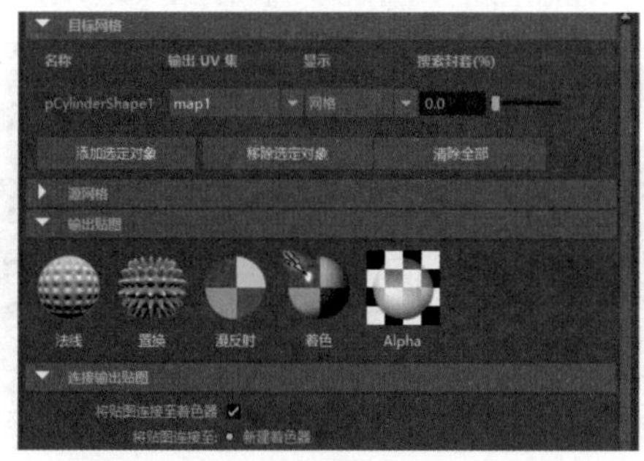

图 5-22　“目标网格”卷展栏

- 名称：显示场景视图中被选择的目标对象的名称。
- 输出 UV 集：对为其创建纹理贴图的目标网格设定 UV 集。UV 集定义映射目标网格的方式。
- 显示：设定场景中显示目标的哪些方面。可以显示目标网格或封套，或同时显示这两者。
- 搜索封套 (%)：搜索封套是用户可编辑的一块几何体，它定义了传递贴图生成操作的搜索体积或阈值。该属性设定目标网格的搜索封套的大小 (%)。如果将“搜索封套”设定为 10，则封套将比其目标网格大 10%。
- 添加选定对象：将场景视图中的当前选定对象添加到“目标网格”列表。
- 移除选定对象：将场景视图中的当前选定对象从“目标网格”列表移除。
- 清除全部：删除“目标网格”列表中的所有对象名称。

5.2.2　源网格

“源网格”卷展栏内的参数如图 5-23 所示，主要参数的功能说明如下。

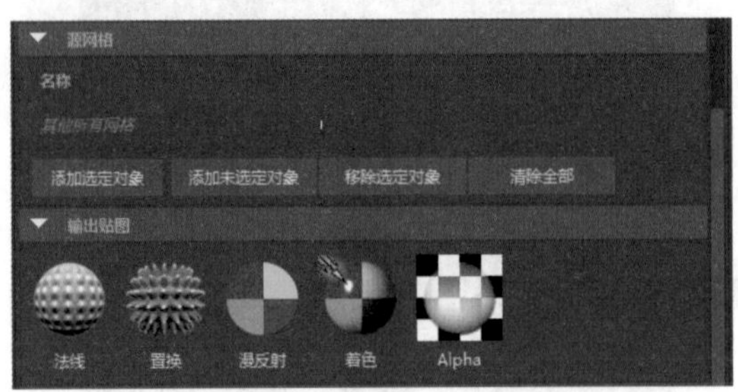

图 5-23　“源网格”卷展栏

- 名称：显示场景视图中被选择的源对象的名称。
- 添加选定对象：将场景视图中的当前选定对象添加到“源网格”列表。
- 添加未选定对象：将场景视图中的所有未选定对象添加到“源网格”列表。
- 移除选定对象：将场景视图中的当前选定对象从“源网格”列表中移除。
- 清除全部：删除“源网格”列表中列出的所有对象名称。

5.2.3　输出贴图

展开“输出贴图”卷展栏，可从可用图标列表中选择用户所需的贴图类型，如图 5-24 所示。下面将以选择“添加法线贴图”选项为例，介绍其中的主要选项，各主要选项的功能说明如下。

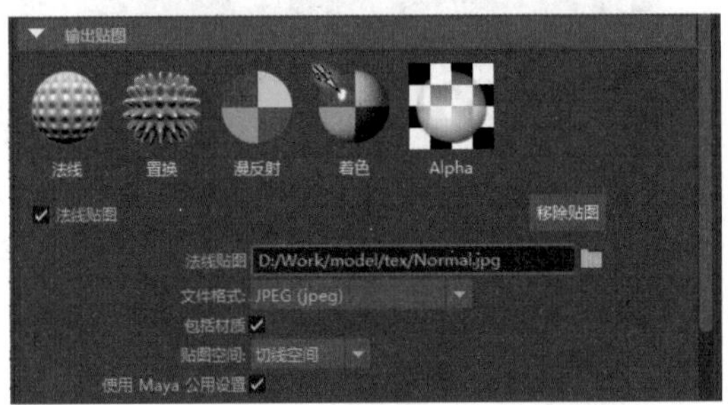

图 5-24　“输出贴图”卷展栏

- 移除贴图：将选择的贴图类型从要生成的贴图列表中移除。
- 法线贴图：启用此选项，即可在下方的“法线贴图”文本框中设置法线贴图的文件名和路径及其他相关参数。
- 文件格式：设置法线贴图的文件格式，用户可从其下拉列表中选择所需的文件格式，Maya 会自动将相应的文件扩展名附加到法线贴图的文件名中。
- 包括材质：选中该复选框后，所有源材质（如凹凸贴图）将包括在法线贴图中。使用该属性可获取修改过的法线（如应用凹凸贴图后）的视图，即法线在最终渲染中的显示。若未选中该复选框，可查看法线在实际几何体中的显示。
- 贴图空间：其中包括切线空间和对象空间。切线空间法线是根据每个顶点在本地定义的，并且可以通过变形旋转。“切线空间”用于已设置动画的对象上的纹理。“对象空间”

法线始终指向相同的方向，即使旋转了三角形也是如此。“对象空间”用于未设置动画的对象上的纹理。

- 使用 Maya 公用设置：选中该复选框后，当处理多个模型时，可以在多个传递贴图过程中共享参数。如果取消选择该复选框，则“法线贴图”卷展栏下方会弹出“贴图宽度”“贴图高度”和“保持纵横比”文本框，用户可以自定义其参数。

5.2.4　连接输出贴图

“连接输出贴图”卷展栏用于指定要创建的纹理在目标对象上的显示方式，“连接输出贴图”卷展栏内的参数如图 5-25 所示，主要参数的功能说明如下。

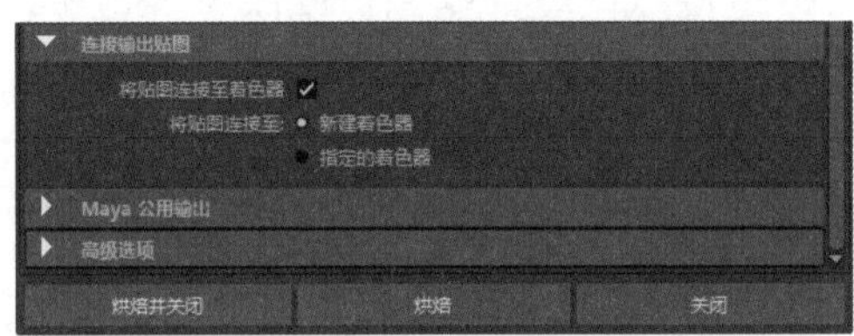

图 5-25　“连接输出贴图”卷展栏

- 将贴图连接至着色器：禁用时，保留当前网格不变并在磁盘上创建纹理文件，在场景视图中不对网格做任何可见更改；启用时，将贴图连接至新建的着色器或指定的着色器。

5.2.5　Maya 公用输出

“Maya 公用输出”卷展栏内的参数如图 5-26 所示，主要参数的功能说明如下。

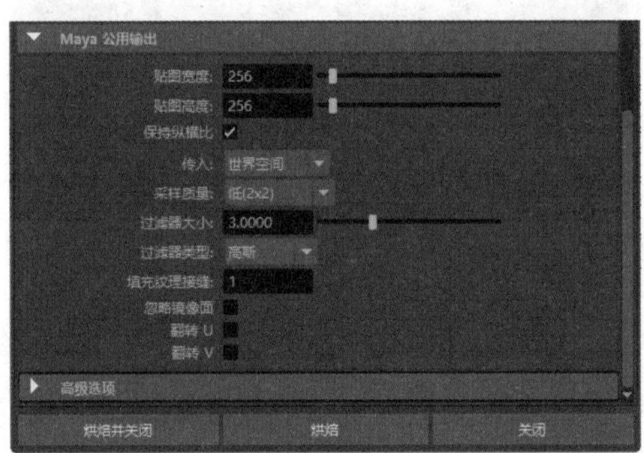

图 5-26　“Maya 公用输出”卷展栏

- 贴图宽度：设定要创建的纹理贴图的宽度 (以像素为单位)，默认的贴图宽度为 256。
- 贴图高度：设定要创建的纹理贴图的高度 (以像素为单位)，默认的贴图高度为 256。
- 传入：该下拉列表中包括“世界空间”“对象空间”“UV 空间”三个选项。当对象大小不同时，使用“世界空间”。当传入世界空间时，请确保源对象和目标对象位于场景视图中相同的世界位置 (一个位于另一个的上方)。使用“对象空间”可查看传递贴图的结果而不必重叠网格。若要确保对象空间传递起作用，请移动对象使之相互叠加 (所有网格的枢轴重叠)，并冻结对象的所有变换，然后将其分开并列放置。当源网格和目标网格比例不同或形状不同时，使用“UV 空间”。例如，如果要同时创建男性和女性角色，并且需要将曲面属性从一个网格传递到另一个网格，尽管两个网格都有手臂，但手臂还是有很大的区别，如果采用基于空间的传递，产生的效果会不理想。请确保为两个网格都定义了 UV 空间映射。

- 采样质量：为贴图指定取自源网格的每像素采样数量，并确定纹理贴图的质量。可提高采样质量以获取纹理贴图中的更多细节。但是，在调整采样质量值之前，用户必须首先确保源对象是高质量的。例如，如果用户正创建环境光遮挡传递贴图，则首先应调整源对象的遮挡光线的数量以确保它提供了高质量的细节，然后再修改“采样质量”属性。
- 过滤器大小：控制对纹理贴图中的每个像素插值的过滤器大小。将过滤器调小会产生较锐利的纹理贴图，将过滤器调大会产生较平滑 / 柔和的纹理贴图。
- 过滤器类型：控制如何模糊或柔化纹理贴图以消除锯齿或锯齿状边缘。可从下列过滤器类型中选择：“高斯”(稍微柔和)、“三角形”(柔和)或“长方体”(非常柔和)。
- 填充纹理接缝：计算围绕每个 UV 壳的其他像素，以消除围绕 UV 接缝的纹理过滤瑕疵。
- 忽略镜像面：选中该复选框后，带有反转 UV 缠绕顺序的面不会用于创建传递贴图。该功能的典型应用是为角色创建镜像法线贴图。

5.2.6 高级选项

“高级选项”卷展栏内的参数如图 5-27 所示，各参数的功能说明如下。

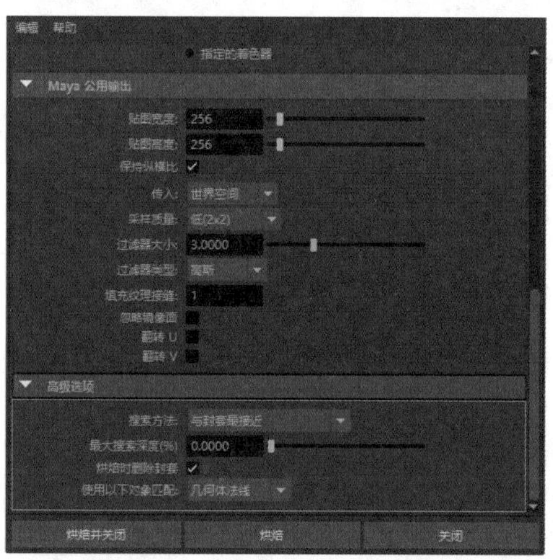

图 5-27 “高级选项”卷展栏

- 搜索方法：用于设定正在查找的目标网格相对于搜索封套的位置。
- 最大搜索深度 (%)：用于设定接受目标网格匹配所需的搜索深度限制或距离目标网格最远的百分比。该选项可以避免查找对象背面的曲面交集作为搜索结果。
- 烘焙时删除封套：选中该复选框后，则在烘焙时删除目标对象的搜索封套。
- 使用以下对象匹配：包括“几何体法线”和“曲面法线”。选择“几何体法线”，在烘焙时将纹理贴图匹配到目标网格的面法线，该匹配方法适用于软边曲面。选择“曲面法线”，烘焙时将纹理贴图匹配到目标曲面的顶点法线，该匹配方法适用于硬边曲面。

5.3　实例：拓扑锤子模型

【例 5-2】本实例将主要讲解如何拓扑出锤子的低模。视频

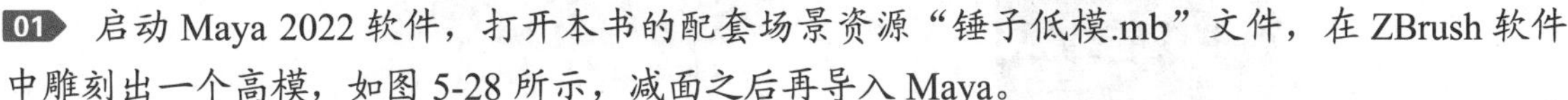

01 启动 Maya 2022 软件，打开本书的配套场景资源“锤子低模.mb”文件，在 ZBrush 软件中雕刻出一个高模，如图 5-28 所示，减面之后再导入 Maya。

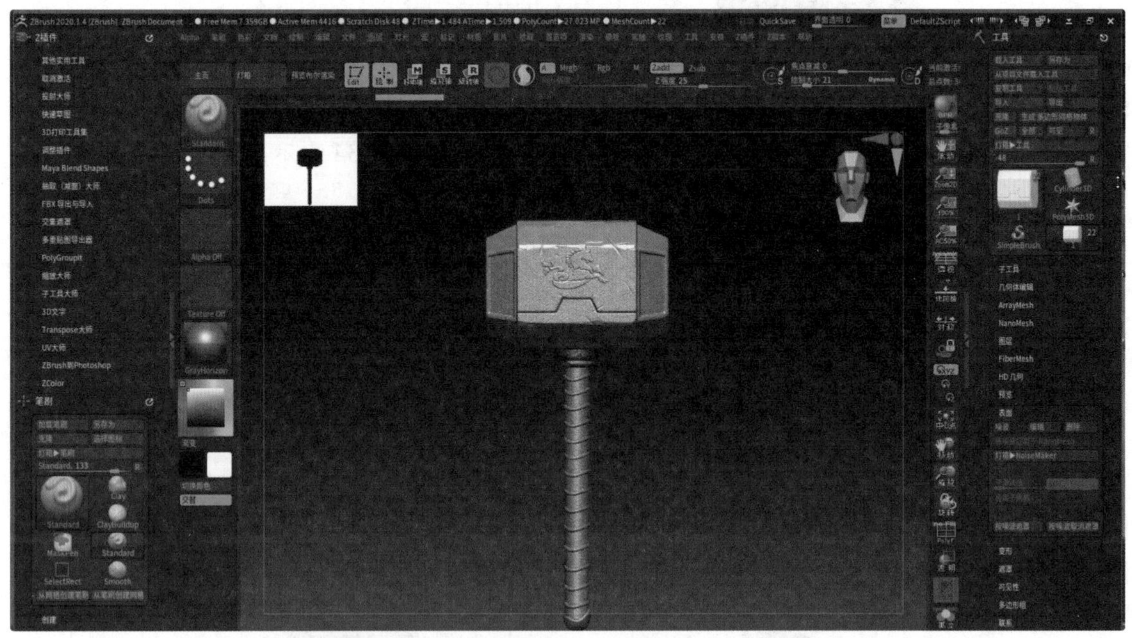

图 5-28　锤子高模

02 在 Maya 2022 中打开高模“锤子.mb”文件，如图 5-29 所示。

03 选择高模，在状态行中单击“激活选定对象”按钮，之后按钮会变蓝，且右侧方框内会出现所选中模型的名称“high_chuizi”，如图 5-30 所示。

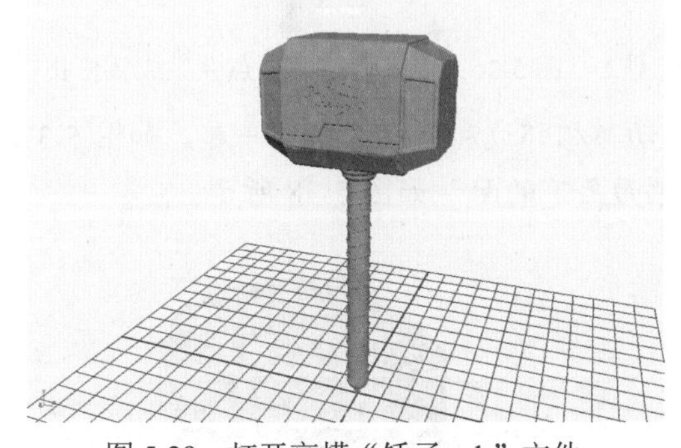

图 5-29　打开高模“锤子.mb”文件

图 5-30　单击“激活选定对象”按钮

04 在“建模工具包”面板中展开“工具”卷展栏，单击“四边形绘制”按钮，如图 5-31 所示。

05 鼠标会变成十字形状，沿着锤子高模的形状，绘制出 4 个点，按 Shift 键并单击生成面，结果如图 5-32 所示。

图 5-31　单击“四边形绘制”按钮

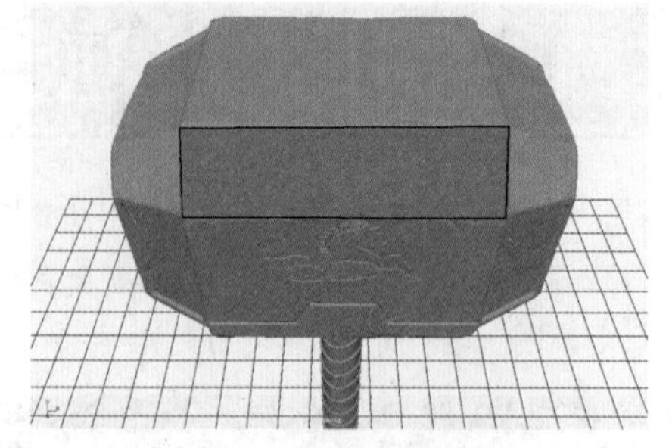

图 5-32　绘制点并生成面

06 向右侧再绘制两个点，然后按 Shift 键并单击生成面，如图 5-33 所示。

07 按住 Tab 键，选择一条边界边，单击并向外拖曳边，如图 5-34 所示。

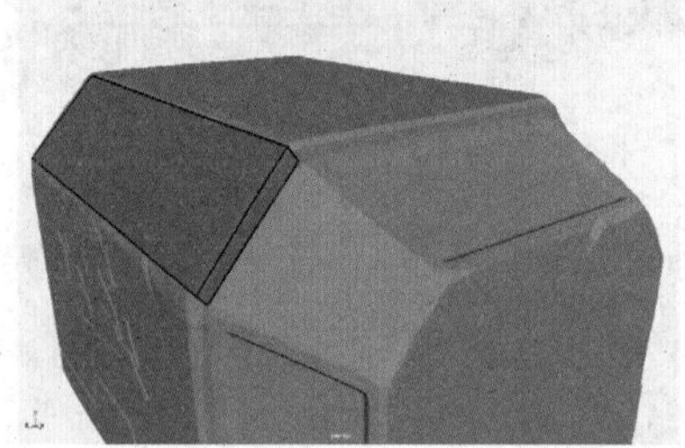

图 5-33　再次绘制点并生成面

图 5-34　延伸边

08 顺着锤子高模的结构，拓扑出锤子一边的造型，如图 5-35 所示。

09 在锤子高模的侧边单击两下，创建两个点并生成一个新拓扑，如图 5-36 所示。

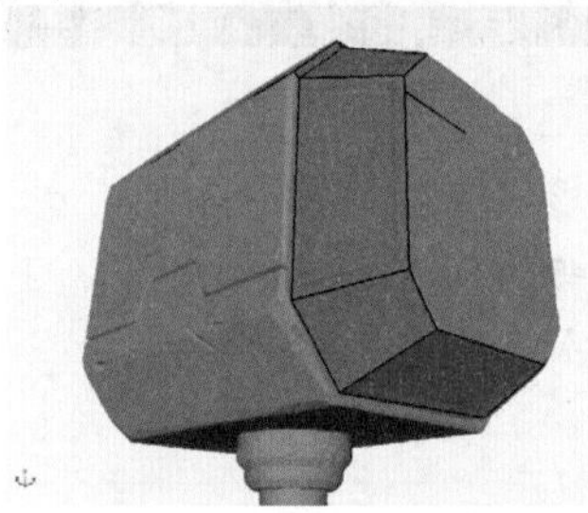

图 5-35　拓扑出锤子一边的造型

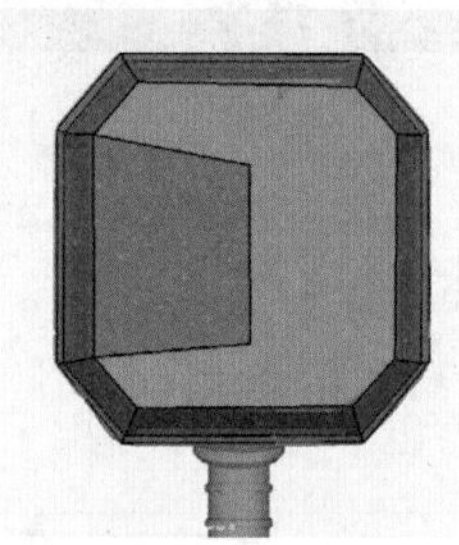

图 5-36　在侧边绘制顶点并生成新拓扑

10 选择新拓扑的边并向右拖动，边会自动与相邻边和顶点焊接在一起，如图 5-37 所示。

11 按 Shift 键并通过单击分别填补模型侧面上下的面，如图 5-38 所示。

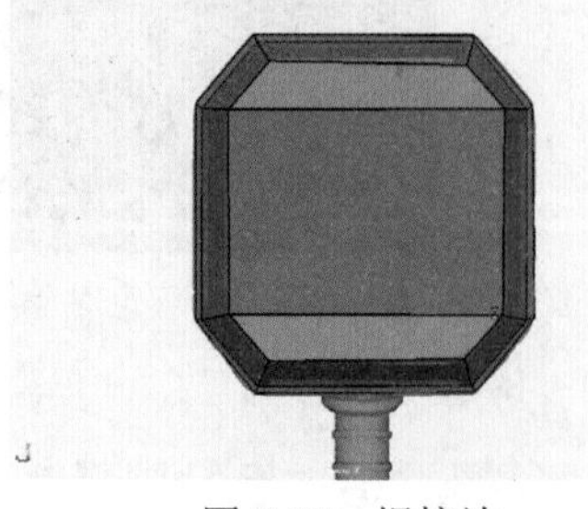

图 5-37　焊接边

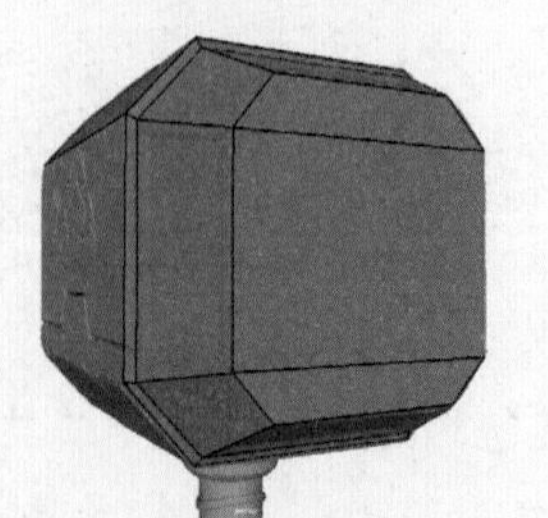

图 5-38　填补面

12 按照步骤 05 到步骤 11 的方法，绘制锤头的结构，结果如图 5-39 所示。

13 单击“激活选定对象”按钮，退出拓扑模式，创建一个多边形圆柱体，在“通道盒 / 层编辑器”面板中，设置“轴向细分数”数值为 12，并删除顶端和底端的面，结果如图 5-40 所示。

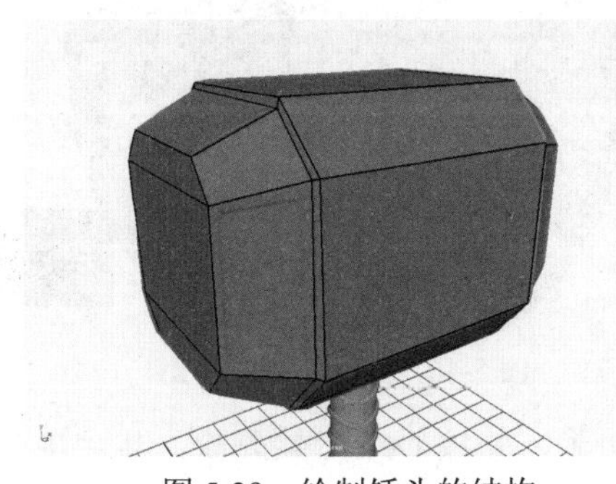

图 5-39　绘制锤头的结构

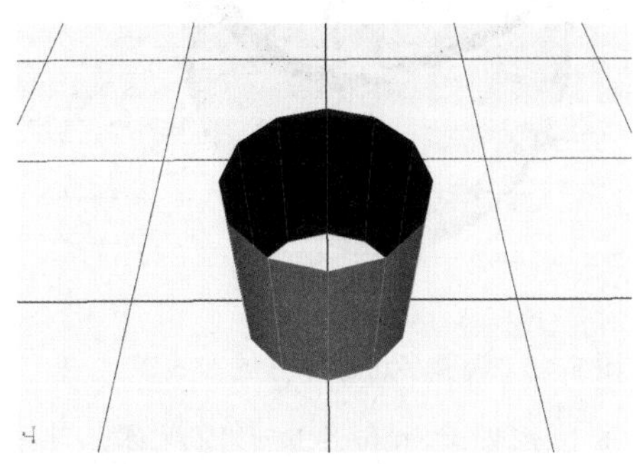

图 5-40　创建多边形圆柱体

14 根据锤子高模对多边形圆柱体的高度进行调整，使之与锤子高模相匹配，如图 5-41 所示。

15 按 Ctrl+E 快捷键，执行“挤出”命令，根据高模形状调整握把顶部的造型，如图 5-42 所示。

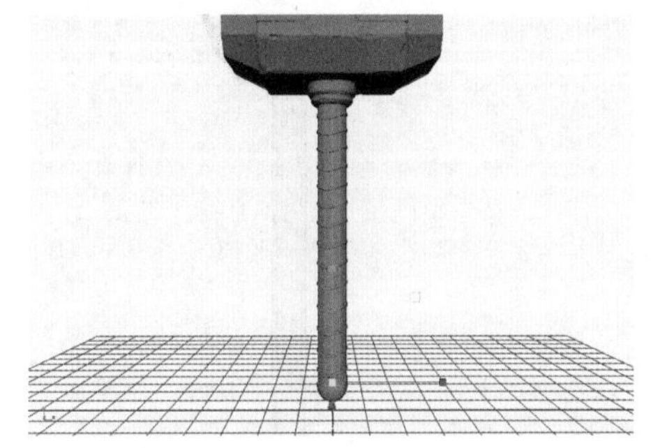

图 5-41　调整多边形圆柱体的高度

图 5-42　挤出握把顶部造型

16 在“多边形建模”工具架中单击“多切割工具”按钮，调整握把底部的布线并删除多余的面，如图 5-43 所示。

17 创建一个多边形球体，在“通道盒 / 层编辑器”面板中，设置“轴向细分数”和“高度细分数”数值均为 12，结果如图 5-44 所示。

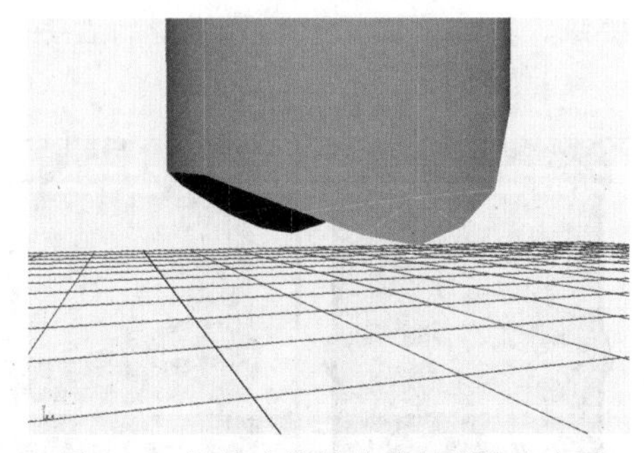

图 5-43　调整底端的布线并删除多余面

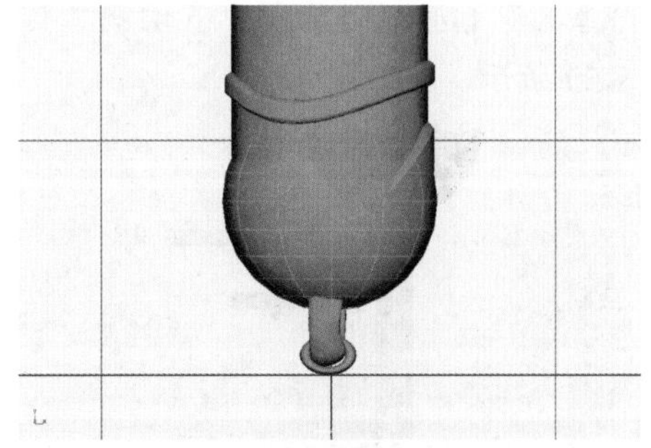

图 5-44　创建多边形球体

18 单击“多切割工具”按钮，调整多边形球体的布线使其匹配高模，如图 5-45 所示。

19 选择多边形圆柱体底部的边线，多次执行“挤出”命令，使多边形圆柱体的边线尽量靠近下方多边形圆形的边界，如图 5-46 所示。

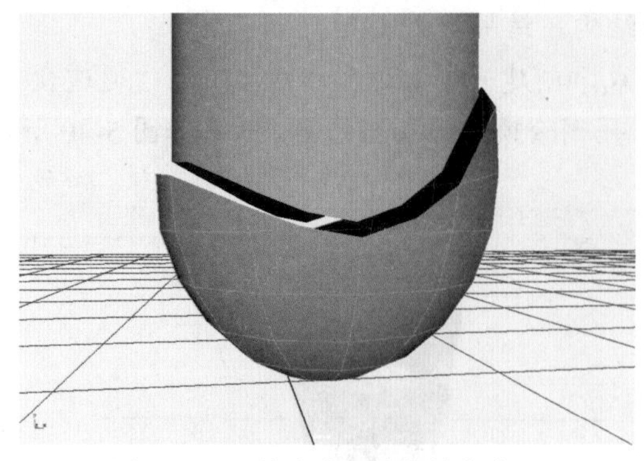

图 5-45　调整多边形球体的布线

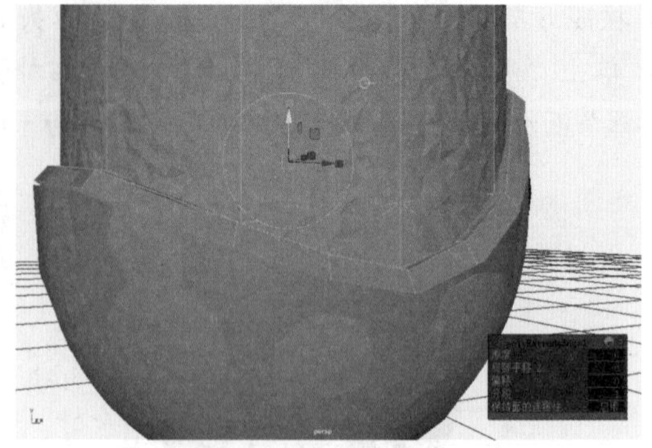
图 5-46　多次执行“挤出”命令

20 选择多边形圆柱体和多边形圆柱体后半部分的面，并按 Delete 键删除，然后单击“目标焊接工具”按钮，将两个模型交接处的顶点进行合并，如图 5-47 所示。

21 选择握把模型，在菜单栏中选中“编辑”|“特殊复制”命令右侧的复选框，打开“特殊复制选项”窗口，在“缩放 Z”文本框中输入 -1，复制出后面一半，结果如图 5-48 所示。

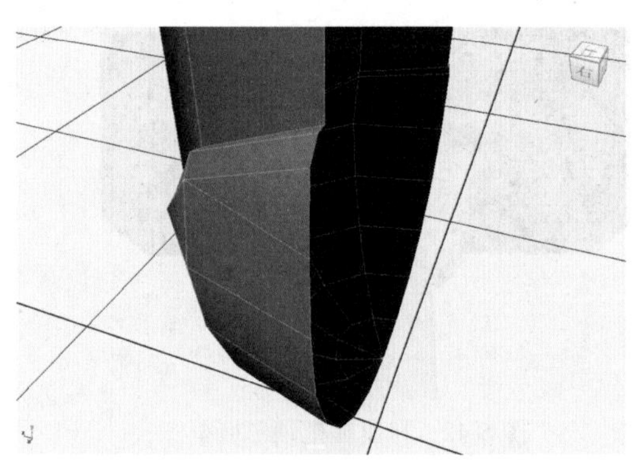
图 5-47　删除面并合并顶点

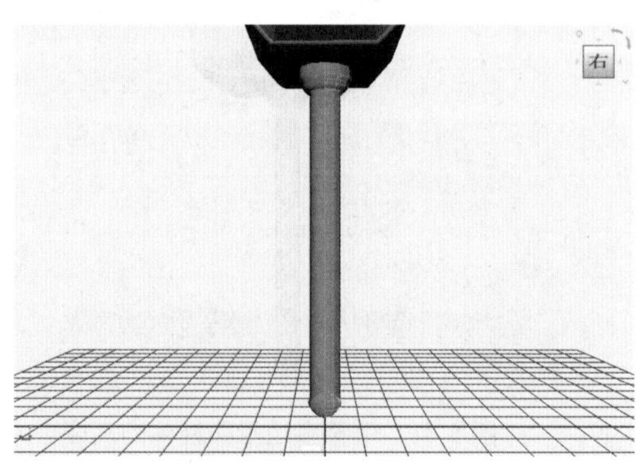
图 5-48　复制出后面一半

22 选择两组模型，在“多边形建模”工具架中单击“结合”按钮，然后框选所有顶点，按 Shift 键并右击，从弹出的菜单中选择“合并顶点”命令，如图 5-49 所示。

23 选择高模，在状态行中单击“激活选定对象”按钮，再选中低模，在“建模工具包”面板中展开“工具”卷展栏，单击“多切割工具”按钮，拓扑出握把上装饰模型的右半部分的造型，如图 5-50 所示。

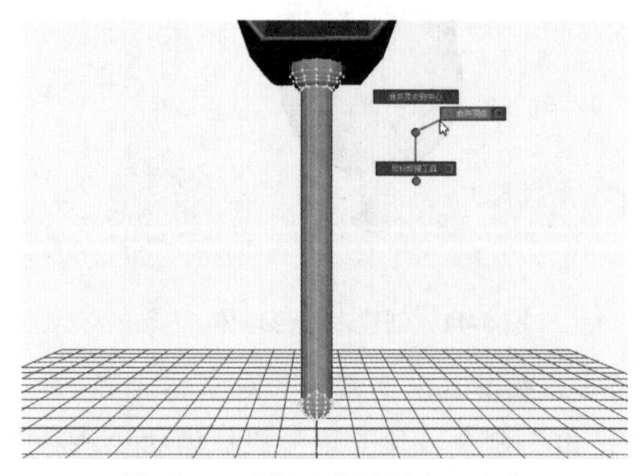
图 5-49　选择“合并顶点”命令

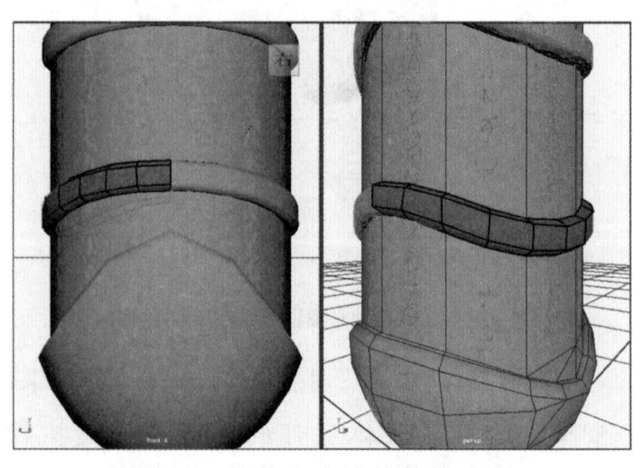
图 5-50　拓扑右半边的装饰造型

24 在状态行中单击“激活选定对象”按钮，退出拓扑模式，装饰模型显示结果如图 5-51 所示。

25 按 Shift 键并右击，从弹出的菜单中选中“镜像”命令右侧的复选框，打开“镜像选项”窗口，在“镜像轴”选项中选中 Z 单选按钮，单击“应用”按钮，双击选择装饰模型的一圈边线，按 Ctrl+E 快捷键执行“挤出”命令，向内挤出，结果如图 5-52 所示。

图 5-51　装饰模型显示结果

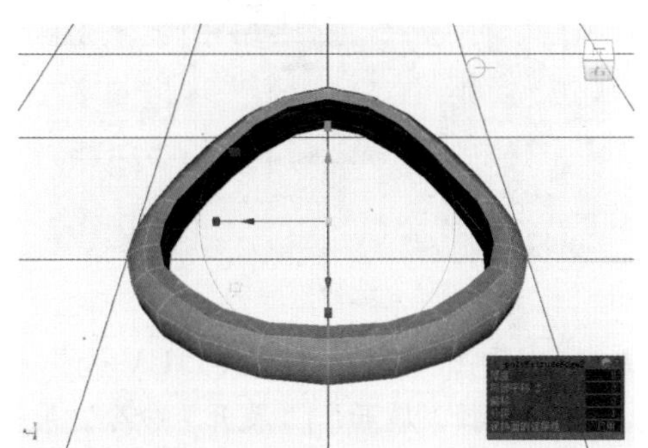

图 5-52　执行“挤出”命令挤出边

注意

锤身有形状相同的纹理结构，根据高模拓扑出一个纹理结构作为主体，在结束 UV 拆分阶段后，再对其余纹理结构进行调整。

26 选择高模，在状态行中单击“激活选定对象”按钮，进入拓扑模式，参考制作锤头的步骤，拓扑出锤子高模最下方的绳结造型，如图 5-53 所示。

27 将低模拓扑完成后，退出拓扑模式，然后选择高模，按 H 键将其隐藏，这样在场景中就可以看到一个低模，结果如图 5-54 所示。

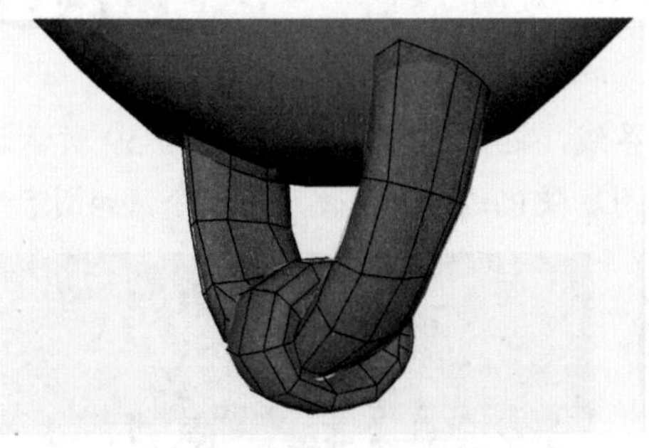

图 5-53　拓扑出绳结造型

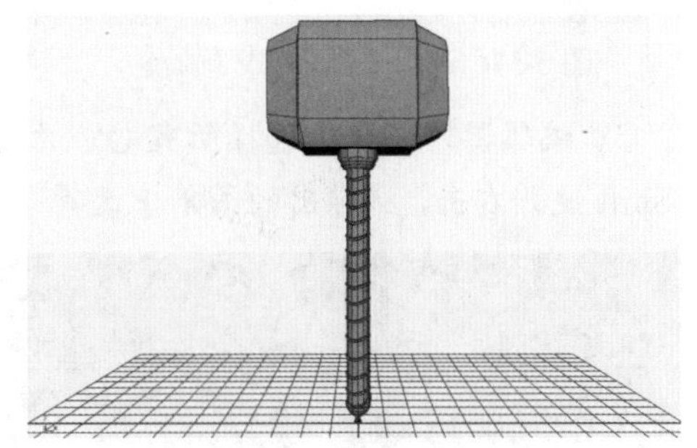

图 5-54　低模显示结果

5.4　实例：拆分锤子低模 UV

【例 5-3】本实例将主要讲解如何拆分锤子低模 UV。视频

01 在状态行中单击“UV 编辑器”按钮，选择低模的边线，在“UV 编辑器”窗口中按 Shift 并右击，从弹出的菜单中选择“剪切”命令，如图 5-55 所示，根据模型结构对低模进行剪切 UV 操作。

02 剪切完成后，显示结果如图 5-56 所示。

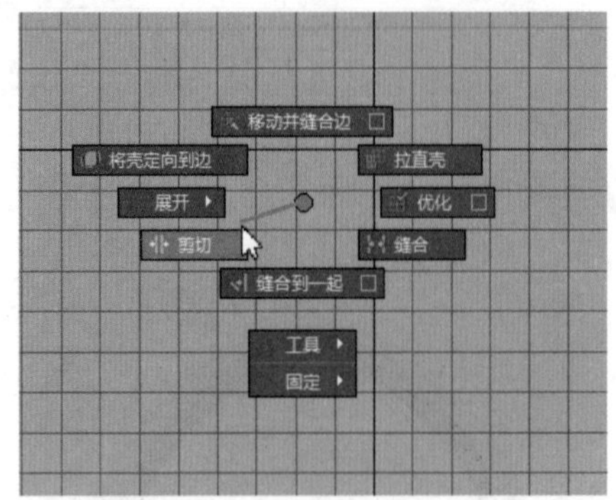

图 5-55　选择“剪切”命令

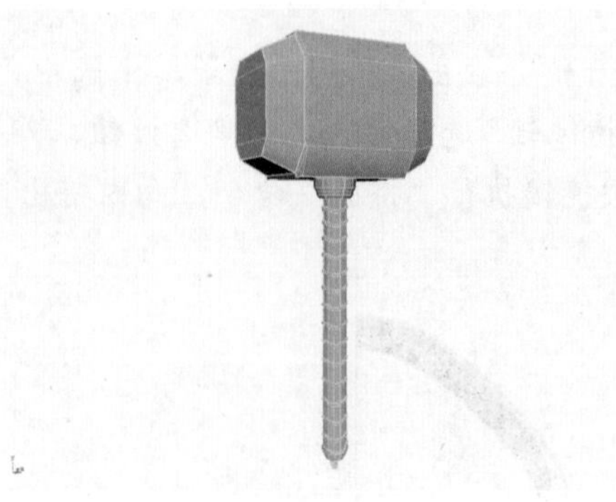
图 5-56　对低模进行剪切 UV 操作后的结果

03 右击，从弹出的菜单中选择“UV 壳”命令，框选所有的 UV 壳，按 Shift 键并右击，从弹出的菜单中选择“展开”|“展开”命令，展开低模的 UV，再选择“排布”|“排布 UV”命令，对所有 UV 进行排布，如图 5-57 所示。

04 设置完成后，UV 的显示结果如图 5-58 所示。

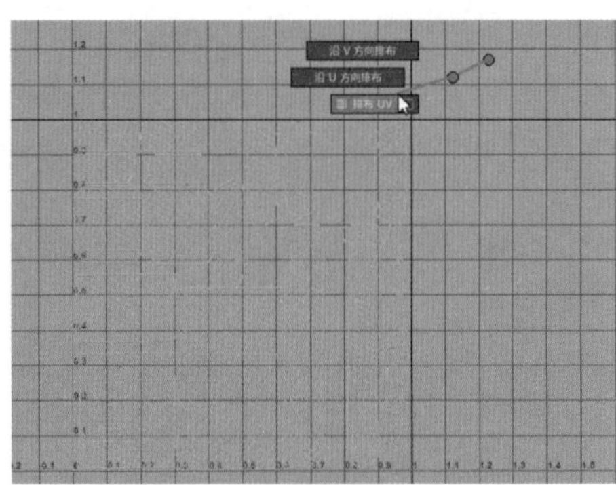
图 5-57　选择“排布 UV”命令

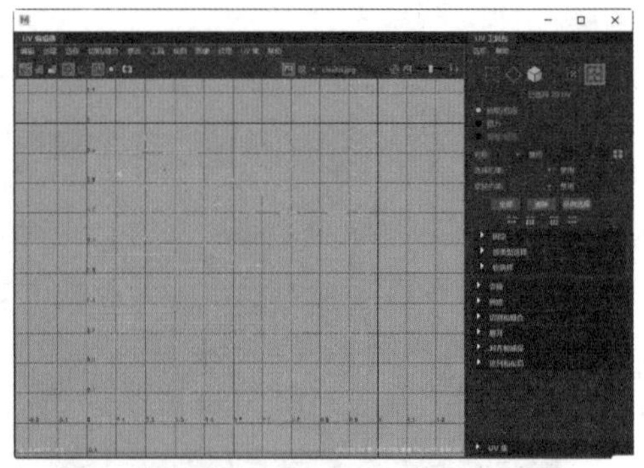
图 5-58　UV 的显示结果

05 在“UV 编辑器”窗口中选择所有 UV 的边界线，返回到场景中，如图 5-59 所示。

06 按 Shift 键并右击，从弹出的菜单中选择“软化 / 硬化边”|“硬化边”命令，如图 5-60 所示。

图 5-59　选择所有 UV 的边界线

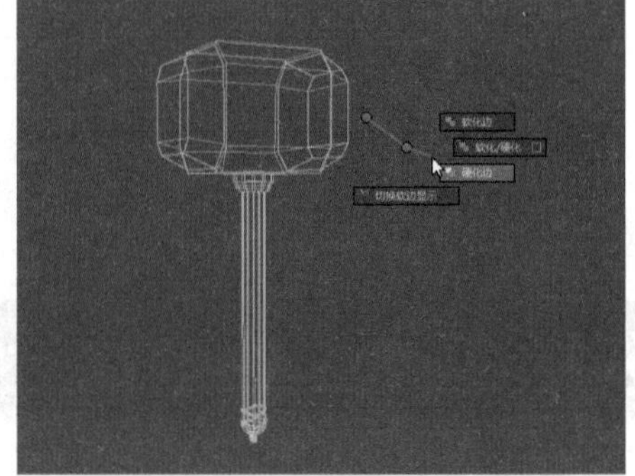
图 5-60　选择“硬化边”命令

07 选择装饰模型，按 Ctrl+D 快捷键复制出一个副本，向上移动一段距离，如图 5-61 所示。

08 按 Shift+D 快捷键多次进行复制并转换，逐个复制出其余的装饰模型，如图 5-62 所示。

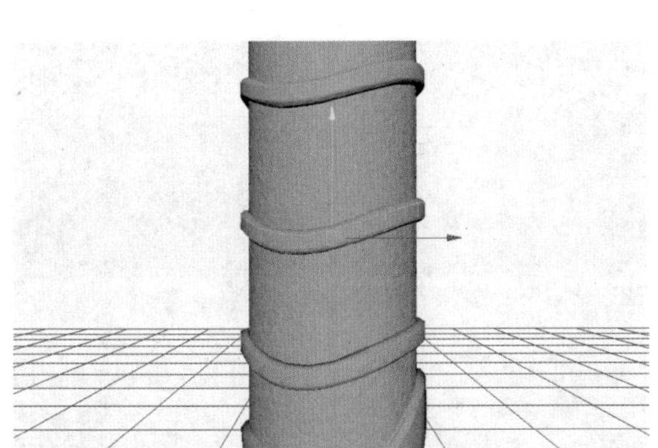

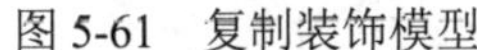

图 5-61 复制装饰模型

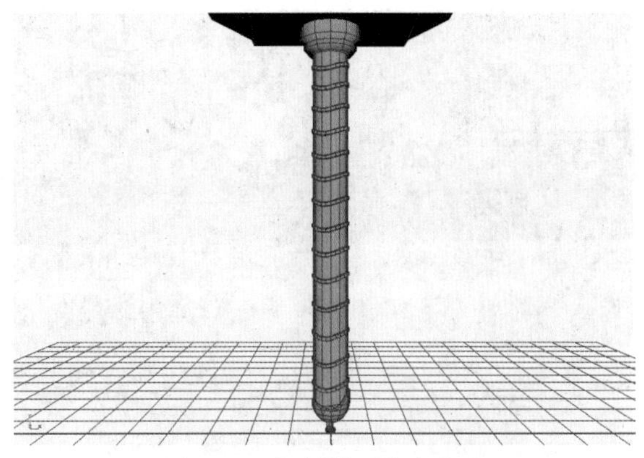

图 5-62 复制模型其余的纹理

5.5 实例：烘焙锤子模型

【例 5-4】本实例将主要讲解如何烘焙锤子模型。视频

01 选择装饰模型，按 Shift 键并右击，从弹出的菜单中选择“结合”命令，然后在菜单栏中选择“编辑”|“按类型删除全部”|“非变形器历史”命令，如图 5-63 所示。

02 将菜单集切换至“渲染”模块，在菜单栏中选择“照明 / 着色”|“传递贴图”命令，打开“传递贴图”窗口，展开“目标网格”卷展栏，选择低模的锤头模型，单击“添加选定对象”按钮，然后展开“源网格”卷展栏，选择高模，单击“添加选定对象”按钮，如图 5-64 所示。

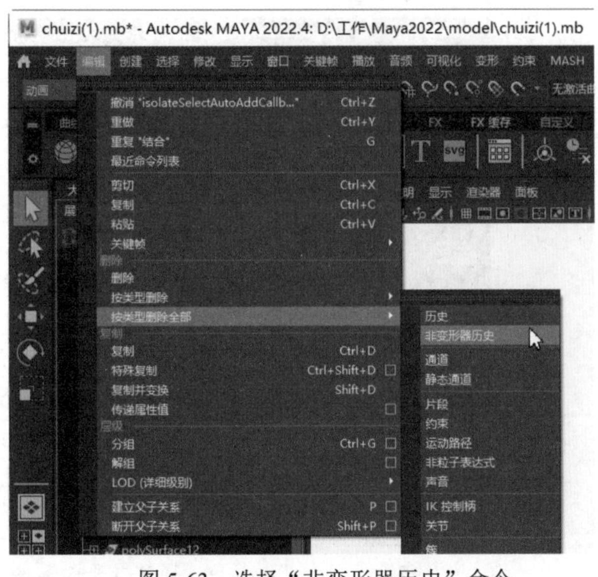

图 5-63 选择“非变形器历史”命令

图 5-64 添加选定对象

03 展开“输出贴图”卷展栏，选择“法线”按钮，修改保存路径和文件格式，结果如图 5-65 所示。

04 展开“Maya 公用输出”卷展栏，在“贴图宽度”和“贴图高度”文本框中均输入 2048，在“采样质量”下拉列表中选择“低 (2×2)”选项，如图 5-66 所示。

图 5-65 调整法线贴图格式

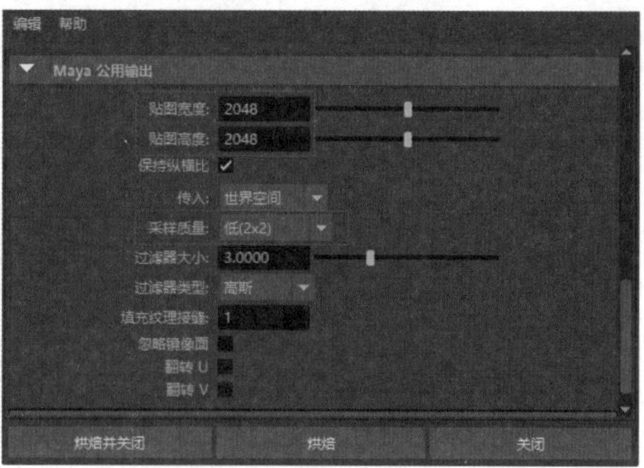

图 5-66 设置贴图参数

注意

通用尺寸为 512、1024、2048、4096、8192，尺寸越大，烘焙的细节越多，烘焙时间就越长，采样质量和填充过滤器选项应按需填写，当工作界面右下方的读数为 100% 时，烘焙成功。

05 烘焙完成后，Maya 会自动将贴图赋予到低模上，如图 5-67 所示，但贴图的颜色模式还需要手动更改为 Raw。

06 单击“材质编辑器”图标，打开 Hypershade 面板，选择低模的锤头模型，选择“编辑”|“从对象选择材质”命令，如图 5-68 所示，能快速找到与模型对应的材质球。

图 5-67 烘焙结果

图 5-68 选择“从对象选择材质”命令

07 在工作区工具栏中，单击“输入和输出连接”按钮，即可在“工作区”面板中出现材质节点，在工作区中单击 Normal.jpg 节点，如图 5-69 所示。

08 在“特性编辑器”面板中展开 File Attributes 卷展栏，在 Color Space 下拉列表中选择 Raw 选项，如图 5-70 所示。

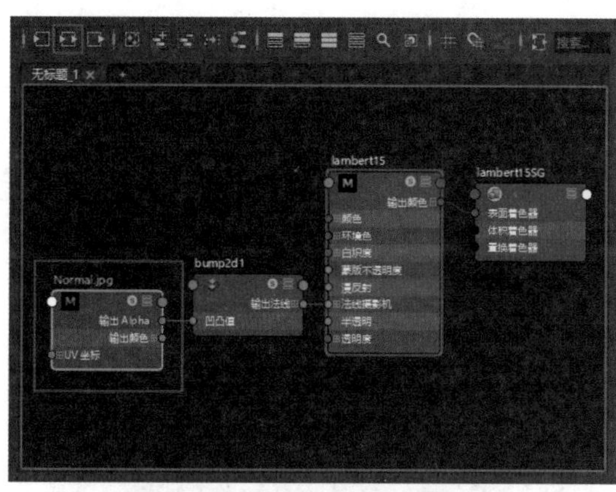

图 5-69　单击 Normal.jpg 节点

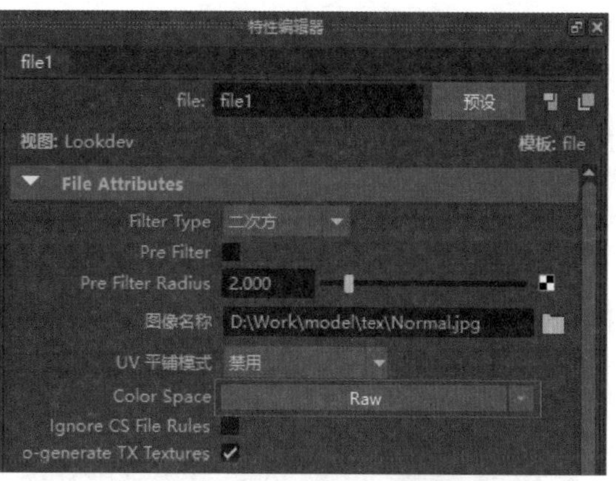

图 5-70　选择 Raw 选项

09 设置完成后，模型显示结果如图 5-71 所示。

10 按照步骤 2 到步骤 8 的方法，烘焙出模型其余部位的贴图，结果如图 5-72 所示。

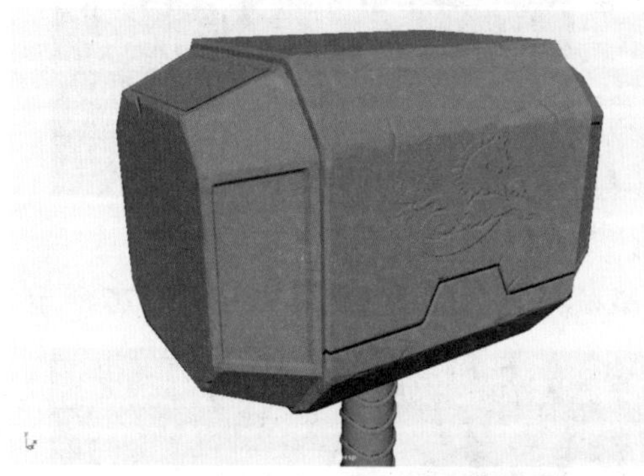

图 5-71　模型显示结果

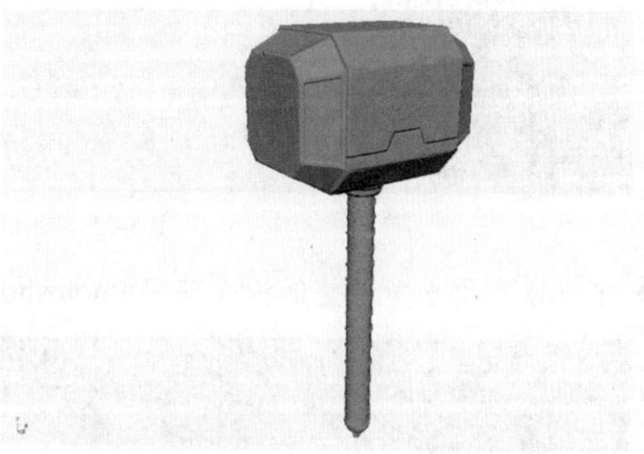

图 5-72　烘焙出模型其余部位的贴图

11 在状态行中单击“UV 编辑器”按钮，打开“UV 编辑器”窗口，右击，在弹出的菜单中选择“UV 壳”命令，框选所有 UV 壳，在“UV 编辑器”窗口的菜单栏中选择“图像”|“UV 快照”命令，如图 5-73 所示。

12 打开“UV 快照选项”窗口，修改保存路径，设置图像格式为“PNG”，在“大小 X(像素)”和“大小 Y(像素)”文本框中均输入 2048，然后单击“应用”按钮，如图 5-74 所示。

图 5-73　选择“UV 快照”命令

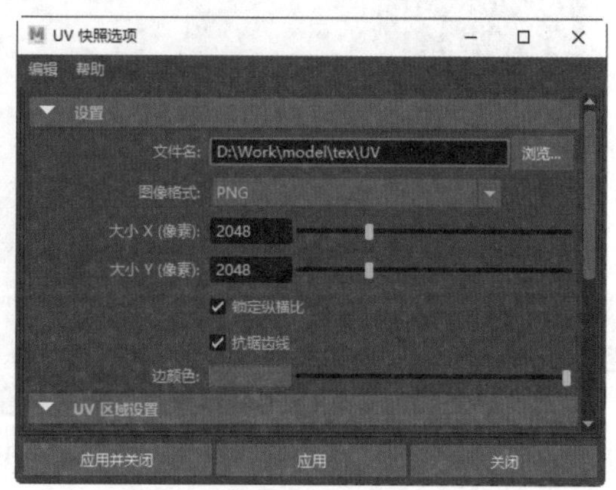

图 5-74　设置“UV 快照选项”窗口

13 打开 Photoshop，参照 UV 线，将所有低模 UV 贴图合并为一张图，如图 5-75 所示。用户可以看到烘焙后的贴图中，有的部位出现了破损(由于低模的面数太少，不足以完全覆盖高模，因此会出现高模细节烘焙不上的情况)。

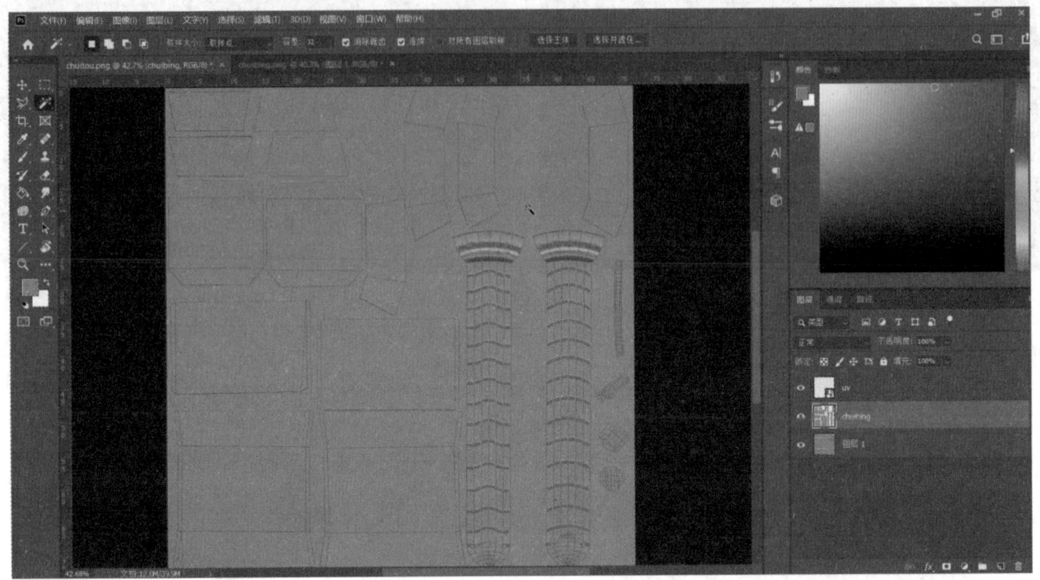

图 5-75　将 UV 合并为一张图

14 可根据需要重新调整低模或使用 Photoshop 对轻微破损的部位进行修复，如图 5-76 所示。

图 5-76　对法线破损的部位进行修复

15 在 Maya 中选择所有的低模，单击“结合”按钮，然后右击，从弹出的菜单中选择“指定收藏材质”| Lambert 命令，如图 5-77 所示，赋予其新的 Lambert 材质。

16 按照步骤 6 到步骤 7 的方法，找到 Lambert4 材质的节点，将从 Photoshop 中保存的图片文件拖曳进“工作区”面板中，显示结果如图 5-78 所示。

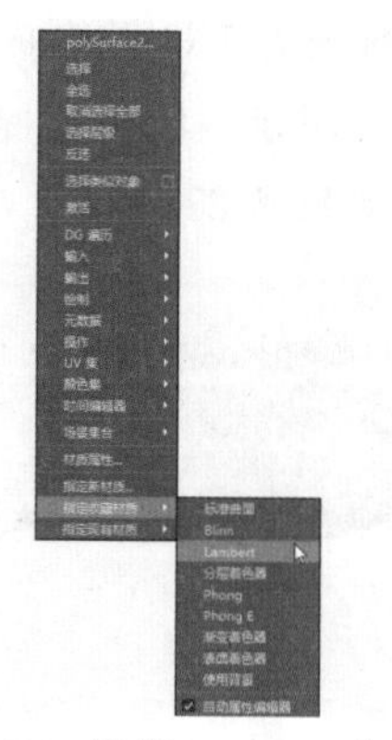

图 5-77　选择 Lambert 命令

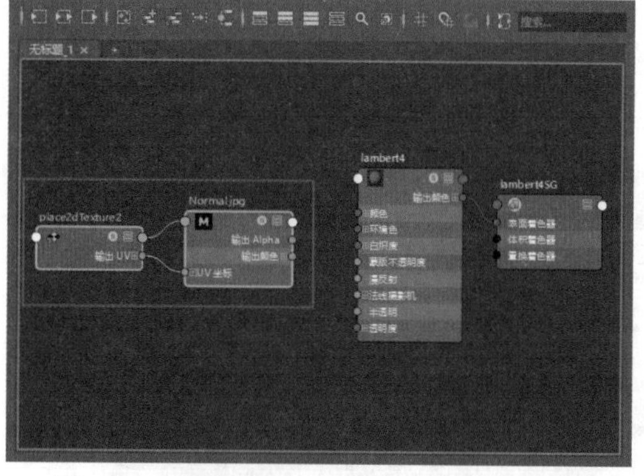

图 5-78　将图片文件拖曳进“工作区”面板

17 选择 Lambert4 节点，在“特性编辑器”面板中展开 Bump/Normal Mapping 卷展栏，然后将光标放置在 Normal.jpg 节点上并按鼠标中键，将其拖曳至 Map 文本框中，如图 5-79 所示。

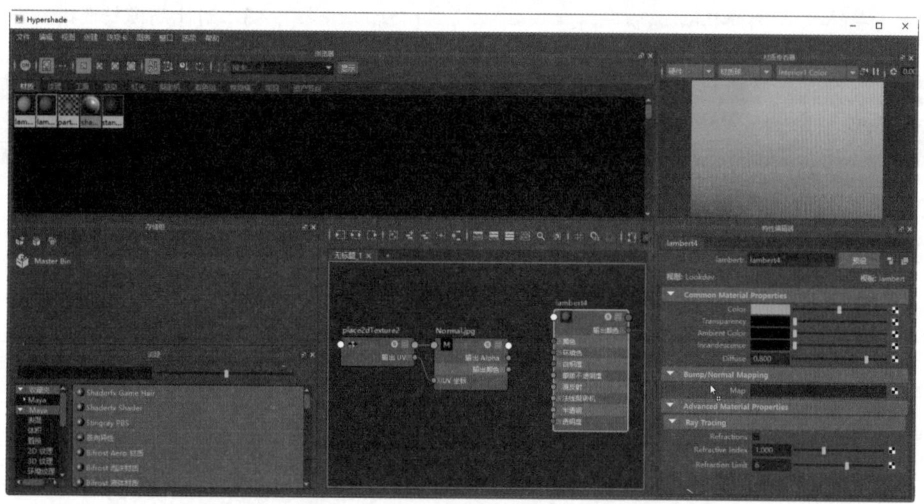

图 5-79　将节点拖曳至 Map 文本框中

18 在“工作区”面板中选择 bump2d1 节点，如图 5-80 所示。

19 在“特性编辑器”面板中展开 2d Bump Attributes 卷展栏，单击 Use as 下拉按钮，选择“切线空间法线”选项，如图 5-81 所示。

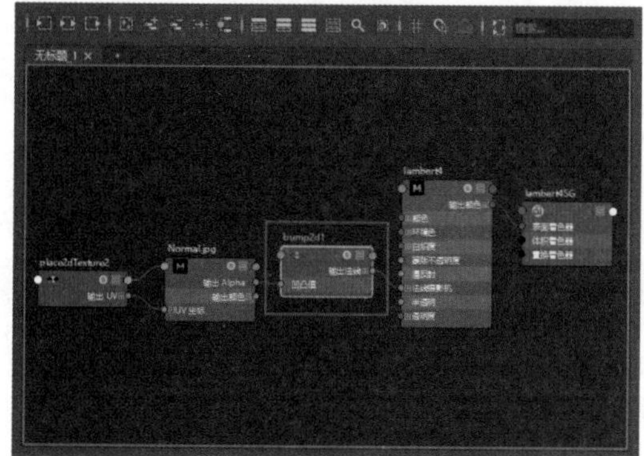

图 5-80　选择 bump2d1 节点

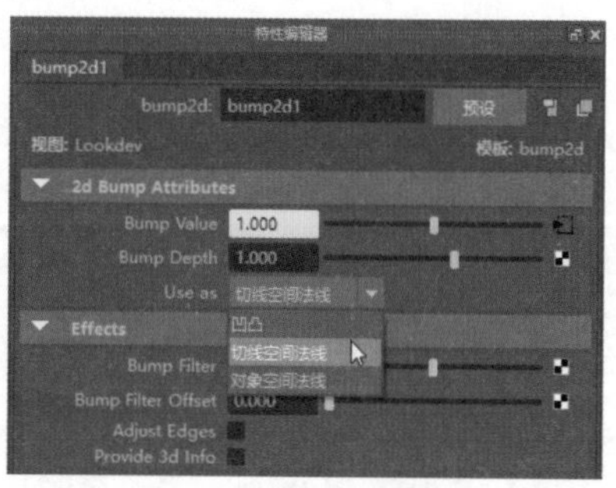

图 5-81　选择“切线空间法线”选项

20 在“工作区”面板中选择Normal.jpg节点，在“特性编辑器”面板中展开File Attributes卷展栏，单击Color Space下拉按钮，选择Raw选项，如图5-82所示，按快捷键6显示出法线。

21 选择高模，将其移至旁边，与拓扑出的低模进行对比，如图5-83所示。

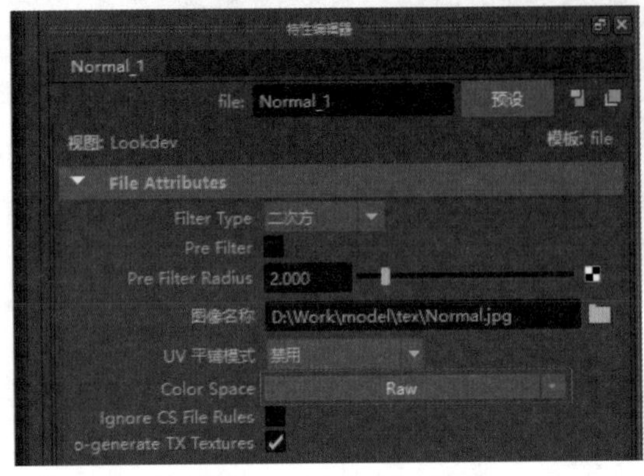

图 5-82　选择 Raw 选项

图 5-83　对比高模与低模

5.6　习题

1. 简述Maya中拓扑与烘焙的含义。
2. 简述在Maya中如何对低模进行烘焙。

第 6 章

灯光技术

一幅被渲染的图像其实就是一幅画面，在模型定位后，光源和材质决定了画面的色调，摄影机则决定了画面的构图。用户利用 Maya 提供的灯光工具，可以轻松地为场景添加照明效果。本章将通过实例操作，向读者介绍如何运用光线来影响画面主体以及增加三维场景氛围，帮助用户了解灯光系统在三维制作中的作用。

二维码教学视频

【例 6-1】 创建灯光
【例 6-2】 制作室内阳光照明效果
【例 6-3】 制作室外阳光照明效果

6.1 灯光概述

灯光在三维制作中起着重要的作用，不仅可以照亮场景中的物体，还可以控制画面的视觉效果，有助于烘托环境的氛围感，使其富有感染力。通过光影的变化来表现场景中的物体以及空间关系，对整个作品的风格起着关键作用，如图 6-1 所示。

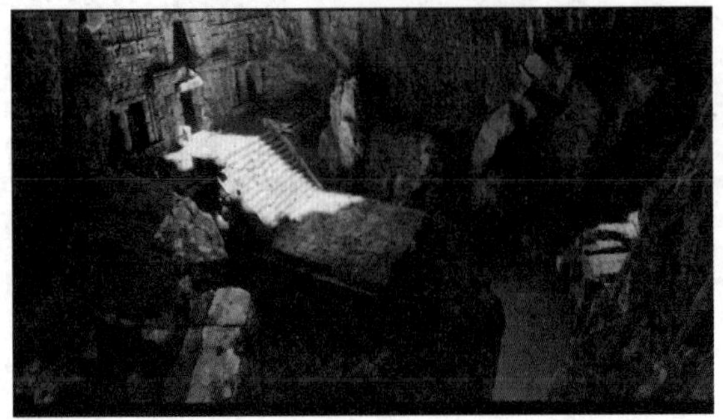

图 6-1　灯光在三维作品中的作用

在 Maya 中，设置不同类型的灯光会产生不同的画面效果，可以营造特定的戏剧化气氛。在场景中布置灯光时需要注意灯光的数量、灯光的颜色灯以及物体的明暗关系等。用户可以单独调整每种灯光的参数，观察其对画面效果的影响，再灵活地做出调整，保留必要的灯光，尽量不要同时处理所有灯光。虽然三维场景中的灯光与现实中的灯光有所不同，但用户可以借鉴现实生活中的光影关系 (如图 6-2 所示)，在实践中多次练习，熟练掌握灯光的使用方法。

图 6-2　现实生活中的光影关系

6.2 基本灯光

在 Maya 2022 中有 6 种基本类型的灯光，分别是“环境光”“平行光”“点光源”“聚光灯”“区域光”“体积光”。其中“平行光”“点光源”“聚光灯”“区域光”这 4 种灯光支持 Maya 默认渲染器，也支持 Arnold 渲染器，而“环境光”和“体积光”只支持 Maya 默认渲染器。每种灯光的用法都不同，合理运用这 6 种灯光不仅可以模拟现实中的大多数光效，还可以渲染氛围。

在“渲染”工具架或者在“创建”|“灯光”扩展菜单栏中可以找到这些灯光图标，如图 6-3 所示。

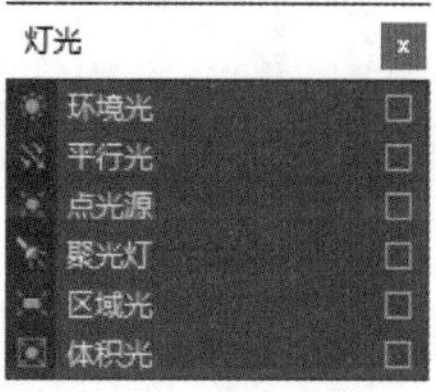

图 6-3　6 种基本灯光

6.2.1　环境光

“环境光”可照亮场景中的所有物体，如图 6-4 所示。

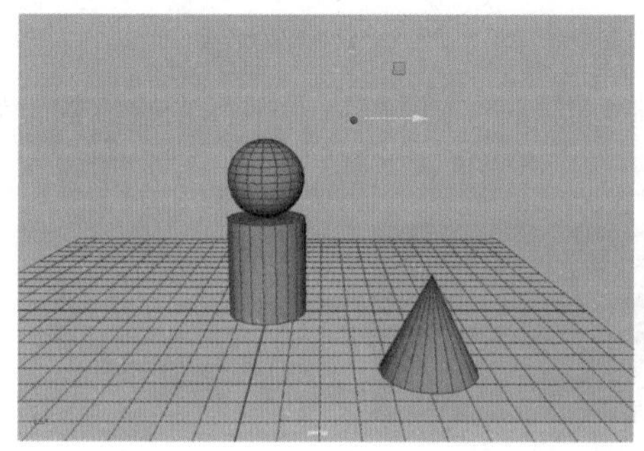

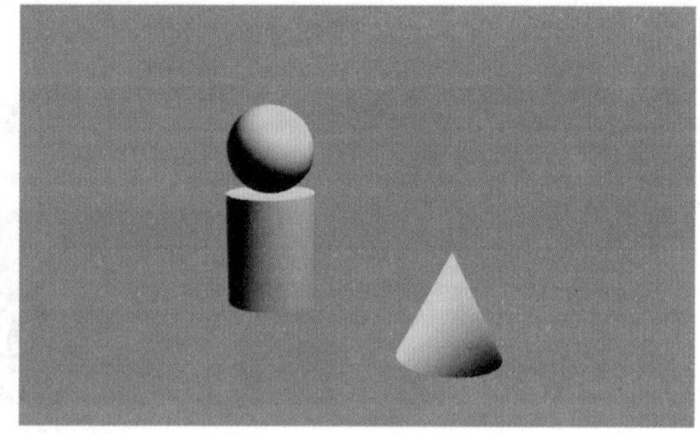

图 6-4　环境光

在“属性编辑器”面板中展开“环境光属性”卷展栏，可以查看环境光的参数设置，如图 6-5 所示，主要参数的功能说明如下。

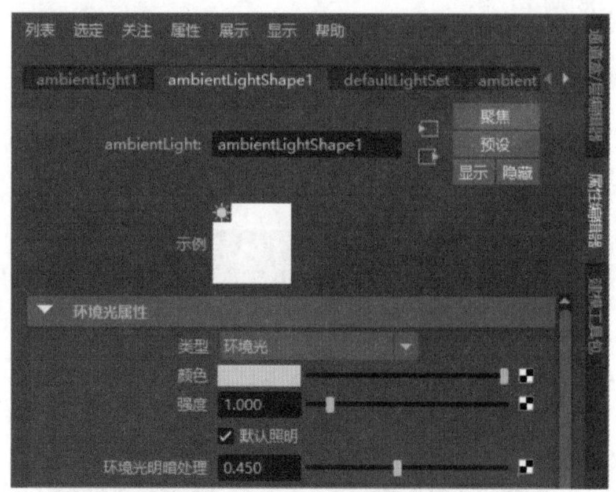

图 6-5　“环境光属性”卷展栏

- 类型：用于切换当前所选灯光的类型。
- 颜色：用于设置灯光的颜色。
- 强度：用于设置灯光的光照强度。
- 环境光明暗处理：用于设置平行光与泛向 (环境) 光的比例。

6.2.2 平行光

“平行光”可以模拟太阳光，接近平行光线的效果，如图 6-6 所示。

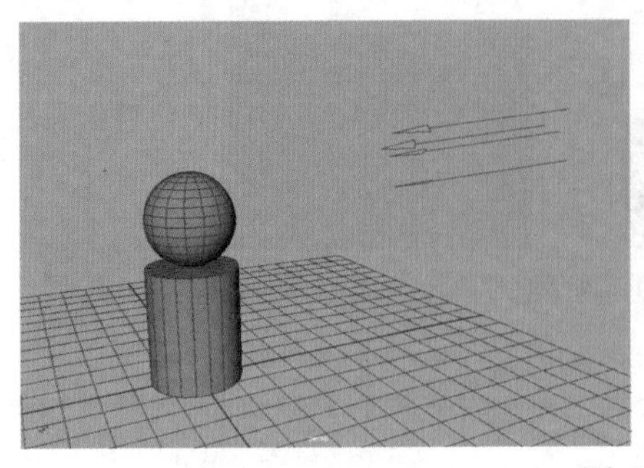

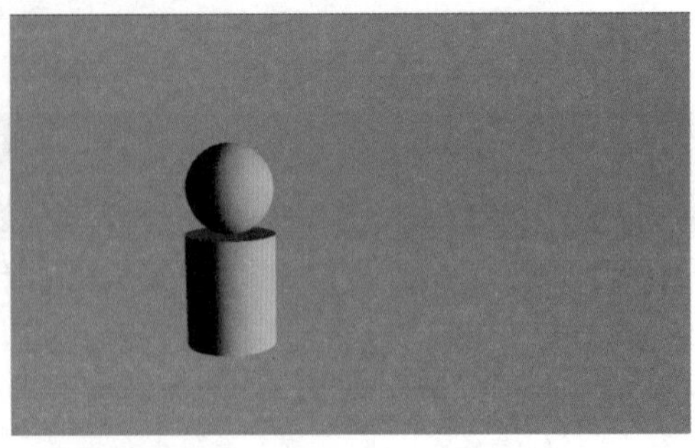

图 6-6　平行光

1. “平行光属性”卷展栏

在“属性编辑器”面板中，展开“平行光属性”卷展栏，可以查看平行光的参数设置，如图 6-7 所示，主要参数的功能说明如下。

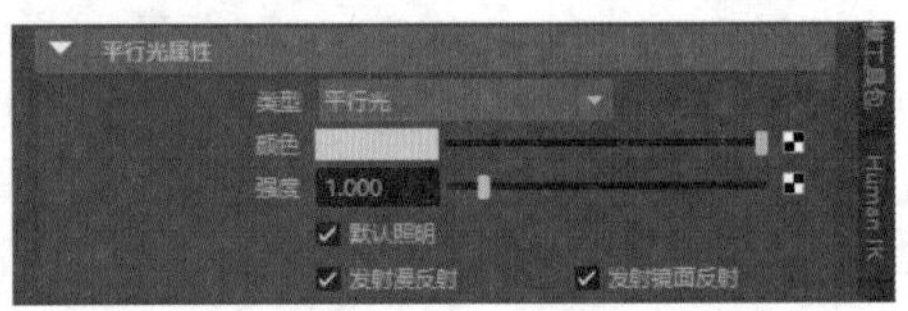

图 6-7　“平行光属性”卷展栏

- 类型：用于更改灯光的类型。
- 颜色：用于设置灯光的颜色。
- 强度：用于设置灯光的亮度。

2. “深度贴图阴影属性”卷展栏

展开“阴影”卷展栏中的“深度贴图阴影属性”卷展栏，其中的参数如图 6-8 所示，各参数的功能说明如下。

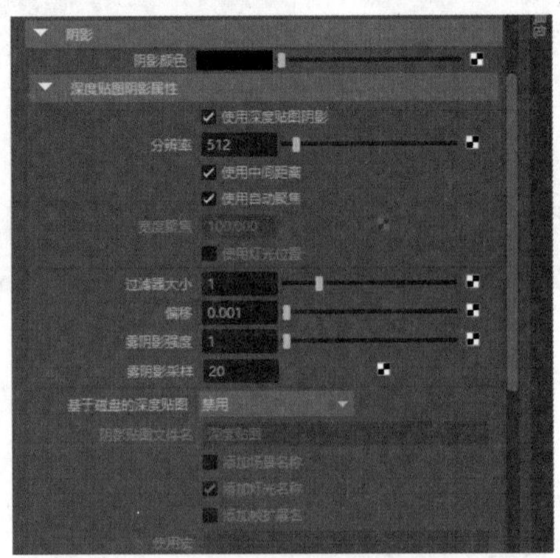

图 6-8　“深度贴图阴影属性”卷展栏

- 使用深度贴图阴影：该选项处于启用状态时，灯光会产生深度贴图阴影。
- 分辨率：用于设置灯光的阴影深度贴图的分辨率。值过低会产生明显的锯齿化 / 像素化效果，值过高则会增加不必要的渲染时间。
- 使用中间距离：如果未选中该复选框，Maya 会为深度贴图中的每个像素计算灯光与最近阴影投射曲面之间的距离。
- 使用自动聚焦：如果选中该复选框，Maya 会自动缩放深度贴图，使其仅填充灯光照明区域中包含阴影投射对象的区域。
- 宽度聚焦：用于在灯光照明的区域内缩放深度贴图的角度。
- 过滤器大小：用于控制阴影边的柔和度。
- 偏移：用于设置深度贴图移向或远离灯光的偏移量。
- 雾阴影强度：用于控制出现在灯光雾中的阴影的黑暗度。有效范围为 1~10。默认值为 1。
- 雾阴影采样：用于控制出现在灯光雾中的阴影的粒度。
- 基于磁盘的深度贴图：通过该选项，可以将灯光的深度贴图保存到磁盘，并在后续渲染过程中重用它们。
- 阴影贴图文件名：用于设置 Maya 保存到磁盘的深度贴图文件的名称。
- 添加场景名称：将场景名称添加到 Maya 保存到磁盘的深度贴图文件的名称中。
- 添加灯光名称：将灯光名称添加到 Maya 保存到磁盘的深度贴图文件的名称中。
- 添加帧扩展名：选中该复选框，Maya 会为每个帧保存一个深度贴图，然后将帧扩展名添加到深度贴图文件的名称中。
- 使用宏：仅当“基于磁盘的深度贴图”设定为“重用现有深度贴图”时才可用。它是指宏脚本的路径和名称，Maya 会运行该宏脚本，以便从磁盘中读取深度贴图时更新该深度贴图。

3. “光线跟踪阴影属性”卷展栏

展开“光线跟踪阴影属性”卷展栏，其中的参数如图 6-9 所示，各参数的功能说明如下。

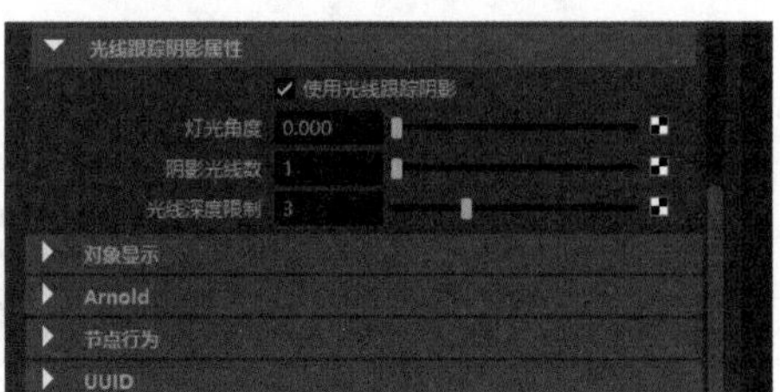

图 6-9 “光线跟踪阴影属性”卷展栏

- 使用光线跟踪阴影：选中该复选框后，灯光会在光线跟踪场景时生成光线跟踪阴影，同时要确保“光线跟踪”在“渲染设置”窗口中处于启用状态。
- 灯光角度：用于控制阴影边的柔和度。
- 阴影光线数：用于控制阴影边的粒度。
- 光线深度限制：用于控制光线被反射或折射的最大次数。该数值越小，反射或折射的次数越少。

6.2.3 点光源

“点光源”是较为常用的灯光，是一种由一个小范围的光源位置向周围发光的一种全向灯光，用来模拟灯泡、星星、花火等效果，如图 6-10 所示。

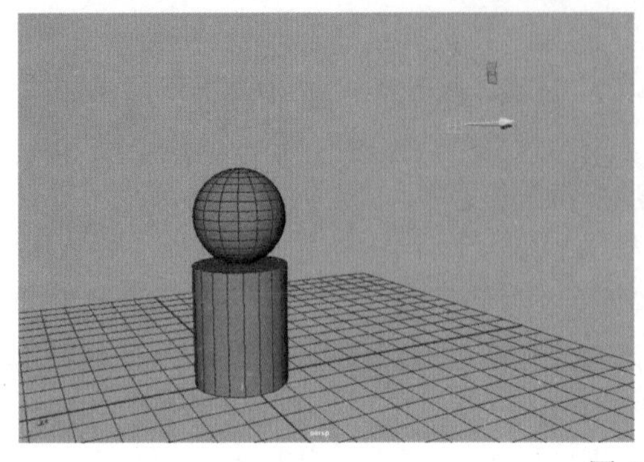

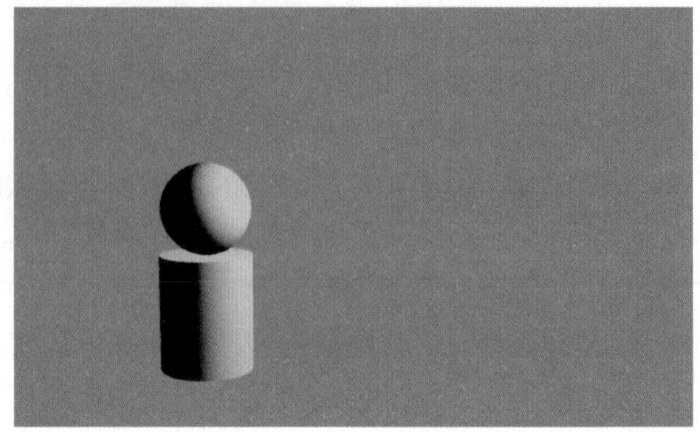

图 6-10 点光源

1. “点光源属性”卷展栏

展开“点光源属性”卷展栏，其中的参数如图 6-11 所示，主要参数的功能说明如下。

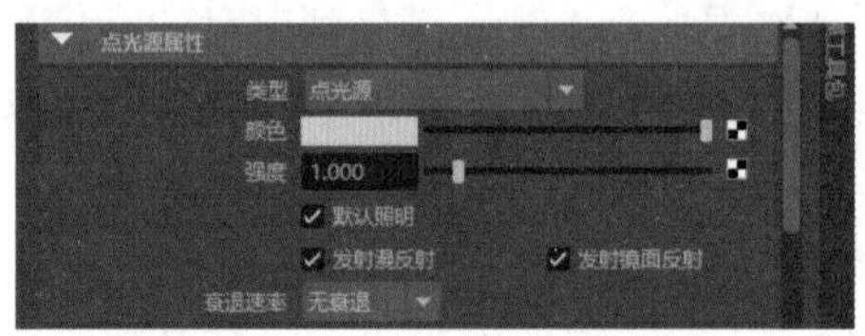

图 6-11 “点光源属性”卷展栏

- 类型：用于切换当前所选灯光的类型。
- 颜色：用于设置灯光的颜色。
- 强度：用于设置灯光的光照强度。

2. “灯光效果”卷展栏

展开“灯光效果”卷展栏，其中的参数如图 6-12 所示，各参数的功能说明如下。

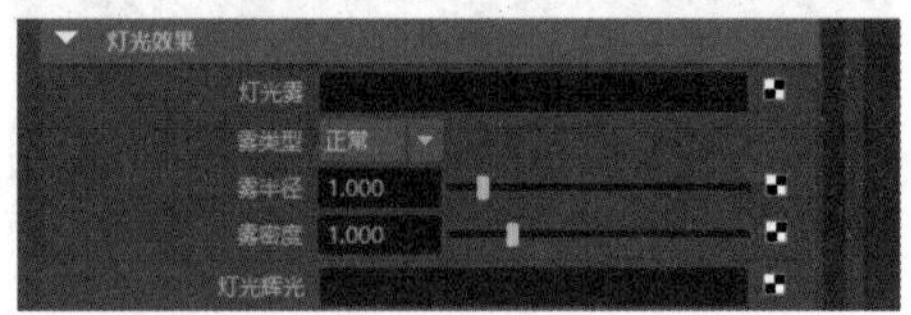

图 6-12 “灯光效果”卷展栏

- 灯光雾：用于设置雾效果。
- 雾类型：有“正常”“线性”“指数”3 种类型可选。
- 雾半径：用于设置雾的半径。
- 雾密度：用于设置雾的密度。
- 灯光辉光：用于设置辉光特效。

6.2.4　聚光灯

“聚光灯”是一种近似锥形的光源，可以模拟舞台灯、手电筒、汽车前照灯等照明效果，如图 6-13 所示。

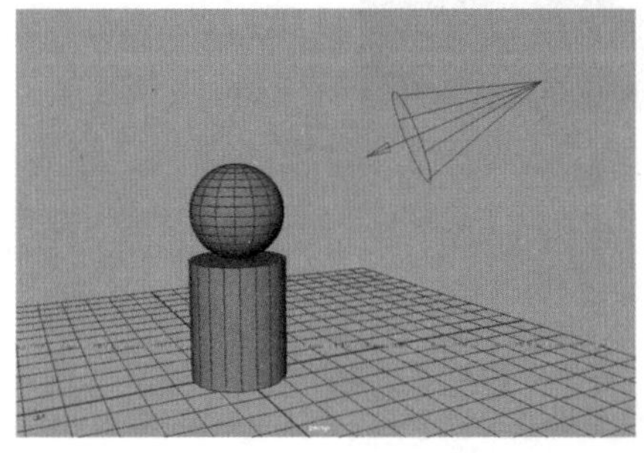
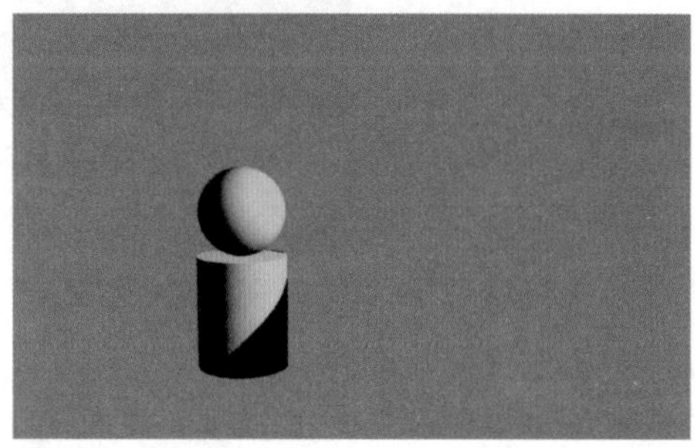

图 6-13　聚光灯

展开“聚光灯属性”卷展栏，其中的参数如图 6-14 所示，主要参数的功能说明如下。

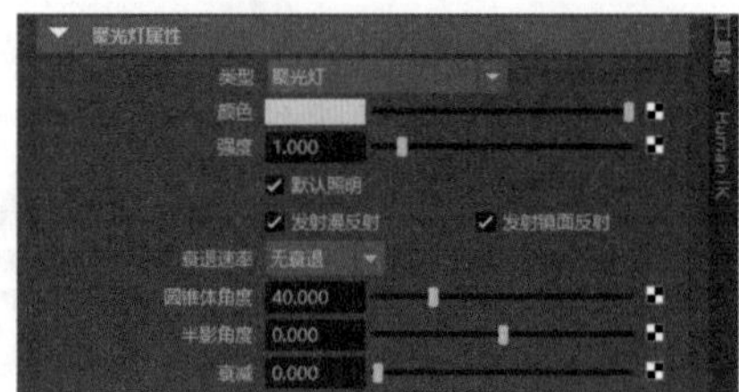

图 6-14　“聚光灯属性”卷展栏

- 类型：用于切换当前所选灯光的类型。
- 颜色：用于设置灯光的颜色。
- 强度：用于设置灯光的光照强度。
- 衰退速率：用于控制灯光的强度随着距离而下降的速度。
- 圆锥体角度：用于控制聚光灯照射区域的范围，默认值为 40。
- 半影角度：用于控制聚光灯光束边缘的虚化程度，默认值为 0。
- 衰减：用于控制灯光强度从聚光灯光束中心到边缘的衰减速率。

6.2.5　区域光

“区域光”是一种近似矩形的光源，可以模拟阳光透过玻璃窗的照明效果，如图 6-15 所示。

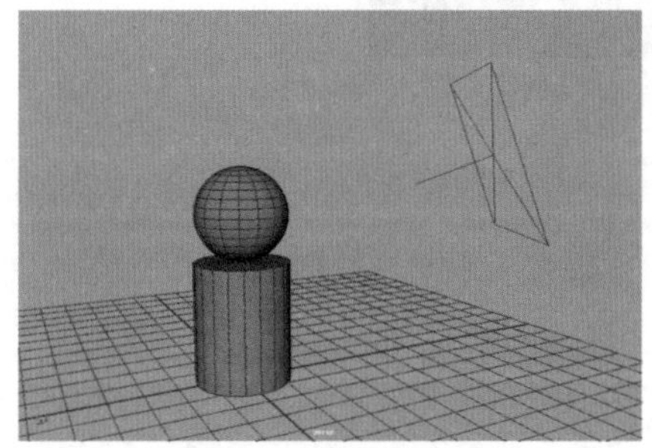

图 6-15　区域光

展开“区域光属性”卷展栏，其中的参数如图 6-16 所示，主要参数的功能说明如下。

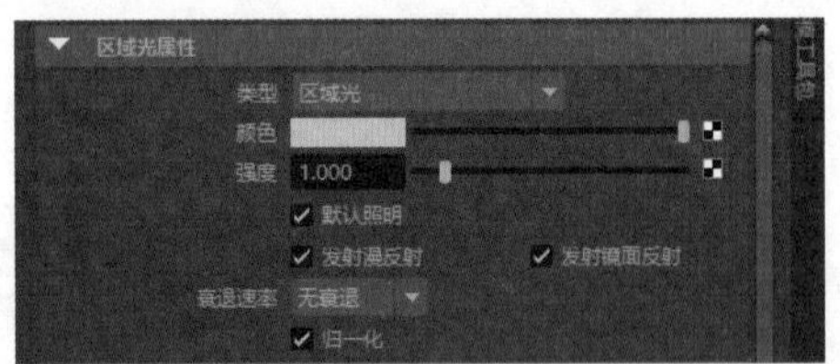

图 6-16　“区域光属性”卷展栏

- 类型：用于切换当前所选灯光的类型。
- 颜色：用于设置灯光的颜色。
- 强度：用于设置灯光的光照强度。
- 衰退速率：用于控制灯光的强度随着距离下降的速度。

6.2.6 体积光

“体积光”用于淡化阴影，体积光中灯光的衰减可以由 Maya 中的颜色渐变属性来表示，体积光不支持硬件阴影。蜡烛、灯泡照亮的区域就是由体积光生成的，如图 6-17 所示。

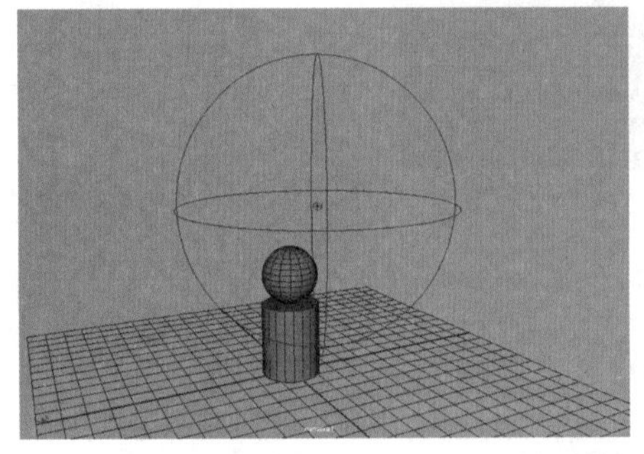

图 6-17　体积光

1. “体积光属性”卷展栏

展开“体积光属性”卷展栏，其中的参数如图 6-18 所示，主要参数的功能说明如下。

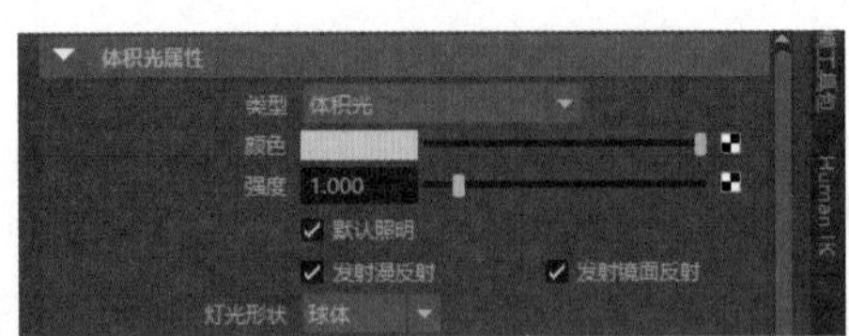

图 6-18　“体积光属性”卷展栏

- 类型：用于切换当前所选灯光的类型。
- 颜色：用于设置灯光的颜色。
- 强度：用于设置灯光的光照强度。
- 灯光形状：体积光的灯光形状有“长方体”“球体”“圆柱体”“圆锥体”4 种，如图 6-19 所示。

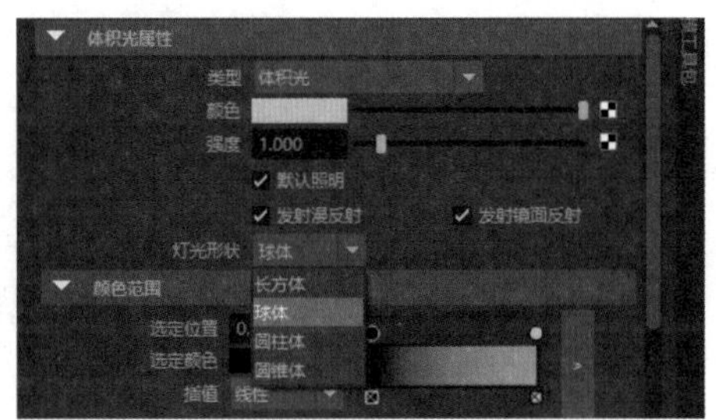

图 6-19　灯光形状

2. “颜色范围”卷展栏

展开“颜色范围”卷展栏，其中的参数如图 6-20 所示，各参数的功能说明如下。

图 6-20　“颜色范围”卷展栏

- 选定位置：指活动颜色条目在渐变中的位置。
- 选定颜色：指活动颜色条目的颜色。
- 插值：用于控制颜色在渐变中的混合方式。
- 体积光方向：用于控制体积内的灯光的方向。
- 弧：用于指定旋转度数，使用该选项可创建部分球体、圆锥体、圆柱体灯光形状。
- 圆锥体结束半径：该选项仅适用于圆锥体灯光形状。
- 发射环境光：选中该复选框后，灯光将以多向方式影响曲面。

3. “半影”卷展栏

展开“半影”卷展栏，其中的参数如图 6-21 所示，各参数的功能说明如下。

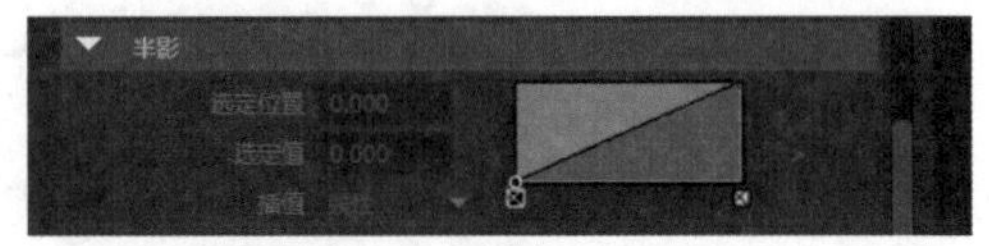

图 6-21　“半影”卷展栏

- 选定位置：该值会影响图形中的活动条目，同时在图形的 X 轴上显示。
- 选定值：该值会影响图形中的活动条目，同时在图形的 Y 轴上显示。
- 插值：用于控制计算值的方式。

6.2.7　实例：创建灯光

【例 6-1】本实例将讲解如何在场景中创建灯光。视频

01 启动 Maya 2022 软件，单击“多边形建模”工具架上的“多边形平面”按钮，如图 6-22 所示。

02 在场景中创建一个平面模型，如图 6-23 所示。

图 6-22　单击“多边形平面”按钮

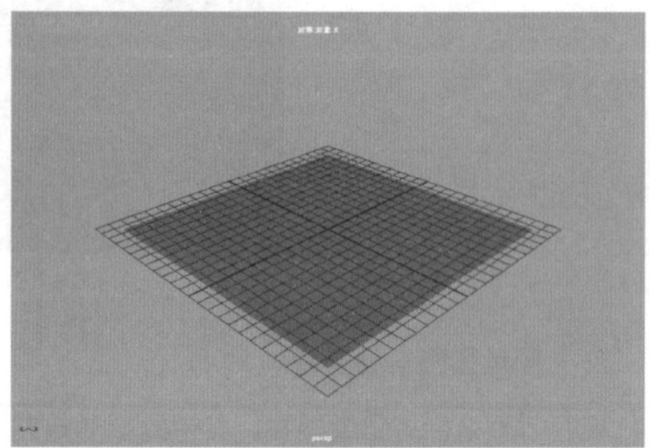

图 6-23　创建平面模型

03 在“多边形建模”工具架上单击“多边形圆柱体”按钮，如图 6-24 所示。

04 在场景中创建一个圆柱体模型，如图 6-25 所示。

图 6-24　单击“多边形圆柱体”按钮

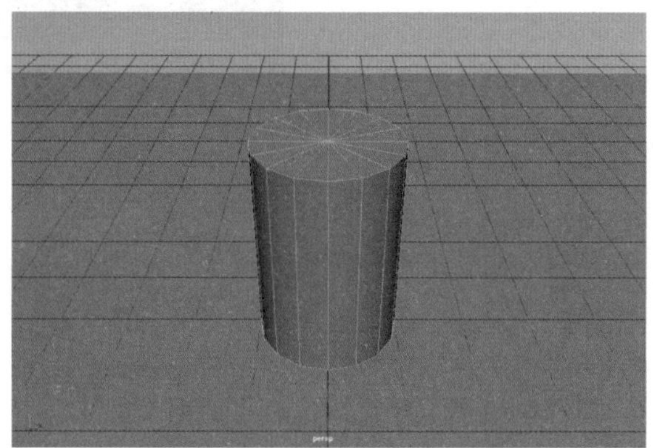

图 6-25　创建圆柱体模型

05 在“渲染”工具架上单击“区域光”按钮，如图 6-26 所示。

06 在场景中创建一个区域光，如图 6-27 所示。

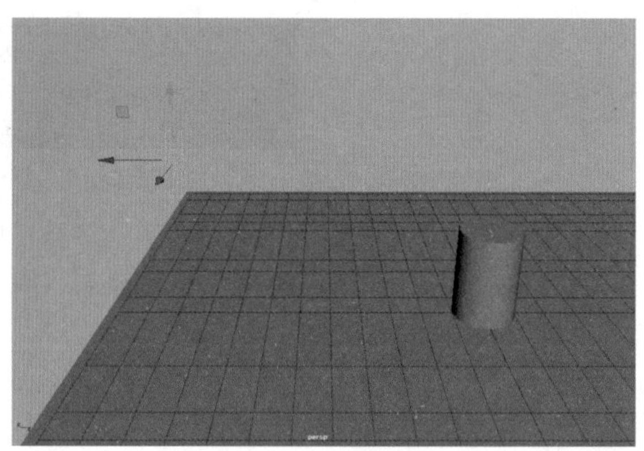

图 6-26　单击“区域光”按钮

图 6-27　创建区域光

07 调整区域光的比例和位置，结果如图 6-28 所示。

08 在“通道盒 / 层编辑器”面板中，展开“区域光属性”卷展栏，在“强度”文本框中输入 20，如图 6-29 所示。

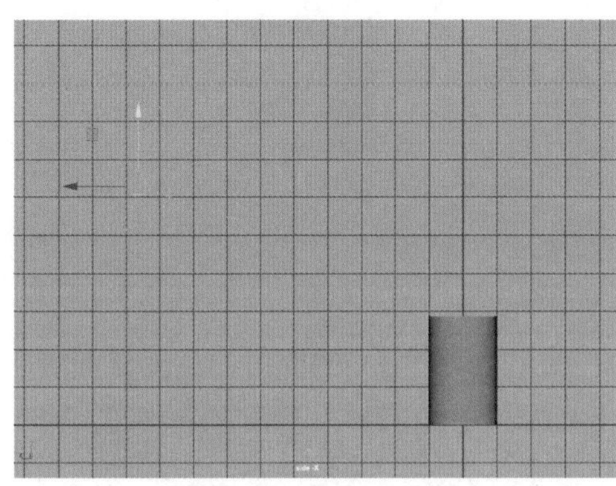
图 6-28　调整区域光

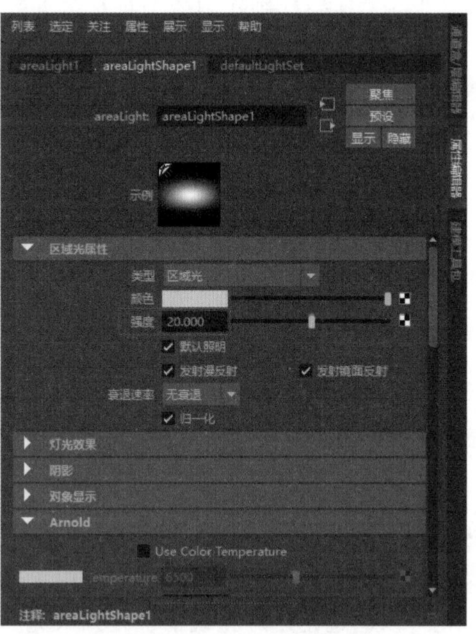

图 6-29　设置区域光参数

09 展开 Arnold 卷展栏，在 Exposure 文本框中输入 6，如图 6-30 所示。

10 在状态行中单击“渲染当前帧”按钮，渲染场景，结果如图 6-31 所示。

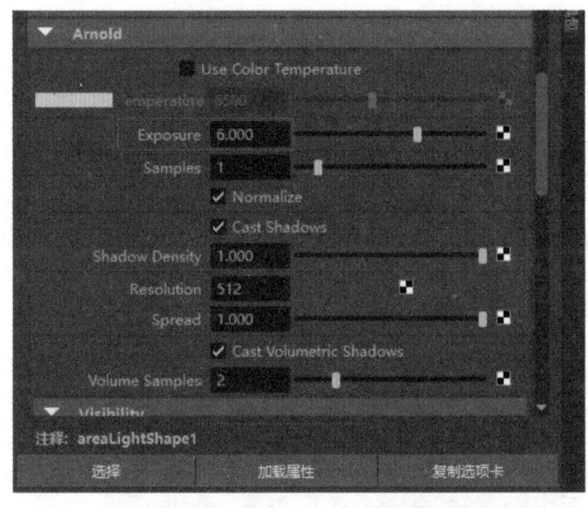

图 6-30　设置 Exposure 文本框

图 6-31　渲染后的结果

6.3　灯光照明技术

光线对于整个场景氛围的烘托和影响十分明显，并且在场景中创建的灯光照射在物体上所产生的明暗关系，会使物体变得更加立体且富有层次。用户可以观察现实中的光线或场景布光技巧，对布光的方式进行不断实践并分析其原理。要在 Maya 软件中理解并运用灯光照明技术，用户需要有足够的耐心，明确的布光思路能使场景达到理想的效果。

6.3.1 三点照明

三点照明法是 3D 制作中的一种基本灯光布置方法，适用于很多类型的场景，在场景主体周围的 3 个位置设置光源，分别为主光源、辅助光源和背景光源，如图 6-32 所示。

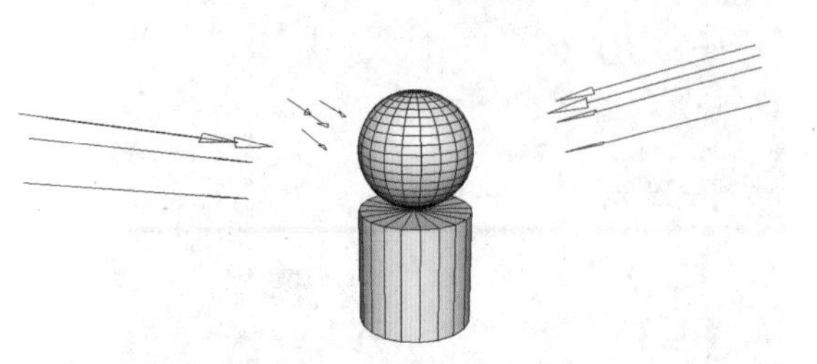

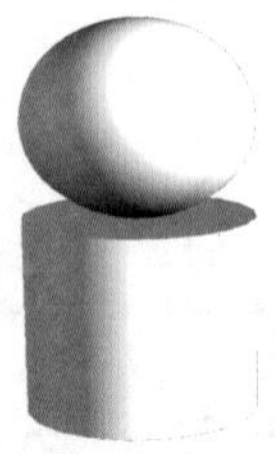

图 6-32 三点照明

主光源也是关键性的灯光照明，其作用主要是模拟类似太阳光的照射，从而伴随着阴影的产生。辅助光源与主光源是互补关系，用于柔化主光源投射的阴影，抵消部分阴影，降低灯光噪点。也可以通过创建灯光或物理天光来提高场景的整体亮度，或是在不创建辅助光源的情况下利用主光源的反射效果，也可达到相同的效果。背景光源突出对象的主体，放置于主体的背面以增强主体的轮廓感。

6.3.2 灯光阵列

灯光阵列在早期普遍运用于动画场景中，由一系列普通灯光组合以模拟天光，如图 6-33 所示。由于当时计算机硬件的性能还不够完善，利用全局光照进行渲染对当时的计算机硬件来说还比较困难，因此有了灯光阵列照明技术。

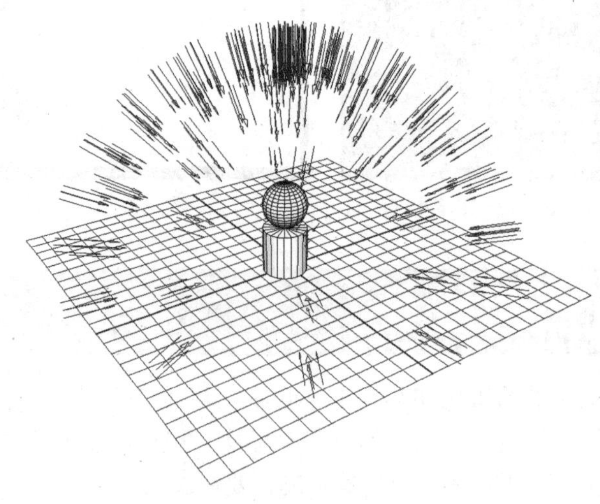

图 6-33 灯光阵列

6.3.3　全局照明

全局照明可以模拟场景中所有照明和交互反射的效果，也就是说不仅会考虑直接光照的效果，还会计算光线被不同的物体表面反射而产生的间接光照，近似于真实世界的灯光照射，如图 6-34 所示。在场景中仅需创建少量的灯光，并利用全局照明技术即可得到非常充足的亮度，使三维场景具有较逼真的光照效果。全局照明是增加渲染现实感的有效方法。

图 6-34　全局照明

6.4　Arnold 灯光

Maya 的 Arnold 渲染器为 Autodesk 的默认渲染器，在 Arnold 工具架或者在 Arnold | Lights 子菜单中可以找到这些灯光按钮，如图 6-35 所示。

若用户想要更快捷地设置在场景中所创建的灯光，可在状态行中单击“打开灯光编辑器”按钮，打开“灯光编辑器”窗口，其中列出了场景中的所有灯光及常用属性。

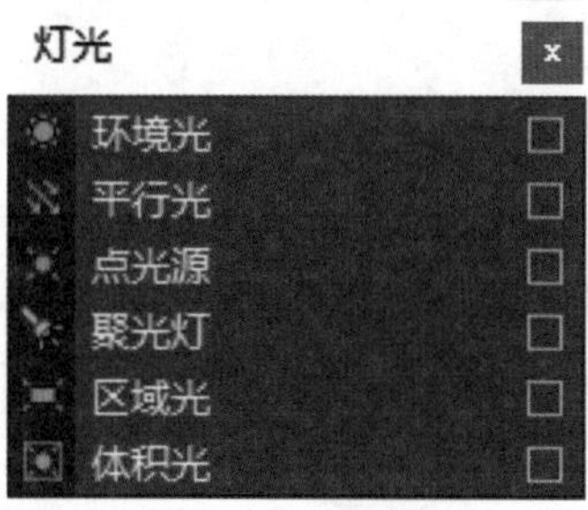

图 6-35　Arnold 灯光

6.4.1　Area Light(区域光)

可以将 Area Light(区域光) 理解为面片光源，如图 6-36 所示。

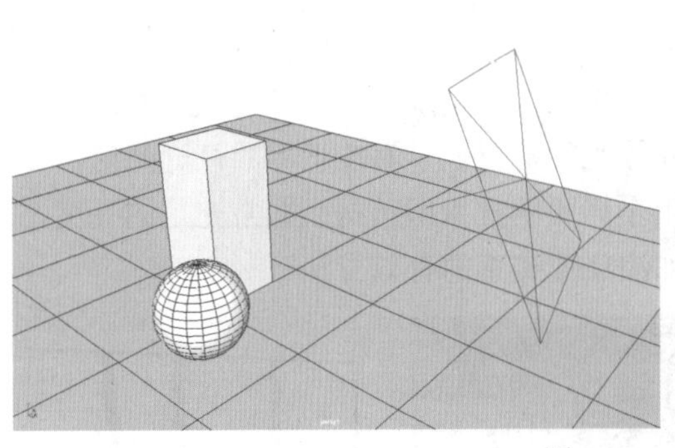

图 6-36　Area Light(区域光)

6.4.2　Skydome Light(天空光)

在 Maya 软件中，创建 Skydome Light(天空光) 可以快速模拟阴天环境下的室外光照，并且可以与 HDR 贴图一起使用，该灯光会模拟 HDR 贴图的物理反射，在渲染时反射贴图环境，模拟模型所在的场景，如图 6-37 所示。

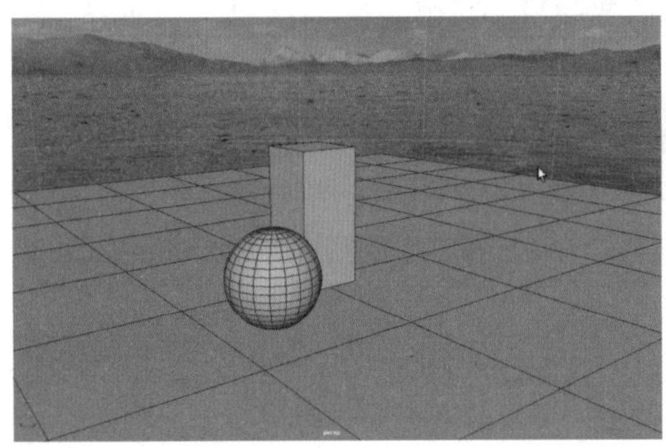

图 6-37　Skydome Light(天空光)

6.4.3　Mesh Light(网格灯光)

网格灯光可以将场景中任意一个模型设置为光源，选择该灯光前，需要先在场景中选择一个模型对象，如图 6-38 所示。网格灯光可用于制作霓虹灯效果。

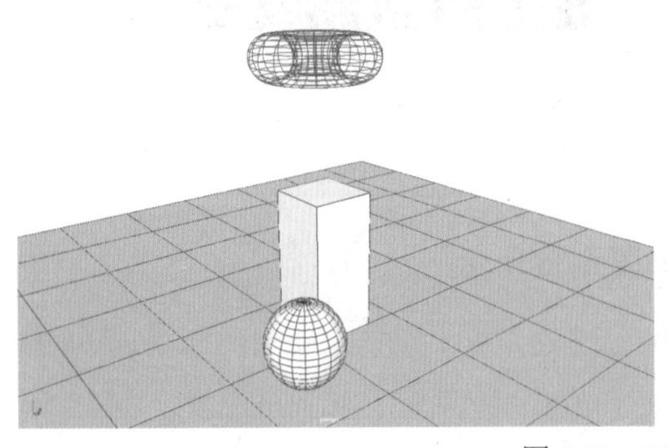

图 6-38　Mesh Light(网格灯光)

6.4.4　Photometric Light(光度学灯光)

通过赋予 HDR 灰度图，光度学灯光可以改变灯光的形状。默认模式下，光度学灯光并不会产生任何光照。该灯光适用于展厅和展柜等室内设计照明，如图 6-39 所示。

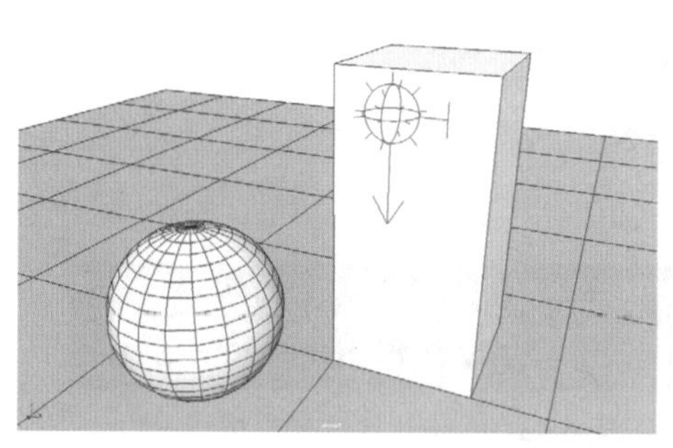

图 6-39　Photometric Light(光度学灯光)

6.4.5　Physical Sky(物理天空)

通过调节 Physical Sky(物理天空) 参数可以模拟现实生活中不同时间的光照，如图 6-40 所示。

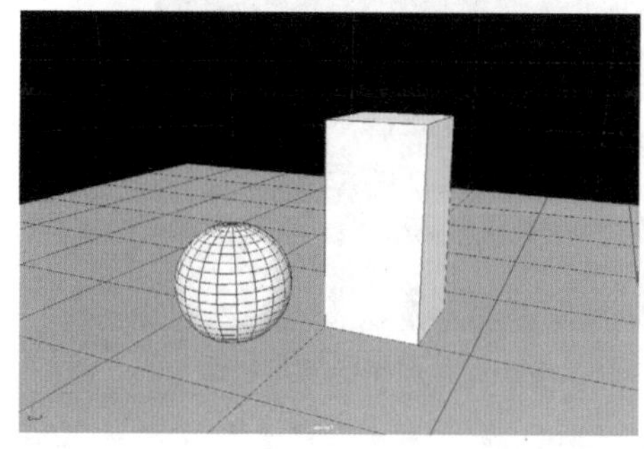

图 6-40　Physical Sky(物理天空)

6.4.6　实例：制作室内阳光照明效果

【例 6-2】本实例将讲解如何制作室内阳光照明效果，本实例的渲染效果如图 6-41 所示。

图 6-41　室内阳光照明效果

01 启动 Maya 2022，打开本书的配套场景资源“房间.mb”文件，如图 6-42 所示，本场景已设置好摄影机及辅助灯光。

02 在“渲染”工具架上单击“区域光”按钮，如图 6-43 所示。

图 6-42　打开“房间.mb”文件

图 6-43　单击“区域光”按钮

03 在场景中创建一个区域光，并按 R 键进行缩放，调整其比例大小与窗户相近，结果如图 6-44 所示。

04 按 W 键将其移至如图 6-45 所示的位置。

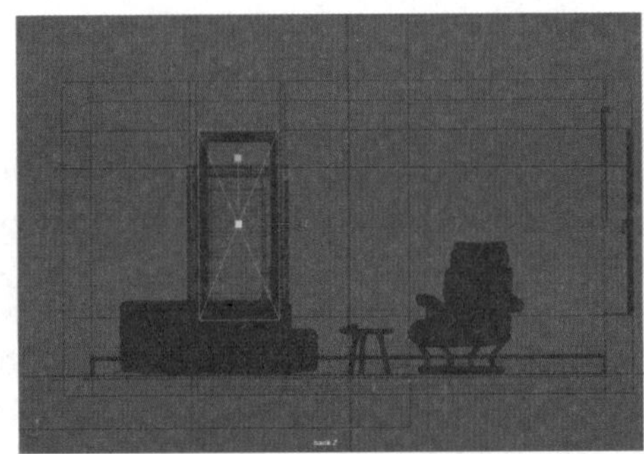

图 6-44　调整区域光比例

图 6-45　调整区域光位置

05 在“属性编辑器”面板中展开“区域光属性”卷展栏，在“强度”文本框中输入 600，如图 6-46 所示。

06 在 Arnold 卷展栏中，选中 Use Color Temperature 复选框，在 Temperature 文本框中输入 7000，在 Exposure 文本框中输入 11，如图 6-47 所示。

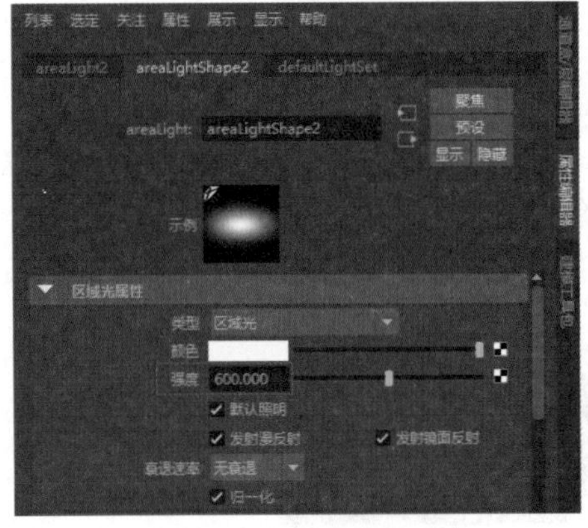

图 6-46　设置区域光强度

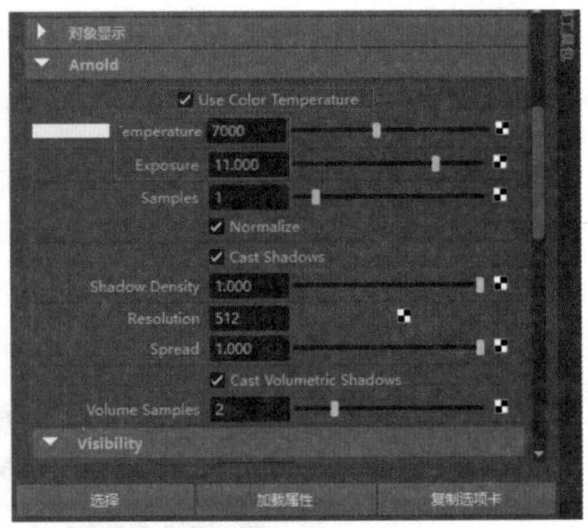

图 6-47　设置区域光色温

07 按照步骤 02 到步骤 06 的方法，再次创建一个区域光，放置在另外一侧的窗户上，结果如图 6-48 所示。

08 在状态行中单击“渲染设置”按钮，打开“渲染设置”窗口，选择“公用”选项卡，展开“图像大小”卷展栏，在“预设”下拉列表中选择 HD_720 选项，如图 6-49 所示。

图 6-48　再次创建一个区域光

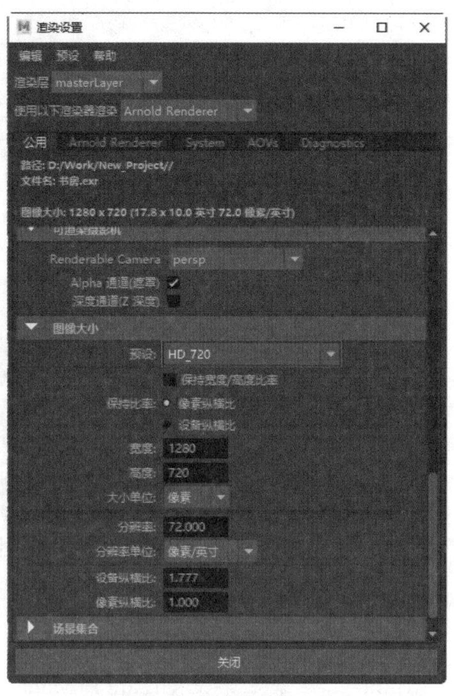

图 6-49　设置图像大小

09 选择 Arnold Renderer 选项卡，展开 Sampling 卷展栏，具体参数如图 6-50 所示，设置各参数以提高渲染图像的计算采样精度。

10 设置完成后，在菜单栏中选择 Arnold | Render 命令，如图 6-51 所示。

11 渲染场景，渲染结果如图 6-41 所示。

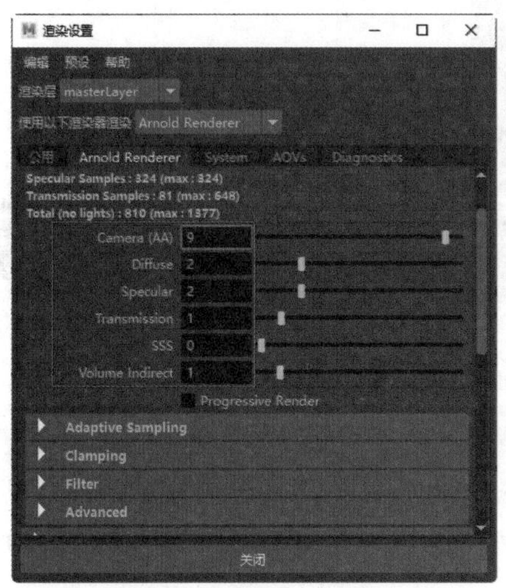

图 6-50　设置渲染参数

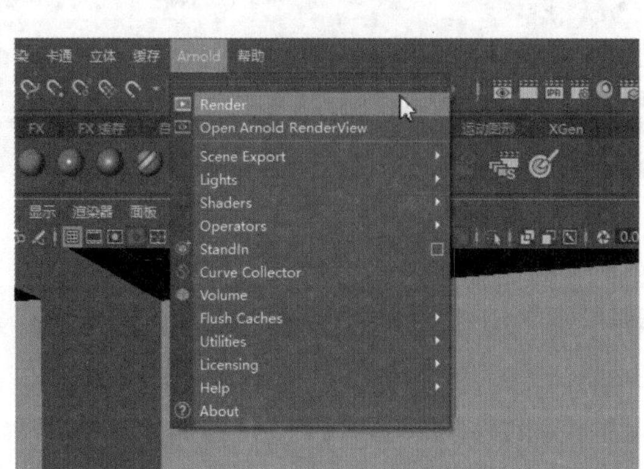

图 6-51　选择 Arnold | Render 命令

6.4.7 实例：制作室外阳光照明效果

【例 6-3】本实例将讲解如何制作室外阳光照明效果，本实例的渲染结果如图 6-52 所示。

视频

图 6-52 室外阳光照明效果

01 启动 Maya 2022，打开本书的配套场景资源“城堡.mb”文件，如图 6-53 所示，本场景已设置好摄影机以及辅助灯光。

02 在 Arnold 工具架上单击 Create Physical Sky 按钮，如图 6-54 所示。

图 6-53 打开“城堡.mb”文件

图 6-54 单击 CreatePhysical Sky 按钮

03 在场景中创建物理天空灯光，如图 6-55 所示。

04 在“属性编辑器”面板的 aiPhysicalSky2 选项卡中展开 Physical Sky Attributes 卷展栏，在 Intensity 文本框中输入 5，增加灯光的强度；在 Elevation 文本框中输入 45，更改太阳的高度；在 Azimuth 文本框中输入 68，更改太阳的照射方向，控制日光的投影，如图 6-56 所示。

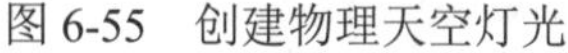
图 6-55　创建物理天空灯光

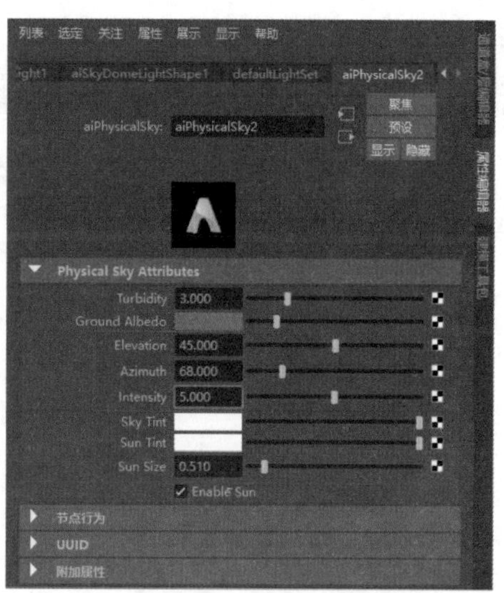

图 6-56　设置物理天空光的参数

05 选择 aiSkyDomeLightShape1 选项卡，展开 SkyDomeLight Attributes 卷展栏，在 Samples 文本框中输入 5，如图 6-57 所示。

06 在菜单栏中选择 Arnold | Render 命令，在 Arnold RenderView 面板中单击 Display settings 按钮，在右侧的 Display 选项卡的 Gamma 文本框中输入 1.2，在 Exposure 文本框中输入 0.5，可以提高渲染图像的亮度，如图 6-58 所示。

07 渲染场景，渲染结果如图 6-52 所示。

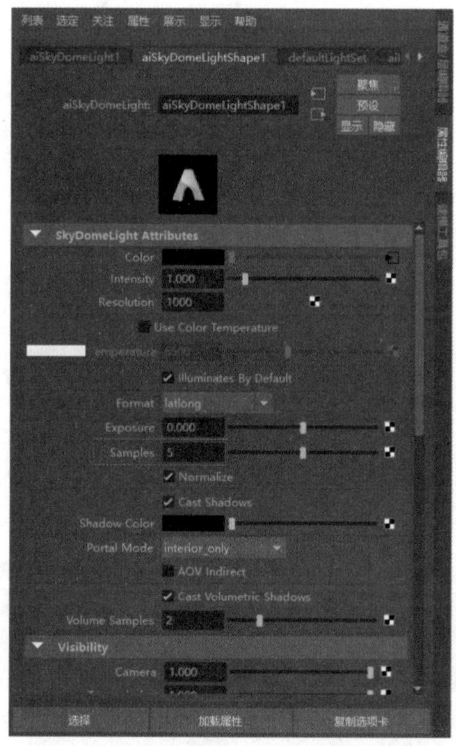

图 6-57　设置物理天空灯光的采样值

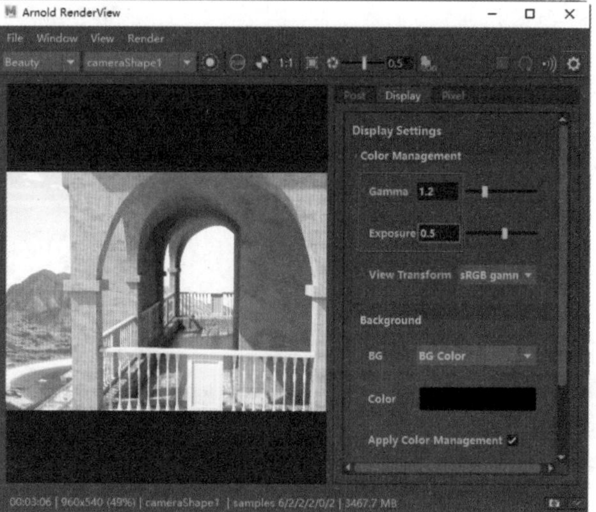

图 6-58　设置 Gamma 和 Exposure 文本框的值

6.5 习题

1. 简述 Maya 中有哪几种类型的基本灯光。

2. 简述 Maya 中有哪几种类型的 Arnold 灯光。

3. 运用本章所学的知识，尝试在本书的配套场景资源“城堡.mb”文件场景中创建 Arnold 灯光。

第 7 章

摄影机技术

与现实中的摄影机相比，Maya 摄影机更具有创作自由性，可以灵活设置摄影机的视角、参数以及固定摄影机。用户还可以通过摄影机设置特效并控制渲染效果。本章将通过实例操作帮助读者较全面地了解 Maya 中摄影机的运用及参数设置。

二维码教学视频

【例 7-1】 在场景中运用摄影机
【例 7-2】 制作景深效果
【例 7-3】 制作运动模糊效果

7.1 摄影机概述

Maya 中的摄影机具有远超现实摄影机的功能——镜头更换动作可以瞬间完成，其无级变焦更是现实摄影机无法比拟。

对于摄影机，除位置变动之外，还可以表现焦距、视角、景深等动画效果。Maya 中的摄影机能够模拟现实相机的视角，并且提供了相应的命令来控制景深、焦距、属性等。

Maya 场景中的物体需要摄影机将其表现出来，摄影机在进行拍摄前一直处于待机状态，只起到观察、定位的作用。在打开动画设定按钮后，通过设置关键帧、镜头路径、镜头切换和约束就可以进行动画的制作。此外，对于室外建筑装潢的环境动画而言，摄影机也是必不可少的。在学习 Maya 摄影机前，可以先了解一下真实摄影机的布局、主要运动形式和相关的名词术语。

7.1.1 镜头

镜头是由多个透镜组成的光学装置，也是摄影机组成部分的重要部件，如图 7-1 所示。镜头的品质会对拍摄结果产生直接的影响。同时，镜头也是划分摄影机档次的重要标准。

7.1.2 光圈

光圈是用来控制光线透过镜头进入机身内感光面光量的一个装置，如图 7-2 所示，其功能相当于眼球里的虹膜。如果光圈开得比较大，就会有大量的光线进入影像感应器；如果光圈开得很小，进光量则会减少很多。

图 7-1　摄影机的镜头

图 7-2　光圈

7.1.3 快门

快门是摄影机控制感光片有效曝光时间的一种装置，与光圈不同，快门用于控制进光的时间长短，分为高速快门和慢门。通常，高速快门非常适用于拍摄运动中的景象，可以拍摄到高速移动的目标，抓拍运动物体的瞬间；而慢门增加了曝光时间，非常适合表现物体的动感，可在光线较弱的环境下加大进光量。快门速度单位是“秒”(s)，常见的快门速度有 1、1/2、1/4、1/8、1/15、1/30、1/60、1/125、1/250、1/500、1/1000、1/2000 等。如果要拍摄夜晚车水马龙般的景象，则需要拉长快门的时间，如图 7-3 所示。

7.1.4　景深

景深是指摄影机镜头能够取得物体清晰影像的范围，调整焦点的位置，景深也会发生变化，如图 7-4 所示。在 Maya 的渲染中使用“景深”特效，能达到虚化背景的效果，从而突出场景中的主体及画面的层次感。

图 7-3　快门

图 7-4　景深

7.1.5　胶片感光度

胶片感光度也就是人们常说的 ISO，ISO 的数值越大，曝光值也就越高。在光照亮度不足的情况下，可以选用超快速胶片进行拍摄，不过当感光度过高时，画面中的噪点也会很明显，使得整体画质变得粗糙。若光照十分充足，则可以使用超慢速胶片进行拍摄。常用的感光度数值有 ISO50、ISO100、ISO200、ISO400、ISO800、ISO1600 等。

7.2　摄影机类型

默认情况下，Maya 软件会在“大纲视图”中自动创建 4 台摄影机，分别是“透视图”“顶视图”“前视图”“侧视图”，如图 7-5 所示。

在 Maya 中用户可通过多种方式创建摄影机。第一种方式是在“渲染”工具架中单击“摄影机”按钮，如图 7-6 所示，在场景中创建摄影机。

图 7-5　默认的摄影机类型

图 7-6　通过工具架创建摄影机

第二种方式是在菜单栏中选择“创建”|“摄影机”命令，在场景中创建摄影机，如图 7-7 所示。

第三种方式是按住空格键打开热盒，从弹出的命令中选择“新建摄影机”命令，如图 7-8 所示。

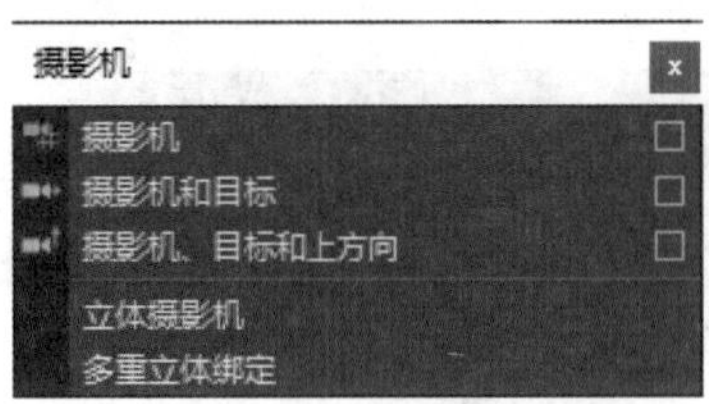

图 7-7 通过菜单栏创建摄影机

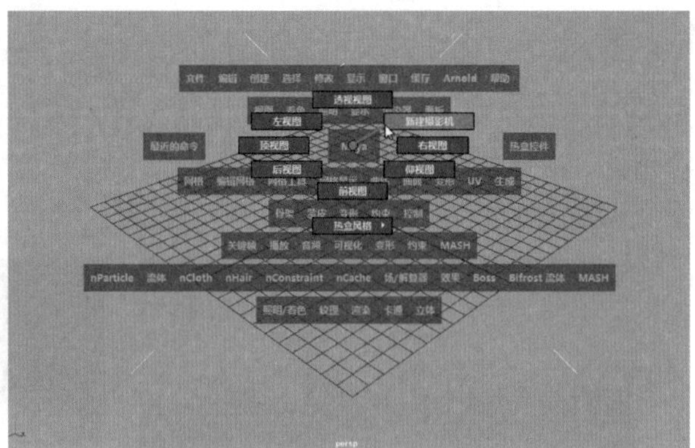

图 7-8 通过热盒创建摄影机

7.2.1 摄影机

Maya 中的摄影机是一种基于真实世界中摄影机功能的摄影机，其没有控制柄，如图 7-9 所示。按 T 键可以在场景中生成一个目标点，有了目标点就可以稳定目标跟踪拍摄，再按 W 键可回到默认状态，如图 7-10 所示。

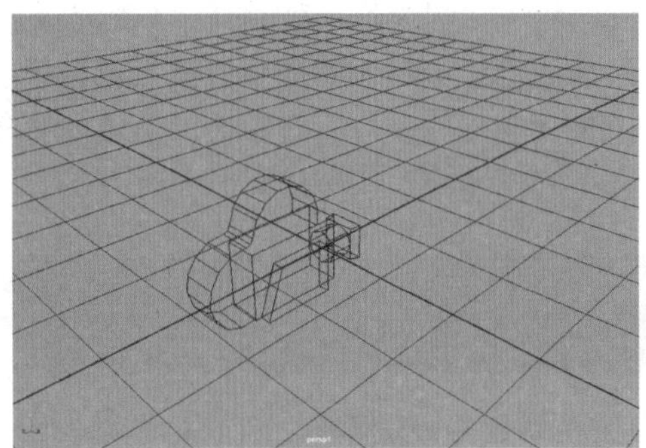

图 7-9 摄影机

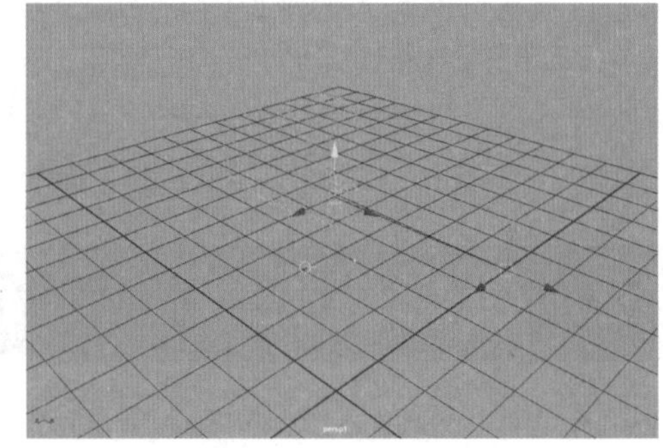

图 7-10 生成目标点

7.2.2 摄影机和目标

通过“摄影机和目标”命令创建的摄影机会自动生成一个目标点，并且在大纲视图中是以 group 的形式出现的，如图 7-11 所示。

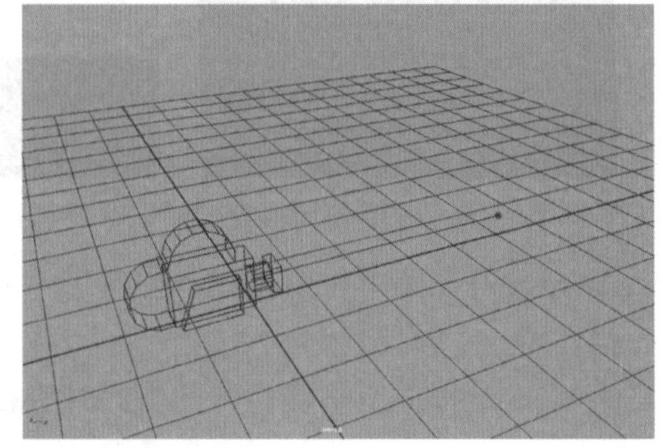

图 7-11 摄影机和目标

7.2.3 摄影机、目标和上方向

通过“摄影机、目标和上方向”命令创建的摄影机会生成两个目标点，可以进行更多的操作来制作较为复杂的动画，并且在大纲视图中以 group 的形式出现，如图 7-12 所示。

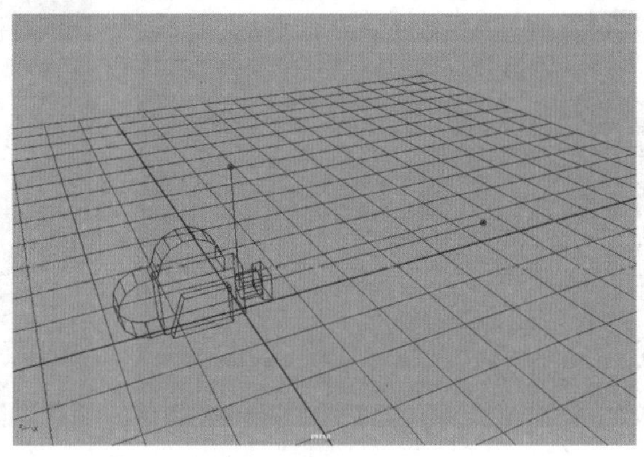

图 7-12 摄影机、目标和上方向

7.2.4 立体摄影机

使用“立体摄影机”命令创建的摄影机实际上是一个由三台摄影机组成的集合，如图 7-13 所示。使用立体摄影机可创建具有三维景深的三维渲染效果。当渲染立体场景时，Maya 会考虑所有的立体摄影机属性，并进行计算以生成可被其他程序合成的立体图或平行图像。

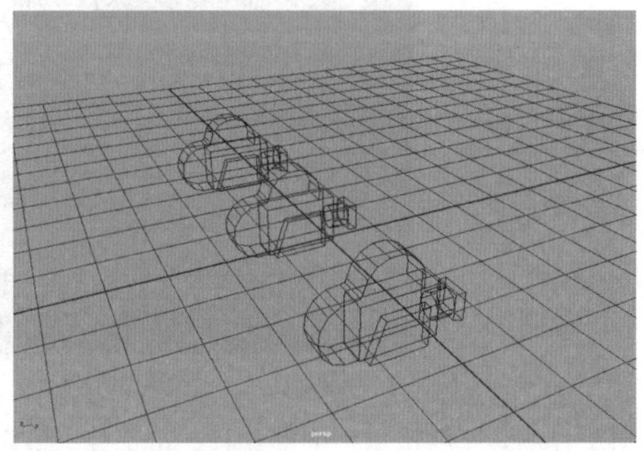

图 7-13 立体摄影机

7.3 摄影机属性

在 Maya 软件中完成摄影机的创建后，其默认属性一般无法满足用户在制作项目时的需求。在菜单栏中选中“创建”|“摄影机”|“摄影机”右侧的复选框，打开“创建摄影机选项”窗口，如图 7-14 所示，或者按 Ctrl+A 快捷键，打开“属性编辑器”面板，如图 7-15 所示，然后对摄影机的属性进行设置。

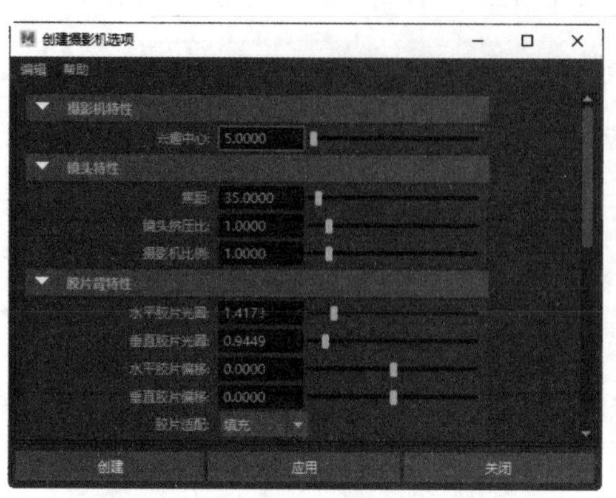

图 7-14 “创建摄影机选项”窗口

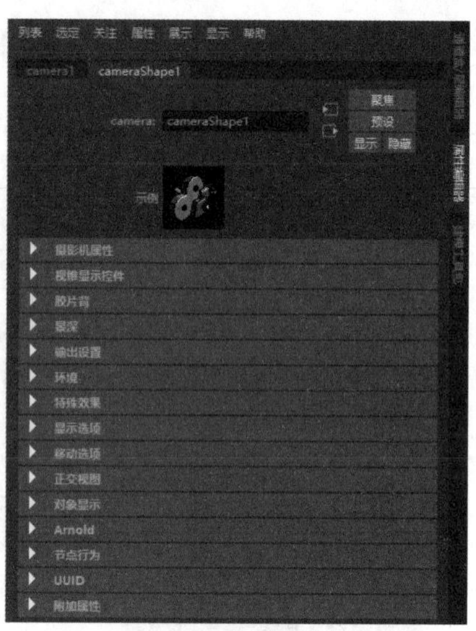

图 7-15 “属性编辑器”面板

7.3.1 “摄影机属性”卷展栏

“摄影机属性”卷展栏内的参数如图 7-16 所示，其中主要参数的功能说明如下。

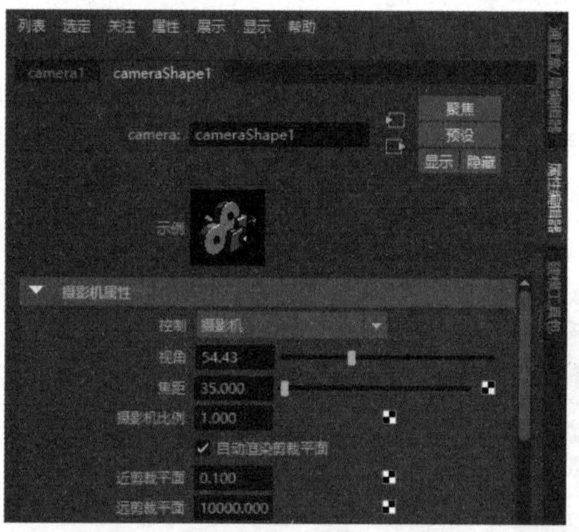

图 7-16 “摄影机属性”卷展栏

- 控制：用于控制各个摄影机之间的切换，可选择“摄影机”“摄影机和目标”和“摄影机、目标和上方向”三种类型，如图 7-17 所示，用户不需要再重新创建摄影机。

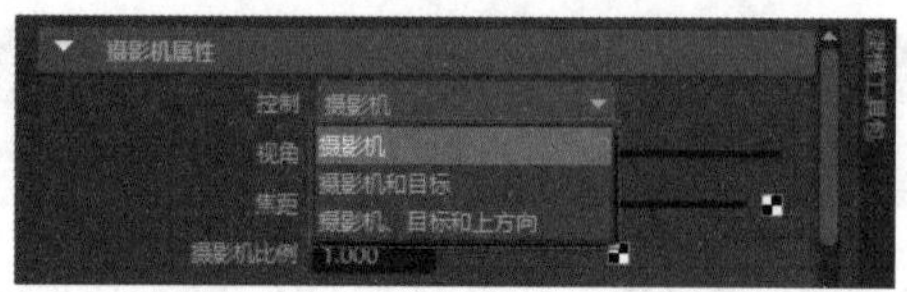

图 7-17 选择摄影机类型

- 视角：用于设置摄影机在场景中的视野范围，受焦距影响，焦距的数值越大，视野中的物体就越小，反之，焦距的数值越小，视野就越大，则视野中的物体就越小。需要注意的是，应避免使用角度过于小的透视摄影机。

- 焦距：用于设置视点至聚焦平面之间的距离，由近端剪切面和远端剪切面之间的关系来定义。数值越大就越能拉近摄影机镜头，并放大对象在摄影机视图中的大小。数值越小就越能拉远摄影机镜头，并缩小对象在摄影机视图中的大小。
- 自动渲染剪裁平面：启用状态下，会自动设置近剪裁平面和远剪裁平面。
- 摄影机比例：用于按照场景来缩放摄影机视野的大小。
- 近剪裁平面：从摄影机到此剪裁平面距离之内的物体将不会被渲染。
- 远剪裁平面：超过其剪裁平面范围的物体将不会被渲染。

7.3.2　“视锥显示控件”卷展栏

“视锥显示控件”卷展栏内的参数如图 7-18 所示，选中三个参数左侧的复选框，将其全部激活，场景中便会显示视锥，其中各参数的功能说明如下。

图 7-18　“视锥显示控件”卷展栏

- 显示近剪裁平面：启用此参数，可显示近剪裁平面，如图 7-19 所示。

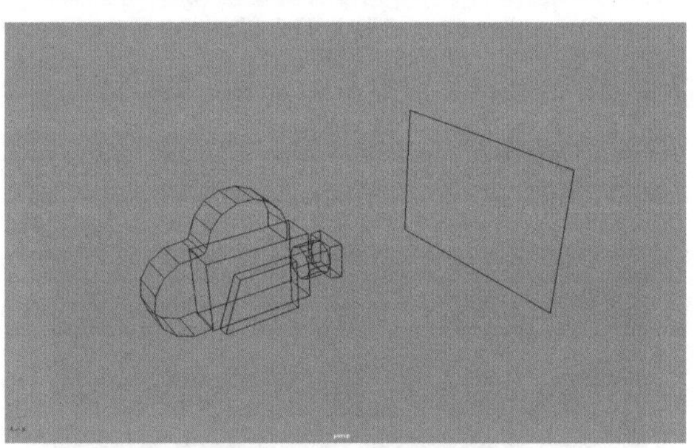

图 7-19　显示近剪裁平面

- 显示远剪裁平面：启用此参数，可显示远剪裁平面，如图 7-20 所示。
- 显示视锥：启用此参数，可显示视锥，如图 7-21 所示。

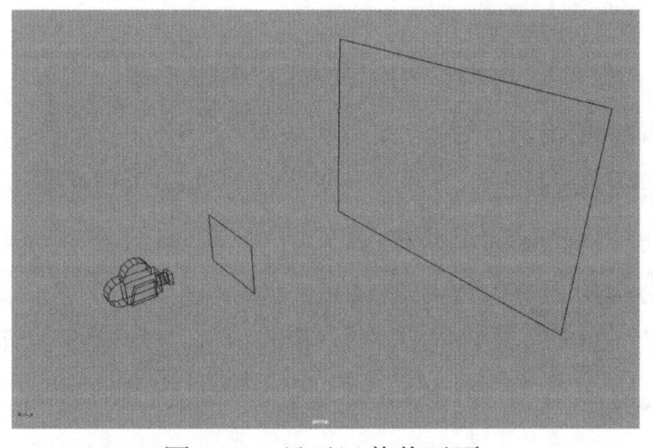

图 7-20　显示远剪裁平面

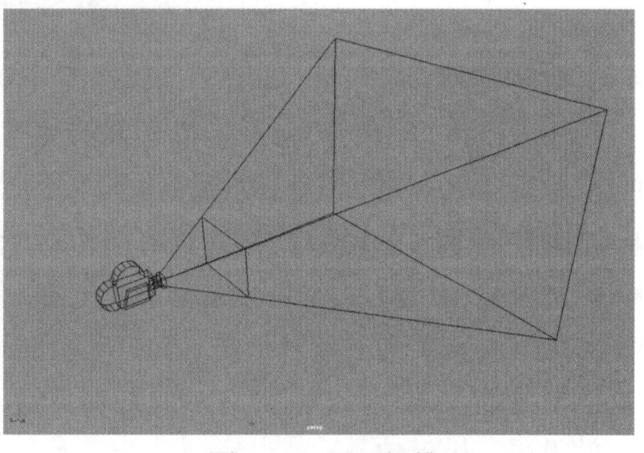

图 7-21　显示视锥

7.3.3 “胶片背”卷展栏

“胶片背”卷展栏内的参数如图 7-22 所示，在进行项目制作前要先了解拍摄画面的参数，了解后在“胶片背”卷展栏中调整这些参数，后期要将胶片门与分辨率门相匹配，其中主要参数的功能说明如下。

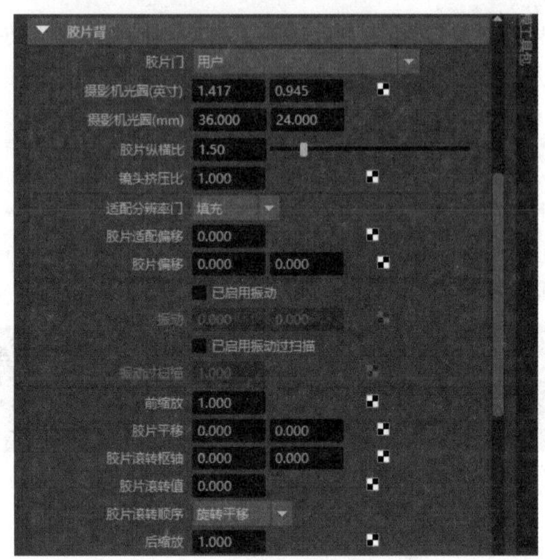

图 7-22 “胶片背”卷展栏

- 胶片门：用来控制摄影机“胶片门”的高度和宽度，用户可以从中选择某个摄影机类型，如图 7-23 所示。选择其中一种类型后，Maya 会自动设置“摄影机光圈”“胶片纵横比”“镜头挤压比”。

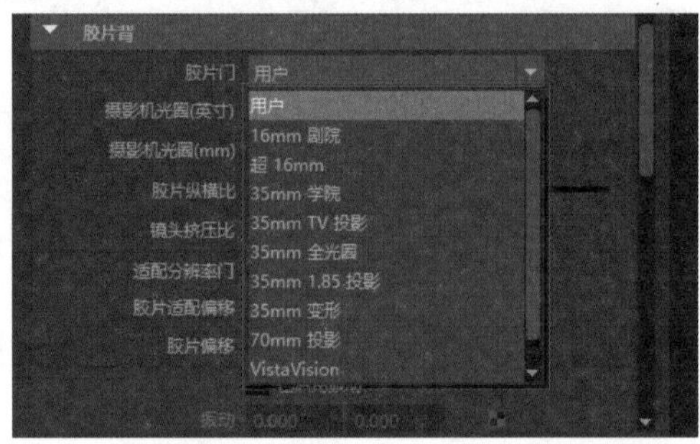

图 7-23 “胶片门”下拉列表

- 摄影机光圈（英寸）：可用于设置与三个摄影曝光值的组合相对应的单个曝光值。
- 胶片纵横比：用于控制摄影机光圈的宽度和高度比。
- 镜头挤压比：用于控制摄影机镜头水平压缩图像的程度。
- 适配分辨率门：用于控制分辨率门相对于胶片门的大小。
- 胶片偏移：设置此参数可生成 2D 轨迹。测量单位为英尺，默认值为 0。
- 已启用振动：选中该复选框，允许将“振动”属性设置为摄影机计算的因子。默认情况下，该复选框处于未选中状态，曲线或表达式可以连接到“振动”属性来达到真实的振动效果。

- 振动过扫描：指定胶片光圈的倍数。用于渲染较大的区域，在摄影机不振动时需要用到该参数。此参数会影响输出渲染。
- 前缩放：该参数用于模拟 2D 摄影机缩放。在该文本框中输入一个值，该值将在胶片滚转之前应用。
- 胶片平移：该参数用于模拟 2D 摄影机平移效果。
- 胶片滚转枢轴：此参数用于摄影机的后期投影矩阵计算。
- 胶片滚转值：以度为单位指定胶片背的旋转量。旋转围绕指定的枢轴点发生。该参数用于计算胶片滚转矩阵，是后期投影矩阵的一个组件。
- 胶片滚转顺序：指定如何相对于枢轴的值应用滚动，有“旋转平移”和“平移旋转”两种方式，如图 7-24 所示。

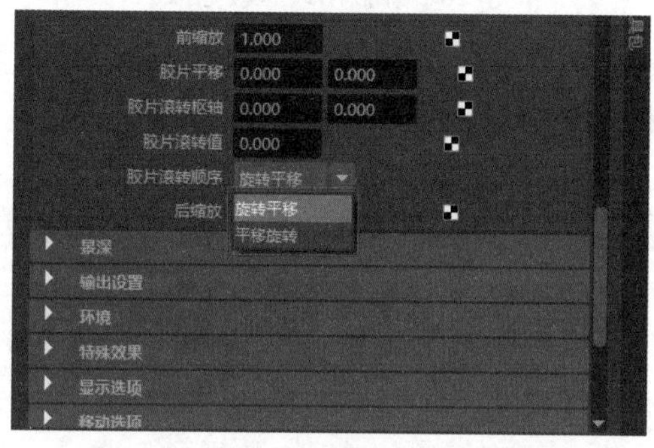

图 7-24　“胶片滚转顺序”下拉列表

- 后缩放：此参数代表模拟的 2D 摄影机缩放。在该文本框中输入一个值，该值将在胶片滚转之后应用。

7.3.4　“景深”卷展栏

“景深”卷展栏内的参数如图 7-25 所示，景深是摄影师常用的一种拍摄手法，也是摄影中重要的概念之一。启用“景深”，画面会出现景深效果，渲染时通过景深可虚化背景，其中各参数的功能说明如下。

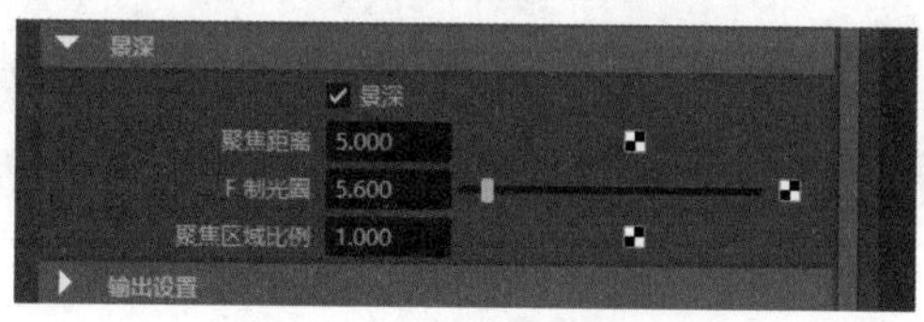

图 7-25　“景深”卷展栏

- 景深：可以控制摄影机的焦点，若焦点聚焦于场景中的某些对象，其他对象在渲染计算时就会呈现模糊效果。
- 聚焦距离：显示为聚焦的对象与摄影机之间的距离，在场景中使用线性工作单位测量。减小“聚焦距离”将降低景深，有效范围为 0 到无穷大，默认值为 5。
- F 制光圈：用于控制景深的渲染效果。
- 聚焦区域比例：用于成倍地控制“聚焦距离”的值。

7.3.5 “输出设置”卷展栏

“输出设置”卷展栏内的参数如图 7-26 所示，其中主要参数的功能说明如下。

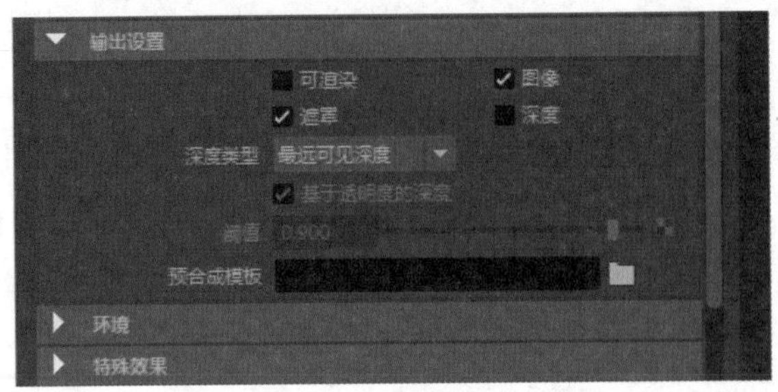

图 7-26 “输出设置”卷展栏

- 可渲染：如果启用，摄影机将在渲染期间创建图像文件、遮罩文件或深度文件。
- 图像：如果启用，摄影机将在渲染过程中创建图像。
- 遮罩：如果启用，摄影机将在渲染过程中创建遮罩。
- 深度：如果启用，摄影机将在渲染期间创建深度文件。深度文件是一种数据文件类型，用于表示对象到摄影机的距离。
- 深度类型：确定如何计算每个像素的深度。
- 基于透明度的深度：根据透明度确定哪些对象离摄影机最近。
- 预合成模板：使用此属性，可以在“合成”中使用预合成。

7.3.6 “环境”卷展栏

“环境”可以理解为是场景中的背景，“环境”卷展栏内的参数如图 7-27 所示，其中主要参数的功能说明如下。

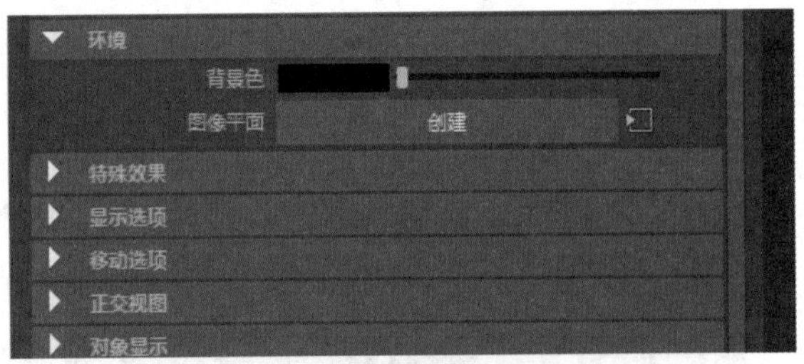

图 7-27 “环境”卷展栏

- 背景色：用于控制渲染场景的背景色。
- 图像平面：为渲染场景的背景添加指定的图像文件。

7.3.7 “显示选项”卷展栏

“显示选项”可以理解为在渲染时设置一个安全显示区域，在进行渲染时只有安全显示区域内的物体才会被渲染出来，“显示选项”卷展栏内的参数如图 7-28 所示，各参数的功能说明如下。

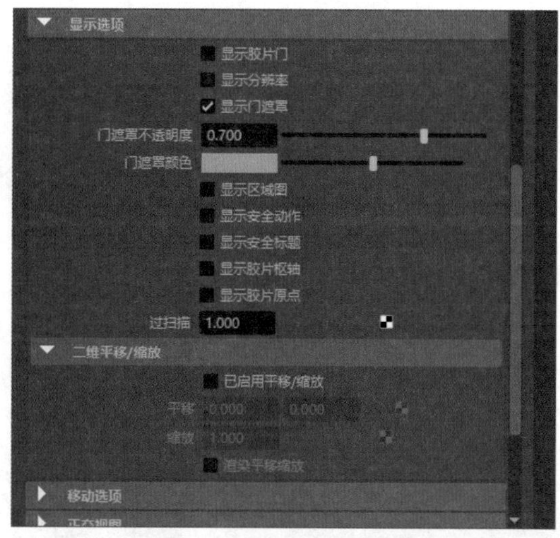

图 7-28　“显示选项”卷展栏

- 显示胶片门：用于指示摄影机视图的区域，在场景中显示为一个边界。
- 显示分辨率：用于表示摄影机视图渲染的区域，在场景中显示为一个矩形，分辨率门的尺度表示渲染分辨率，在视图中显示在分辨率门的上方。
- 显示门遮罩：用于更改胶片门或分辨率门之外区域的不透明度和颜色。
- 门遮罩不透明度：用于调整门遮罩的不透明度。
- 门遮罩颜色：用于调整门遮罩的颜色。
- 显示区域图：可显示栅格，该栅格表示十二个标准单元动画区域的大小。必须将渲染分辨率设定为 NTSC 尺度，该参数才有意义。
- 显示安全动作：用于定义在其中保留的所有场景动作的区域。
- 显示安全标题：用于定义在其中保留所有场景文本 (标题) 的区域。
- 显示胶片枢轴：启用后，可在场景中显示胶片枢轴。
- 显示胶片原点：启用后，可在场景中显示胶片原点。
- 过扫描：启用后，仅缩放摄影机视图 (非渲染图像) 中的场景大小，默认值为 1。

7.4　安全框

默认状态下，Maya 的安全框显示为一块矩形区域。切换到透视视图，然后在面板菜单中选择“面板”|“撕下”命令，打开“透视视图”窗口，其上方显示了分辨率。在面板菜单中选择“视图”|“摄影机设置”命令，从弹出的子菜单中选择“安全动作”和“安全标题”两个命令，然后在面板工具栏中单击“分辨率门”按钮，如图 7-29 所示，激活其右侧的“遮罩”按钮。

“分辨率门”的尺寸表示渲染分辨率 (要渲染的区域)。在状态行中单击“显示渲染设置”按钮，打开“渲染设置”窗口，展开“图像大小”卷展栏，在“预设”下拉列表中更改分辨率或者在“宽度”和“高度”文本框中输入数值，来指定可渲染区域，前提是要确保模型在安全区之内，如图 7-30 所示。

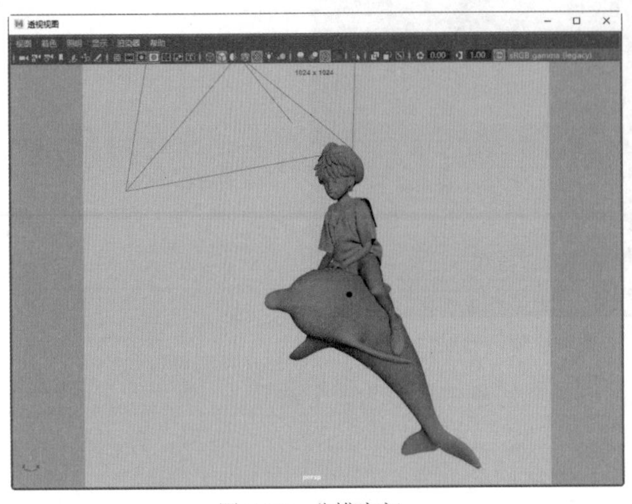

图 7-29　分辨率门

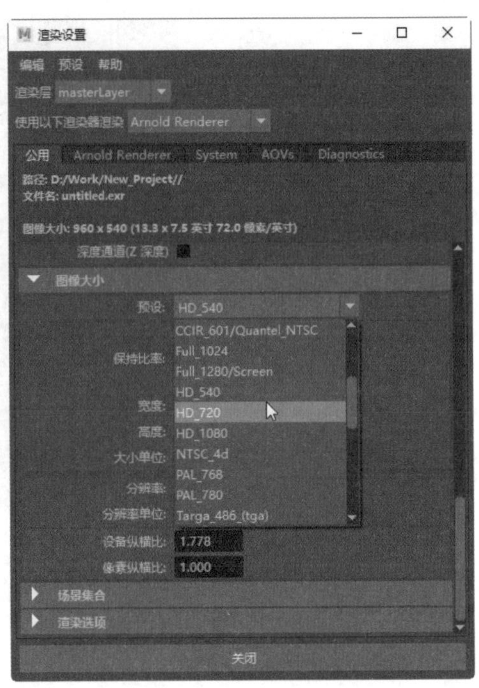

图 7-30　渲染设置

7.5　实例：在场景中运用摄影机

【例 7-1】本实例将讲解如何在场景中运用摄影机。

01 启动 Maya 2022，打开本书的配套场景资源“羚羊.mb”文件，如图 7-31 所示。本场景已设置好材质及灯光。

02 在菜单栏中选择“创建”|“摄影机”|“摄影机”命令，如图 7-32 所示，在场景中创建一个摄影机。

图 7-31　打开“羚羊.mb”文件

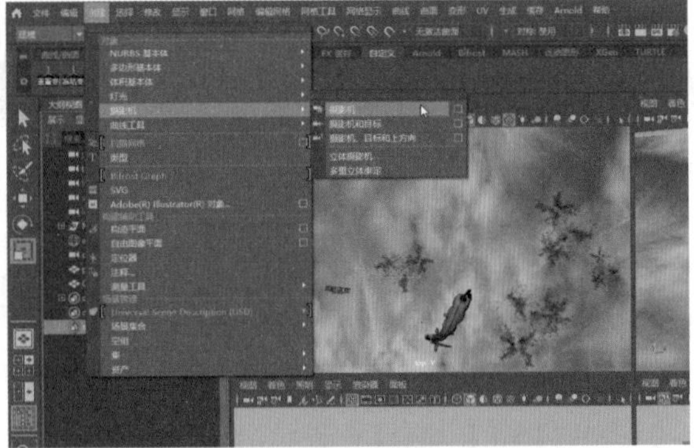

图 7-32　选择“摄影机”命令

03 在“视图”面板的面板菜单中选择“面板”|“透视”| camera1 命令，如图 7-33 所示，切换到新建的摄影机视角中。

04 进入摄影机视角后，场景显示结果如图 7-34 所示。

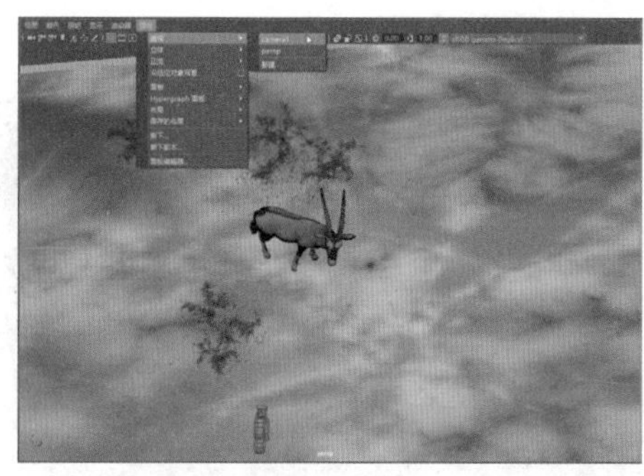

图 7-33　选择 camera1 命令

图 7-34　摄影机视角中的场景显示结果

05 在“视图”面板的面板工具栏中单击“锁定摄影机”按钮，如图 7-35 所示，锁定当前所选的摄影机，可以避免因误操作而不小心更改了摄影机的机位。

06 在“通道盒 / 层编辑器”面板中，可以看到每个被锁定的参数文本框左侧都出现一个蓝灰色的方形标记，如图 7-36 所示。

图 7-35　单击“锁定摄影机”按钮

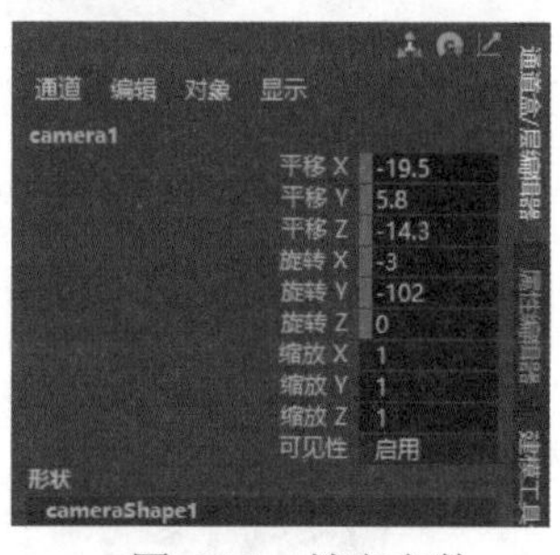

图 7-36　锁定参数

07 在“视图”面板的面板工具栏中单击“分辨率门”按钮，创建安全显示区域，结果如图 7-37 所示。

08 在“摄影机属性”卷展栏中，在“焦距”文本框中输入 30，微调摄影机的画面。“焦距”值与其上方的“视角”值是关联关系，这 2 个参数调整任何一个都会改变另一个的数值，如图 7-38 所示。

图 7-37　创建安全显示区域

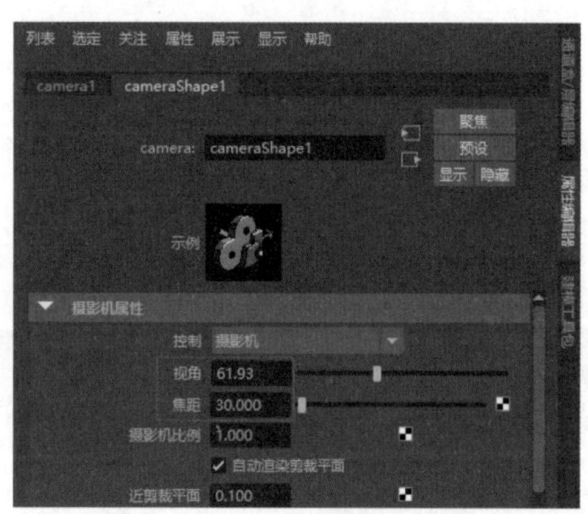

图 7-38　设置摄影机的参数

09 展开“视锥显示控件”卷展栏，选中卷展栏中所有的复选框，如图 7-39 所示。

10 设置完成后，画面显示结果如图 7-40 所示。

图 7-39 设置“视锥显示控件”卷展栏

图 7-40 画面显示结果

7.6 实例：制作景深效果

【例 7-2】本实例将讲解如何制作景深效果，渲染结果如图 7-41 所示。视频

图 7-41 景深渲染效果

01 启动 Maya 2022，打开本书的配套场景资源“羚羊.mb“文件，如图 7-42 所示。本场景已设置好摄影机及灯光。

02 在菜单栏中选择 Arnold | Render 命令，如图 7-43 所示。

图 7-42 打开“羚羊.mb“文件

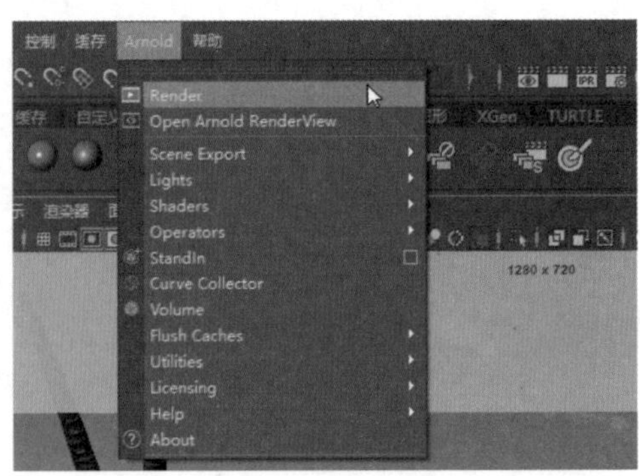

图 7-43 选择 Arnold | Render 命令

03 打开 Arnold RenderView 窗口，渲染摄影机视图，此时场景的显示结果如图 7-44 所示。

04 在菜单栏中选择“创建”|“测量工具”|“距离工具”命令，如图 7-45 所示。

图 7-44　场景的显示结果

图 7-45　选择“距离工具”命令

05 切换到顶视图，单击并按 Shift 键测量出摄影机和场景中模型两点之间的距离为 21.1，如图 7-46 所示。

06 选择场景中的 camera1 摄影机，在“属性编辑器”面板中展开 Arnold 卷展栏，选中 Enable DOF 复选框，在 Focus Distance 文本框中输入 16.2，在 Aperture Size 文本框中输入 0.5，如图 7-47 所示。

07 设置完成后，在状态行中单击“渲染当前帧”按钮，渲染场景，结果如图 7-41 所示。

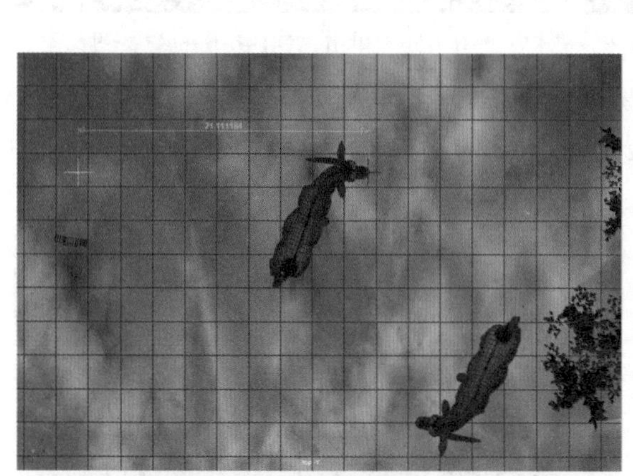

图 7-46　测量距离

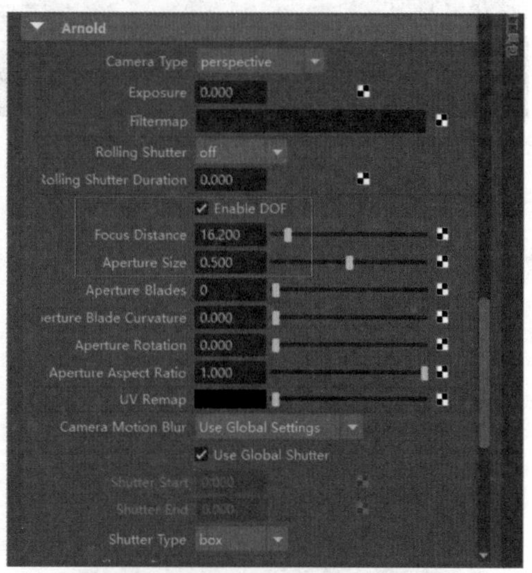

图 7-47　调整 Arnold 卷展栏中的参数

7.7　实例：制作运动模糊效果

【例 7-3】本实例将讲解如何制作运动模糊效果，渲染结果如图 7-48 所示。

图 7-48　运动模糊效果

01 启动 Maya 2022，打开本书的配套场景资源“龙.ma”文件，如图 7-49 所示。本场景已设置好材质、灯光和动画。

02 在“渲染”工具架中单击“创建摄影机”按钮，如图 7-50 所示，在场景中创建一个摄影机。

图 7-49　打开“龙.ma”文件

图 7-50　单击“创建摄影机”按钮

03 在“通道盒 / 层编辑器”面板中设置摄影机的参数，如图 7-51 所示。

04 在“视图”面板菜单中选择“面板”|“透视”| camera1 命令，切换到新建的摄影机视角中，如图 7-52 所示。

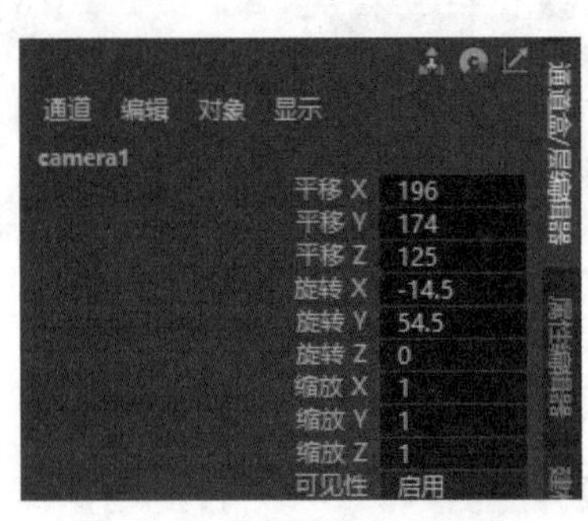

图 7-51　设置摄影机的参数

图 7-52　摄影机视角中的显示结果

05 在状态行中单击“渲染当前帧”按钮，渲染场景，结果如图 7-53 所示。

06 在状态行中单击“显示渲染设置”按钮，从弹出的“渲染设置”窗口中，展开 Motion Blur 卷展栏，选中 Enable 复选框，如图 7-54 所示，启用运动模糊效果计算功能。

图 7-53　渲染结果

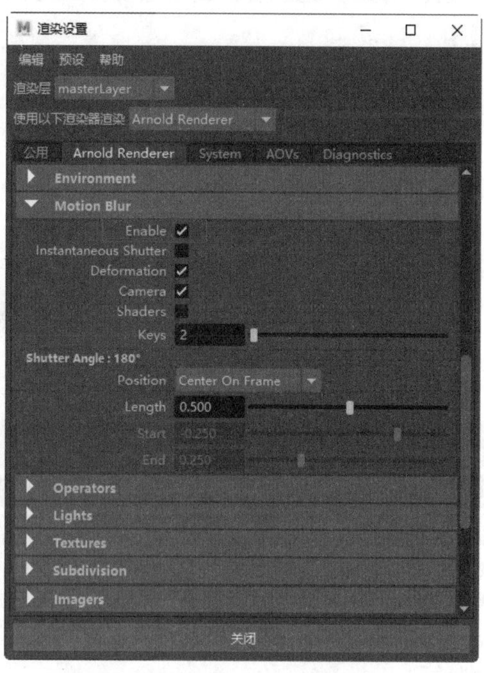

图 7-54　选中 Enable 复选框

07 在状态行中单击“渲染当前帧”按钮，渲染场景，渲染结果如图 7-55 所示，在渲染结果中已经可以看到龙的翅膀在上下扇动时所产生的运动模糊效果。

08 在 Length 文本框中输入 2，如图 7-56 所示，增加运动模糊效果。

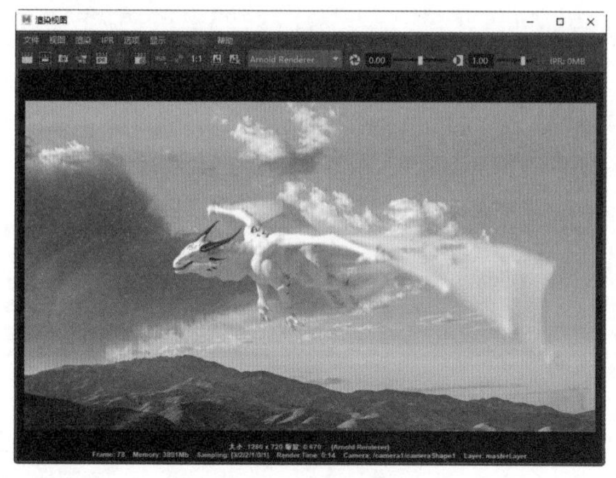

图 7-55　渲染结果

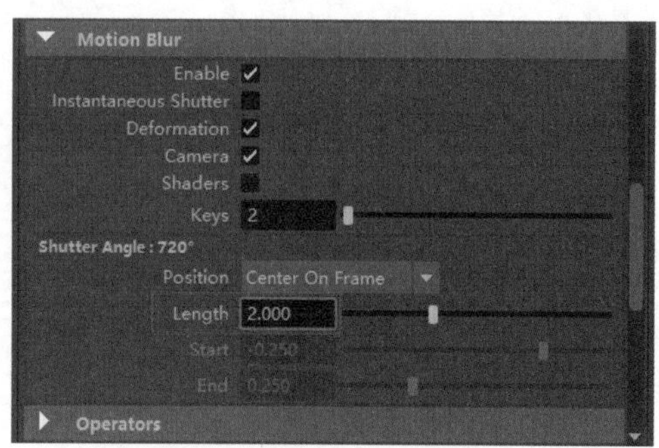

图 7-56　增加运动模糊效果

09 再次渲染场景，渲染结果如图 7-57 所示，这时可以看到更加明显的运动模糊效果。

10 选择 camera1 摄影机，在“属性编辑器”面板中，展开 Arnold 卷展栏，单击 Rolling Shutter 下拉按钮，选择 bottom 选项，设置 Rolling Shutter Duration 的值为 0.5，如图 7-58 所示。

11 在状态行中单击“渲染当前帧”按钮，渲染场景，结果如图 7-48 所示，可以看到产生了运动形变之后的运动模糊效果。

图 7-57　渲染结果

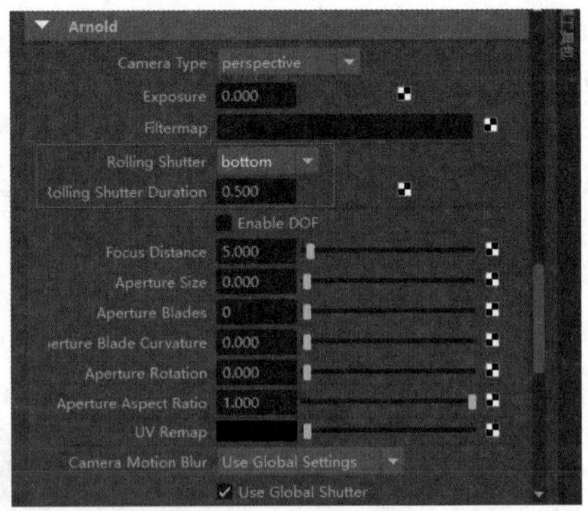

图 7-58　设置 Arnold 卷展栏中的参数

7.8　习题

1. 简述 Maya 中摄影机有哪几种类型以及各类型之间的区别。

2. 简述在 Maya 中如何创建摄影机并将其固定在视图中。

3. 运用本章所学的知识，尝试在第 7 章的实例场景中创建摄影机并分别制作出景深和运动模糊效果。

第 8 章

渲染技术

Maya 2022 软件为用户提供了多种“渲染器”，这些“渲染器”分别支持不同的材质和灯光，本章将通过实例操作，为用户讲解如何通过调整参数来控制最终图像渲染的尺寸、序列及质量等，从而渲染出质量较高的图像效果。

二维码教学视频

【例 8-1】 制作玻璃材质
【例 8-2】 制作液体材质
【例 8-3】 制作铝制杯材质
【例 8-4】 制作沙发材质
【例 8-5】 制作地板材质
【例 8-6】 制作植物叶片材质
【例 8-7】 制作不锈钢材质
【例 8-8】 制作镜子材质
【例 8-9】 制作水晶钻石材质
【例 8-10】 制作顶灯照明效果
【例 8-11】 制作阳光照明效果
【例 8-12】 渲染设置

8.1 渲染概述

Render 就是人们常说的“渲染”，也可译为“着色”。渲染在三维项目制作的最后阶段非常重要，它并不是一个简单的着色过程，其涉及相当复杂的计算过程，且耗时较长。从 Maya 的整个项目流程环节来说，渲染这一步骤通常作为整个工作流程中的最后一步。渲染是计算机通过计算三维场景中的模型、材质、灯光和摄影机属性等，最终将作品输出为图像或视频的过程。Maya 2022 软件提供多种渲染器供用户选择使用，并且还允许用户自行购买及安装由第三方软件生产商提供的渲染器插件来进行渲染，如图 8-1 所示为三维渲染作品。

图 8-1　渲染效果图

渲染分为 CPU 渲染和 GPU 渲染，如图 8-2 所示。CPU 渲染最为常用，擅长处理大量一般信息并进行串行处理，缺点是速度较慢；GPU 渲染速度快，擅长处理大量具体的信息并进行并行处理。对于不同的场景，渲染的算法还分为“扫描线算法”“光线跟踪算法”“热辐射算法”三种。

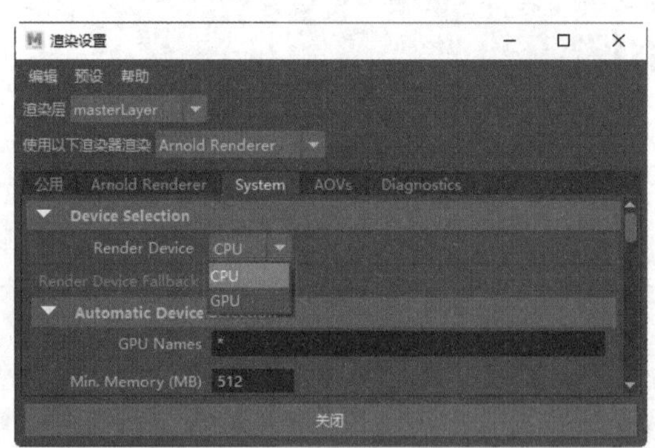

图 8-2　CPU 渲染和 GPU 渲染

8.1.1　选择渲染器

Maya 2022 提供了多种渲染器供用户使用，在状态行中单击“渲染设置”按钮，可打开 Maya 2022 的“渲染设置”窗口，如图 8-3 所示。默认状态下，Maya 2022 所使用的渲染器为 Arnold Renderer。

通过“使用以下渲染器渲染”下拉列表可快速切换渲染器，如图 8-4 所示。

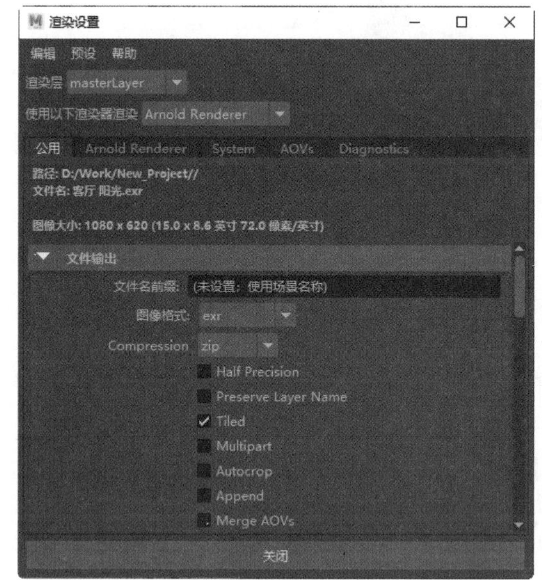

图 8-3　“渲染设置”窗口

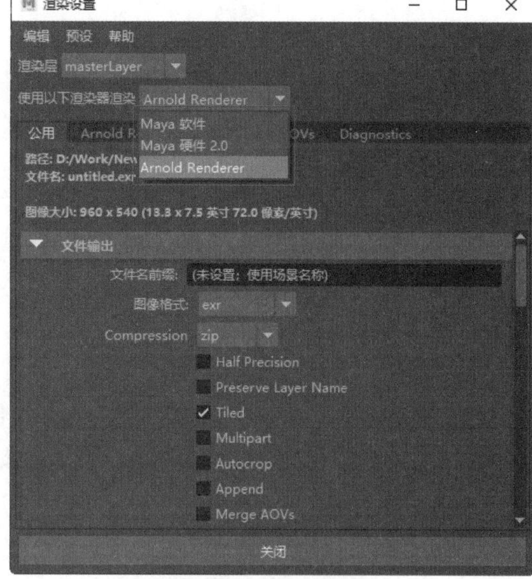

图 8-4　切换渲染器

8.1.2　“渲染视图”窗口

在 Maya 软件状态行中单击“渲染视图”按钮，可打开“渲染视图”窗口，此窗口是在制作过程中经常会用到的渲染工作区。“渲染视图”窗口的命令按钮主要集中在工具栏，如图 8-5 所示。

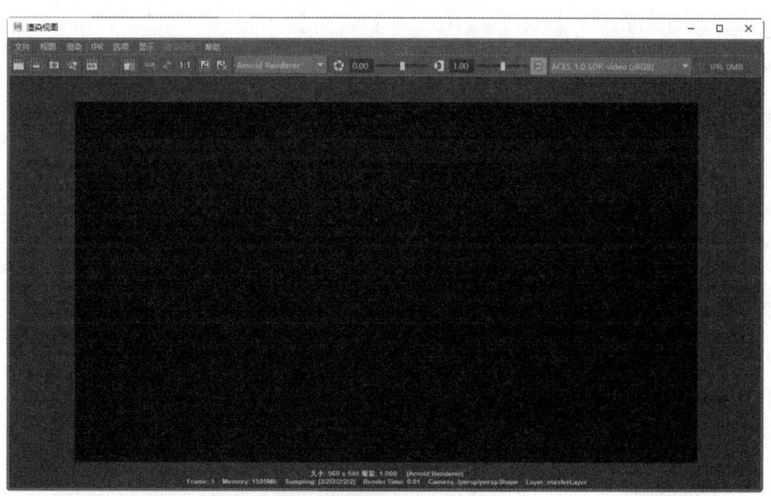

图 8-5　“渲染视图”窗口

以下是对“渲染视图”窗口中各命令按钮的功能说明。

- 重新渲染：重做上一次渲染。
- 渲染区域：仅渲染鼠标在“渲染视图”窗口中绘制的区域，效果如图 8-6 所示。
- 快照：用于快照当前视图，效果如图 8-7 所示。

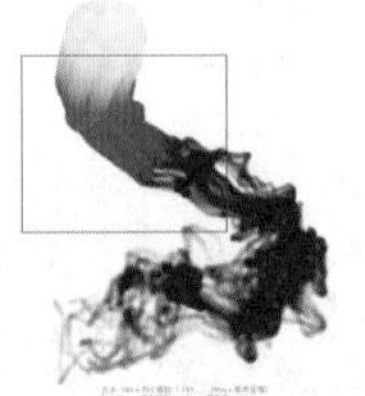
图 8-6　渲染区域

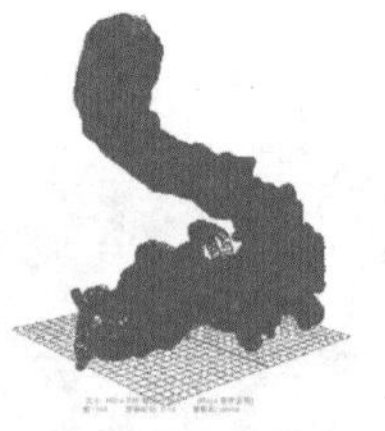
图 8-7　快照

- 渲染序列：渲染当前动画序列中的所有帧。
- IPR 渲染：重做上一次 IPR 渲染。
- 刷新：刷新 IPR 图像。
- 渲染设置：打开“渲染设置”窗口。
- RGB 通道：显示 RGB 通道，效果如图 8-8 所示。
- Alpha 通道：显示 Alpha 通道，效果如图 8-9 所示。

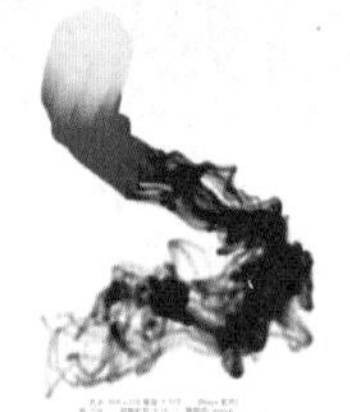
图 8-8　RGB 通道

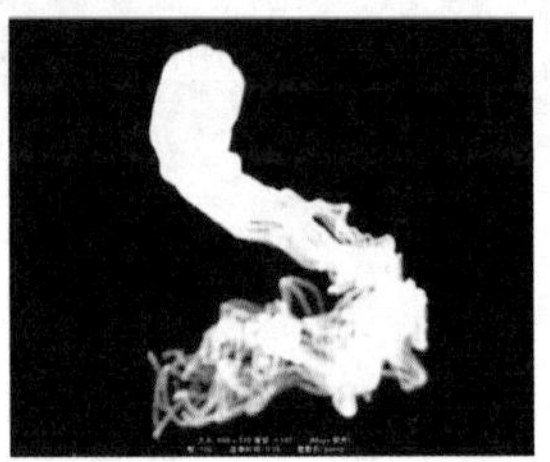
图 8-9　Alpha 通道

- 1:1：显示实际尺寸大小。
- 保存：保存当前图像。
- 移除：移除当前图像。
- 曝光：调整图像的亮度。
- Gamma：调整图像的 Gamma 值。

8.1.3　“渲染当前帧”窗口

在状态行中单击“渲染当前帧”按钮，可打开“渲染当前帧”窗口，如图 8-10 所示，可以渲染出当前帧的画面效果。

图 8-10　“渲染当前帧”窗口

8.1.4 IPR 渲染

IPR 是交互式软件渲染，也就是实时渲染。当调整场景中的材质或对象时能够实时地向用户反馈更改后的图像效果。用户可以在“渲染视图”工具栏中单击“暂停 IPR 调整”和“关闭 IPR 文件并停止调整”按钮，暂停或停止 IPR 渲染。

例如，要调整场景中的灯光强度，可在状态行中单击 IPR 按钮，如图 8-11 所示，打开“渲染视图”窗口。如图 8-12 所示，先渲染出一张图。

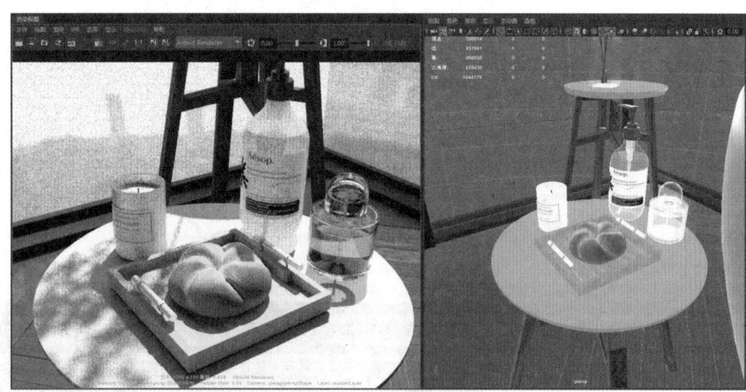

图 8-11　单击 IPR 按钮

图 8-12　实时渲染

在开始修改渲染属性之前，先在渲染视图中框选出一块区域，然后调整灯光的曝光数值，在“渲染视图”工具栏中单击“渲染区域”按钮，如图 8-13 所示，此时红色方框区域内的图像进行了更新，如图 8-14 所示。

图 8-13　单击“渲染区域”按钮

图 8-14　框选区域的渲染效果进行了更新

8.2 “Maya 软件”渲染器

“Maya 软件”渲染器支持所有不同实体类型，包括粒子、各种几何体和绘制效果 (作为渲染后处理) 及流体效果。在状态行中单击“渲染设置”按钮，打开“渲染设置”窗口，在“使用以下渲染器渲染”下拉列表中选择“Maya 软件”命令，如图 8-15 所示，可以看到“渲染设置”窗口中出现了“公用”和“Maya 软件”这两个选项卡。

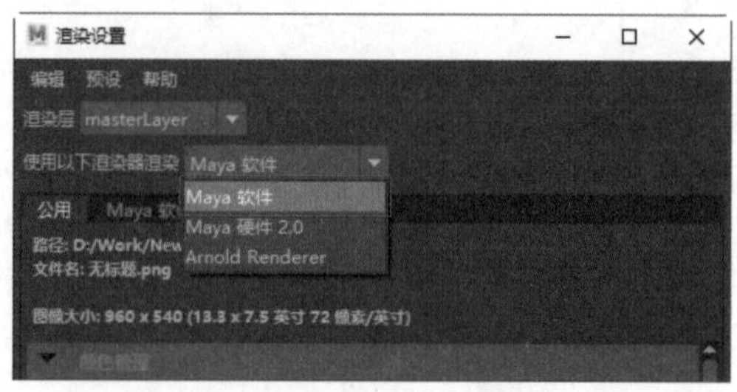

图 8-15　选择“Maya 软件”命令

8.2.1　“公用”选项卡

用户可以在“公用”选项卡中对文件的输出属性进行设置，包括“文件输出”“帧范围”“可渲染摄影机”“图像大小”“颜色管理”“场景集合”“渲染选项”几个卷展栏，如图 8-16 所示。下面介绍其中常用的几个卷展栏。

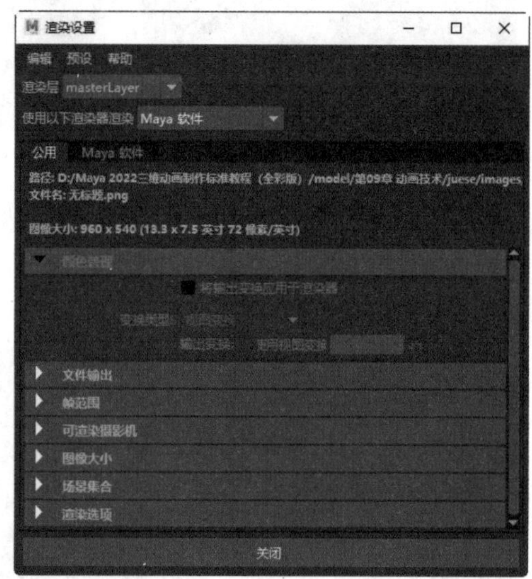

图 8-16　“公用”选项卡

1. “文件输出”卷展栏

“文件输出”卷展栏内的参数如图 8-17 所示，其中主要参数的功能说明如下。

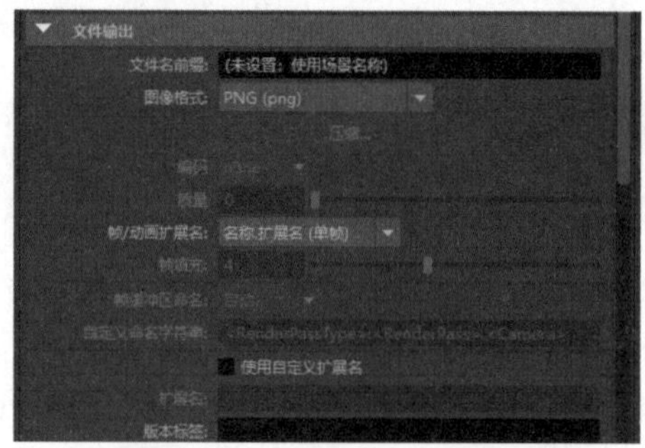

图 8-17　“文件输出”卷展栏

- 文件名前缀：设置渲染序列帧的名称，如果未设置，将使用该场景的名称来命名。
- 图像格式：保存渲染图像文件的格式。
- 压缩：单击该按钮，可以为 AVI(Windows) 或 QuickTime 影片 (macOS) 文件选择压缩方法。
- 帧 / 动画扩展名：设置渲染图像文件名的格式。
- 帧填充：设置帧编号扩展名的位数。
- 自定义命名字符串：使用该选项可以自己选择渲染标记来自定义 OpenEXR 文件中的通道名称。
- 使用自定义扩展名：选中该复选框，可以对渲染图像文件名使用自定义文件格式扩展名。
- 版本标签：可以将版本标签添加到渲染输出文件名中。

2.“帧范围”卷展栏

“帧范围”卷展栏内的参数如图 8-18 所示，各参数的功能说明如下。

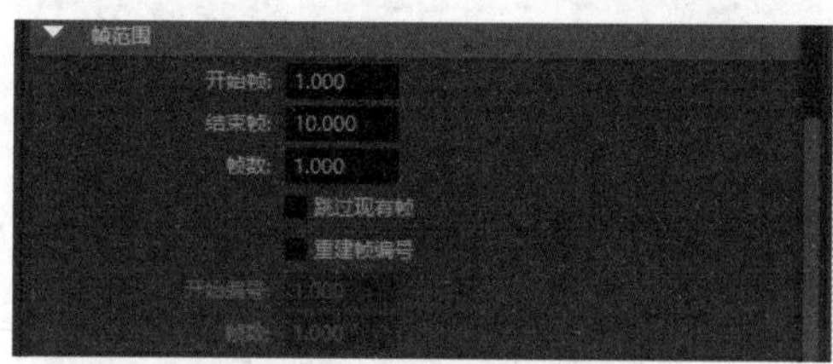

图 8-18　“帧范围”卷展栏

- 开始帧 / 结束帧：指定要渲染的第一个帧 (开始帧) 和最后一个帧 (结束帧)。
- 帧数：设置要渲染的帧之间的增量。
- 跳过现有帧：选中该复选框后，渲染器将检测并跳过已渲染的帧。此功能可以节省渲染时间。
- 重建帧编号：选中该复选框后，可以更改动画的渲染图像文件的编号。
- 开始编号：使第一个渲染图像文件名具有帧编号扩展名。
- 帧数：使渲染图像文件名在帧编号扩展名之间以添加数字后缀的方式进行增量。

3.“可渲染摄影机”卷展栏

“可渲染摄影机”卷展栏内的参数如图 8-19 所示，各参数的功能说明如下。

图 8-19　“可渲染摄影机”卷展栏

- 可渲染摄影机：用于设置使用哪个摄影机进行场景渲染。
- Alpha 通道 (遮罩)：用于控制渲染图像是否包含遮罩通道。
- 深度通道 (Z 深度)：用于控制渲染图像是否包含深度通道。

4.“图像大小”卷展栏

“图像大小”卷展栏内的参数如图 8-20 所示，各参数的功能说明如下。

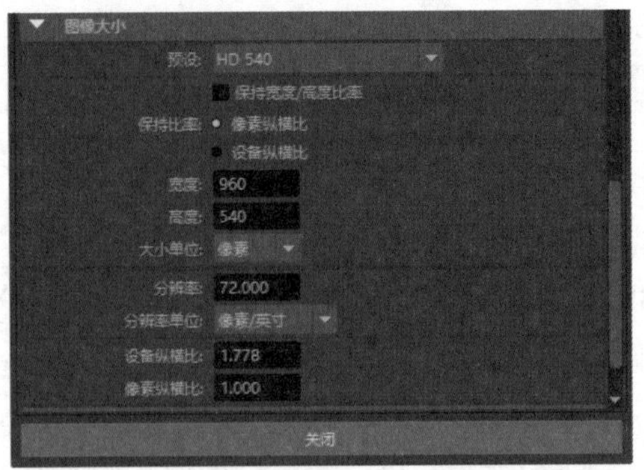

图 8-20 “图像大小”卷展栏

- 预设：从该下拉列表中可选择胶片或视频行业标准分辨率，如图 8-21 所示。

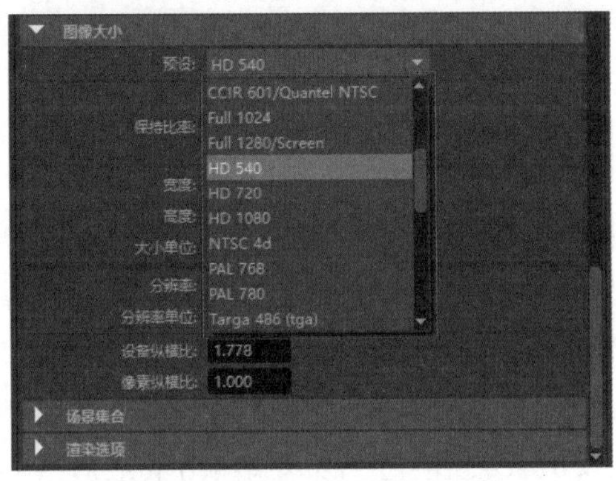

图 8-21 “预设”下拉列表

- 保持宽度 / 高度比率：在设置宽度和高度方面成比例地缩放图像大小的情况下使用。
- 保持比率：指定要使用的渲染分辨率的类型，如“像素纵横比”或“设备纵横比”。
- 宽度 / 高度：设置渲染图像的宽度 / 高度。
- 大小单位：设定指定图像大小时要采用的单位。可从像素、英寸、cm、mm、点和派卡中选择。
- 分辨率：使用“分辨率单位”设置中指定的单位指定图像的分辨率。TIFF、IFF 和 JPEG 格式可以存储该信息，以便在第三方应用程序 (如 Adobe Photoshop) 中打开图像时保存这些信息。
- 分辨率单位：设定指定图像分辨率时要采用的单位。可从像素 / 英寸或像素 / 厘米中选择。
- 设备纵横比：可以查看渲染图像的显示设备的纵横比。设备纵横比表示图像纵横比乘以像素纵横比。
- 像素纵横比：可以查看渲染图像的显示设备的各个像素的纵横比。

8.2.2 “Maya 软件”选项卡

用户可以在“Maya 软件”选项卡中对文件渲染质量进行设置，“Maya 软件”选项卡中包括“抗锯齿质量”“场选项”“光线跟踪质量”“运动模糊”“渲染选项”“内存与性能选项”等几个卷展栏，如图 8-22 所示。下面介绍其中常用的几个卷展栏。

图 8-22　“Maya 软件”选项卡

1. “抗锯齿质量”卷展栏

“抗锯齿质量”卷展栏内的参数如图 8-23 所示，其中主要参数的功能说明如下。

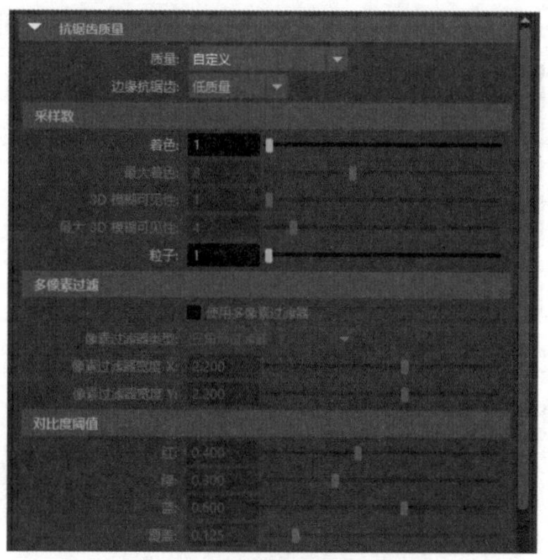

图 8-23　“抗锯齿质量”卷展栏

- 质量：从该下拉列表中可选择一个预设的抗锯齿质量，如图 8-24 所示。

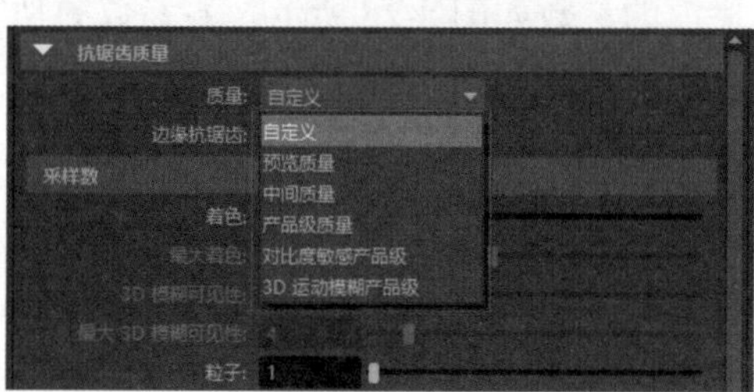

图 8-24　“质量”下拉列表

- 边缘抗锯齿：用于控制对象的边缘在渲染过程中如何进行抗锯齿处理。从该下拉列表中选择一种质量选项。质量越低，对象的边缘越显出锯齿状，但渲染速度较快；质量越高，对象的边缘显得越平滑，但渲染速度较慢。

- 着色：用于控制所有曲面的着色采样数。
- 最大着色：用于设置所有曲面的最大着色采样数。
- 3D 模糊可见性：当一个移动对象通过另一个对象时，Maya 将精确计算移动对象可见性所需的可见性采样数。
- 最大 3D 模糊可见性：在启用“运动模糊”的情况下，为获得可见性而对一个像素进行采样的最大次数。
- 粒子：用于设置粒子的着色采样数。
- 使用多像素过滤器：选中该复选框后，Maya 会对渲染图像中的每个像素使用其相邻像素进行插值来处理、过滤或柔化整个渲染图像。
- 像素过滤器宽度 X/ 像素过滤器宽度 Y：当“使用多像素过滤器”处于启用状态时，控制对渲染图像中每个像素进行插值的过滤器宽度。如果大于 1，就使用来自相邻像素的信息。值越大，图像越模糊。

2. “场选项”卷展栏

“场选项”卷展栏内的参数如图 8-25 所示，其中主要参数的功能说明如下。

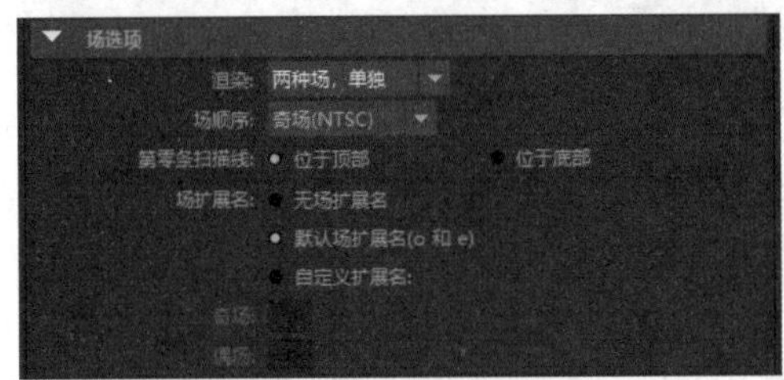

图 8-25　“场选项”卷展栏

- 渲染：用于控制 Maya 是否将图像渲染为帧或场，用于将图像输出到视频。
- 场顺序：用于控制 Maya 按何种顺序进行场景渲染。
- 第零条扫描线：用于控制 Maya 渲染的第一个场的第一行是在图像顶部还是在底部。
- 场扩展名：用于设置场扩展名的命名方式。

3. “光线跟踪质量”卷展栏

“光线跟踪质量”卷展栏内的参数如图 8-26 所示，各参数的功能说明如下。

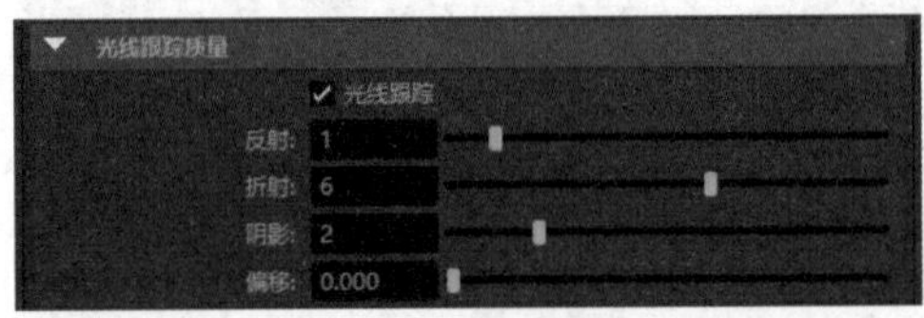

图 8-26　“光线跟踪质量”卷展栏

- 光线跟踪：选中该复选框后，Maya 在渲染期间将对场景进行光线跟踪。光线跟踪可以产生精确反射、折射和阴影。
- 反射：用于设置灯光光线可以反射的最大次数。
- 折射：用于设置灯光光线可以折射的最大次数。

- 阴影：用于设置灯光光线可以反射或折射且仍然导致对象投射阴影的最大次数。值为 0 表示禁用阴影。
- 偏移：如果场景包含 3D 运动模糊对象和光线跟踪阴影，可能会在运动模糊对象上发现暗区域或错误的阴影。若要解决此问题，可以考虑将“偏移”值设置在 0.05 ～ 0.1 范围内。

4. “运动模糊”卷展栏

“运动模糊”卷展栏内的参数如图 8-27 所示，其中主要参数的功能说明如下。

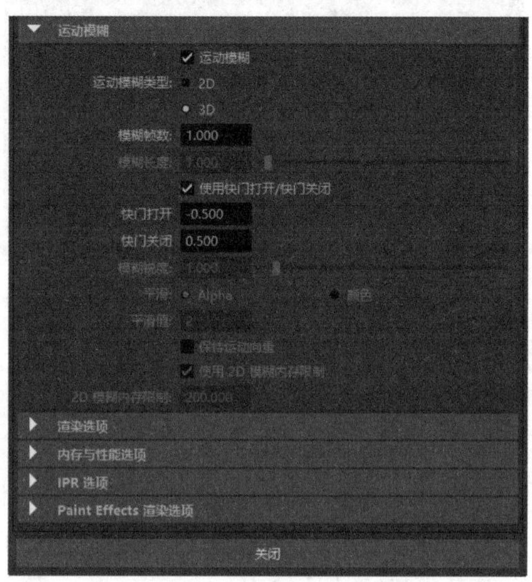

图 8-27　“运动模糊”卷展栏

- 运动模糊：选中该复选框后，Maya 渲染将计算运动模糊效果。
- 运动模糊类型：用于设置 Maya 对对象进行运动模糊处理的方法。
- 模糊帧数：用于设置对移动对象进行模糊处理的量。值越大，应用于对象的运动模糊越显著。
- 模糊长度：用于设置缩放移动对象模糊处理的量。有效范围是 0 到无穷大。默认值为 1。
- 使用快门打开 / 快门关闭：用于设置快门打开和关闭的值。
- 模糊锐度：用于控制运动模糊对象的锐度。
- 平滑值：用于设置 Maya 计算运动对要产生模糊效果的平滑程度。值越大，运动模糊抗锯齿效果就越强。有效范围是 0 到无穷大。默认值为 2。
- 保持运动向量：选中该复选框后，Maya 将保存所有在渲染图像中可见对象的运动向量信息，但是不会模糊图像。
- 使用 2D 模糊内存限制：选中该复选框后，可以指定用于 2D 模糊操作的最大内存量。Maya 会使用所有可用内存以完成 2D 模糊操作。
- 2D 模糊内存限制：可以指定操作使用的最大内存量。

5. “渲染选项”卷展栏

“渲染选项”卷展栏内的参数如图 8-28 所示，其中主要参数的功能说明如下。

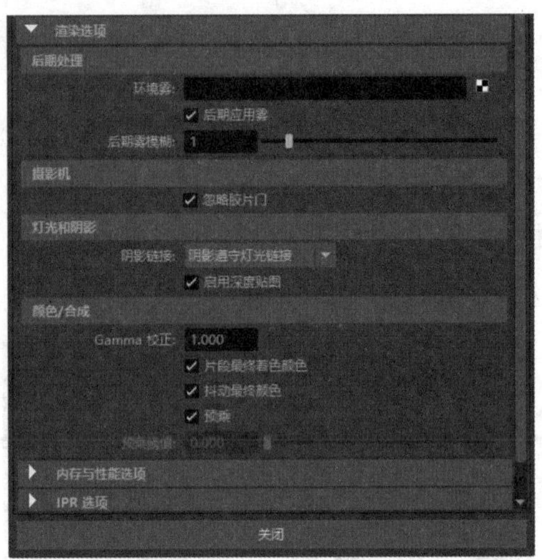

图 8-28 “渲染选项”卷展栏

- 环境雾：用于创建环境雾节点。
- 后期应用雾：选中该复选框后，将以后期处理的方式为渲染出来的图像添加雾效果。
- 后期雾模糊：允许环境雾效果看起来好像是从几何体的边上溢出，增加该值将获得更好的模糊效果。
- 忽略胶片门：选中该复选框后，Maya 将渲染在“分辨率门”中可见的场景区域。
- 阴影链接：缩短场景所需的渲染时间，采用的方法是链接灯光与曲面，以便只有指定的曲面包含在给定灯光的阴影或照明的计算中。
- 启用深度贴图：选中该复选框后，Maya 会对所有启用了“使用深度贴图阴影”的灯光进行深度贴图阴影计算。如果未选中该复选框，Maya 就不会渲染深度贴图阴影。
- Gamma 校正：根据 Gamma 公式颜色校正渲染图像。
- 片段最终着色颜色：选中该复选框后，渲染图像中的所有颜色值将保持在 0 ～ 1 范围内。这样可以确保图像的任何部分都不会曝光过度。
- 抖动最终颜色：选中该复选框后，图像的颜色将抖动以减少条纹。
- 预乘：选中该复选框后，Maya 将进行预乘计算。

8.3 Arnold Renderer 渲染器

Maya 从 2017 版本开始自带 Arnold 渲染器，Arnold 渲染器是基于物理算法的无偏差电影级别渲染器，正在被越来越多的好莱坞电影公司以及工作室作为首选渲染器使用。与传统用于 CG 动画的渲染器不同，Arnold 是真实的完全基于物理的无偏差光线跟踪渲染器，可极大程度地节省人们的工作时间，使用 Arnold 渲染器后的效果如图 8-29 所示。

在 Maya 软件中单击“显示渲染设置”按钮，打开“渲染设置”窗口，然后在“使用以下渲染器渲染”下拉列表中选择 Arnold Renderer 命令，即可切换到 Arnold Renderer 渲染器，如图 8-30 所示。

图 8-29 使用 Arnold 渲染器后的效果

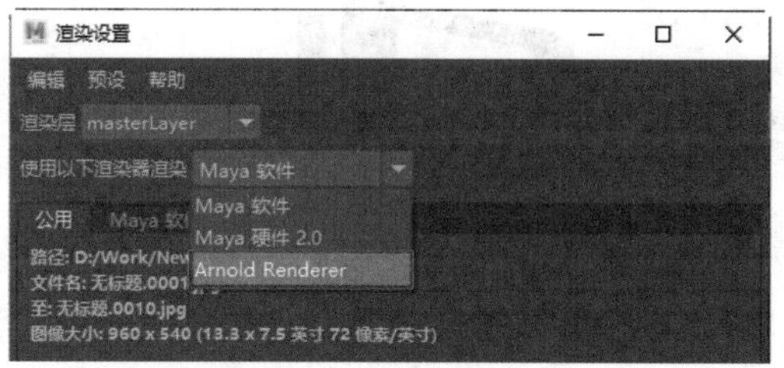

图 8-30 选择 Arnold Renderer 命令

8.3.1 Sampling 卷展栏

展开 Sampling(采样) 卷展栏，如图 8-31 所示，其中主要参数的功能说明如下。

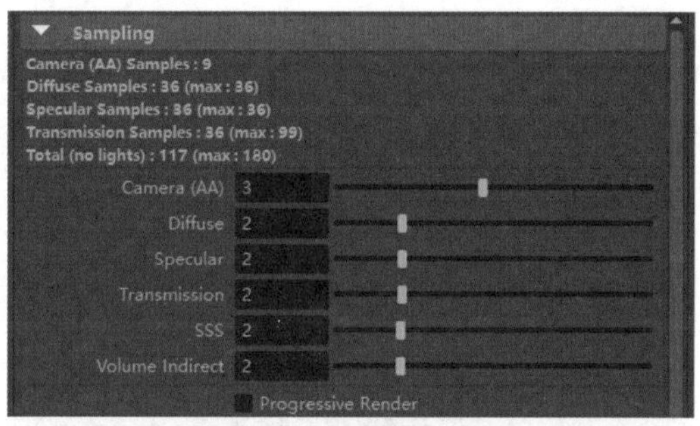

图 8-31 Sampling 卷展栏

- Camera(AA)(摄影机 AA)：摄影机会通过渲染屏幕窗口的每个所需像素向场景中投射多束光线。该值用于控制像素超级采样率或从摄影机跟踪的每像素光线数。采样数越多，抗锯齿质量就越高，但渲染时间也越长。图 8-32 所示为该值分别是 2 和 8 时的渲染结果对比，从对比图可以看出，该值越大就越能有效减少渲染画面中出现的噪点。

图 8-32 Camera(AA) 不同数值的渲染结果对比

- Diffuse(漫反射)：用于控制漫反射采样精度。
- Specular(镜面)：用于控制场景中的镜面反射采样精度，过低的值会严重影响物体镜面反射部分的计算结果，图 8-33 所示为该值分别是 0 和 3 时的渲染结果对比。

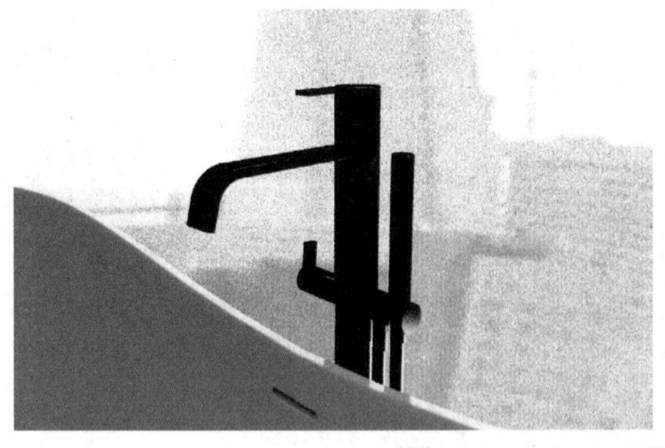
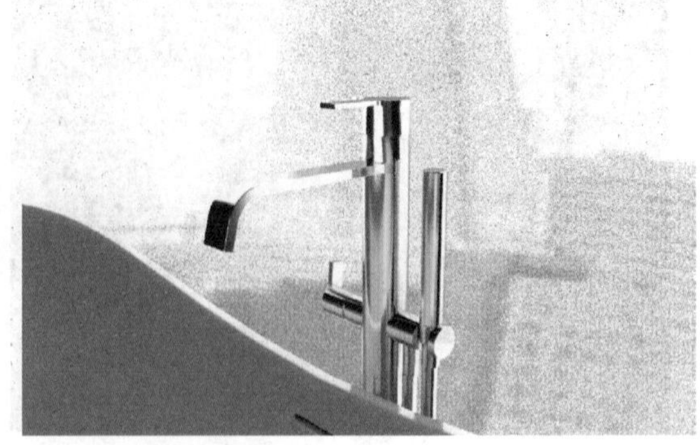

图 8-33　Specular 不同数值的渲染结果对比

- Transmission(透射)：用于控制场景中物体的透射采样计算。
- SSS：用于控制场景中的 SSS 材质采样计算，过低的数值会导致材质的透光性计算非常粗糙，并产生较多的噪点。

8.3.2　Ray Depth 卷展栏

展开 Ray Depth(光线深度) 卷展栏，具体参数如图 8-34 所示，各参数的功能说明如下。

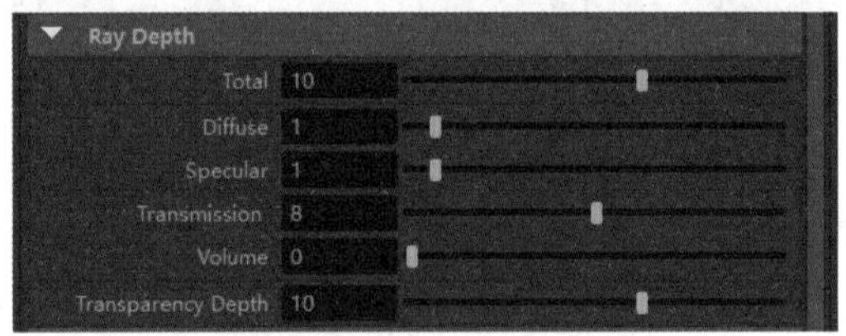

图 8-34　Ray Depth 卷展栏

- Total(总计)：用于控制光线深度的总体计算效果。
- Diffuse(漫反射)：该数值用于控制场景中物体漫反射的间接照明效果，如将该值设置为 2，则场景不会进行间接照明计算，图 8-35 所示为该值分别是 0 和 1 的渲染结果对比。

图 8-35　Diffuse 不同数值的渲染结果对比

- Specular(镜面)：用于控制物体表面镜面反射的细节计算。
- Transmission(透射)：用于控制材质透射计算的精度。

- Volume(体积)：用于控制光线在对象体积内的散射数值。
- Transparency Depth(透明深度)：用于定义光线的透明照射数量，默认值为 10。

8.4　实例：制作玻璃材质

【例 8-1】本实例将讲解如何制作玻璃材质，渲染效果如图 8-36 所示。

图 8-36　玻璃渲染效果

01 在场景中选择落地窗模型，打开本书配套资源文件“客厅.mb”，选择玻璃模型，如图 8-37 所示，本场景已设置好灯光、摄影机及渲染基本参数。

02 在“渲染”工具架中单击“标准曲面材质”按钮，如图 8-38 所示，为落地窗模型赋予标准曲面材质。

图 8-37　打开“客厅.mb”文件

图 8-38　单击“标准曲面材质”按钮

03 在“属性编辑器”面板中展开“镜面反射”卷展栏，在“权重”文本框中输入 1，然后在“粗糙度”文本框中输入 0，如图 8-39 所示，提高玻璃材质的镜面反射效果。

04 展开“透射”卷展栏，在“权重”文本框中输入 1，如图 8-40 所示，为材质设置透射效果。

05 设置完成后，在主工具栏中单击“渲染帧窗口”按钮渲染场景，渲染结果如图 8-36 所示。

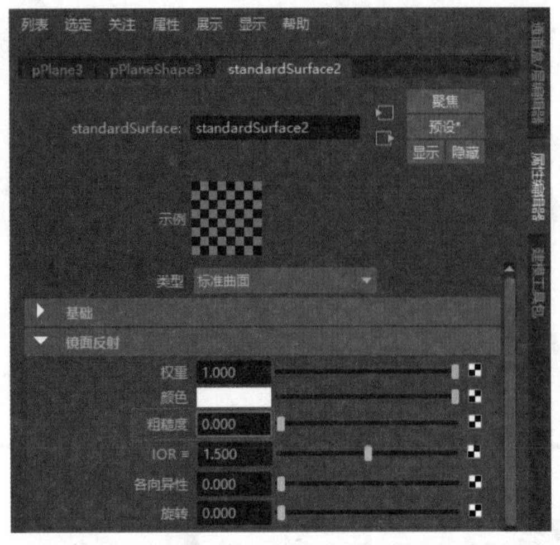

图 8-39 设置“镜面反射”卷展栏中的参数

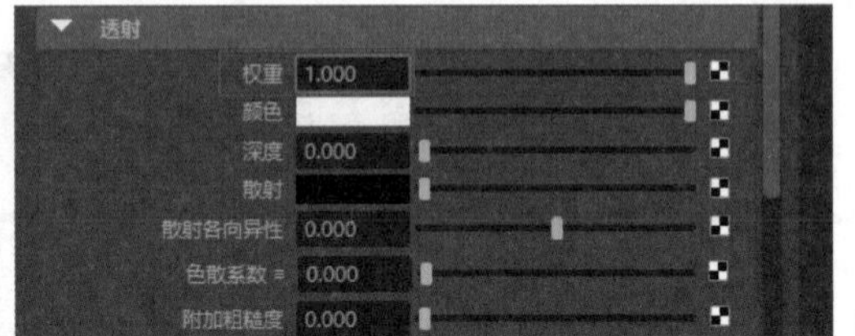

图 8-40 设置“透射”卷展栏中的参数

8.5 实例：制作液体材质

【例 8-2】 本实例将讲解如何制作液体材质，渲染效果如图 8-41 所示。视频

图 8-41 液体渲染效果

01 选择场景中的液体模型，如图 8-42 所示，在“渲染”工具架中单击“标准曲面材质”按钮，为液体模型赋予标准曲面材质。

02 在“属性编辑器”面板中展开“镜面反射”卷展栏，在“权重”文本框中输入 1，在“粗糙度”文本框中输入 0.05，如图 8-43 所示。

图 8-42 选择液体模型

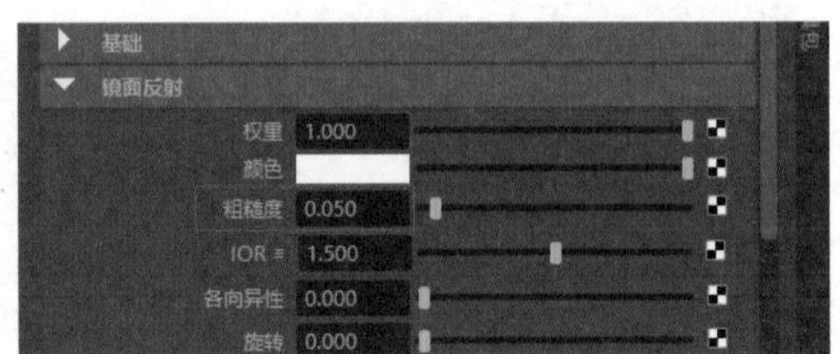

图 8-43 设置“镜面反射”卷展栏中的参数

03 展开“透射”卷展栏，在“权重”文本框中输入1，设置“颜色”属性为浅粉色，如图8-44所示。

04 颜色属性的具体参数设置如图8-45所示。

05 设置完成后，在主工具栏中单击“渲染帧窗口”按钮渲染场景，渲染结果如图8-41所示。

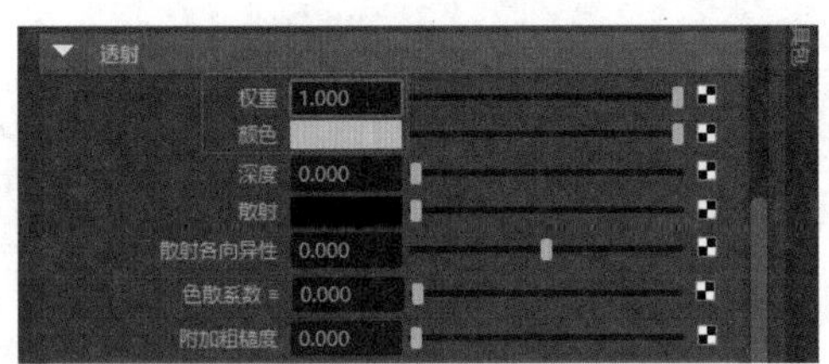

图8-44　设置“透射”卷展栏中的参数

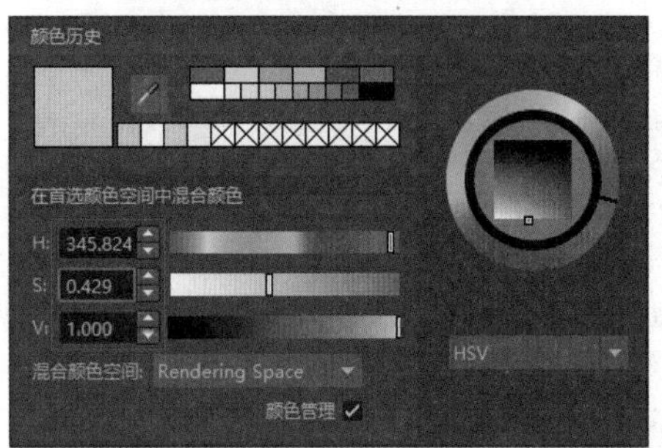

图8-45　设置“颜色”参数

8.6　实例：制作铝制杯材质

【例8-3】 本实例将讲解如何制作铝制杯材质，渲染效果如图8-46所示。

图8-46　铝制杯渲染效果

01 选择场景中的铝制杯模型，如图8-47所示，在“渲染”工具架中单击“标准曲面材质”按钮，为其赋予标准曲面材质。

02 在“属性编辑器”面板中展开“基础”卷展栏，设置“金属度”的值为1，如图8-48所示，开启材质的金属特性计算效果。

图8-47　打开“客厅.max”文件

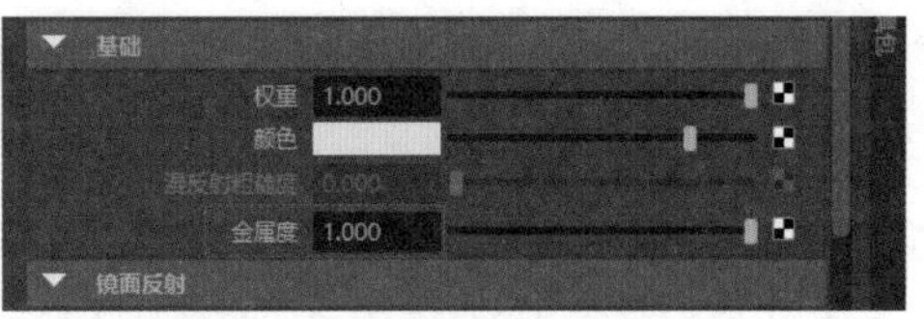

图8-48　设置“基础”卷展栏中的参数

03 展开“镜面反射”卷展栏，设置“权重”的值为 1，在“粗糙度”文本框中输入 0.6，如图 8-49 所示，降低金属铝材质的镜面反射效果，得到反光较弱的磨砂亚光效果。

04 选择香薰容器上的标签模型，在“渲染”工具架中单击“标准曲面材质”按钮，为其赋予标准曲面材质，如图 8-50 所示。

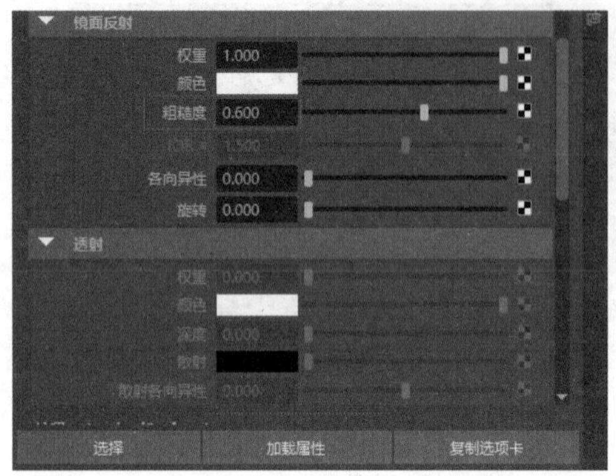

图 8-49　设置“镜面反射”卷展栏中的参数

图 8-50　为标签模型赋予标准曲面材质

05 在“属性编辑器”面板中，单击“颜色”选项右侧的■按钮，如图 8-51 所示。

06 在打开的“创建渲染节点”窗口中，选择“文件”命令，如图 8-52 所示。

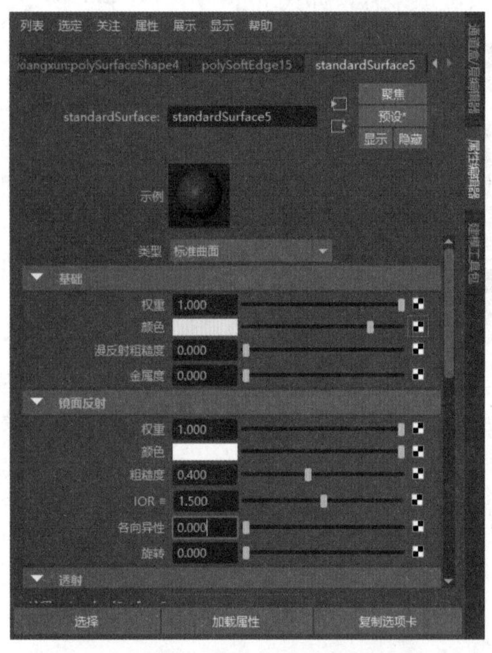

图 8-51　单击“颜色”命令右侧的按钮

图 8-52　选择“文件”命令

07 在“文件属性”卷展栏中，单击“图像名称”文本框右侧的■按钮，在弹出的对话框中选择“标签.jpg”贴图文件，单击“转到输出链接”按钮■，结果如图 8-53 所示。回到场景后按数字 6 键，即可在视图中显示纹理。

08 展开“镜面反射”卷展栏，在“粗糙度”文本框中输入 0.4，如图 8-54 所示。

09 设置完成后，在主工具栏中单击“渲染帧窗口”按钮■渲染场景，渲染结果如图 8-46 所示。

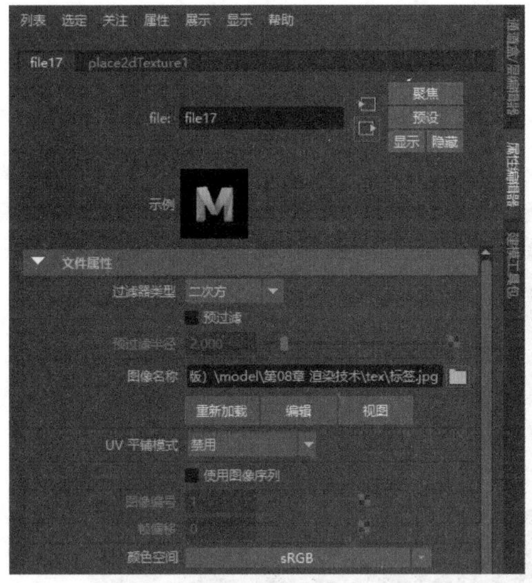

图 8-53　添加“标签.jpg”贴图文件

图 8-54　设置“镜面反射”卷展栏中的参数

8.7　实例：制作沙发材质

【例 8-4】　本实例将讲解如何制作沙发材质，渲染效果如图 8-55 所示。视频

图 8-55　沙发渲染效果

01 选择沙发模型，在“渲染”工具架中单击“标准曲面材质”按钮，为其赋予标准曲面材质，如图 8-56 所示。

02 在“属性编辑器”面板中，单击“颜色”选项右侧的按钮，如图 8-57 所示。

图 8-56　为沙发模型赋予标准曲面材质

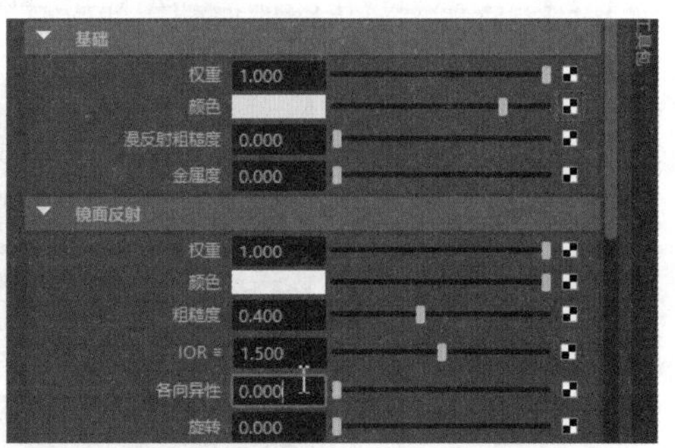

图 8-57　单击“颜色”选项右侧的按钮

03 在打开的“创建渲染节点”窗口中，选择“文件”命令，如图 8-58 所示。

04 在“文件属性”卷展栏中，单击“图像名称”文本框右侧的按钮，在弹出的对话框中选择“沙发.jpg”贴图文件，单击“转到输出链接”按钮，结果如图 8-59 所示。回到场景后按数字 6 键，即可在视图中显示纹理。

图 8-58 选择“文件”命令

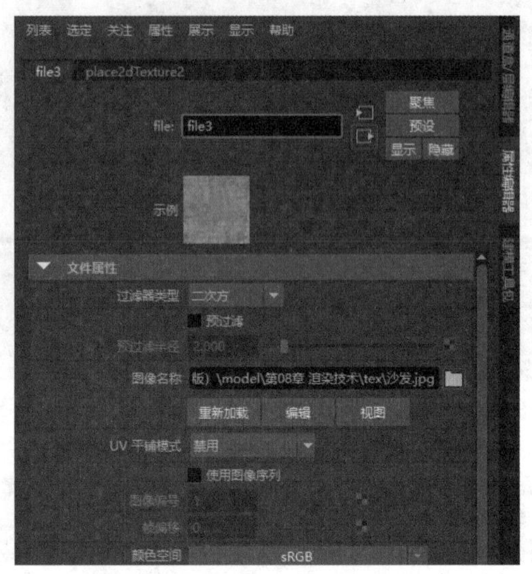

图 8-59 添加“沙发.jpg”贴图文件

05 展开“镜面反射”卷展栏，在“粗糙度”文本框中输入 0.4，如图 8-60 所示。

06 设置完成后，在主工具栏中单击“渲染帧窗口”按钮渲染场景，渲染结果如图 8-55 所示。

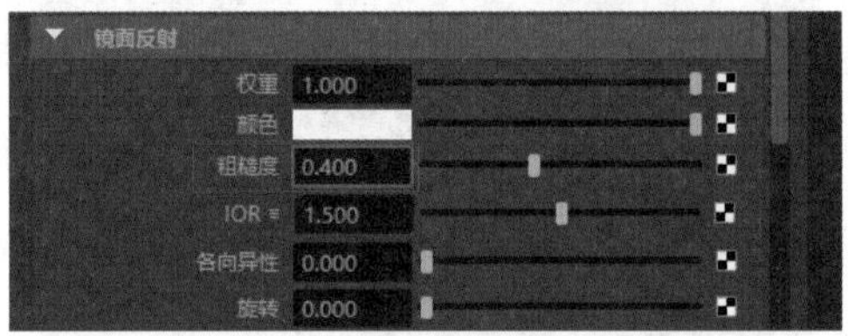

图 8-60 设置“镜面反射”卷展栏中的参数

8.8 实例：制作地板材质

【例 8-5】 本实例将讲解如何制作地板材质，渲染效果如图 8-61 所示。视频

图 8-61 地板渲染效果

01 选择地板模型，在“渲染”工具架中单击“标准曲面材质”按钮，为其赋予标准曲面材质，如图 8-62 所示。

02 在“属性编辑器”面板中，单击“颜色”选项右侧的按钮，如图 8-63 所示。在打开的“创建渲染节点”窗口中，选择“文件”选项。

图 8-62 为地板模型赋予标准曲面材质

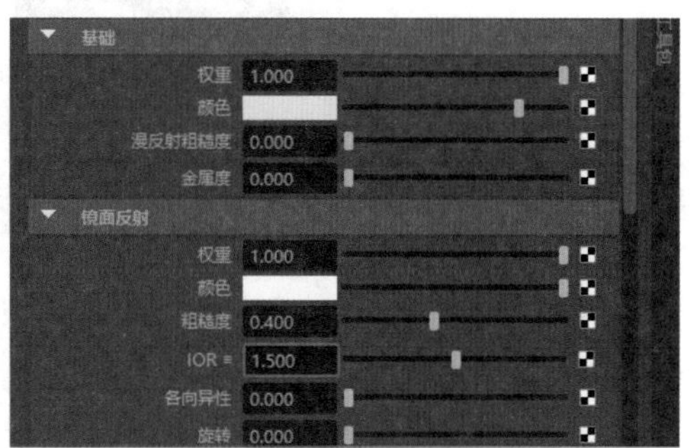

图 8-63 单击“颜色”选项右侧的按钮

03 在“文件属性”卷展栏中，单击“图像名称”文本框右侧的按钮，在弹出的对话框中选择“墙面.jpg”贴图文件，单击“转到输出链接”按钮，结果如图 8-64 所示。回到场景后按数字 6 键，即可在视图中显示纹理。

04 展开“镜面反射”卷展栏，在“粗糙度”文本框中输入 0.4，如图 8-65 所示。

05 设置完成后，在主工具栏中单击“渲染帧窗口”按钮渲染场景，渲染结果如图 8-61 所示。

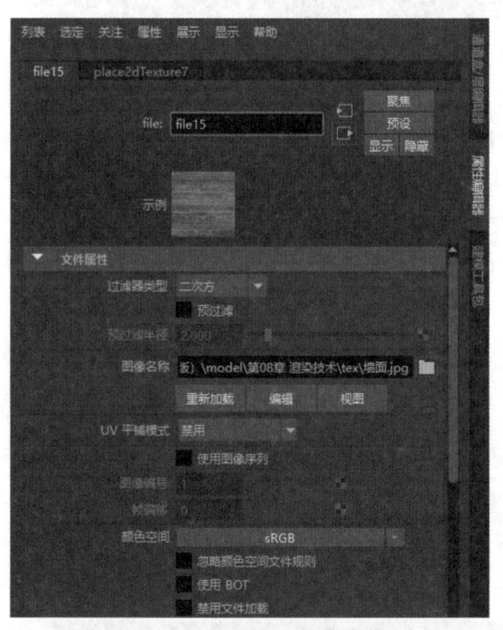

图 8-64 添加“墙面.jpg”贴图文件

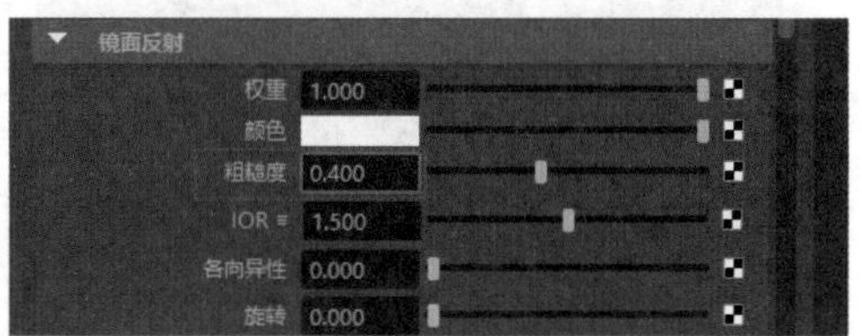

图 8-65 设置“镜面反射”卷展栏中的参数

8.9 实例：制作植物叶片材质

【例 8-6】 本实例将讲解如何制作植物叶片材质，渲染效果如图 8-66 所示。 

图 8-66　植物叶片渲染效果

01 选择植物叶片模型，在“渲染”工具架中单击“标准曲面材质”按钮，为其赋予标准曲面材质，如图 8-67 所示。

02 在“属性编辑器”面板中，单击“颜色”选项右侧的■按钮，如图 8-68 所示，打开“创建渲染节点”窗口，选择“文件”选项。

图 8-67　为植物叶片模型赋予标准曲面材质

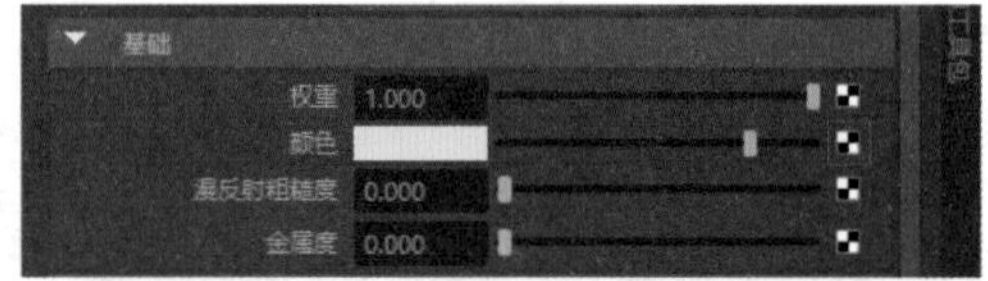

图 8-68　单击“颜色”选项右侧的按钮

03 在“文件属性”卷展栏中，单击“图像名称”文本框右侧的■按钮，在弹出的对话框中选择“叶片.JPG”贴图文件，单击“转到输出链接”按钮■，结果如图 8-69 所示。回到场景后按数字 6 键，即可在视图中显示纹理。

04 展开“镜面反射”卷展栏，在“粗糙度”文本框中输入 0.55，如图 8-70 所示。

05 设置完成后，在主工具栏中单击“渲染帧窗口”按钮■渲染场景，渲染结果如图 8-66 所示。

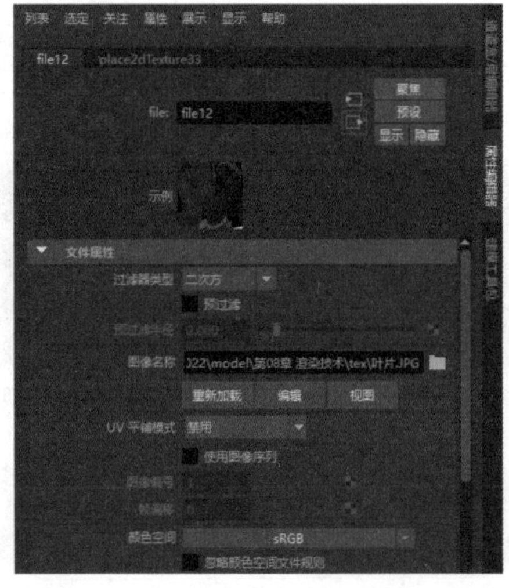

图 8-69　添加“叶片.JPG”贴图文件

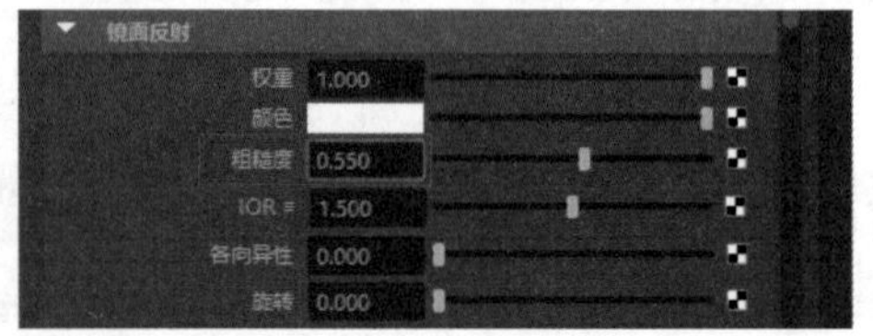

图 8-70　设置“镜面反射”卷展栏中的参数

8.10　实例：制作不锈钢材质

【例 8-7】 本实例将讲解如何制作不锈钢材质，渲染效果如图 8-71 所示。

图 8-71　不锈钢渲染效果

01 选择勺子模型，在“渲染”工具架中单击“标准曲面材质”按钮，为其赋予标准曲面材质，如图 8-72 所示。

02 在“属性编辑器”面板中展开“基础”卷展栏，在“金属度”文本框中输入 1，如图 8-73 所示。

图 8-72　为勺子模型赋予标准曲面材质

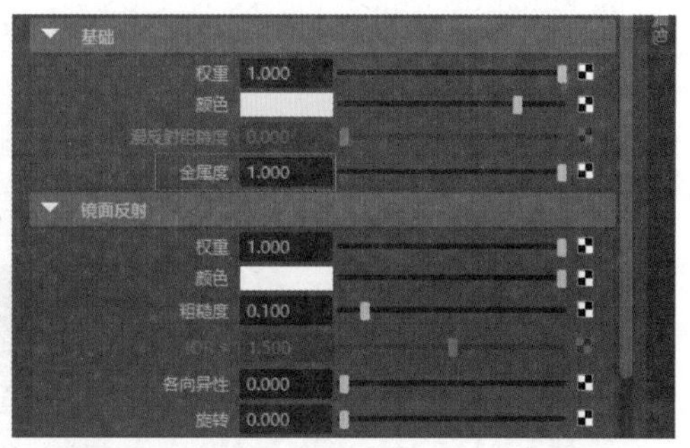

图 8-73　设置“基础”卷展栏中的参数

03 展开“镜面反射”卷展栏，在“权重”文本框中输入 1，在“粗糙度”文本框中输入 0.1，如图 8-74 所示。

04 设置完成后，在主工具栏中单击“渲染帧窗口”按钮渲染场景，渲染结果如图 8-71 所示。

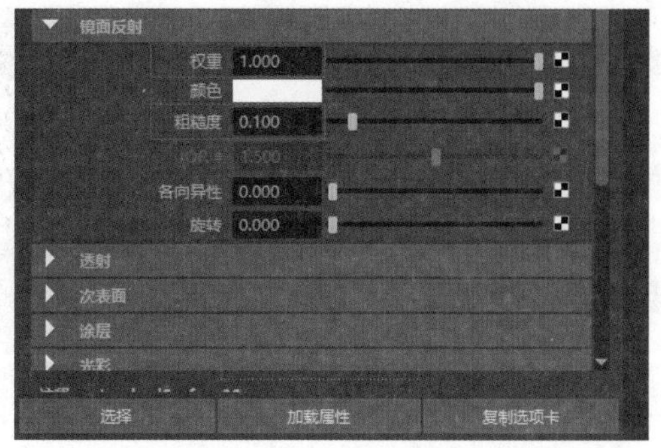

图 8-74　设置“镜面反射”卷展栏中的参数

8.11 实例：制作镜子材质

【例 8-8】 本实例将讲解如何制作镜子材质，渲染效果如图 8-75 所示。 视频

图 8-75 镜子渲染效果

01 选择镜子模型，在“渲染”工具架中单击“标准曲面材质”按钮，为其赋予标准曲面材质，如图 8-76 所示。

02 在状态行中单击 Hypershade 按钮，打开 Hypershade 窗口，在“创建”面板中选择 Arnold | aiStandardSurface 命令，如图 8-77 所示，创建一个 aiStandardSurface1 材质并将其指定给镜子模型。

图 8-76 为镜子模型赋予标准曲面材质

图 8-77 选择 aiStandardSurface 命令

03 指定成功后在，即可在“工作区”面板中弹出 aiStandardSurface 材质节点，如图 8-78 所示。

04 在“属性编辑器”面板中选择“预设”| Chrome |“替换”命令，如图 8-79 所示，为其添加镀铬着色器。

05 设置完成后，在主工具栏中单击“渲染帧窗口”按钮渲染场景，渲染结果如图 8-75 所示。

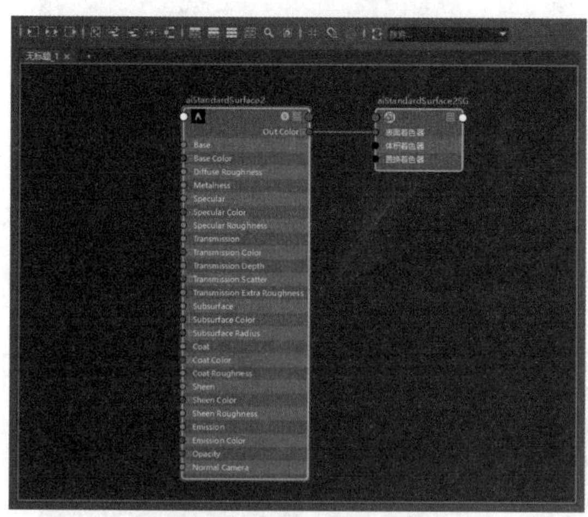

图 8-78　查看材质节点

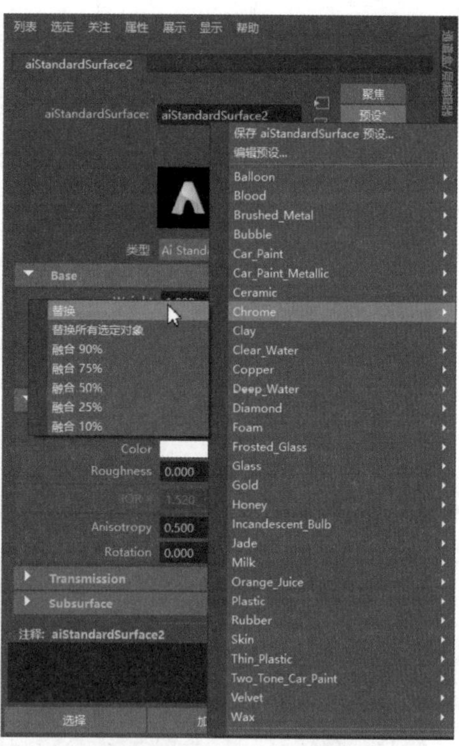

图 8-79　选择“替换”命令

8.12　实例：制作水晶钻石材质

【例 8-9】 本实例将讲解如何制作水晶钻石材质，渲染效果如图 8-80 所示。视频

图 8-80　水晶钻石渲染效果

01 选择水晶钻石模型，在“渲染”工具架中单击“标准曲面材质”按钮，为其赋予标准曲面材质，如图 8-81 所示。

02 在状态行中单击 Hypershade 按钮，打开 Hypershade 窗口，在“创建”面板中选择 Arnold | aiStandardSurface 命令，如图 8-82 所示，创建一个 aiStandardSurface1 材质并将其指定给水晶钻石模型。

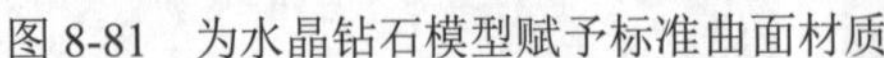

图 8-81　为水晶钻石模型赋予标准曲面材质

图 8-82　选择 aiStandardSurface 命令

03 指定成功后，即可在“工作区”面板中弹出 aiStandardSurface1 材质节点，如图 8-83 所示。

04 展开 Base 卷展栏，在 Weight 文本框中输入 0，如图 8-84 所示。

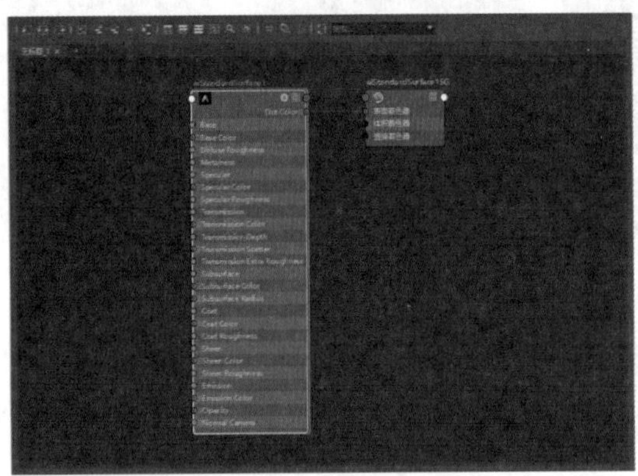

图 8-83　查看材质节点

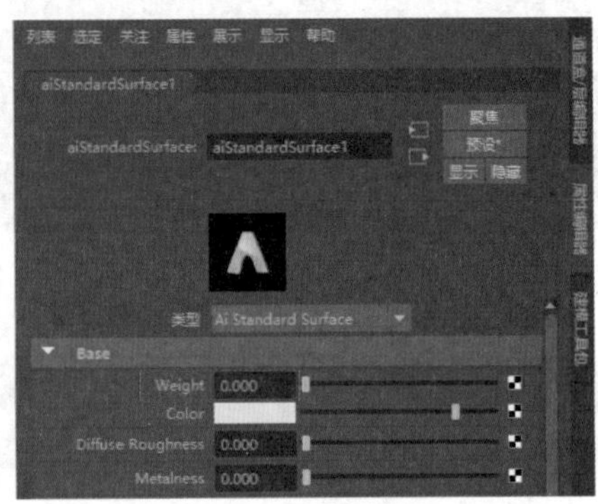

图 8-84　设置 Base 卷展栏中的参数

05 展开 Specular 卷展栏，在 Roughness 文本框中输入 0，在 IOR 文本框中输入 2，如图 8-85 所示。

06 展开 Transmission 卷展栏，在 Weight 文本框中输入 1，在 Dispersion Abbe* 文本框中输入 10，如图 8-86 所示。

07 设置完成后，在主工具栏中单击“渲染帧窗口”按钮渲染场景，渲染结果如图 8-80 所示。

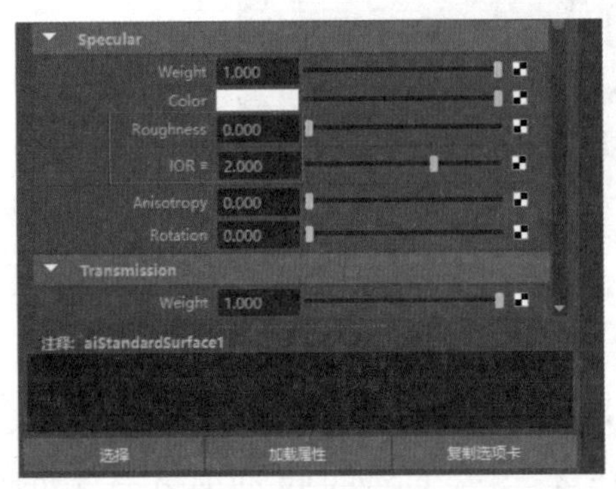

图 8-85　设置 Specular 卷展栏中的参数

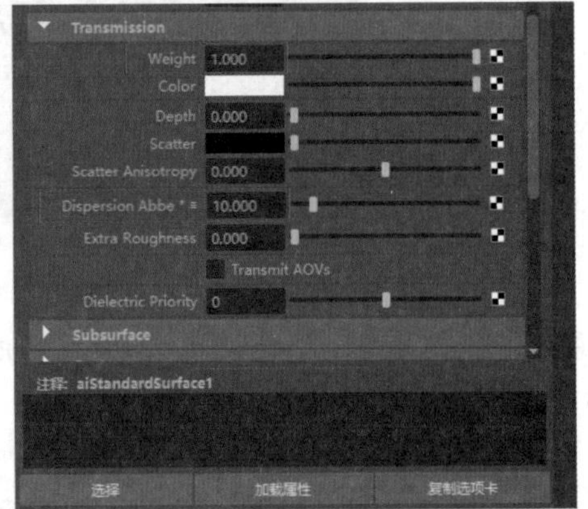

图 8-86　设置 Transmission 卷展栏中的参数

8.13 实例：制作顶灯照明效果

【例 8-10】 本实例将讲解如何制作顶灯照明效果，渲染效果如图 8-87 所示。

图 8-87 顶灯照明效果

01 启动 Maya 2022 软件，打开本书配套资源文件“客厅.mb”，场景中已设置好摄影机和灯光，选择顶灯中的灯管模型，如图 8-88 所示。

02 在 Arnold 工具架上单击 Mesh Light 按钮，如图 8-89 所示，将所选择的灯管模型设置为网格灯光的载体。

图 8-88 打开“客厅.mb”文件

图 8-89 单击 Mesh Light 按钮

03 设置完成后，观察“大纲视图”面板，可以看到网格灯光和灯管模型的层级关系如图 8-90 所示。

04 观察场景，可以看到现在灯管模型的颜色像 Maya 灯光对象一样显示为红色，如图 8-91 所示。

图 8-90 层级关系

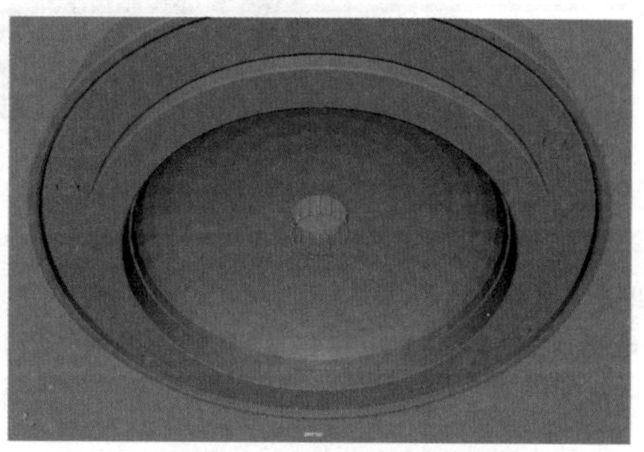

图 8-91 模型的颜色为红色

05 在“属性编辑器”面板中，展开 Light Attributes 卷展栏，设置灯光的 Intensity 的值为 120，Exposure 的值为 12，可以提高灯光的照明强度。选中 Use Color Temperature 复选框，在 Temperature 文本框中输入 4500，可以更改灯光的颜色，如图 8-92 所示。

06 设置完成后，在主工具栏中单击“渲染帧窗口”按钮渲染场景，渲染结果如图 8-87 所示。

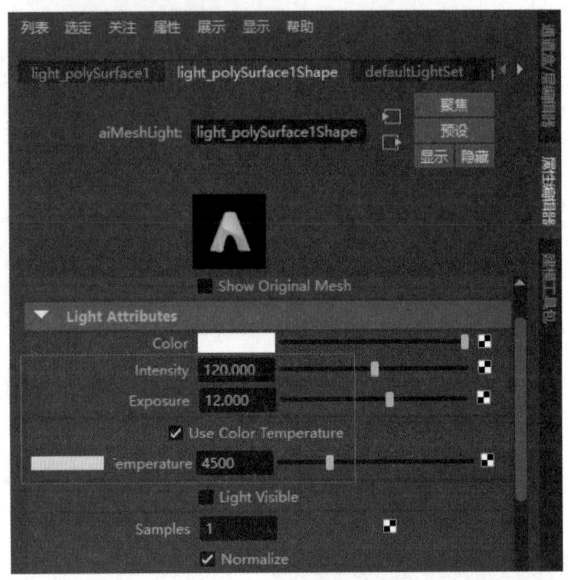

图 8-92 设置 Light Attributes 卷展栏中的参数

8.14 实例：制作阳光照明效果

【例 8-11】 本实例将讲解如何制作阳光照明效果，渲染效果如图 8-93 所示。

图 8-93 阳光照明效果

01 启动 Maya 2022 软件，打开本书配套资源文件“客厅.max”，场景中已设置好摄影机和灯光，在菜单栏中单击 Physical Sky 按钮，如图 8-94 所示。

02 在场景中创建一个物理天空灯光，显示结果如图 8-95 所示。

图 8-94　单击 Physical Sky 按钮

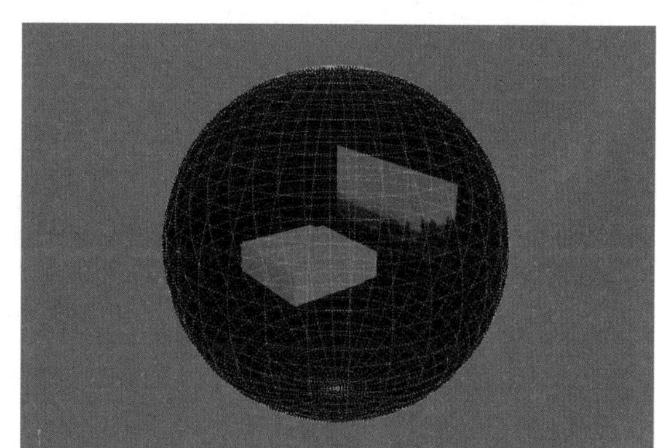
图 8-95　物理天空灯光显示结果

03 在 aiPhysicalSky1 选项卡中展开 Physical Sky Attributes 卷展栏，在 Intensity 文本框中输入 11，增加灯光的强度，在 Elevation 文本框中输入 30，更改太阳的高度，在 Azimuth 文本框中输入 18，更改太阳的照射方向，设置 Sun Tint 属性的颜色为淡黄色，调整太阳的日光颜色，如图 8-96 所示。

04 Sun Tint 属性的颜色具体参数如图 8-97 所示。

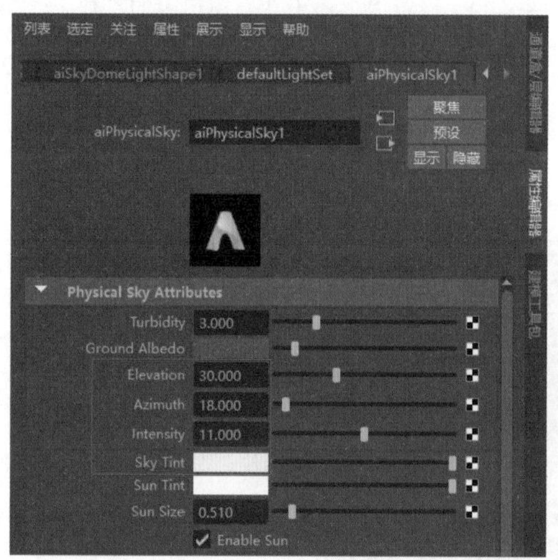

图 8-96　设置物理天空灯光的参数

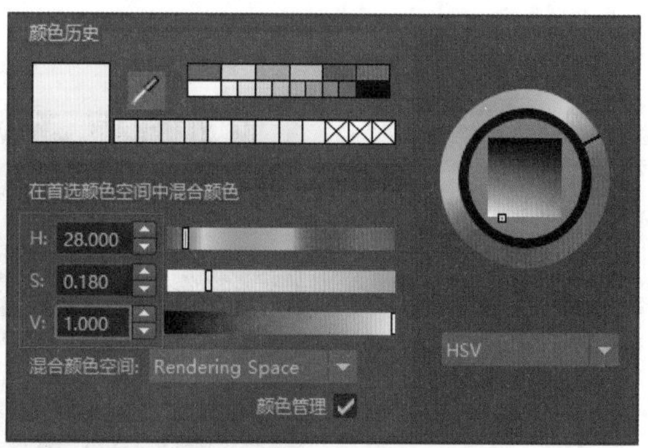

图 8-97　设置颜色参数

8.15　实例：渲染设置

【例 8-12】 本实例将讲解如何设置渲染参数，渲染效果如图 8-93 所示。视频

01 在 aiSkyDomeLightShape1 选项卡中 展开 SkyDomeLight Attributes 卷展栏，在 Samples 文本框中输入 5，如图 8-98 所示，提高物理天空灯光的采样值。

02 在状态行中单击“渲染设置”按钮，打开“渲染设置”窗口，选择“公用”选项卡，展开“图像大小”卷展栏，在“宽度”文本框中输入 1080，在“高度”文本框中输入 620，如图 8-99 所示。

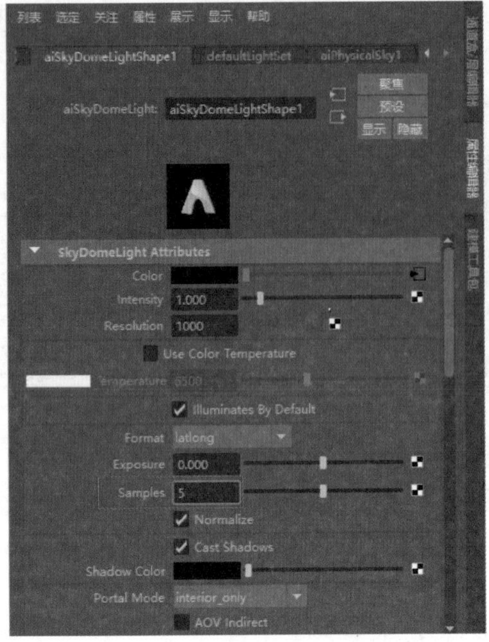

图 8-98　设置 Samples 参数

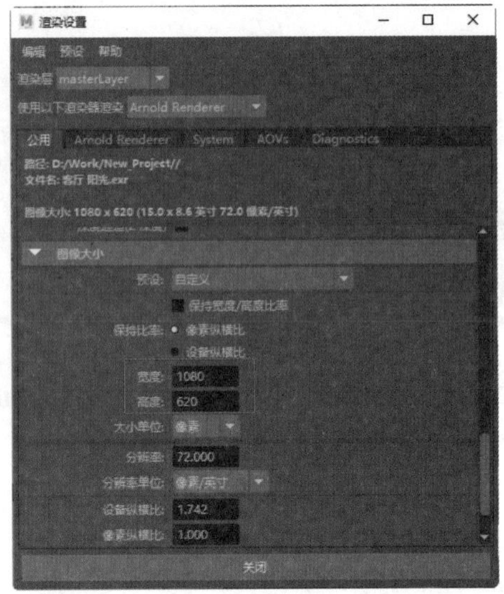

图 8-99　设置“渲染设置”窗口中的参数

03 选择 Arnold Renderer 选项卡，展开 Sampling 卷展栏，在 Camera(AA) 文本框中输入 9，如图 8-100 所示，提高渲染图像的计算采样精度。

04 设置完成后在主工具栏中单击“渲染帧窗口”按钮渲染场景，渲染结果如图 8-93 所示。

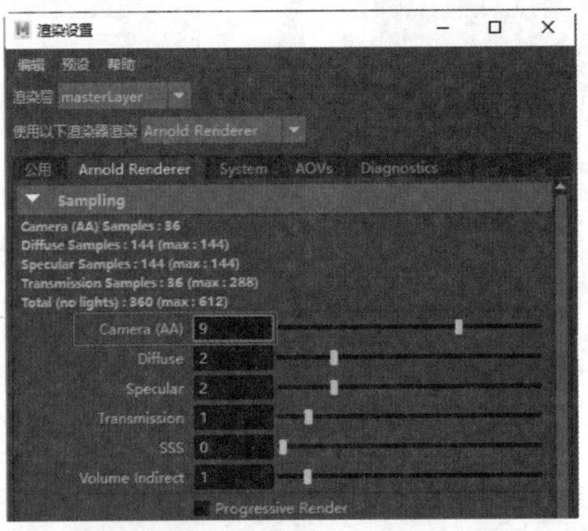

图 8-100　设置 Camera(AA) 参数

8.16　习题

1. 简述 Maya 中“Maya 软件”渲染器与 Arnold Renderer 渲染器之间的区别。
2. 通过本章的学习，用户练习制作玻璃、塑料、铝、不锈钢、面包材质的物体。
3. 简述在 Maya 2022 中如何为场景创建阳光照明效果。

第 9 章
动画技术

Maya 作为优秀的三维软件，不仅可以制作三维模型，还有强大的动画制作功能，可以帮助用户制作效果逼真的三维动画。本章将通过实例操作，介绍 Maya 2022 中三维动画的基础知识，具体包括设置关键帧、动画基本操作、动画约束、路径动画以及快速绑定角色等操作。

二维码教学视频

【例 9-1】 设置关键帧动画
【例 9-2】 设置自动关键帧动画
【例 9-3】 对动画进行基本操作
【例 9-4】 制作父约束动画
【例 9-5】 制作点约束动画
【例 9-6】 制作目标约束动画
【例 9-7】 制作极向量约束动画
【例 9-8】 设置路径动画
【例 9-9】 设置路径变形动画
【例 9-10】 绑定人物角色模型

9.1 动画概述

广义上的动画是指把一些原先不具备生命的静态对象经过艺术加工和技术处理后，使其成为有生命的动态影像。

作为一种空间和时间的艺术，动画的表现形式多种多样，但“万变不离其宗”，以下两点是共通的：

- 逐格（帧）拍摄（记录）。
- 创造运动幻觉（这需要利用人的心理偏好作用和生理上的视觉残留现象）。

动画是通过连续播放静态图像而形成的动态幻觉，这种幻觉源于两方面：一是人类生理上的“视觉残留”；二是心理上的“感官体验”。人类倾向于将连续类似的图像在大脑中组织起来，然后能动地识别为动态图像，这样两个孤立的画面便顺畅地衔接了起来，从而产生视觉动感。

因此，狭义上的动画可定义为：融合了电影、绘画、木偶等语言要素，利用人的视觉残留原理和心理偏好作用，以逐格（帧）拍摄的方式，制作出来的一系列运动的富有生命感的幻觉画面（“逐帧动画”）。

三维动画又称 3D 动画，如图 9-1 所示。与二维动画不同，它不会受时间、空间、地点、条件、对象等限制。三维动画是计算机模拟真实世界物体的运动，通过绑定模型可以使物体或者角色拥有类似关节的骨骼。三维动画与二维动画相似的是，其动画的视觉效果都需要按 1 秒 24 帧计算，二维动画需要画出 1 秒 12~24 张画，而三维动画则需要在 24 帧内控制骨骼完成动作。三维动画由于其精确性、真实性和无限的可操作性，被广泛应用于医学、教育、娱乐等诸多领域。在计算机技术不断更新下，制作三维角色和动画的效率也在不断提高，使用各类优秀的三维软件可高效地制作三维动画。在影视广告制作方面，这项技术能够给人耳目一新的感觉，因此备受众多客户的青睐。

图 9-1 三维动画

9.2 关键帧动画

帧是影像动画中最小单位的单幅影像画面，即每幅图片就是一帧，相当于电影胶片上的一格镜头。关键帧动画是 Maya 动画技术中最常用也是最基础的动画设置技术，用于指定对象在特定时间内的属性值。关键帧是角色动作的关键转折点，类似于二维动画中的原画。在三维软件中，通过创建一些关键帧来表示对象的属性何时在动画中发生更改，计算机会自动演算出两个关键帧之间的变化状态，称为过渡帧。两个关键帧的中间可以没有过渡帧，但过渡帧前后肯定有关键帧。可以根据动画的整体需要排列、移除和复制关键帧和关键帧序列或者是对象的运动轨迹，这就需要我们不但要学习关键帧的设置技术，还要掌握关键帧动画的修改技术。

在“动画”工具架的中间部分可以找到有关关键帧的命令按钮，如图 9-2 所示，各命令按钮的功能说明如下。

图 9-2　关键帧的相关命令按钮

- 设置关键帧：为选择的对象设置关键帧。
- 设置动画关键帧：为已设置好动画的通道设置关键帧。
- 设置平移关键帧：为选择的对象设置平移属性关键帧。
- 设置旋转关键帧：为选择的对象设置旋转属性关键帧。
- 设置缩放关键帧：为选择的对象设置缩放属性关键帧。

在菜单栏中选择“关键帧”|“设置关键帧”右侧的复选框，可打开“设置关键帧选项”窗口，如图 9-3 所示，其中主要选项的功能说明如下。

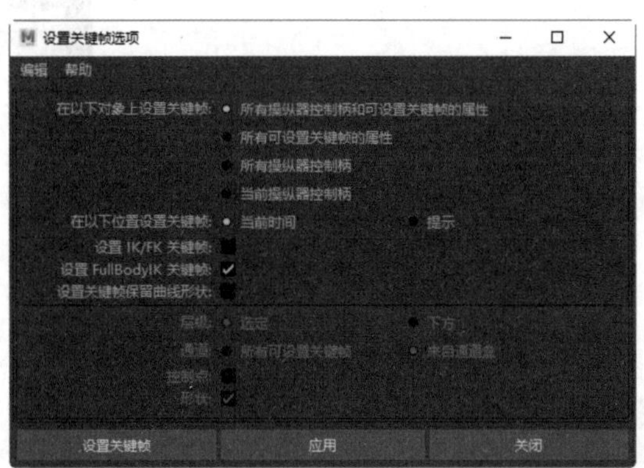

图 9-3　“设置关键帧选项”窗口

- 在以下对象上设置关键帧：指定将在哪些属性上设置关键帧，Maya 为用户提供了 4 种选项，默认选项为“所有操纵器控制柄和可设置关键帧的属性”。
- 在以下位置设置关键帧：指定在设置关键帧时将采用何种方式确定时间。
- 设置 IK/FK 关键帧：选中该复选框后，在为一个带有 IK 手柄的关节链设置关键帧时，能为 IK 手柄的所有属性和关节链的所有关节记录关键帧。利用该选项能够创建平滑的 IK/FK 动画。只有当“所有可设置关键帧的属性”单选按钮处于被选中状态时，这个选项才有效。
- 设置 FullBodyIK 关键帧：选中该复选框后，可以为全身的 IK 记录关键帧。
- 层级：指定在有组层级或父子关系层级的物体中，将采用何种方式设置关键帧。

▶ 通道：指定将采用何种方式为选择物体的通道设置关键帧。

▶ 控制点：选中该复选框后，将在选择物体的控制点上设置关键帧。

▶ 形状：选中该复选框后，将在选择物体的形状节点和变换节点上设置关键帧。

9.2.1 实例：设置关键帧动画

【例 9-1】本实例将主要讲解如何设置关键帧动画。视频

01 启动 Maya 2022 软件，在场景中创建一个多边形球体模型，如图 9-4 所示。

02 将时间滑块设置至第 0 帧，在“通道盒/层编辑器”面板中将光标悬浮停靠在“平移 Z”属性上，然后右击，从弹出的菜单中选择“为选定项设置关键帧”命令，如图 9-5 所示。

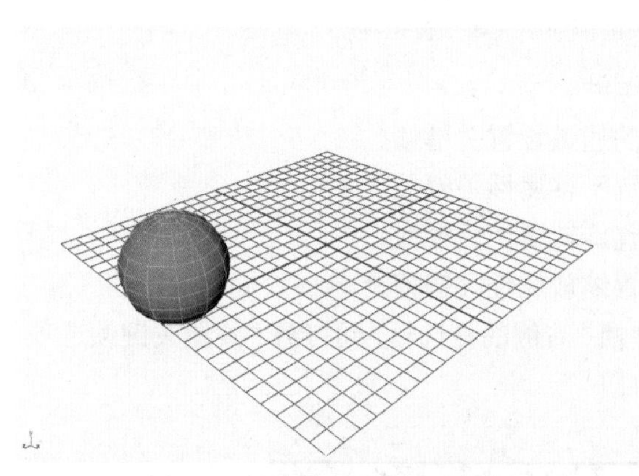

图 9-4 创建一个多边形球体模型

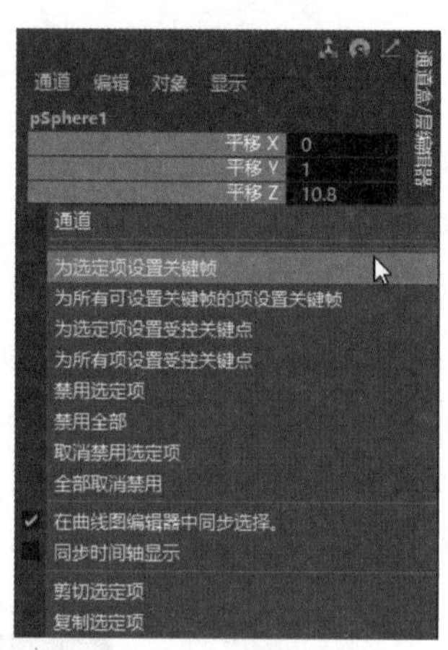

图 9-5 选择“为选定项设置关键帧”命令

03 此时“通道盒/层编辑器”面板中的“平移 Z”属性右侧的背景色显示为红色，如图 9-6 所示。

04 将“时间滑块”拖曳至第 30 帧，然后移动场景中的球体模型至如图 9-7 所示的位置。

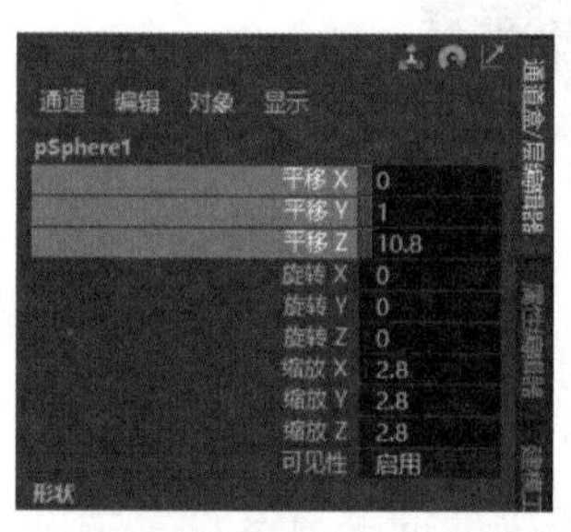

图 9-6 “平移 Z”属性右侧的背景色为红色

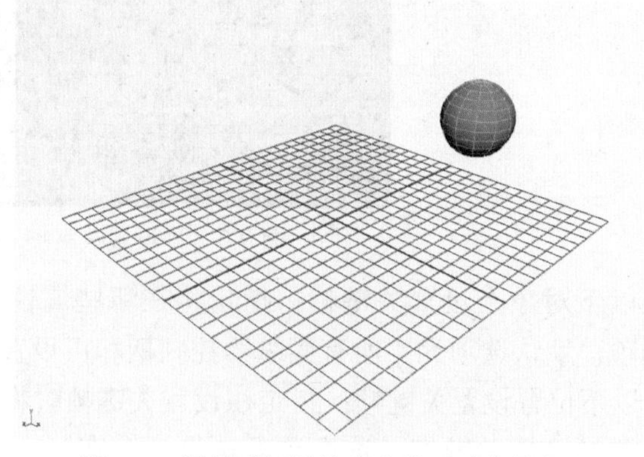

图 9-7 调整时间滑块和多边形球体的位置

05 将“时间滑块”拖曳至第 55 帧，移动场景中的多边形球体模型至如图 9-8 所示的位置，并按照步骤 02 和步骤 03 的方法设置关键帧。

06 在播放控件中单击“向前播放”按钮▶，如图 9-9 所示，可以看到一个简单的平移动画已制作完成。

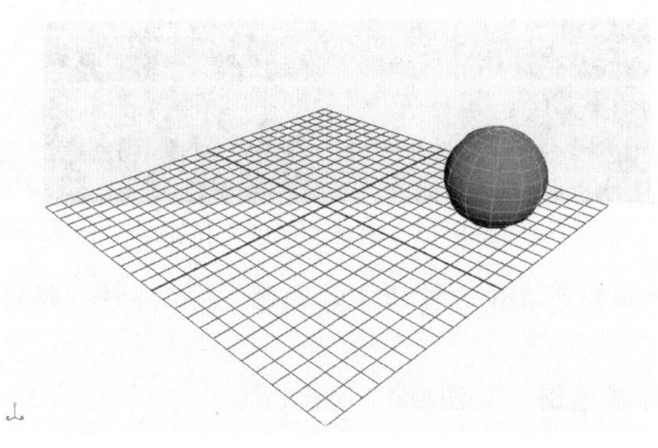

图 9-8　继续调整时间滑块和多边形球体的位置

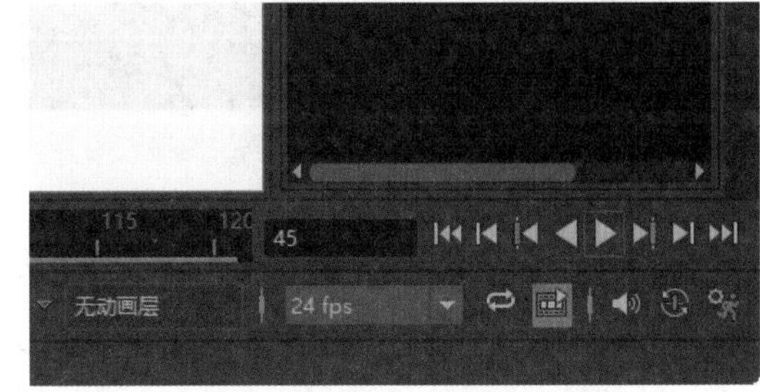

图 9-9　单击“向前播放”按钮

07 在菜单栏中选择“窗口”|“设置 / 首选项”|“首选项”命令，如图 9-10 所示。

08 打开“首选项”窗口，在“类别”列表框中选择“时间滑块”选项，展开“播放”卷展栏，单击“播放速度”下拉按钮，选择“播放每一帧”选项，单击“最大播放速度”下拉按钮，选择“24 fps×1”选项，如图 9-11 所示。

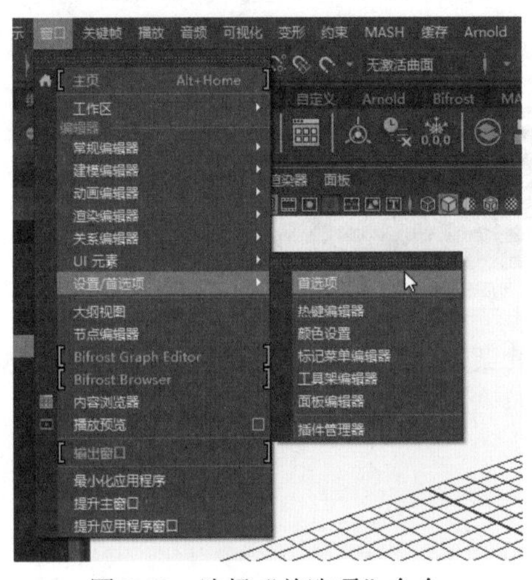

图 9-10　选择“首选项”命令

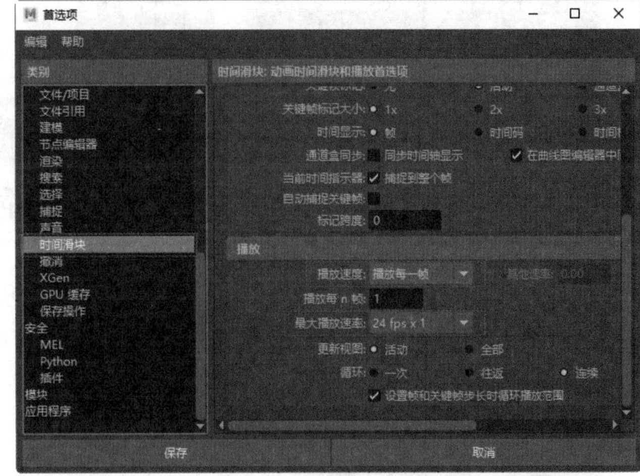

图 9-11　“首选项”窗口

09 按 Shift 键，然后单击第 45 帧位置处的关键帧，即可选择该关键帧，如图 9-12 所示。

10 将其移动至第 55 帧位置处，如图 9-13 所示。

图 9-12　选择关键帧

图 9-13　移动关键帧

11 Maya 还为动画师提供了“书签”功能，用于在“时间滑块”上标记各帧的作用，该功能类似于标注的作用。按住 Shift 键，在“时间滑块”上选择如图 9-14 所示的区域。

12 单击范围滑块中的“书签”按钮，如图 9-15 所示。

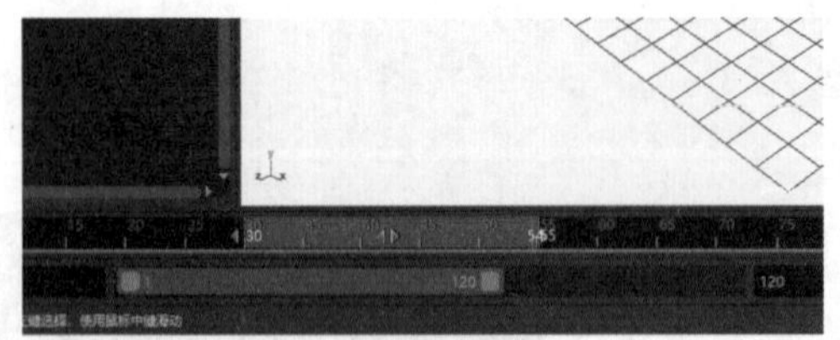

图 9-14　选择区域

图 9-15　单击“书签”按钮

13 打开“创建书签”对话框，为书签输入一个名称并选择一种任意的颜色，然后单击“创建”按钮，如图 9-16 所示。

14 将光标移至该书签上，会显示出书签的名称及范围，如图 9-17 所示。

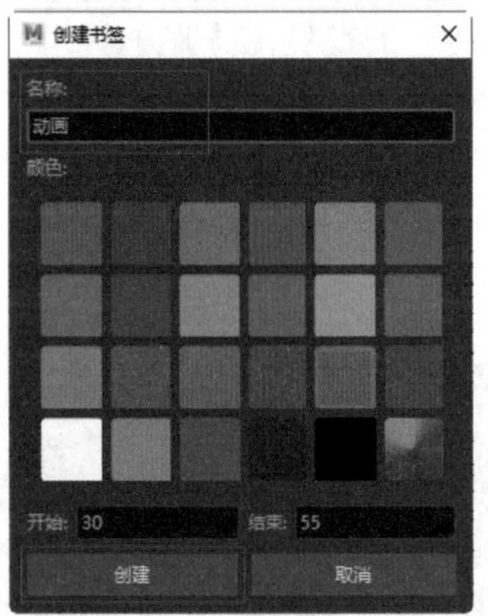

图 9-16　“创建书签”对话框

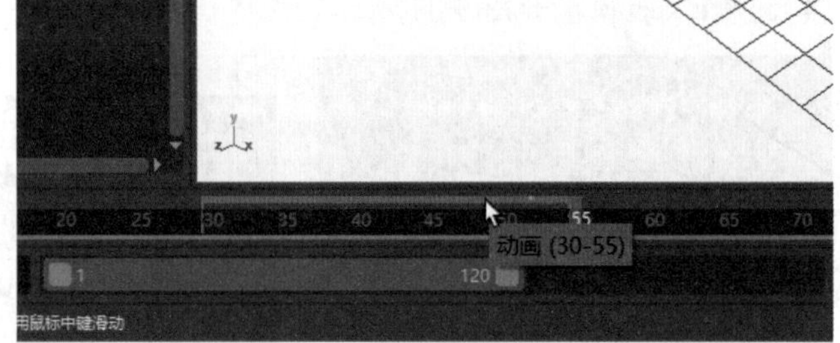

图 9-17　显示书签的名称及范围

15 选择第 30 帧，在“时间滑块”上右击，从弹出的快捷菜单中选择“删除”命令，如图 9-18 所示。

16 第 30 帧关键帧即可被删除，如图 9-19 所示。

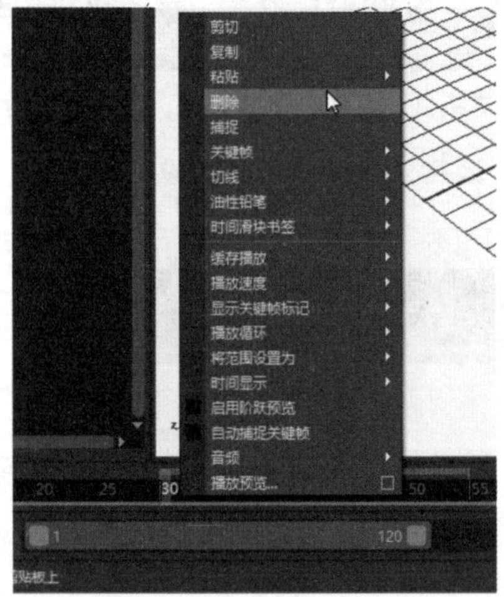

图 9-18　选择“删除”命令

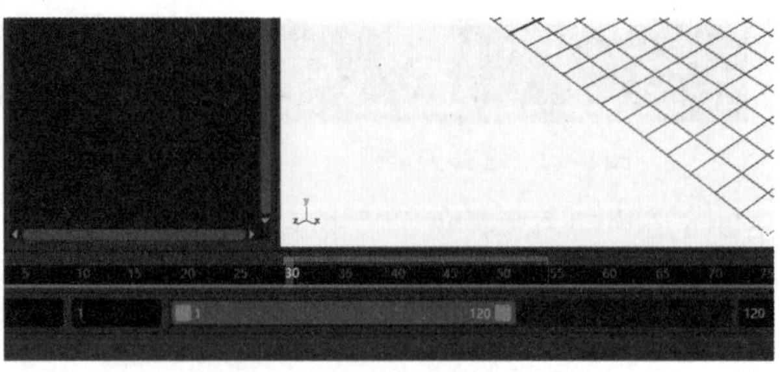

图 9-19　删除关键帧

9.2.2　实例：设置自动关键帧动画

【例 9-2】本实例将主要讲解如何设置自动关键帧动画。

01 在场景中创建一个多边形球体模型，如图 9-20 所示。

02 按 S 键激活“设置关键帧”命令，在“通道盒 / 层编辑器”面板中会发现所有属性右侧的背景色显示为红色，如图 9-21 所示。

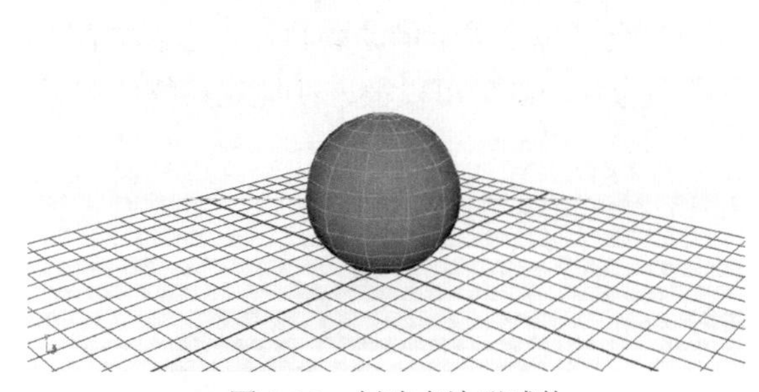
图 9-20　创建多边形球体

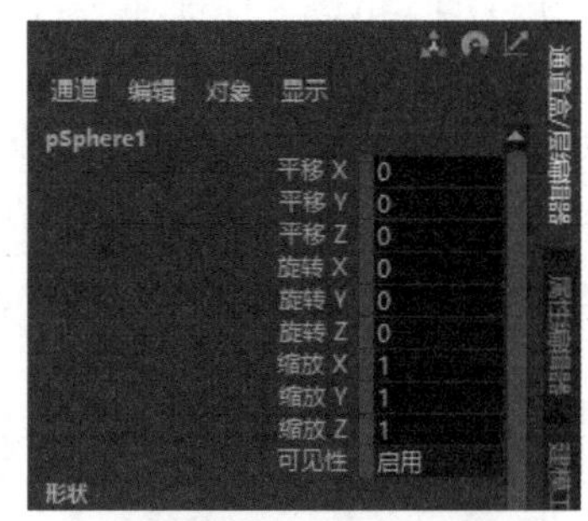

图 9-21　设置关键帧

03 单击 Maya 界面右下方“播放”选项中的“自动关键帧切换”按钮，如图 9-22 所示。

04 拖动时间滑块以选择第 10 帧，如图 9-23 所示。

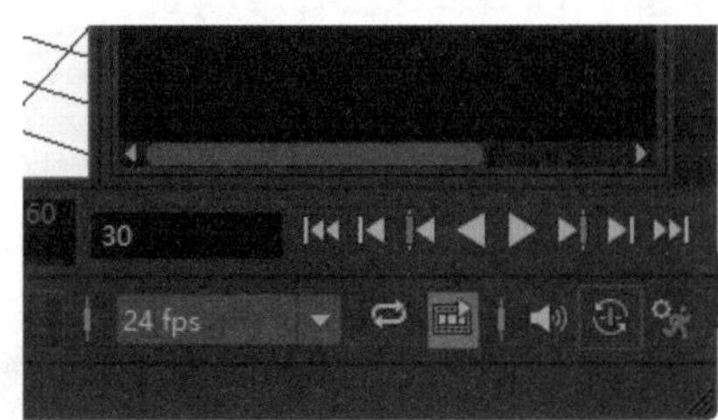

图 9-22　单击“自动关键帧切换”按钮

图 9-23　拖动时间滑块

05 更改多边形球体的位置，如图 9-24 所示。

06 此时在时间滑块上自动生成了新的关键帧，如图 9-25 所示。

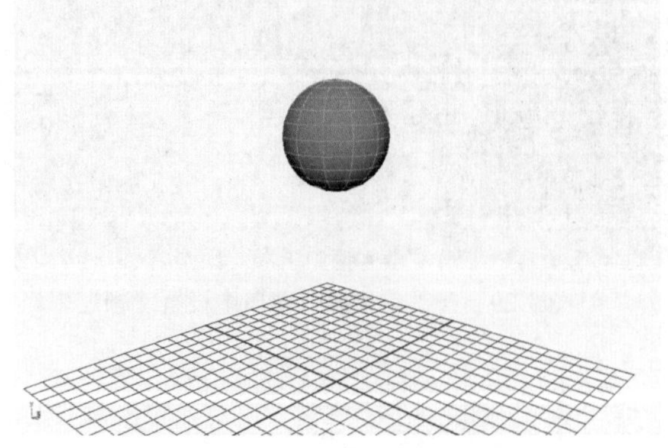
图 9-24　更改多边形球体的位置

图 9-25　自动生成新的关键帧

9.3　动画基本操作

在“动画”工具架的前半部分，Maya 为动画师提供了几个动画基本操作命令按钮，如图 9-26 所示。各命令按钮的功能说明如下。

图 9-26　动画基本操作命令按钮

- 播放预览：可以在 Maya 软件中生成动画预览小样，并自动启动当前计算机中的视频播放器，播放该动画影片。
- 运动轨迹：可以方便地在 Maya 的视图区域内观察物体的运动状态，比如当动画师在制作角色动画时，使用该功能可以查看角色全身每个关节的动画轨迹形态，如图 9-27 所示。
- 为选定对象生成重影：通过这些重影图像，动画师可以很方便地观察物体的运动效果是否符合自己的需要，如图 9-28 所示。

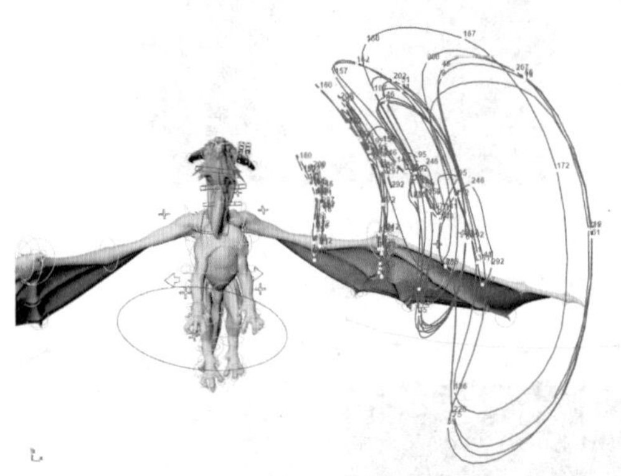

图 9-27　动画运动轨迹

图 9-28　动画重影

- 取消重影：将选定对象的重影效果取消。
- 重影编辑器：打开重影编辑器窗口，为 Maya 2022 版本新增功能。
- 烘焙动画：为所选对象的动画烘焙关键帧动画。

用户可根据项目要求，执行“窗口”|“设置 / 首选项”|“首选项”命令，打开“首选项”窗口，在“类别”列表框中选择“时间滑块”，在“时间滑块”选项组中将“帧速率”设置为“24 fps”，如图 9-29 所示。

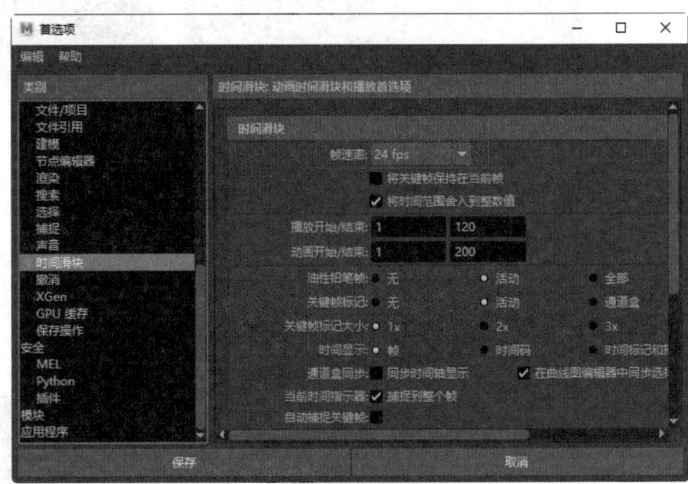

图 9-29　在“首选项”窗口中设置“帧速率”

9.3.1　烘焙动画

通过烘焙动画命令，动画师可以使用模拟生成的动画曲线对当前场景中的对象进行动画编辑。将 Maya 的菜单集切换至“动画”，在菜单栏中选中“关键帧”|“烘焙模拟”命令右侧的复选框，可打开“烘焙模拟选项”窗口，如图 9-30 所示，其中主要选项的功能说明如下。

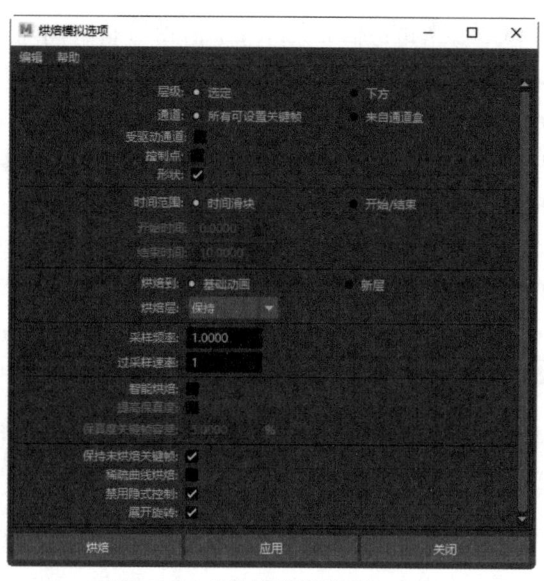

图 9-30　“烘焙模拟选项”窗口

- 层级：指定将如何从分组的或设置为子对象的对象的层级中烘焙关键帧集。
  - 选定：指定要烘焙的关键帧集仅包含当前选定对象的动画曲线。
  - 下方：指定要烘焙的关键帧集将包括选定对象以及层次中其下方的所有对象的动画曲线。
- 通道：指定动画曲线将包括关键帧集中的通道 (可设定关键帧属性)。
  - 所有可设置关键帧：指定关键帧集将包括选定对象的所有可设定关键帧属性的动画曲线。
  - 来自通道盒：指定关键帧集仅包括当前在“通道盒”中选定的那些通道的动画曲线。
- 受驱动通道：指定关键帧集只包括所有受驱动关键帧。受驱动关键帧使可设定关键帧属性 (通道) 的值能够由其他属性的值所驱动。
- 控制点：指定关键帧集是否包括选定可变形对象的控制点的所有动画曲线。控制点包括 NURBS 控制顶点 (CV)、多边形顶点和晶格点。
- 形状：指定关键帧集是否包括选定对象的形状节点以及其变换节点的动画曲线。
- 时间范围：指定关键帧集的动画曲线的时间范围。
  - 时间滑块：指定由时间滑块的“播放开始”和“播放结束”时间定义的时间范围。
  - 开始 / 结束：指定从“开始时间”到“结束时间”的时间范围。
- 开始时间：指定时间范围的开始 (“开始 / 结束”处于启用状态的情况下可用)。
- 结束时间：指定时间范围的结束 (“开始 / 结束”处于启用状态的情况下可用)。

- 烘焙到：指定希望如何烘焙来自层的动画。
- 采样频率：指定 Maya 对动画进行求值及生成关键帧的频率。增大该值时，Maya 为动画设置关键帧的频率将会减小。减小该值时，效果相反。
- 智能烘焙：选中该复选框，会通过仅在烘焙动画曲线具有关键帧的时间处放置关键帧，以限制在烘焙期间生成的关键帧的数量。
- 提高保真度：选中该复选框，根据设置的百分比值向结果（烘焙）曲线添加关键帧。
- 保真度关键帧容差：使用该值可以确定 Maya 何时可以将附加的关键帧添加到结果曲线。
- 保持未烘焙关键帧：启用时，烘焙模拟不会移除位于烘焙范围之外的关键帧；禁用时，只有在烘焙期间在指定时间范围内创建的关键帧才会在操作之后出现在动画曲线上。
- 稀疏曲线烘焙：该选项仅对直接连接的动画曲线起作用。选中该复选框，会生成烘焙结果，该烘焙结果仅创建足以表示动画曲线的形状的关键帧。
- 禁用隐式控制：选中该复选框，会在执行烘焙模拟之后，立即禁用诸如 IK 控制柄等控件效果。

9.3.2 实例：对动画进行基本操作

【例 9-3】 本实例将主要讲解如何在场景中创建一个对象，并对其动画进行基本操作。

视频

01 启动 Maya 2022 软件，将菜单集切换至 FX，选择“效果”|“获取效果资产”命令，如图 9-31 所示。

02 打开“内容浏览器”窗口，如图 9-32 所示。

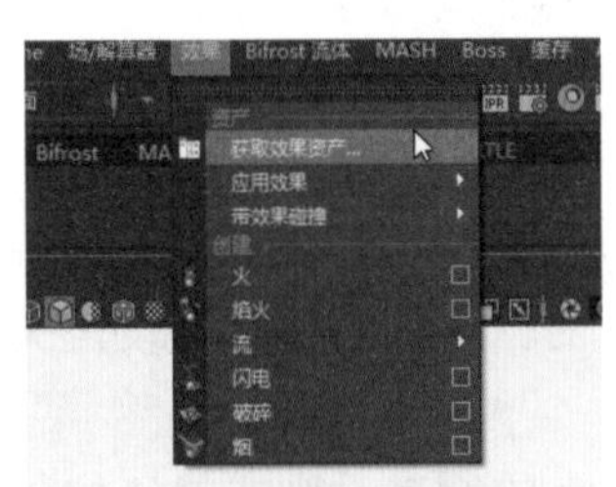

图 9-31 选择“获取效果资产”命令

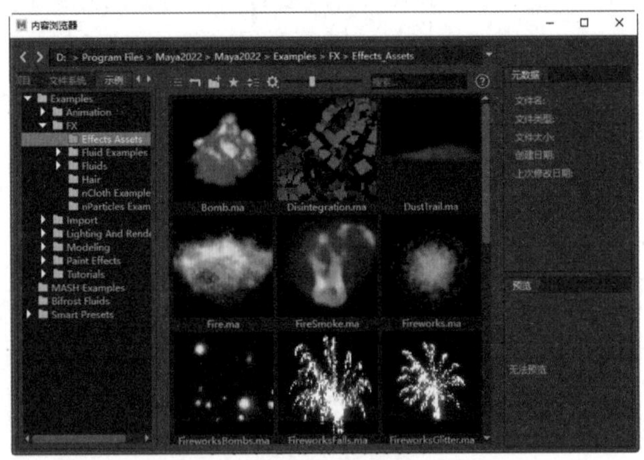

图 9-32 “内容浏览器”窗口

03 在“内容浏览器”窗口的“示例”选项卡下方的列表框中，展开 Examples | Animation | Motion Capture 选项，选择 FBX 选项，如图 9-33 所示，

04 此时，可以看到 Maya 2022 为用户提供的带有动作的角色骨骼素材，如图 9-34 所示。

05 将“内容浏览器”窗口中的 Walk.fbx 文件拖曳至场景中，此时得到了预先设置好动画角色的骨骼，如图 9-35 所示。

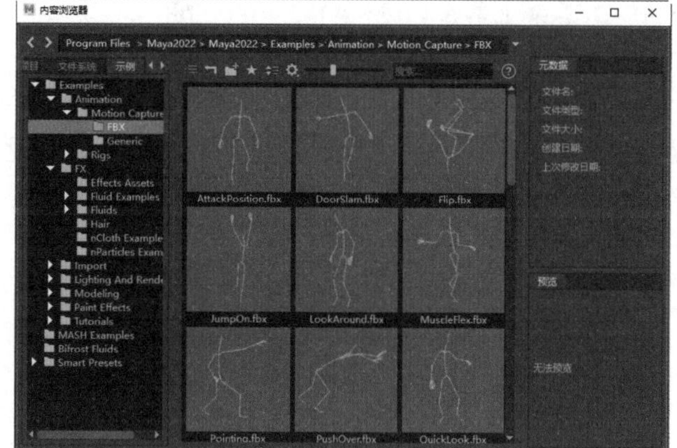

图 9-33　选择 FBX 选项

图 9-34　角色骨骼素材

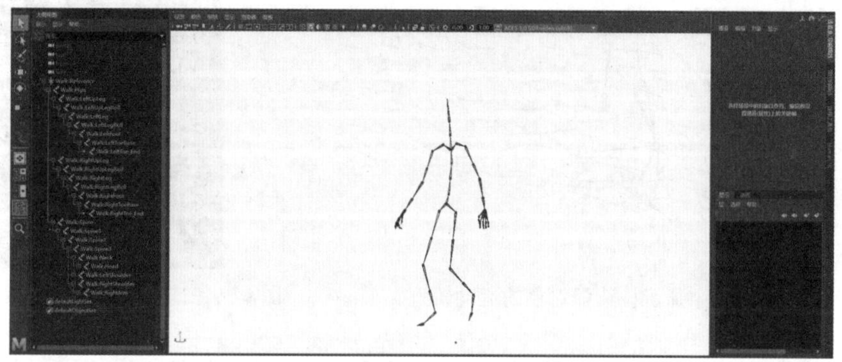

图 9-35　拖曳 Walk.fbx 文件至场景中

06 在“动画”工具架中单击“播放预览”按钮，结果如图 9-36 所示，Maya 2022 会将视图中的动画生成影片，并自动打开计算机中的视频播放器来播放该动画。

07 在“大纲视图”面板中选择希望显示出运动轨迹的骨骼对象，如图 9-37 所示。

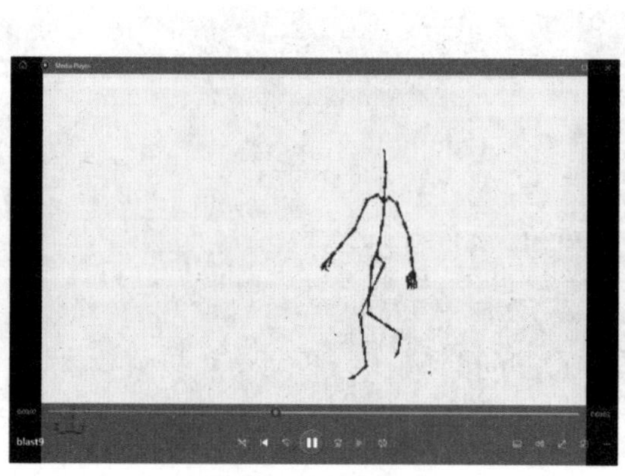

图 9-36　播放动画

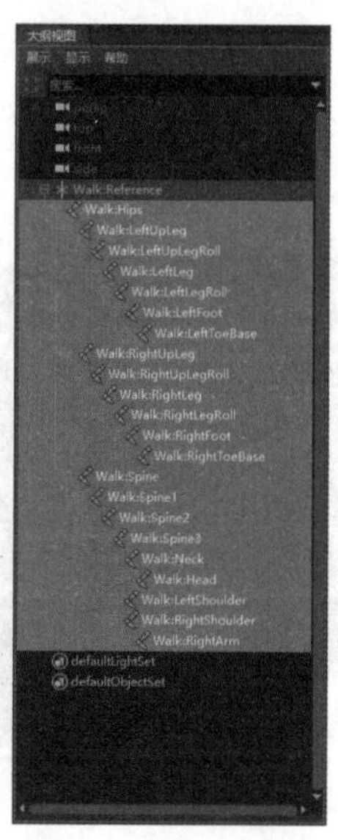

图 9-37　选择骨骼对象

08 在“动画”工具架上单击“运动轨迹”按钮，此时在视图中会显示被选择对象的运动轨迹，如图 9-38 所示。

09 观察“大纲视图”面板，用户会看到这些刚生成的运动轨迹对象的名称。如果用户不希望这些运动轨迹显示出来，只需在“大纲视图”面板中将这些运动轨迹对象选中，如图 9-39 所示，然后按 Delete 键将其删除。

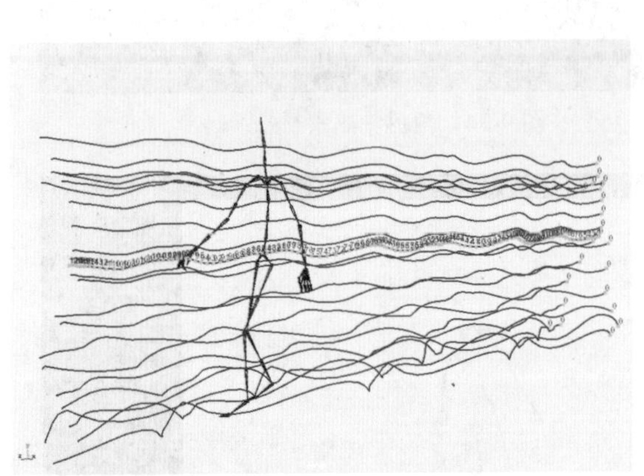

图 9-38　显示被选择对象的运动轨迹

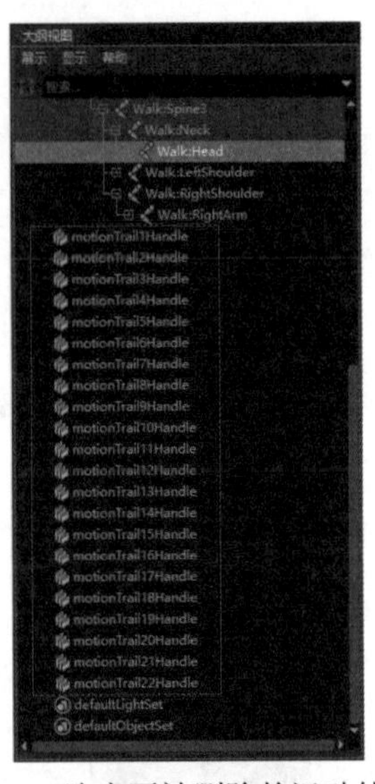

图 9-39　选中要被删除的运动轨迹对象

9.4　曲线图编辑器

在菜单栏中选择“窗口”|“动画编辑器”|“曲线图编辑器”命令，如图 9-40 所示，打开“曲线图编辑器”窗口，如图 9-41 所示。选择场景中已设置好动画的物体，在曲线图编辑器右侧的视图中显示的动画曲线就代表着场景中的动画，动画曲线指示了关键帧（表示点）在时间和空间中的移动方式，用户可通过创建或操纵动画曲线等方式来调整动画，其中主要选项的功能说明如下。

图 9-40　选择“曲线图编辑器”命令

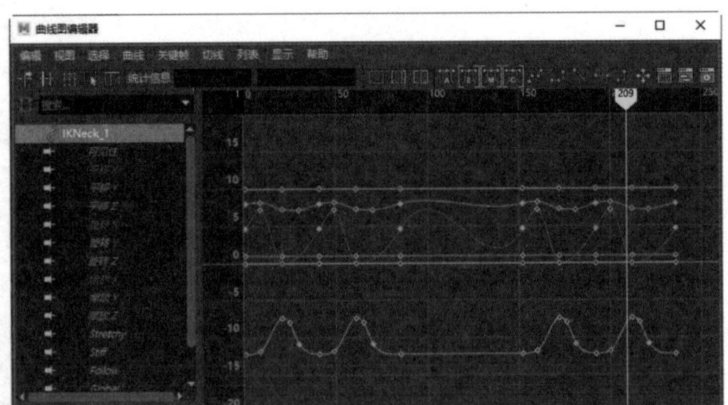

图 9-41　“曲线图编辑器”窗口

- 移动最近拾取的关键帧工具：使用该工具可通过单击鼠标来操纵各个关键帧和切线。
- 插入关键帧工具：使用该工具可添加关键帧。
- 晶格变形关键帧工具：使用该工具可围绕关键帧组绘制一个晶格变形器。在“曲线图编辑器”中操纵曲线，可同时操纵许多关键帧。该工具可提供对动画曲线的高级控制。
- 区域工具：启用区域选择模式，可在图表视图区域通过拖曳选择一个区域，对该区域内的关键帧进行缩放控制。
- 重定时工具：通过双击图表视图区域创建重定时标记，然后可以拖曳这些标记，直接调整动画中关键帧移动的计时，使其变快或变慢。
- 框显全部：框显所有当前动画曲线的关键帧。
- 框显播放范围：框显当前“播放范围”内的所有关键帧。
- 使视图围绕当前时间居中：在“曲线图编辑器”图表视图中使当前时间居中。
- 自动切线 (旧版) ：根据相邻关键帧的值将帧之间的曲线值钳制为最大点或最小点，自动切线是新关键帧的默认类型。
- 自动切线 (缓入缓出) ：对切线应用立方融合权重，这些权重受到相邻关键帧的显著影响，为 Maya 2022 的新增功能。
- 自动切线 (混合) ：将两个坡度的线性融合应用于切线，为 Maya 2022 的新增功能。
- 自动切线 (自定义) ：选择此按钮时，将应用“自动自定义”选项中指定的系数值，为 Maya 2022 的新增功能。
- 样条线切线：在选定的关键帧之间创建一条平滑的动画曲线。这样可以确保动画曲线平滑地进出关键帧。为流体移动设置动画时，样条线切线是一个很好的起点。用户可以使用最少的关键帧实现想要的外观。
- 钳制切线：系统将创建具有线性和样条曲线特征的动画曲线。
- 线性切线：指定线性切线后，系统会将动画曲线创建为接合两个关键帧的直线。
- 平坦切线：将关键帧的入切线和出切线设定为水平 (渐变为 0°)。例如，球在空中达到最高值后，在开始下降前，它将在空中做短暂的悬停，对于这种情况，就可使用平坦切线来创建这种效果。
- 阶跃切线：系统将创建切线为平坦曲线的动画曲线。
- 高原切线：高原切线不仅可以在其关键帧 (如样条线切线) 轻松输入和输出动画曲线，还可以展平值相等的关键帧 (如钳制切线) 之间出现的曲线分段。
- 默认入切线：指定默认入切线的类型，为 Maya 2022 的新增功能。
- 默认出切线：指定默认出切线的类型，为 Maya 2022 的新增功能。
- 缓冲区曲线快照：用于快照所选择的动画曲线。
- 交换缓冲区曲线：将缓冲区曲线与已编辑的曲线交换。
- 断开切线：允许用户分别操纵入切线和出切线控制柄，以便可以编辑进入或退出关键帧的曲线分段，且不会影响其反向控制柄。
- 统一切线：使用户能够保留切线的角度和长度。此设置仅适用于断开的切线，统一后，断开的切线将重新连接起来，但会保留新角度。

- 自由切线长度：指定移动切线时，该选项更改其角度和权重。该选项允许调整切线的权重和角度，仅适用于加权曲线。切线控制柄在不受约束时呈浅灰色。
- 锁定切线长度：指定移动切线时，仅可更改其角度。该选项会强制相关联的曲线分段保留切线的权重，适用于加权曲线。切线控制柄会在被锁定后变为黑色。
- 自动加载曲线图编辑器：相当于启用或禁用"曲线图编辑器"窗口中的"列表"|"自动加载选定对象"命令。启用"自动加载选定对象"命令后，每次选择显示当前选定对象时，在"大纲视图"中显示的对象将会发生变化。如果禁用"自动加载选定对象"命令，将锁定"大纲视图"中的当前对象，这样即使在场景视图中做出新选择，也可继续编辑其动画曲线。
- 时间捕捉：单击该按钮后，在图表视图内移动关键帧时，将自动捕捉最接近的整数值。
- 值捕捉：单击该按钮后，在图表视图内移动关键帧时，关键帧的值会自动更改为最接近的整数值。
- 绝对视图：相当于启用或禁用"曲线图编辑器"窗口中的"视图"|"绝对视图"命令。按 1 键激活"绝对视图"命令后，图表视图会显示相对于 0 的所有关键帧值。
- 堆叠视图：相当于启用或禁用"曲线图编辑器"窗口中的"视图"|"堆叠视图"命令。按 2 键激活"堆叠视图"命令后，图表视图将以堆叠形式显示单个曲线，而不是重叠显示所有曲线。
- 打开摄影表：打开"摄影表"并加载当前对象的动画关键帧。
- 打开 Trax 编辑器：打开"Trax 编辑器"并加载当前对象的动画片段。
- 打开时间编辑器：打开"时间编辑器"并加载当前对象的动画关键帧。

9.5 动画约束

使用约束可将物体的位置、方向或比例约束到其他物体上，能够限制物体的运动并使其自动进行后续的动画过程。约束的类型有父约束、点约束、方向约束、缩放约束、目标约束和极向量约束，在"动画"工具架的后半部分可以找到有关约束的命令按钮，如图 9-42 所示。

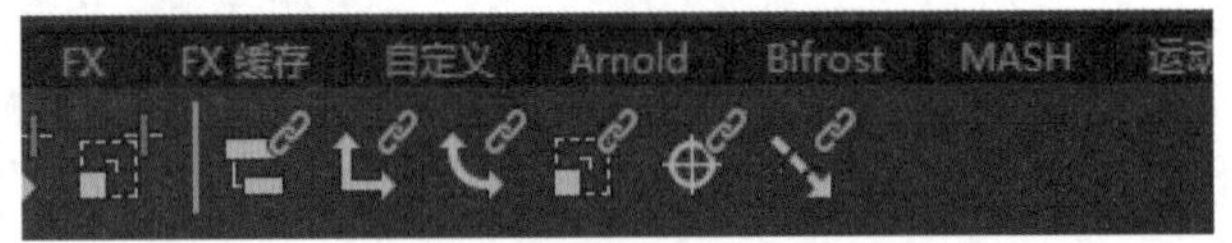

图 9-42　有关约束的命令按钮

9.5.1 父约束

父子关系是指在对"父"对象的位置、方向、大小进行改变时，同时也会对"子"对象进行相同的操作，将菜单集切换至"动画"，在菜单栏中选中"约束"|"父子约束"命令右侧的复选框，可打开"父约束选项"窗口，如图 9-43 所示，其中主要选项的功能说明如下。

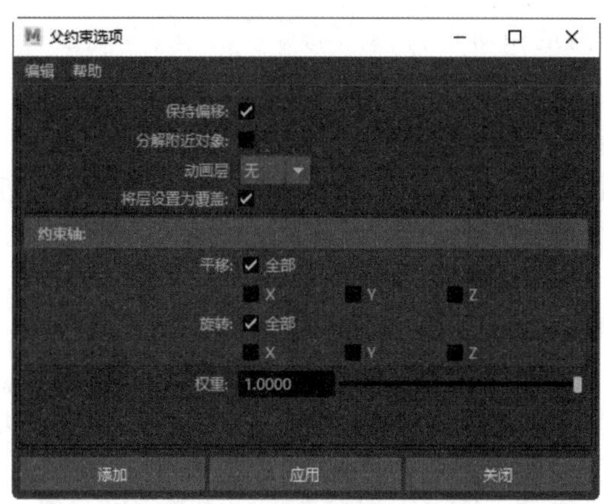

图 9-43　“父约束选项”窗口

- 保持偏移：保持受约束对象的原始状态 (约束之前的状态)、相对平移和旋转。选中该复选框，可以保持受约束对象之间的空间和旋转关系。
- 分解附近对象：如果受约束对象与目标对象之间存在旋转偏移，选中该复选框，可以找到接近受约束对象 (非默认的目标对象) 的旋转分解。
- 动画层：用于选择要添加父约束的动画。
- 将层设置为覆盖：选中该复选框，在“动画层”下拉列表中选择的层会在约束被添加到动画层时自动设定为“覆盖”模式。
- 约束轴：决定父约束是受特定轴 (“X”“Y”“Z”) 限制还是受“全部”轴限制。如果选中“全部”，“X”“Y”和“Z”复选框将不可用。
- 权重：仅当存在多个目标对象时，权重才有用。

9.5.2　点约束

使用点约束，可以设置一个对象的位置受到另外一个或者多个对象位置的影响。将菜单集切换至“动画”，在菜单栏中选中“约束”|“点”右侧的复选框，可打开“点约束选项”窗口，如图 9-44 所示，其中主要选项的功能说明如下。

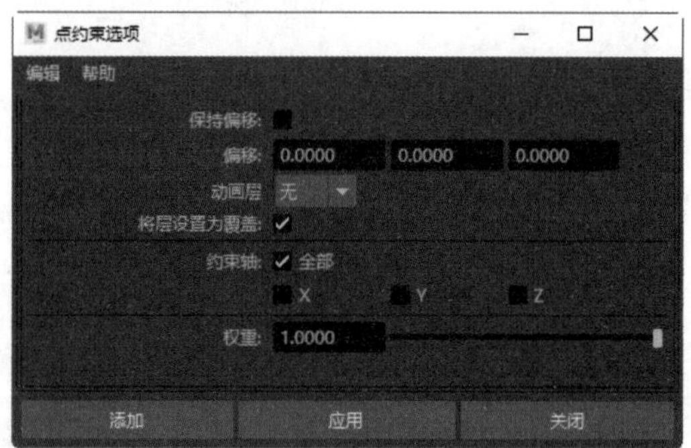

图 9-44　“点约束选项”窗口

- 保持偏移：保持受约束对象的原始平移 (约束之前的状态) 和相对平移。选中该复选框，可以保持受约束对象之间的空间关系。

- 偏移：为受约束对象指定相对于目标点的偏移位置（平移 X、Y 和 Z)。注意，目标点是目标对象旋转枢轴的位置，或是多个目标对象旋转枢轴的平均位置，默认值均为 0。
- 动画层：允许用户选择要向其中添加点约束的动画层。
- 将层设置为覆盖：选中该复选框，在“动画层”下拉列表中选择的层会在约束被添加到动画层时自动设定为“覆盖”模式。
- 约束轴：确定是否将点约束限制到特定轴（“X”“Y”“Z”）或“全部”轴。
- 权重：指定目标对象影响受约束对象的位置的程度。

9.5.3 方向约束

使用方向约束，可以将一个对象的方向设置为受场景中的其他一个或多个对象的影响。将菜单集切换至“动画”，在菜单栏中选中“约束”|“方向”右侧的复选框，可打开“方向约束选项”窗口，如图 9-45 所示，其中主要选项的功能说明如下。

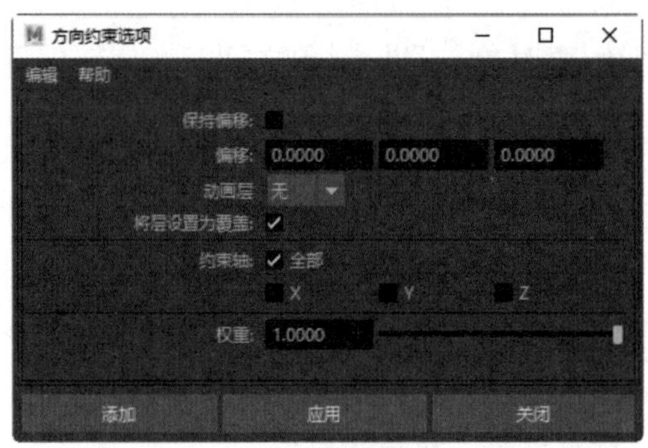

图 9-45　“方向约束选项”窗口

- 保持偏移：保持受约束对象的原始旋转（约束之前的状态）和相对旋转。使用该选项，可以保持受约束对象之间的旋转关系。
- 偏移：为受约束对象指定相对于目标点的偏移位置（平移 X、Y 和 Z)。
- 动画层：可用于选择要添加方向约束的动画层。
- 将层设置为覆盖：选中该复选框，在“动画层”下拉列表中选择的层会在约束被添加到动画层时自动设定为“覆盖”模式。
- 约束轴：决定方向约束是否受到特定轴（“X”“Y”“Z”）的限制或受到“全部”轴的限制。
- 权重：指定目标对象影响受约束对象的位置的程度。

9.5.4 缩放约束

使用缩放约束，可以将一个缩放对象与另外一个或多个对象相匹配。将菜单集切换至“动画”，在菜单栏中选中“约束”|“比例”右侧的复选框，可打开“缩放约束选项”窗口，如图 9-46 所示。

“缩放约束选项”窗口内的参数与“点约束选项”窗口内的参数极为相似，读者可参考前面的内容，此处不再赘述。

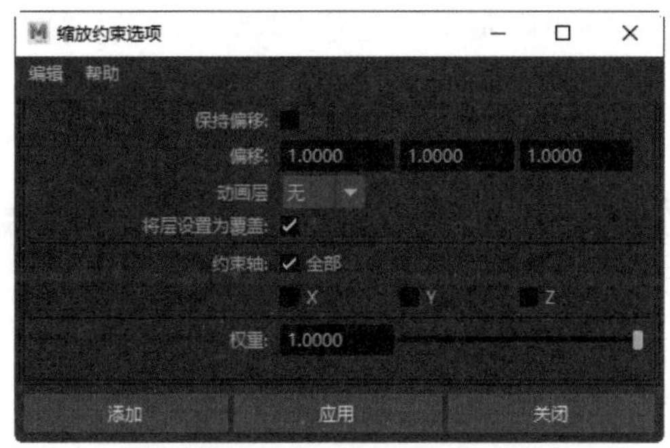

图 9-46　“缩放约束选项”窗口

9.5.5　目标约束

使用目标约束可约束某个对象的方向，使该对象对准其他对象。比如在角色设置中，目标约束可设置控制眼球转动的定位器。将菜单集切换至“动画”，在菜单栏中选中“约束”|“目标”右侧的复选框，可打开“目标约束选项”窗口，如图 9-47 所示，其中主要选项的功能说明如下。

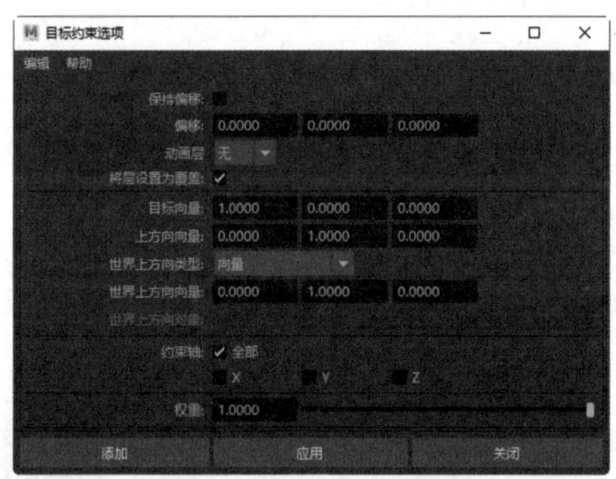

图 9-47　“目标约束选项”窗口

- 保持偏移：保持受约束对象的原始状态(约束之前的状态)、相对平移和旋转。选中该复选框，可以保持受约束对象之间的空间和旋转关系。
- 偏移：为受约束对象指定相对于目标点的偏移位置(平移 X、Y 和 Z)。
- 动画层：可用于选择要添加目标约束的动画层。
- 将层设置为覆盖：选中该复选框，在“动画层”下拉列表中选择的层会在约束被添加到动画层时自动设定为“覆盖”模式。
- 目标向量：指定目标向量相对于受约束对象局部空间的方向。目标向量将指向目标点，强制受约束对象相应地确定其本身的方向。默认值指定对象在 X 轴正半轴的局部旋转与目标向量对齐，以指向目标点 (1.0000，0.0000，0.0000)。
- 上方向向量：指定上方向向量相对于受约束对象局部空间的方向。
- 世界上方向向量：指定世界上方向向量相对于场景世界空间的方向。
- 世界上方向对象：指定上方向向量尝试对准指定对象的原点，而不是与世界上方向向量对齐。

▶ 约束轴：确定是否将目标约束限制于特定轴（“X” “Y” “Z”）或“全部”轴。

9.5.6 极向量约束

极向量约束用于控制极向量的末端，主要用于角色 IK，使其跟随一个或几个对象的平均位置移动。将菜单集切换至“动画”，在菜单栏中选中“约束”|“极向量”右侧的复选框，可打开“极向量约束选项”窗口，如图 9-48 所示。

“极向量约束选项”窗口中的“权重”文本框用于指定受约束对象的方向影响目标对象的程度。

图 9-48 “极向量约束选项”窗口

9.5.7 实例：制作父约束动画

【例 9-4】本实例将主要讲解如何制作父约束动画。 视频

01 启动 Maya 2022 软件，在场景中创建一个多边形球体和一个多边形立方体，如图 9-49 所示。

02 选择场景中的多边形立方体，然后按 Shift 键加选场景中的多边形球体，在菜单栏中选择“约束”|“父子约束”命令，如图 9-50 所示。

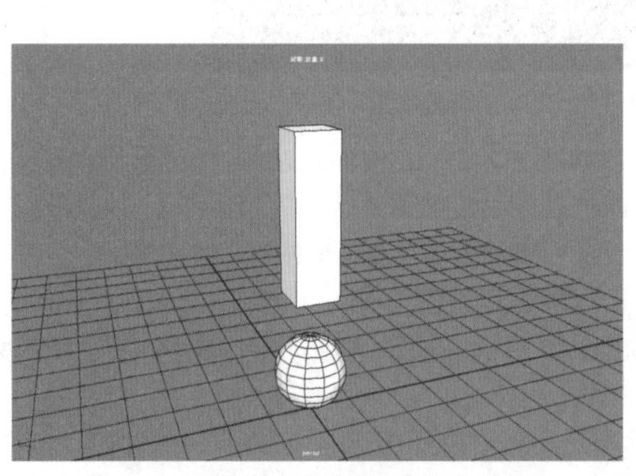

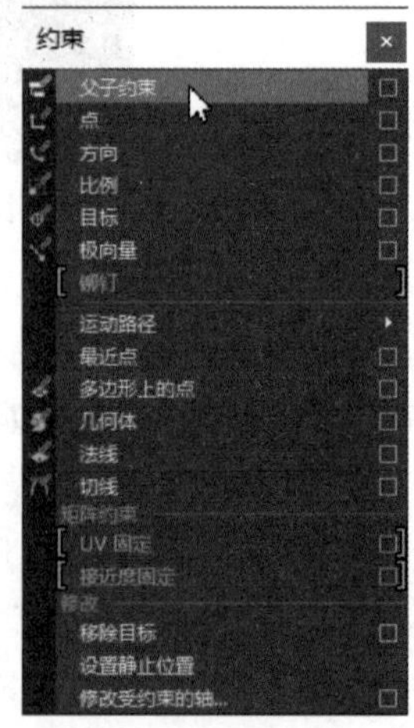

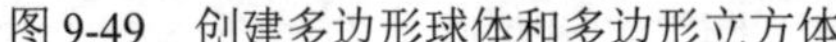

图 9-49 创建多边形球体和多边形立方体　　图 9-50 选择“父子约束”命令

03 在“大纲视图”面板中的多边形球体层次中会出现“父约束节点”，如图 9-51 所示。

04 选择多边形球体，可以看到“通道盒 / 层编辑器”面板中的“平移”和“旋转”属性右侧的背景色为蓝色，如图 9-52 所示。

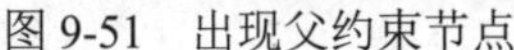

图 9-51　出现父约束节点

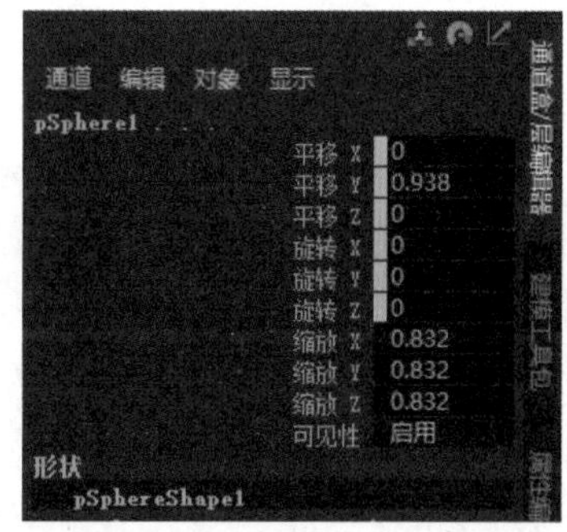

图 9-52　“平移”和“旋转”属性右侧的背景色为蓝色

05 选择场景中的多边形立方体，对其进行平移或旋转操作，如图 9-53 所示，可以看到多边形球体的位置和旋转方向均开始受到多边形立方体的影响。

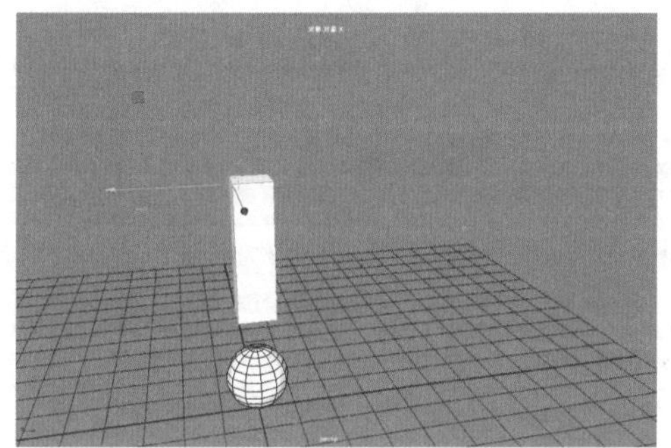

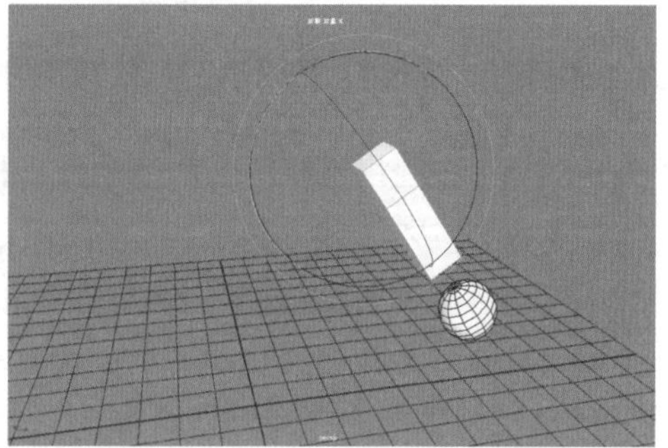

图 9-53　移动多边形立方体模型

9.5.8　实例：制作点约束动画

【例 9-5】本实例将主要讲解如何制作点约束动画。视频

01 在场景中创建一个多边形球体和一个多边形立方体，如图 9-54 所示。

02 选择场景中的多边形立方体，然后按 Shift 键加选场景中的多边形球体。在菜单栏中选中“约束”|“点”右侧的复选框，打开“点约束选项”窗口，选中“保持偏移”复选框，如图 9-55 所示，然后单击“应用”按钮。

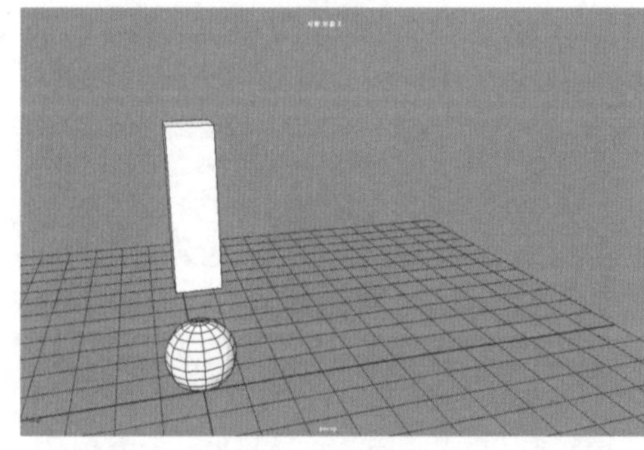

图 9-54　创建多边形球体和多边形立方体

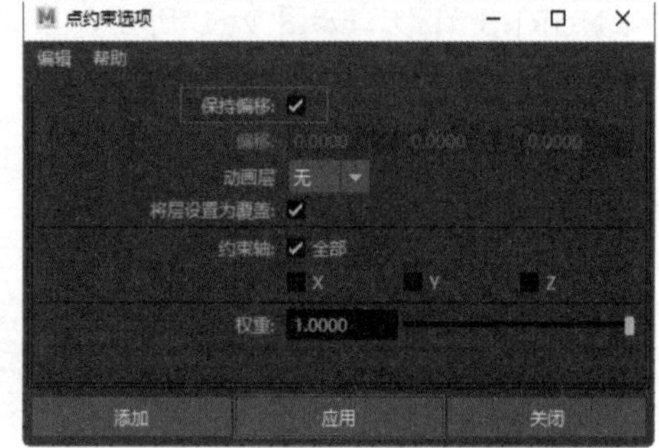

图 9-55　设置“点约束选项”窗口

03 若不选中“保持偏移”复选框，那么多边形球体模型会被吸附在多边形立方体模型上，如图 9-56 所示。

04 选择场景中的多边形立方体，对其进行平移操作，如图 9-57 所示，可以看到多边形球体的位置受到了多边形立方体的影响，但不受立方体模型旋转或缩放的影响。

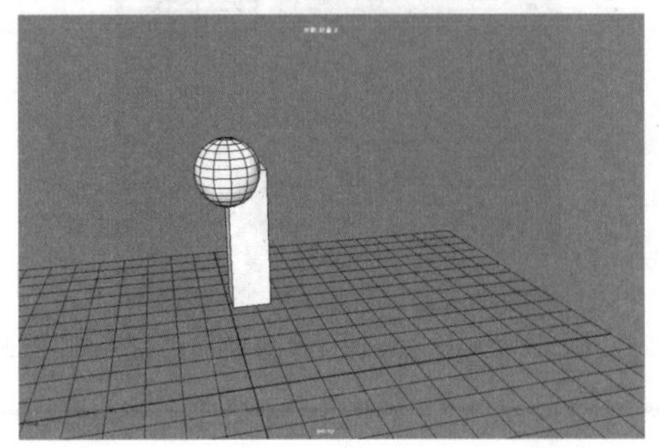

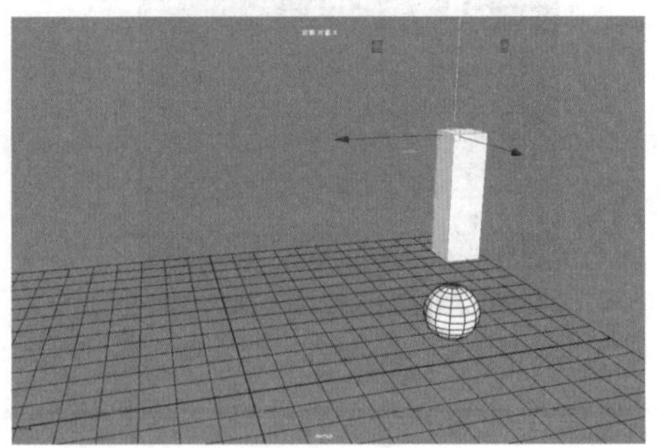

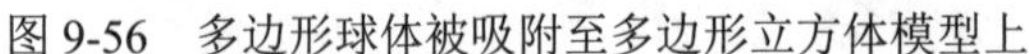

图 9-56　多边形球体被吸附至多边形立方体模型上　　图 9-57　进行平移操作

9.5.9　实例：制作目标约束动画

【例 9-6】本实例将主要讲解如何制作目标约束动画。视频

01 在场景中创建一个多边形球体和一个 NURBS 圆形，如图 9-58 所示。

02 选择场景中的 NURBS 圆形，然后按 Shift 键加选场景中的多边形球体。在菜单栏中选中“约束”|“目标”右侧的复选框，打开“目标约束选项”窗口，选中“保持偏移”复选框，如图 9-59 所示，然后单击“应用”按钮。

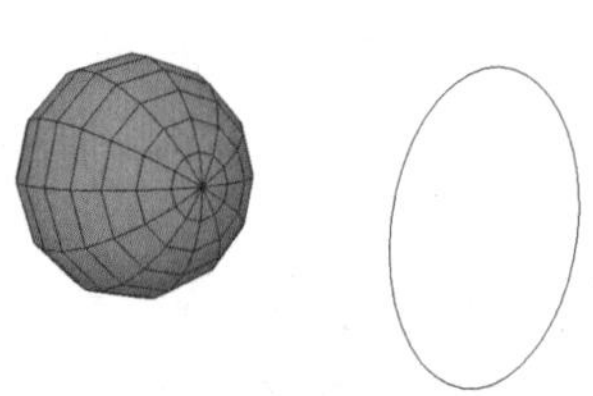

图 9-58　创建多边形球体和 NURBS 圆形

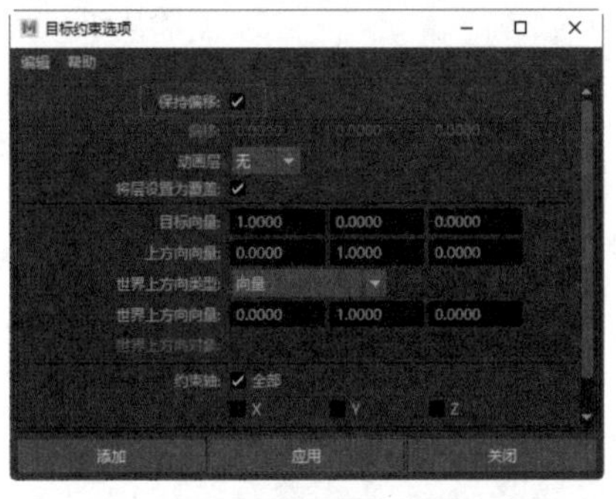

图 9-59　“目标约束选项”窗口

03 移动 NURBS 圆形，如图 9-60 所示，多边形球体模型会沿着 NURBS 圆形移动的方向进行旋转。

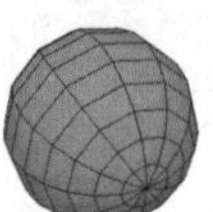

图 9-60　移动 NURBS 圆形

9.5.10　实例：制作极向量约束动画

【例 9-7】本实例将主要讲解如何制作极向量约束动画。视频

01 将菜单集切换至“绑定”，然后在菜单栏中选择“骨架”|“创建关节”命令，如图 9-61 所示，根据模型创建一个手臂骨骼，由于人的小臂可以旋转，因此我们在小臂中心位置多加一截。

02 对于小臂，我们只需要其旋转不需要折叠，所以在这里 IK 的创建不同于其他部位，结果如图 9-62 所示。

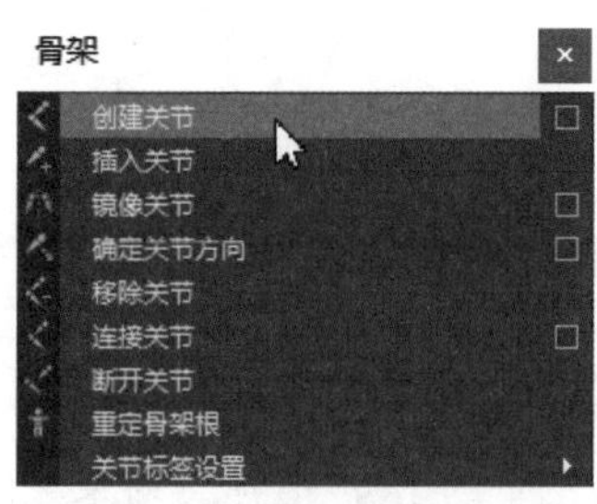

图 9-61　选择“创建关节”命令

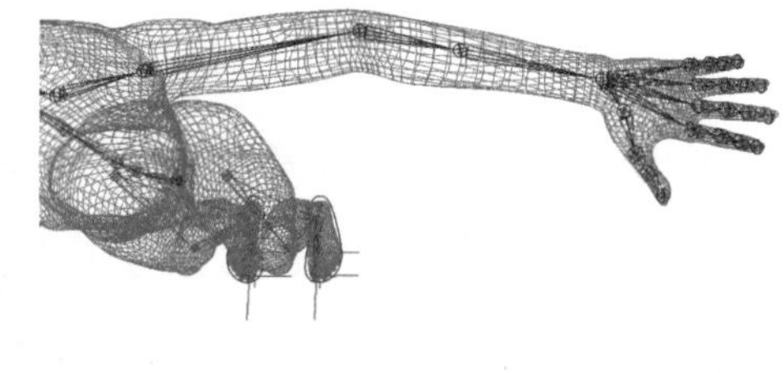

图 9-62　手臂骨骼

03 选择“骨架”|“创建 IK 控制柄”命令，如图 9-63 所示，为骨骼创建 IK。

04 在肩膀处一直到前臂处创建 IK，结果如图 9-64 所示。

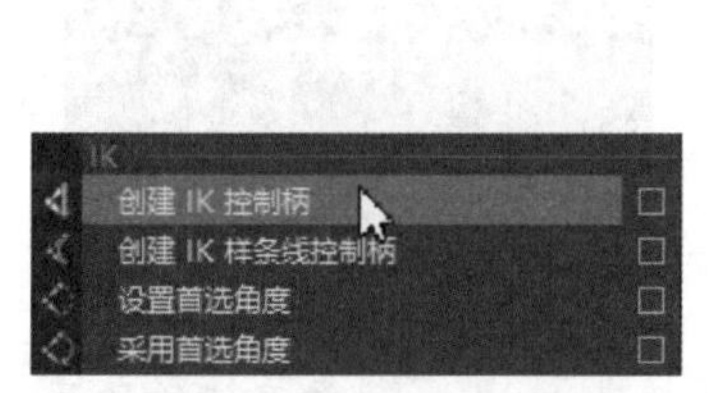

图 9-63　选择“创建 IK 控制柄”命令

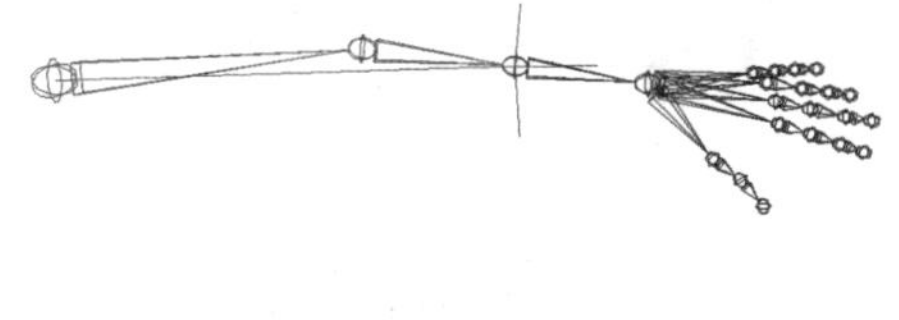

图 9-64　创建手臂 IK

05 选择“窗口”|“常规编辑器”|“Hypergraph：连接”命令，如图 9-65 所示。

06 打开“Hypergraph 输入输出 3”窗口，选择“effector12”节点，如图 9-66 所示。

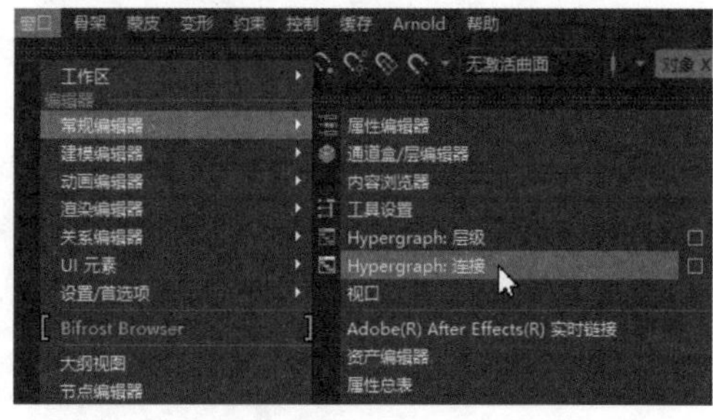

图 9-65　选择“Hypergraph：连接”命令

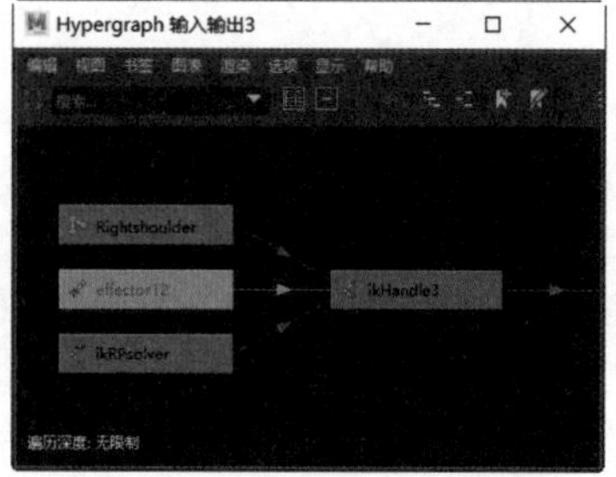

图 9-66　选择“effector12”节点

07 选择前臂上的IK，按D键然后按V键，将其吸附至手腕上，如图9-67所示。

08 在场景中创建一个NURBS圆形，将其调整至手肘处，如图9-68所示。

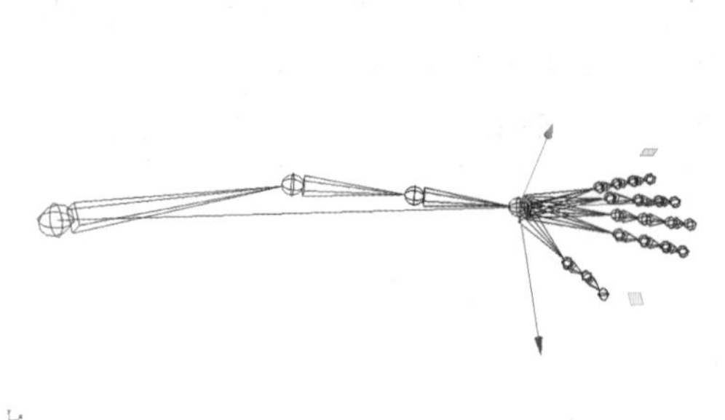

图9-67　将IK吸附至手腕上

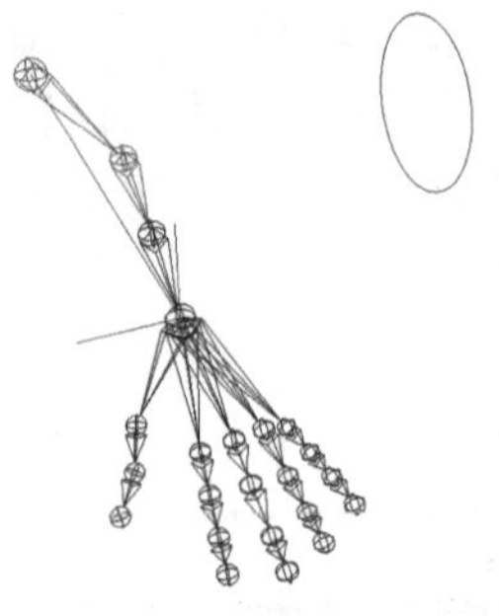

图9-68　创建NURBS圆形

09 选择NURBS圆形，在菜单栏中选择“修改”|“冻结变换”命令，然后按D键，再按V键将NURBS圆形中心点吸附至手肘关节处，如图9-69所示，再选择“编辑”|“按类型删除”|“历史”命令。

10 选择场景中的NURBS圆形，然后按Shift键加选场景中的IK，选择“约束”|“极向量”命令，如图9-70所示。此时，NURBS圆环就可作为IK关节控制器。

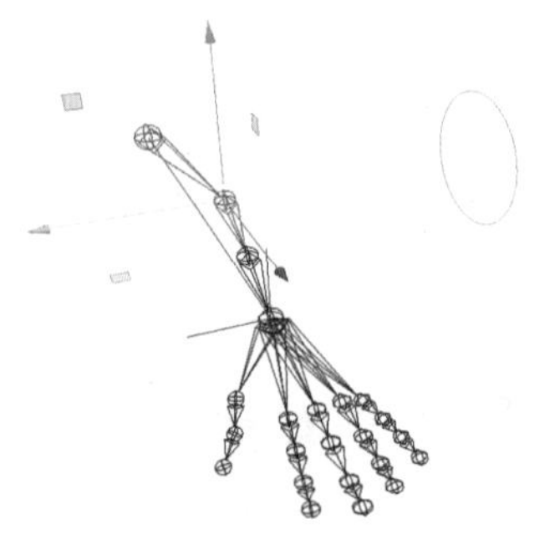

图9-69　将NURBS圆形中心点吸附至手肘关节处

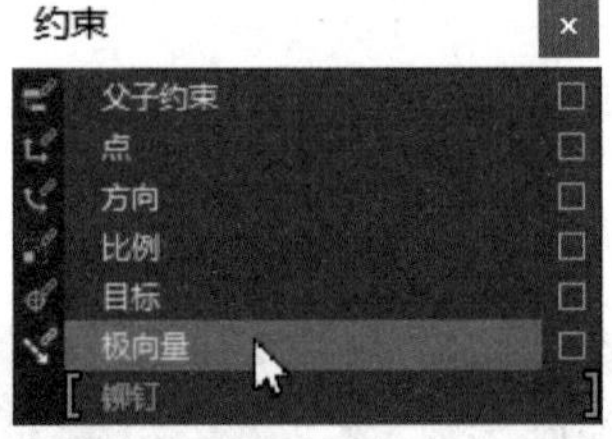

图9-70　选择“极向量”命令

11 移动NURBS圆形，如图9-71所示，这时NURBS圆形可以控制关节链的方向。

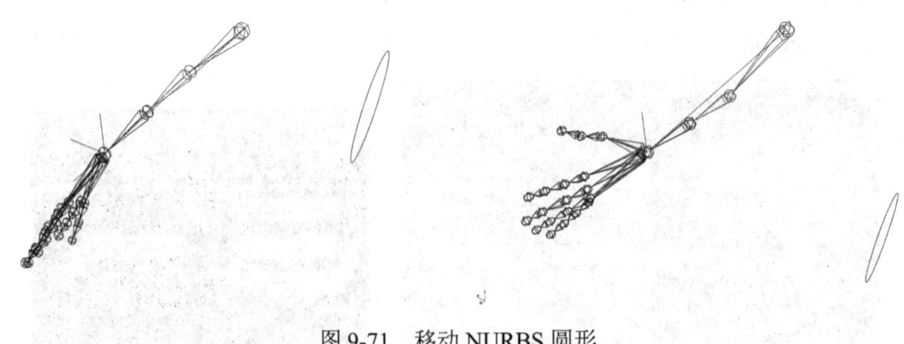

图9-71　移动NURBS圆形

12 骨骼和 IK 创建完成后，需要在“大纲视图”面板中修改各自的名称，结果如图 9-72 所示。这样做是为了方便后续进行蒙皮。

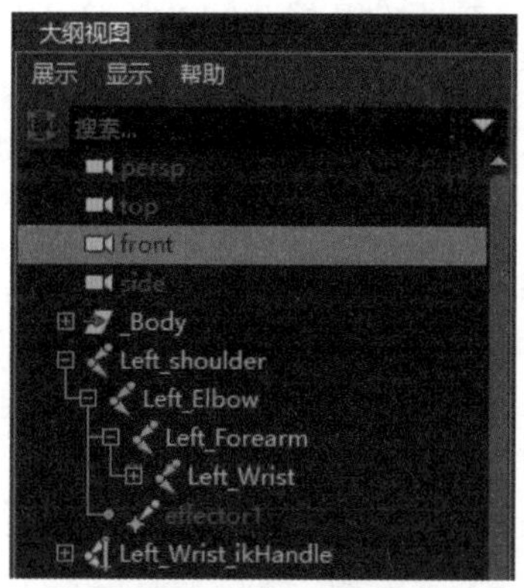

图 9-72　修改名称

9.6　路径动画

使用路径动画可以制作物体沿曲线进行位移及旋转的动画，在制作路径动画前，一定要先删除模型历史。

将菜单集切换至“动画”，在菜单栏中选中“约束”|“运动路径”|“连接到运动路径”命令右侧的复选框，如图 9-73 所示，可打开“连接到运动路径选项”窗口，如图 9-74 所示，其中主要选项的功能说明如下。

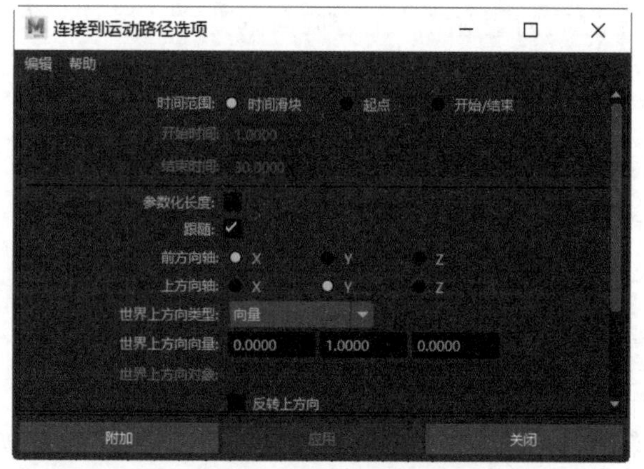

图 9-73　选择“连接到运动路径”命令　　图 9-74　打开“连接到运动路径选项”窗口

- 时间范围：用于设置沿曲线定义运动路径的开始时间和结束时间。
  - 时间滑块：将在时间滑块中设置的值用于运动路径的起点和终点。
  - 起点：仅在曲线的起点处或在下面“开始时间”文本框中设置的其他值处创建一个位置标记。对象将放置在路径的起点处，但除非沿路径放置其他位置标记，否则动画将无法运行。可以使用运动路径操纵器添加其他位置标记。

- 开始/结束：在曲线的起点和终点处创建位置标记，并在下面的"开始时间"和"结束时间"文本框中设置时间值。

▶ 开始时间：用于指定运动路径动画的开始时间。仅当启用"时间范围"中的"起点"或"开始/结束"后可用。

▶ 结束时间：用于指定运动路径动画的结束时间。仅当启用"时间范围"中的"开始/结束"后可用。

▶ 参数化长度：用于指定对象沿曲线移动的方法。

▶ 跟随：选中该复选框，Maya 会在对象沿曲线移动时计算它的方向。

▶ 前方向轴：用于指定对象的哪个局部轴 (X、Y 或 Z) 与前方向向量对齐。这将指定沿运动路径移动的前方向。

▶ 上方向轴：用于指定对象的哪个局部轴 (X、Y 或 Z) 与上方向向量对齐。这将在对象沿运动路径移动时指定它的上方向。上方向向量与"世界上方向类型"指定的世界上方向向量对齐。

▶ 世界上方向类型：用于指定上方向向量对齐的世界上方向向量类型，有"场景上方向""对象上方向""对象旋转上方向""向量""法线"这 5 个选项可选。

- 场景上方向：指定上方向向量尝试与场景上方向轴（而不是世界上方向向量）对齐。
- 对象上方向：指定上方向向量尝试对准指定对象的原点，而不是与世界上方向向量对齐。世界上方向向量将被忽略。该对象称为世界上方向对象，可通过"世界上方向对象"选项指定。如果未指定世界上方向对象，上方向向量会尝试指向场景世界空间的原点。
- 对象旋转上方向：指定相对于某个对象的局部空间（而不是相对于场景的世界空间）定义世界上方向向量。在相对于场景的世界空间变换上方向向量后，其会尝试与世界上方向向量对齐。上方向向量尝试对准原点的对象被称为世界上方向对象。可以使用"世界上方向对象"选项指定世界上方向对象。
- 向量：指定上方向向量尝试与世界上方向向量尽可能对齐。默认情况下，世界上方向向量是相对于场景的世界空间定义的。"使用世界上方向向量"指定世界上方向向量相对于场景世界空间的位置。
- 法线：指定"上方向轴"指定的轴将尝试匹配路径曲线的法线。

▶ 世界上方向向量：指定世界上方向向量相对于场景世界空间的方向。

▶ 世界上方向对象：在将"世界上方向类型"设定为"对象上方向"或"对象旋转上方向"的情况下，指定世界上方向向量尝试对齐的对象。

▶ 反转上方向：选中该复选框，则"上方向轴"会尝试与上方向向量的逆方向对齐。

▶ 反转前方向：选中该复选框，将沿曲线反转对象面向的前方向。

▶ 倾斜：意味着对象将朝曲线曲率的中心倾斜，该曲线是对象移动所沿的曲线（类似于摩托车转弯）。仅当启用"跟随"选项后，"倾斜"选项才可用，因为倾斜也会影响对象的旋转。

▶ 倾斜比例：如果增加"倾斜比例"，那么倾斜效果会更明显。

▶ 倾斜限制：允许用户限制倾斜量。

9.6.1　实例：设置路径动画

【例 9-8】本实例将主要讲解如何设置路径动画。视频

01 在场景中创建一条 EP 曲线和一个多边形立方体，如图 9-75 所示。

02 选择场景中的多边形立方体，然后按 Shift 键加选场景中的 EP 曲线，在菜单栏中选择“约束”|“运动路径”|“连接到运动路径”命令，结果如图 9-76 所示。

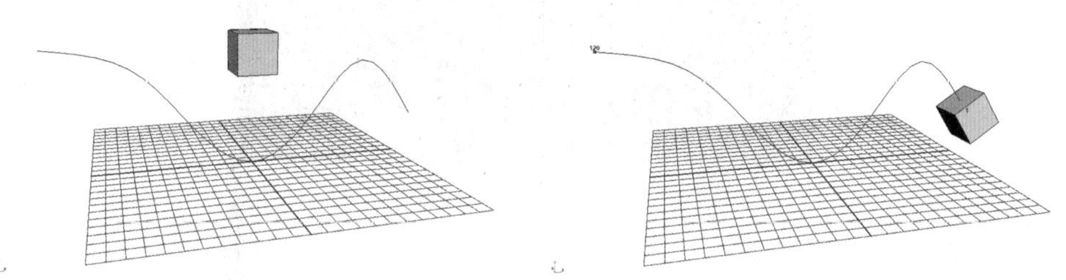

图 9-75　创建 EP 曲线和多边形立方体　　图 9-76　选择“连接到运动路径”命令后的结果

03 播放动画，如图 9-77 所示，可以看到多边形立方体沿着 EP 曲线路径进行运动。

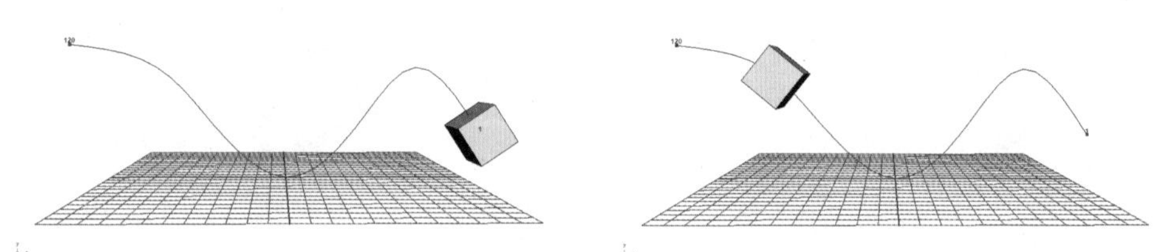

图 9-77　播放动画

9.6.2　路径变形动画

路径变形动画常常用来增加动画的细节。图 9-78 是未选择“流动路径对象”命令时的显示效果，图 9-79 是选择“流动路径对象”命令后的显示效果。

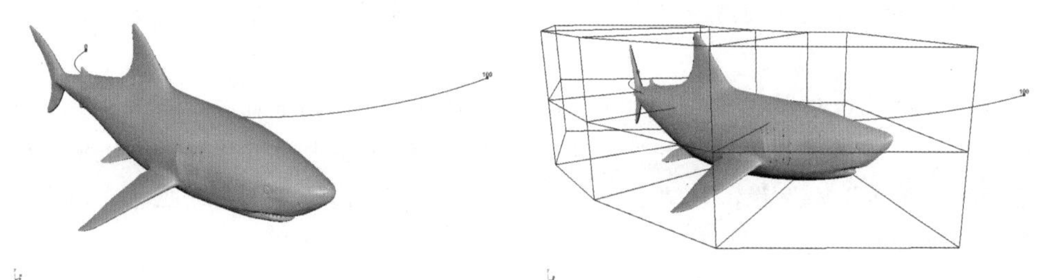

图 9-78　未选择“流动路径对象”命令时的效果　图 9-79　选择“流动路径对象”命令后的效果

在菜单栏中选中“约束”|“运动路径”|“流动路径对象”命令右侧的复选框，可以打开“流动路径对象选项”窗口，如图 9-80 所示，其中各主要选项的功能说明如下。

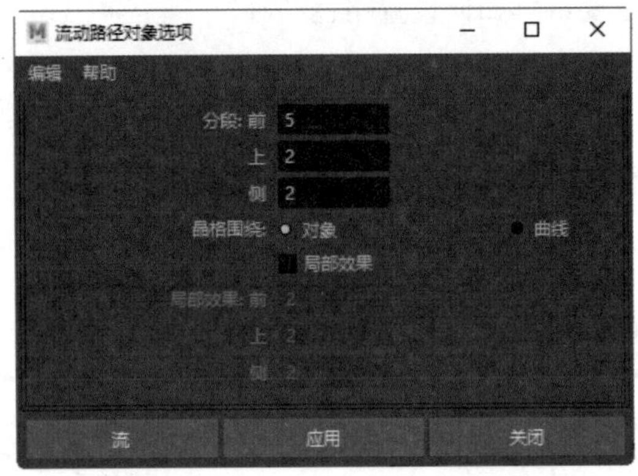

图 9-80 “流动路径对象选项”窗口

- 分段：通过控制“前”“上”“侧”3 个方向的晶格数来调整模型变形的细节。
- 晶格围绕：用来设置晶格是围绕对象生成还是围绕曲线生成，图 9-81 所示是将“晶格围绕”设置为“对象”和“曲线”时的对比效果。

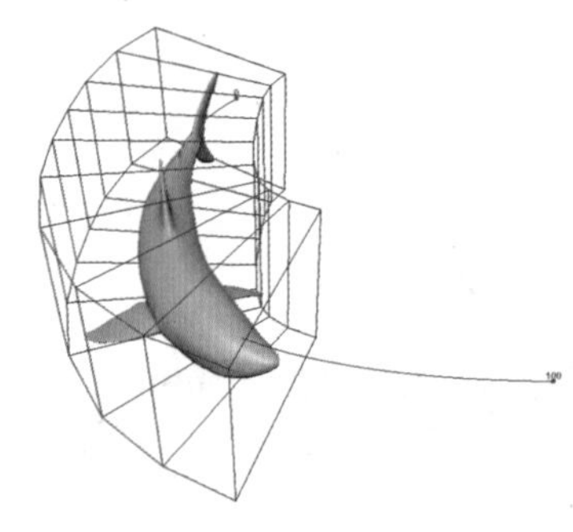
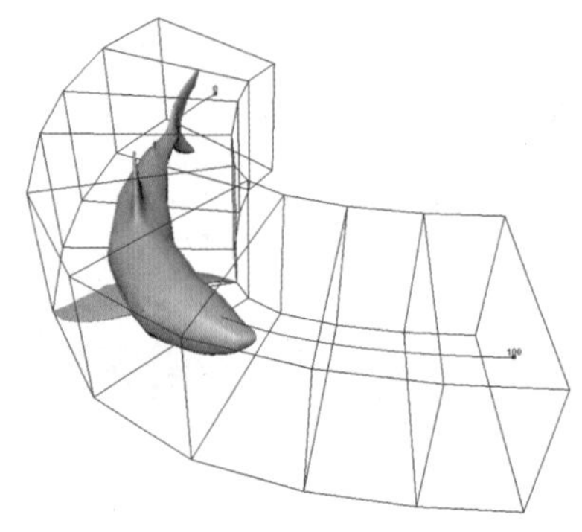

图 9-81 晶格围绕

- 局部效果：使用该选项可以更精准地控制对象的变形。

9.6.3 实例：设置路径变形动画

【例 9-9】本实例将主要讲解如何设置路径变形动画。视频

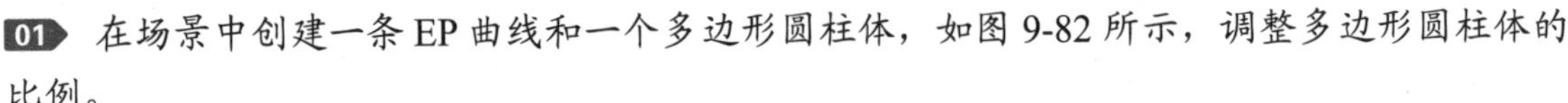

01 在场景中创建一条 EP 曲线和一个多边形圆柱体，如图 9-82 所示，调整多边形圆柱体的比例。

02 选择场景中的多边形圆柱体，然后按 Shift 键加选场景中的 EP 曲线。在菜单栏中选择“约束”|“运动路径”|“连接到运动路径”命令，在“属性编辑器”面板的 motionPath1 选项卡中，展开“运动路径属性”卷展栏，在“前方向轴”下拉列表中选择 Y，在“上方向轴”下拉列表中选择 X，如图 9-83 所示。

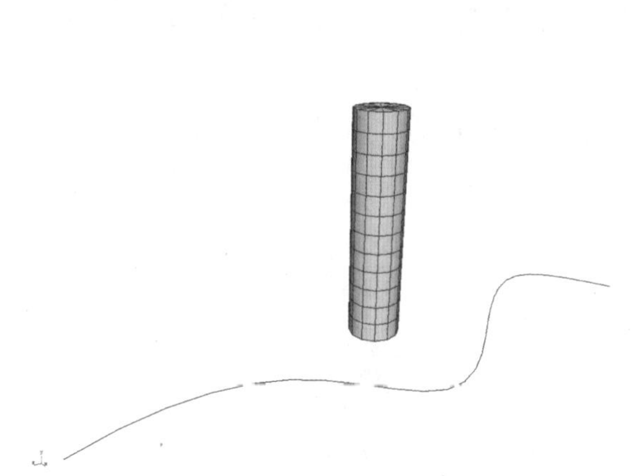

图 9-82　创建 EP 曲线和多边形圆柱体

图 9-83　展开“运动路径属性”卷展栏并设置参数

03 设置完成后播放动画，如图 9-84 所示，此时多边形圆柱体的方向发生了变化。

04 选择多边形圆柱体，选中“约束”|“运动路径”|“流动路径对象”命令右侧的复选框，打开“流动路径对象选项”窗口，具体的参数设置如图 9-85 所示，单击“应用”按钮。

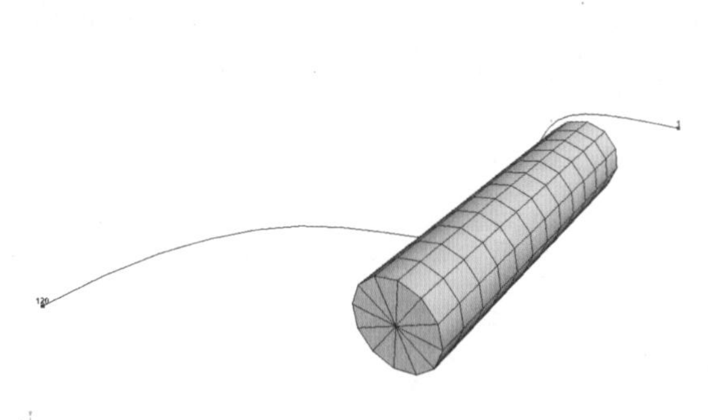

图 9-84　播放动画

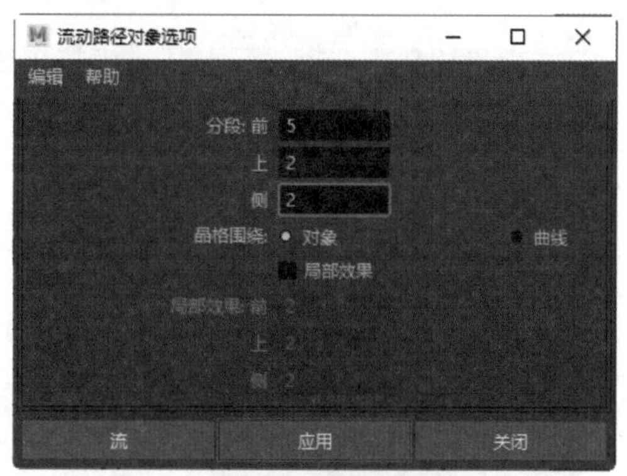

图 9-85　设置“流动路径对象选项”窗口

05 在“通道盒 / 层编辑器”面板中设置“T 分段数”数值为 10，如图 9-86 所示。

06 播放动画，如图 9-87 所示，此时场景中的多边形圆柱体周围出现了晶格，且多边形圆柱体整体变得柔软并贴合着 EP 曲线进行运动。

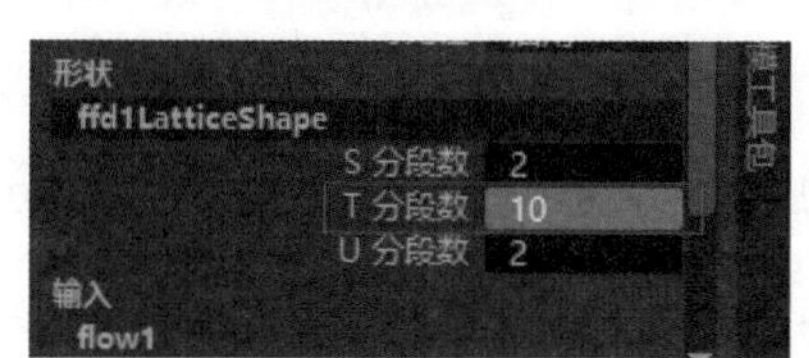

图 9-86　设置“T 分段数”数值

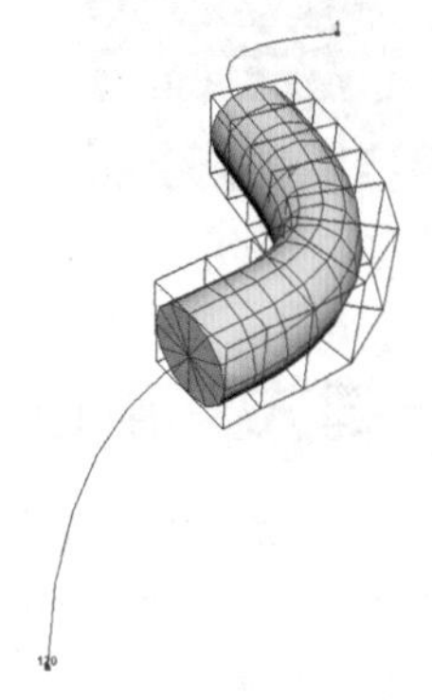

图 9-87　播放动画

9.7 快速绑定角色

Maya 为用户提供了快速绑定角色功能，使用这一功能，动画师可快速为标准角色网格创建骨架并进行蒙皮操作，可节省传统设置骨骼及 IK 所消耗的大量时间。传统的手动绑定角色如图 9-88 所示。快速绑定角色有两种方法：一种是通过“一键式”命令自动创建骨架并蒙皮；另一种是通过“分步”的方式，一步一步将角色绑定完成。

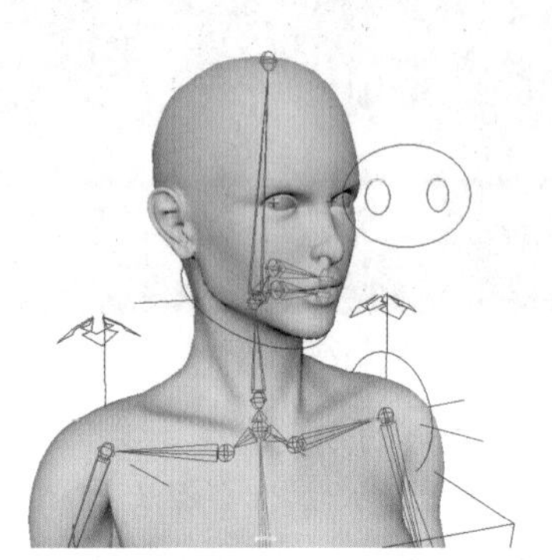
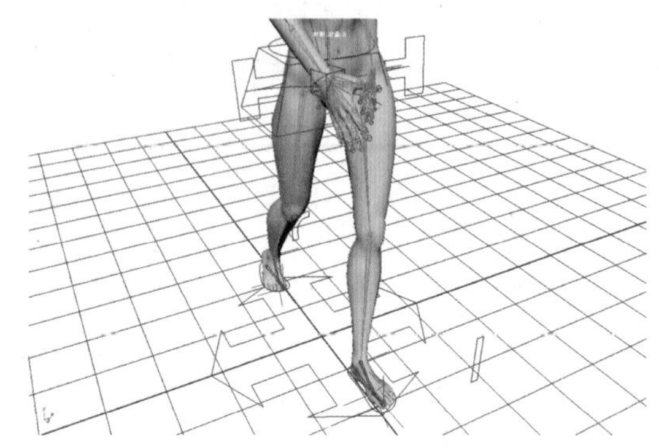

图 9-88　手动绑定角色

将菜单集切换至“绑定”，在菜单栏中选择“骨架”|“快速绑定”命令，如图 9-89 所示，可打开“快速绑定”窗口；或者在“绑定”工具架上单击“快速绑定”图标，如图 9-90 所示，也可打开“快速绑定”窗口。

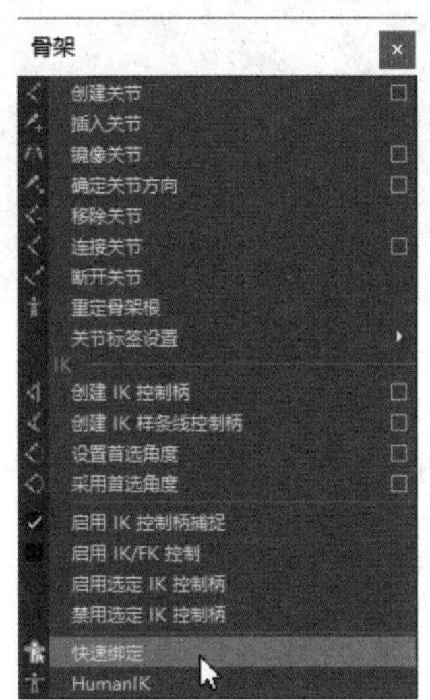

图 9-89　选择“快速绑定”命令

图 9-90　“绑定”工具架

9.7.1 “一键式”角色绑定

在“快速绑定”窗口中，默认状态下，角色将以“一键式”的方式快速绑定，如图 9-91 所示。单击“角色”下拉列表右侧的“创建新角色”按钮，然后选择场景中的角色，可快速为角色创建骨架并设置蒙皮。

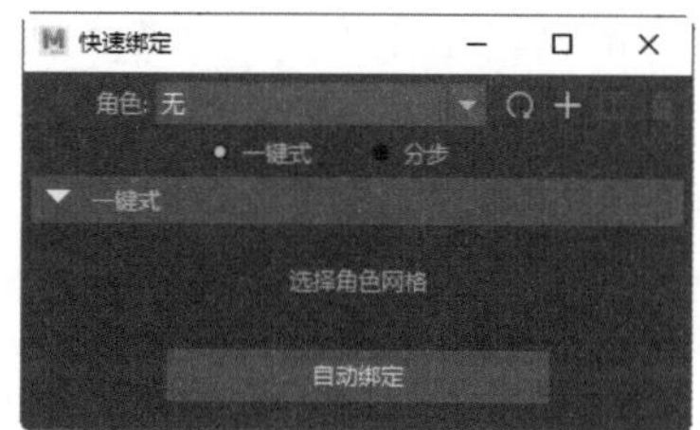

图 9-91　“一键式”角色绑定

9.7.2　“分步”角色绑定

在“快速绑定”窗口中，若选择角色绑定的方式为“分步”，用户可通过如图 9-92 所示的参数选项设置角色绑定。

图 9-92　“分步”角色绑定

1. “几何体”卷展栏

展开“几何体”卷展栏，如图 9-93 所示，各选项的功能说明如下。

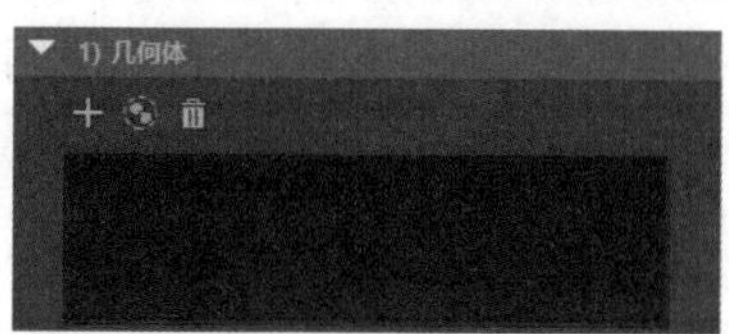

图 9-93　“几何体”卷展栏

- 添加选定的网格：使用选定的网格填充“几何体”列表。
- 选择所有网格：选择场景中的所有网格，并将其添加到“几何体”列表。
- 清除所有网格：清空“几何体”列表。

2.“导向”卷展栏

展开“导向”卷展栏，如图 9-94 所示，其中主要选项的功能说明如下。

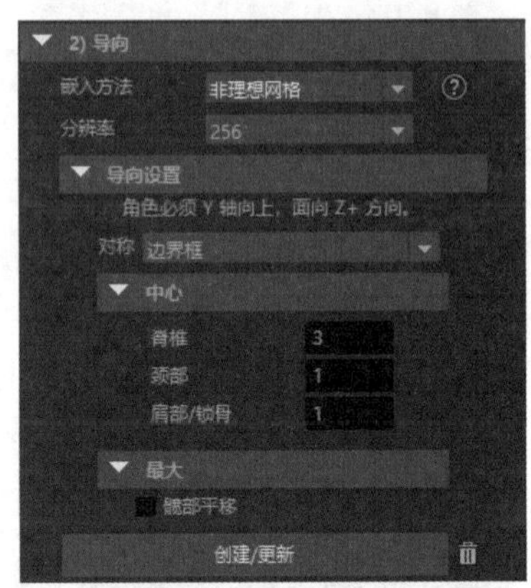

图 9-94　“导向”卷展栏

- 嵌入方法：此下拉列表用于指定使用哪种网格，以及如何以最佳方式进行绑定，有“理想网格”“防水网格”“非理想网格”“多边形汤”“无嵌入”这 5 种方式可选。
- 分辨率：选择要用于绑定的分辨率。分辨率越高，处理时间越长。
- 导向设置：该区域可用于配置导向的生成，使骨架关节与网格上的适当位置对齐。
- 对称：根据角色的边界框或髋部选择对称类型。
- 中心：用于设置创建的导向数量，进而设置生成的骨架和装备将拥有的关节数。
- 髋部平移：用于生成骨架的髋部平移关节。
- 创建 / 更新：将导向添加到角色网格。

3.“用户调整导向”卷展栏

展开“用户调整导向”卷展栏，如图 9-95 所示，各选项的功能说明如下。

图 9-95　“用户调整导向”卷展栏

- 从左到右镜像：使用选定导向作为源，以便将左侧导向镜像到右侧导向。
- 从右到左镜像：使用选定导向作为源，以便将右侧导向镜像到左侧导向。
- 选择导向：选择所有导向。
- 显示所有导向：启用导向的显示。
- 隐藏所有导向：隐藏导向的显示。
- 启用 X 射线关节：在所有视口中启用 X 射线关节。
- 导向颜色：选择导向颜色。

4.“骨架和绑定生成”卷展栏

展开“骨架和绑定生成”卷展栏，如图 9-96 所示，各选项的功能说明如下。

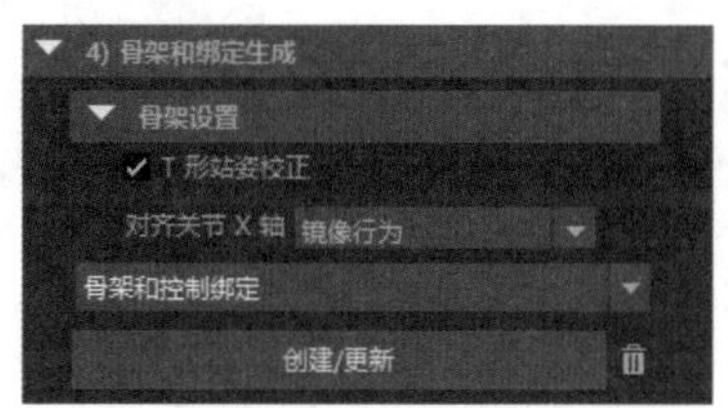

图 9-96　“骨架和绑定生成”卷展栏

- T 形站姿校正：建议启用此选项，以便为 HumanIK 提供有关角色骨架和关节变化比例的重要信息。如果嵌入姿势并非 T 形站姿 (A 形站姿是常用的替代方法)，那么很可能会产生异常结果。
- 对齐关节 X 轴：通过此设置可以选择如何在骨架上设置关节方向，有“镜像行为”“朝向下一个关节的 X 轴”“世界 - 不对齐”这 3 个选项可选，如图 9-97 所示。
- 骨架和控制绑定：从该下拉列表中选择是要创建具有控制绑定的骨架，还是仅创建骨架。
- 创建 / 更新：为角色网格创建带有或不带控制绑定的骨架。

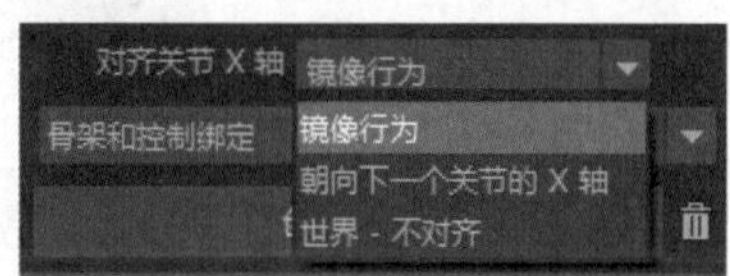

图 9-97　“对齐关节 X 轴”下拉列表中的选项

5.“蒙皮”卷展栏

展开“蒙皮”卷展栏，如图 9-98 所示，各选项的功能说明如下。

图 9-98　“蒙皮”卷展栏

- 绑定方法：可从该下拉列表中选择蒙皮绑定方法，有“GVB(默认设置)”和“当前设置”两种方式，如图 9-99 所示。

图 9-99　两种绑定方法

- 创建 / 更新：对角色进行蒙皮，这将完成角色网格的绑定流程。

9.7.3　实例：绑定人物角色模型

【例 9-10】 本实例将主要讲解如何使用快速绑定技术快速绑定角色模型，最终效果如图 9-100 所示。视频

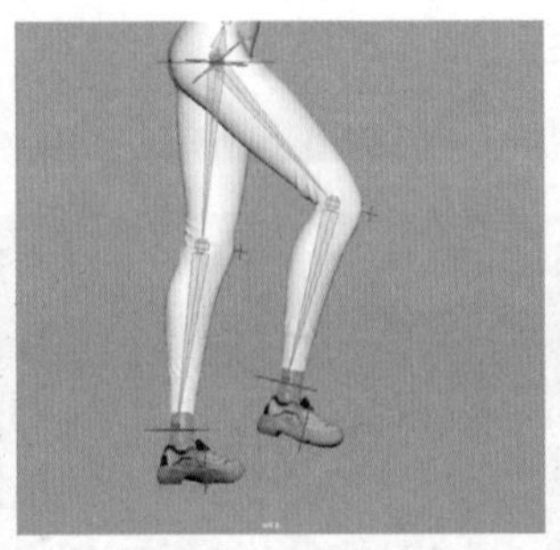

图 9-100　快速绑定角色模型的最终效果

01 打开"角色.mb"文件，在场景中打开一个角色模型，如图 9-101 所示。

02 将菜单集切换至"绑定"，在菜单栏中选择"骨架" | "快速绑定"命令，打开"快速绑定"窗口，如图 9-102 所示。

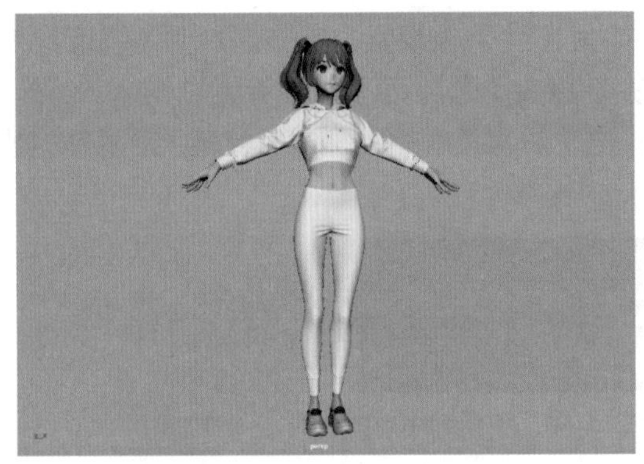

图 9-101　打开"角色.mb"文件

图 9-102　打开"快速绑定"窗口

03 在"快速绑定"窗口中单击"创建新角色"按钮，然后选中"分步"单选按钮，如图 9-103 所示，激活"快速绑定"窗口中的命令按钮。

04 选择场景中的角色模型，展开"几何体"卷展栏，单击"添加选定的网格"按钮，将场景中选择的角色模型添加至"几何体"卷展栏下方的文本框中，结果如图 9-104 所示。

图 9-103　创建新角色

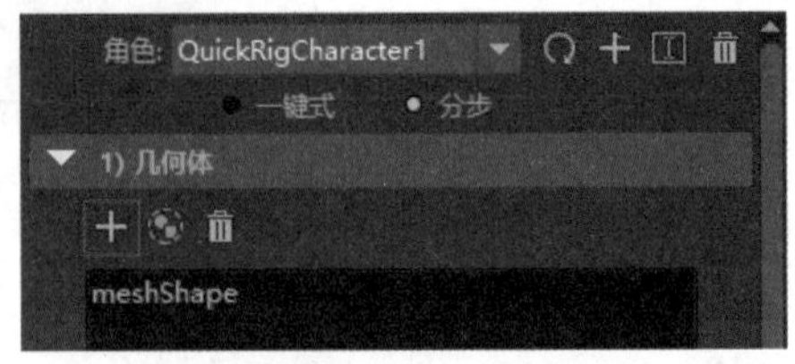

图 9-104　单击"添加选定的网格"按钮

05 展开"导向"卷展栏，在"分辨率"下拉列表中选择 512 选项，展开"中心"卷展栏，在"颈部"文本框中输入 2，然后单击"创建 / 更新"按钮，如图 9-105 所示。

06 此时，在透视视图中可以看到角色模型上添加了多个导向，如图 9-106 所示。

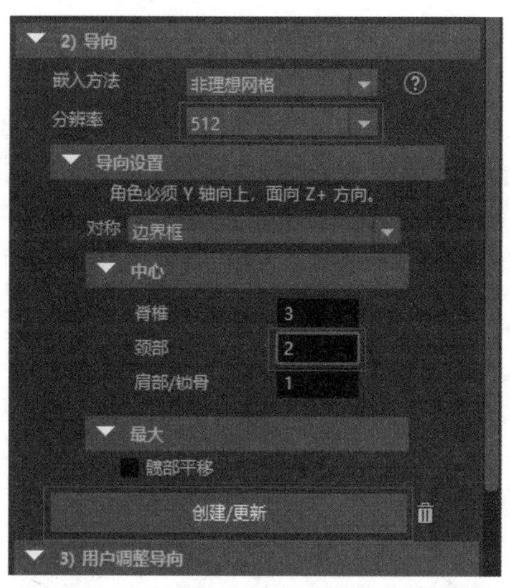

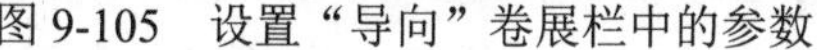

图 9-105　设置“导向”卷展栏中的参数

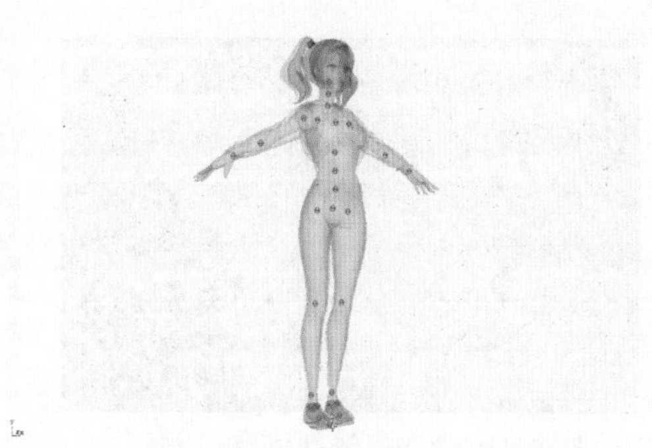

图 9-106　创建多个导向

07 在前视图中仔细观察默认状态下生成的导向，可以发现，有些关节处的导向位置略有偏差，如图 9-107 所示，例如手腕及手肘处的导向需要在场景中手动调整其位置。

08 选择一边的手腕、手肘、肩膀处的导向，将其分别调整至如图 9-108 所示位置。

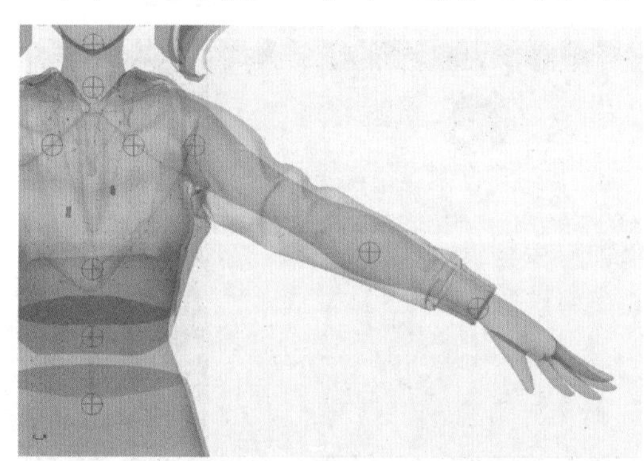

图 9-107　观察默认导向

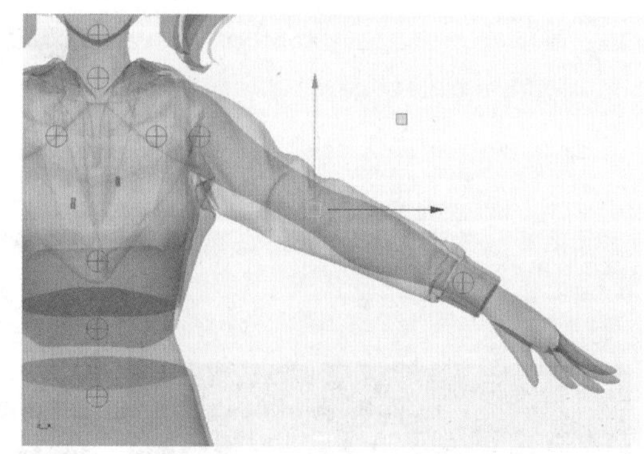

图 9-108　调整导向的位置

09 选择所有调整过的导向，然后展开“用户调整导向”卷展栏，单击“从右到左镜像”按钮，如图 9-109 所示。

10 即可将右侧调整好的导向位置复制到左侧，如图 9-110 所示。

图 9-109　单击“从右到左镜像”按钮

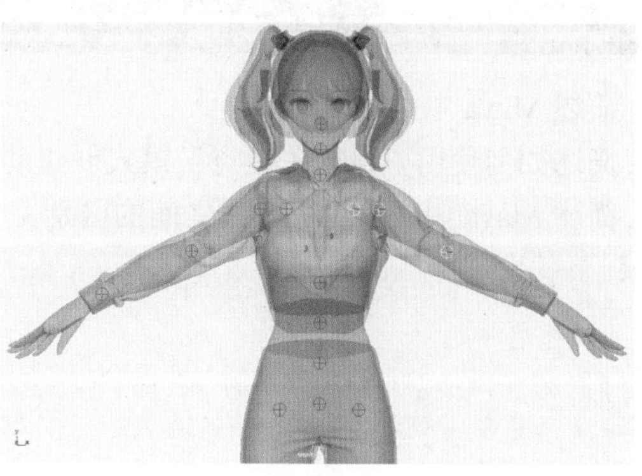

图 9-110　继续调整导向位置

11 展开“骨架和绑定生成”卷展栏，单击“创建 / 更新”按钮，如图 9-111 所示。

12 此时，可根据之前所调整的导向位置生成骨架，结果如图 9-112 所示。

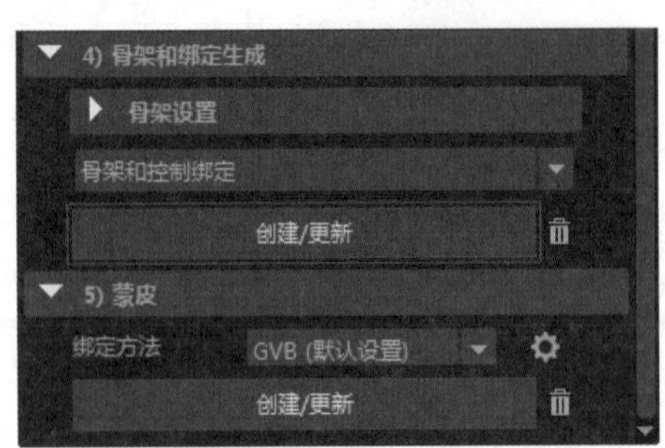

图 9-111　单击“创建 / 更新”按钮

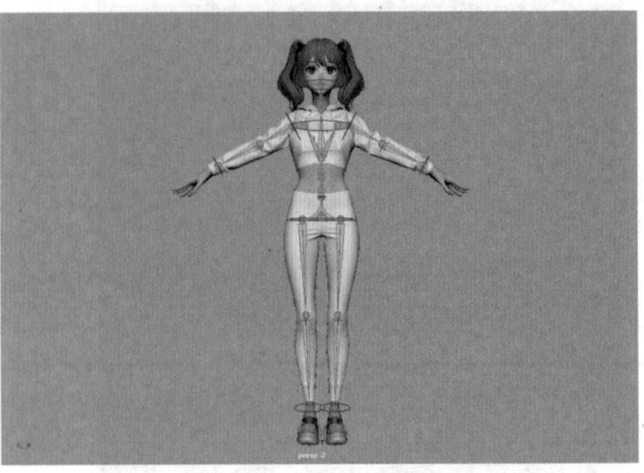

图 9-112　生成骨架

13 展开“蒙皮”卷展栏，单击“创建 / 更新”按钮，如图 9-113 所示，为当前角色创建蒙皮。

14 角色的快速绑定操作就结束了，结果如图 9-114 所示，用户还可通过 Maya 的 Human IK 面板中的图例快速选择角色的骨骼来调整角色的姿势。

15 本例的最终效果如图 9-100 所示。

图 9-113　单击“创建 / 更新”按钮

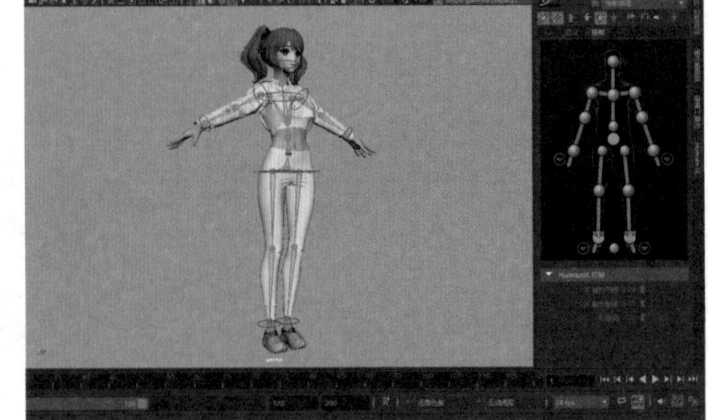

图 9-114　完成角色快速绑定后的最终效果

9.8　习题

1. 简述 Maya 中关键帧动画。
2. 简述如何使用“自动关键点”模式创建动画。
3. 简述 Maya 中 6 种约束方式之间的区别。

第 10 章

布料动画技术

Maya 中的 nCloth 对象通过模拟对象的物理属性及其交互方式来创建动画，被广泛应用于建筑设计、游戏动画等领域。本章将通过实例操作，介绍 Maya 2022 中布料动画的基础知识，帮助用户熟练掌握 nCloth 的创建方法以及相关约束命令的使用方法。

二维码教学视频

【例 10-1】 制作布料下落动画

【例 10-2】 制作抱枕模型

【例 10-3】 制作床单飘动动画

【例 10-4】 制作窗帘拉开动画

10.1 nCloth 概述

nCloth 对象的特性决定了布料的物理特征，在移动以及与其他对象进行交互时，这些特性均会影响布料的形态。在动画中会产生各种形态的褶皱，使得动画师很难使用传统的对物体设置关键帧动画的方式来制作布料运动的动画。不过，在 Maya 中使用 nCloth 对动力学物体进行反复测试并进行有效的控制，可以模拟真实自然的动画效果。并且，nCloth 在模拟动画上有很大的灵活性，还可用于其他类型的动画制作，节省了手动设置关键帧所消耗的时间，图 10-1 为三维布料效果展示。

不过，需要注意的是，某些动力学计算需要较高配置的计算机硬件支持，并且需要足够大的硬盘空间来存放计算缓存文件才能够得到真实、细节丰富的动画模拟效果。

图 10-1　布料效果

10.2 布料动画设置

将 Maya 的模块切换至 FX，即可在菜单栏中显示 nCloth 菜单命令，如图 10-2 所示，或者打开 nConstraint 菜单，显示与布料动画设置相关的命令集合，如图 10-3 所示。

图 10-2　显示 nCloth 菜单命令

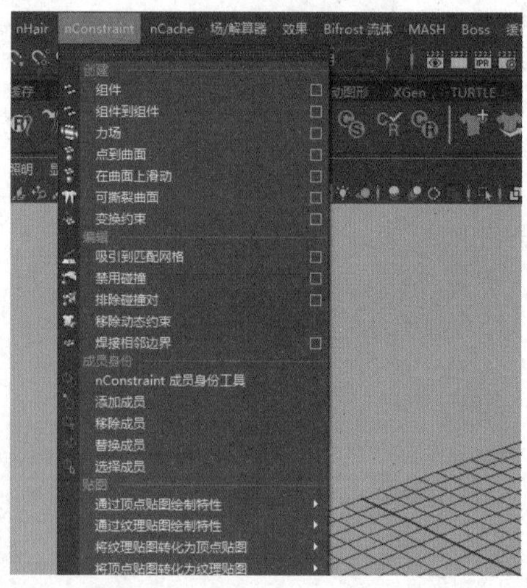

图 10-3　nConstraint 菜单命令

在 FX 工具架的后半部分也可以找到几个最常用的与 nCloth 相关的命令按钮，如图 10-4 所示，各命令按钮的功能说明如下。

图 10-4　nCloth 相关的命令按钮

- 从选定网格创建 nCloth ：将场景中选定的模型设置为 nCloth。
- 创建被动碰撞对象：将场景中选定的模型设置为可以被 nCloth 或 n 粒子碰撞的对象。
- 移除 nCloth ：将场景中的 nCloth 对象还原为普通模型。
- 显示输入网格：将 nCloth 对象在视图中恢复为布料动画计算之前的几何形态。
- 显示当前网格：将 nCloth 对象在视图中恢复为布料动画计算之后的当前几何形态。

在场景视图中，选择要创建 nCloth 的模型，单击“从选定网格创建 nCloth”按钮，将模型设置为 nCloth 对象，在“属性编辑器”面板的 nClothShape1 选项卡中可以看到相关参数，如图 10-5 所示。

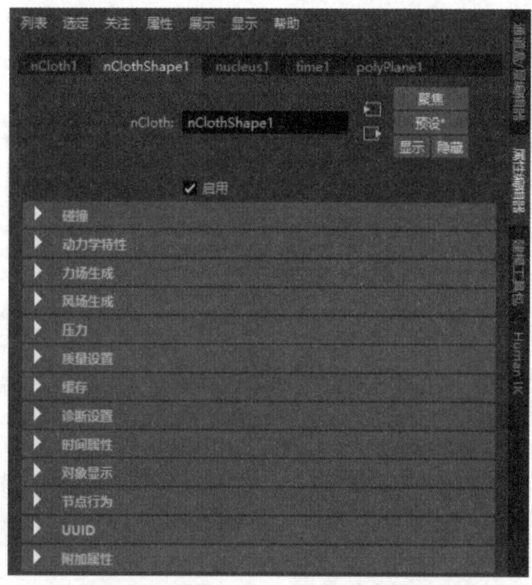

图 10-5　nClothShape1 选项卡

10.2.1　“碰撞”卷展栏

展开“碰撞”卷展栏，如图 10-6 所示，各选项的功能说明如下。

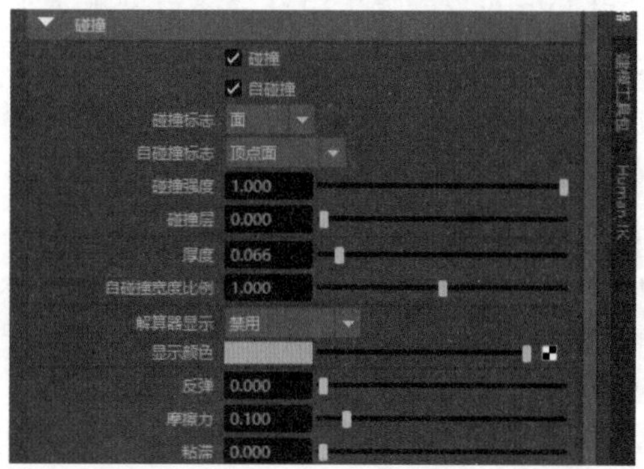

图 10-6　“碰撞”卷展栏

- 碰撞：如果选中该复选框，那么当前 nCloth 对象会与被动对象、nParticle 对象以及共享相同的 Maya Nucleus 解算器的其他 nCloth 对象发生碰撞。如果取消选择该复选框，那么当前 nCloth 对象不会与被动对象、nParticle 对象或任何其他 nCloth 对象发生碰撞。图 10-7 所示分别为该复选框选中前后的布料动画计算结果对比。

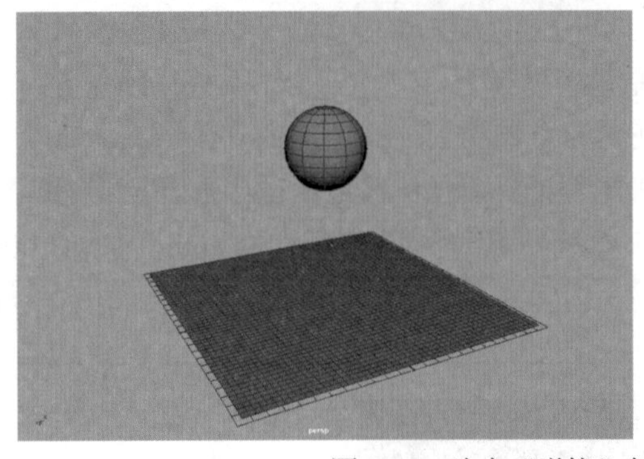
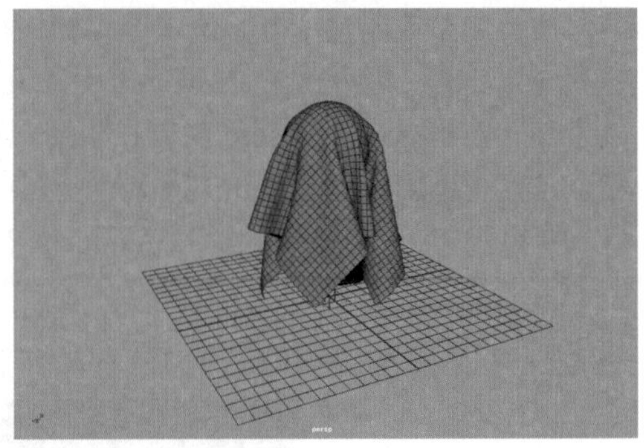

图 10-7　选中"碰撞"复选框前后的计算结果对比

- 自碰撞：如果选中该复选框，那么当前 nCloth 对象会与它自己的输出网格发生碰撞。如果取消选中该复选框，那么当前 nCloth 不会与它自己的输出网格发生碰撞。图 10-8 所示分别为该复选框选中前后的布料动画计算结果对比。通过对比可以看出，"自碰撞"复选框在未选中的情况下所计算出来的布料动画有明显的穿帮现象。

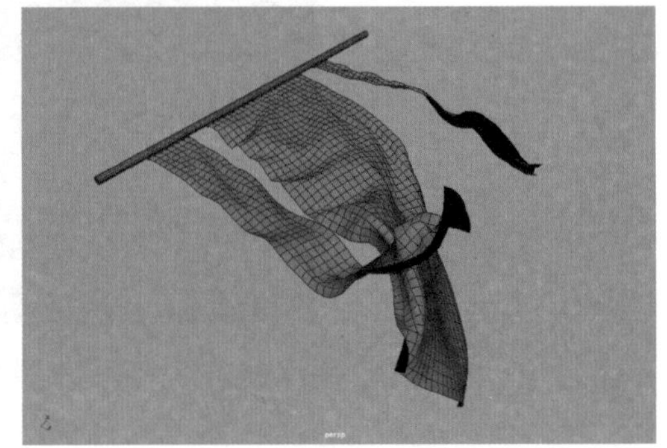

图 10-8　选中"自碰撞"复选框前后的计算结果对比

- 碰撞标志：指定当前 nCloth 对象的哪个组件会参与碰撞。
- 自碰撞标志：指定当前 nCloth 对象的哪个组件会参与自碰撞。
- 碰撞强度：指定 nCloth 对象与其他 Nucleus 对象之间的碰撞强度。当使用默认值 1 时，表示对象与自身或其他 Nucleus 对象发生完全碰撞；"碰撞强度"值处于 0 和 1 之间会减弱完全碰撞；而该值为 0 会禁用对象的碰撞。
- 碰撞层：将当前 nCloth 对象指定给某个特定碰撞层。
- 厚度：指定当前 nCloth 对象的碰撞体积的半径或深度。值越大，nCloth 对象所模拟的布料越厚实，布料运动越缓慢，如图 10-9 所示分别是该值为 0.05 和 0.3 时的布料模拟动画效果对比。

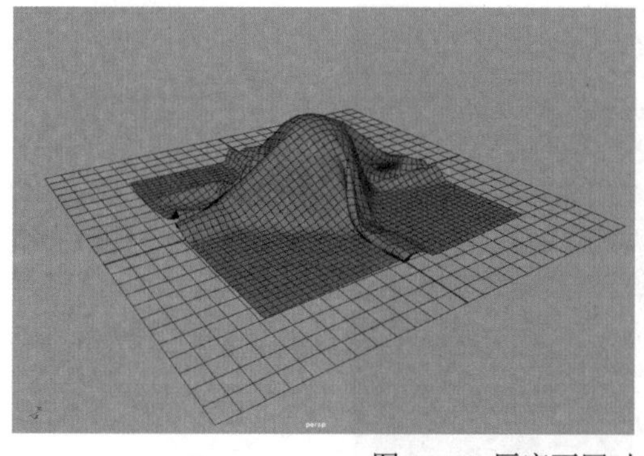

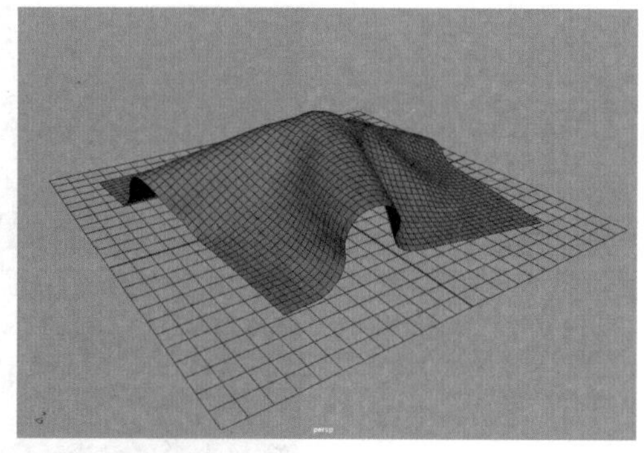

图 10-9　厚度不同时布料模拟动画效果对比

- 自碰撞宽度比例：为当前 nCloth 对象指定自碰撞比例值。
- 解算器显示：指定会在场景视图中为当前 nCloth 对象显示哪些 Maya Nucleus 解算器信息，有“禁用”“碰撞厚度”“自碰撞厚度”“拉伸链接”“弯曲链接”和“权重”这 6 个选项，如图 10-10 所示。

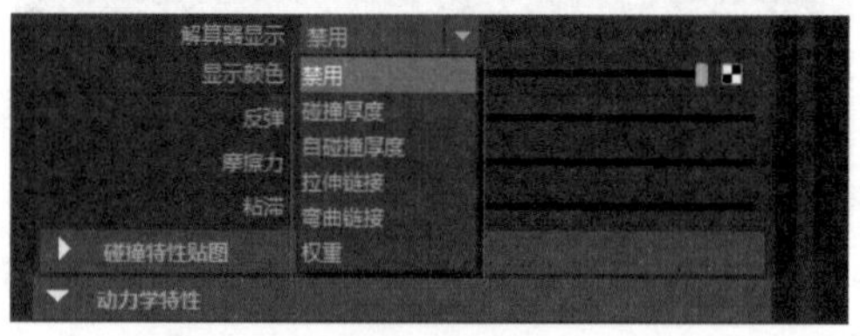

图 10-10　“解算器显示”下拉列表

- 显示颜色：为当前 nCloth 对象指定解算器显示的颜色，默认为黄色，也可以将此颜色设置为其他颜色，如图 10-11 所示。

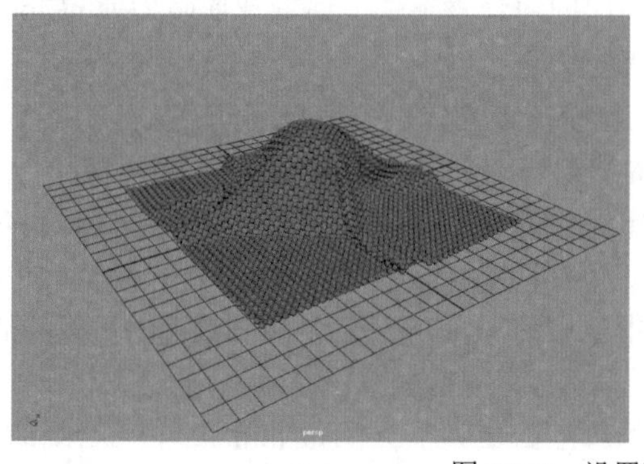

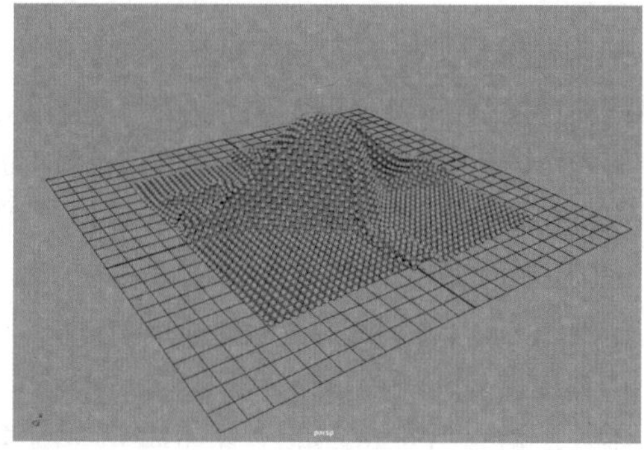

图 10-11　设置不同的显示颜色

- 反弹：指定当前 nCloth 对象的弹性或反弹度。
- 摩擦力：指定当前 nCloth 对象的摩擦力的量。
- 粘滞：指定当 nCloth、nParticle 和被动对象发生碰撞时，nCloth 对象粘滞到其他 Nucleus 对象的倾向性。

10.2.2　“动力学特性”卷展栏

展开“动力学特性”卷展栏，如图 10-12 所示，其中主要选项的功能说明如下。

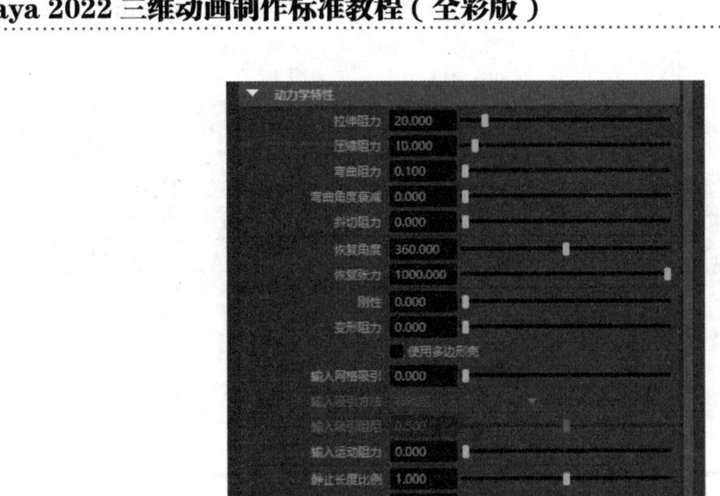

图 10-12 “动力学特性”卷展栏

- 拉伸阻力：指定当前 nCloth 对象在受到张力时抵制拉伸的量。
- 压缩阻力：指定当前 nCloth 对象抵制压缩的量。
- 弯曲阻力：指定在处于应力下时 nCloth 对象在边上抵制弯曲的量。高弯曲阻力使 nCloth 变得僵硬，这样它就不会弯曲，也不会从曲面的边悬垂下去，而低弯曲阻力使 nCloth 的行为就像是悬挂在下方的桌子边缘上的一块桌布。
- 弯曲角度衰减：指定“弯曲阻力”如何随当前 nCloth 对象的弯曲角度而变化。
- 斜切阻力：指定当前 nCloth 对象抵制斜切的量。
- 恢复角度：没有力作用在 nCloth 上时，指定在当前 nCloth 对象无法再返回到其静止角度之前，可以在边上弯曲的程度。
- 恢复张力：在没有力作用在 nCloth 上时，指定当前 nCloth 对象中的链接无法再返回到其静止角度之前，可以拉伸的程度。
- 刚性：指定当前 nCloth 对象希望充当刚体的程度。值为 1 会使 nCloth 充当一个刚体，而值在 0 和 1 之间会使 nCloth 成为介于布料和刚体之间的一种混合。图 10-13 所示为“刚性”值分别是 0 和 0.1 时的布料模拟动画结果对比。
- 变形阻力：指定当前 nCloth 对象希望保持其当前形状的程度。图 10-14 所示为该值分别是 0.2 和 0.7 时的布料动画计算结果对比。
- 使用多边形壳：如果选中该复选框，则会将“刚性”和“变形阻力”应用到 nCloth 网格的各个多边形壳。

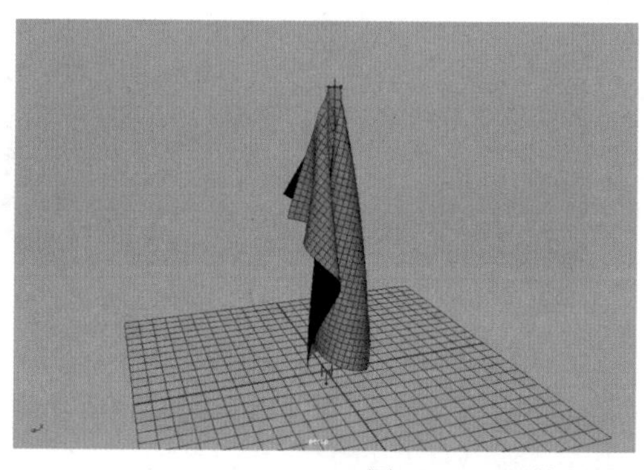
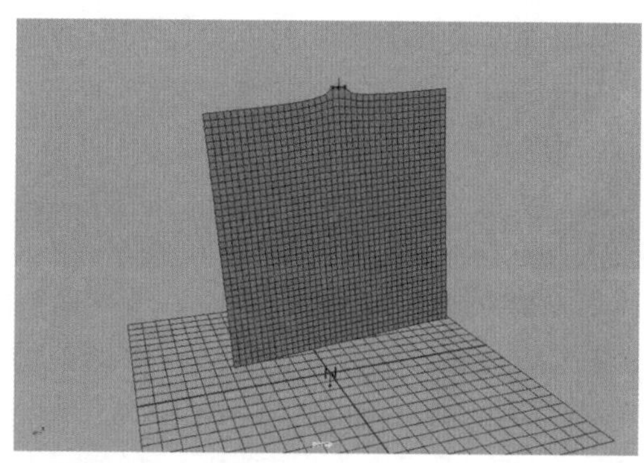

图 10-13　刚性不同时布料模拟动画结果对比

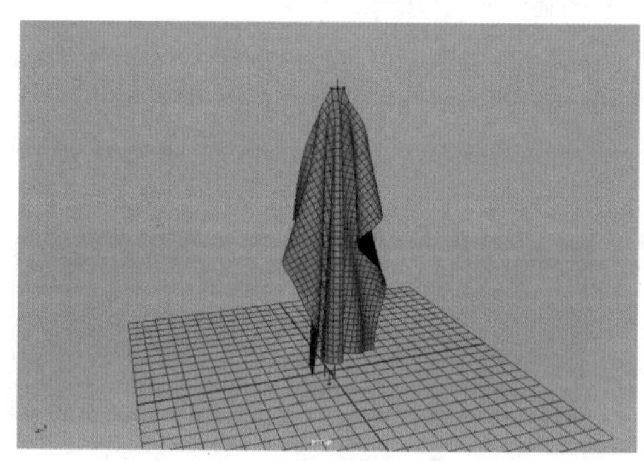
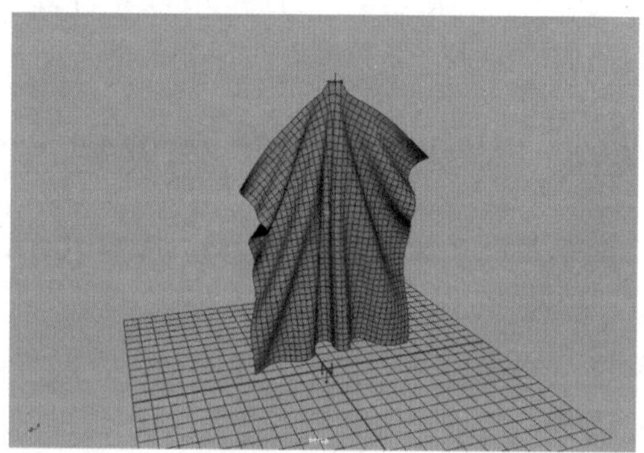

图 10-14　变形阻力不同时布料动画计算结果对比

- 输入网格吸引：指定将当前 nCloth 吸引到其输入网格的形状的程度。较大的值可确保在模拟过程中 nCloth 变形和碰撞时，nCloth 会尽可能接近返回到其输入网格形状。反之，较小的值表示 nCloth 不会返回到其输入网格形状。
- 输入吸引阻尼：指定“输入网格吸引”效果的弹性。较大的值会导致 nCloth 弹性降低，因为阻尼会消耗能量。较小的值会导致 nCloth 弹性更大，因为阻尼影响不大。
- 输入运动阻力：指定应用于 nCloth 对象的运动力的强度，该对象被吸引到其动画输入网格的运动。
- 静止长度比例：确定如何基于在开始帧处确定的长度动态缩放静止长度。
- 弯曲角度比例：确定如何基于在开始帧处确定的弯曲角度动态缩放弯曲角度。
- 质量：指定当前 nCloth 对象的基础质量。
- 升力：指定应用于当前 nCloth 对象的升力的量。
- 阻力：指定应用于当前 nCloth 对象的阻力的量。
- 切向阻力：偏移阻力相对于当前 nCloth 对象的曲面切线的效果。
- 阻尼：指定减慢当前 nCloth 对象的运动的量。通过消耗能量，阻尼会逐渐减弱 nCloth 的移动和振动。

10.2.3　“力场生成”卷展栏

展开“力场生成”卷展栏，如图 10-15 所示，各选项的功能说明如下。

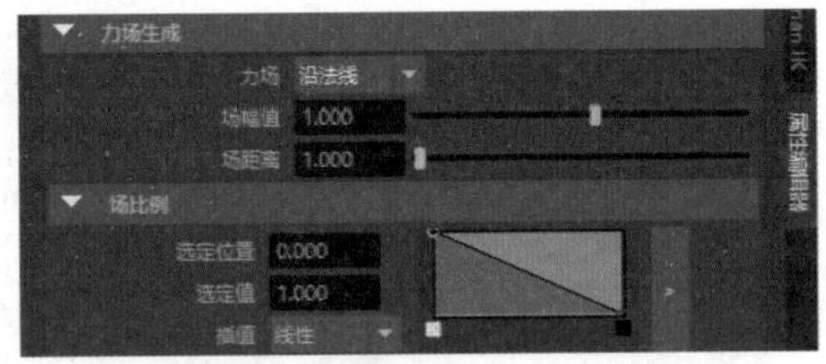
图 10-15 “力场生成”卷展栏

- 力场：设定“力场”的方向，表示力是从 nCloth 对象的哪部分生成的。
- 场幅值：设定“力场”的强度。
- 场距离：设定物体与力场之间的作用范围。
- 选定位置：该值指示渐变上的“场幅值”的位置。渐变上左侧的位置表示沿 nCloth 对象上的曲面的“场幅值”。渐变上右侧的位置表示位于“场距离”的边处的“场幅值”。
- 选定值：该值表示“力场”在选定位置中的“场幅值”。
- 插值：控制“场幅值”在渐变上的各个位置之间融合的方式。默认设置为“线性”。

10.2.4 “风场生成”卷展栏

展开“风场生成”卷展栏，如图 10-16 所示，各选项的功能说明如下。

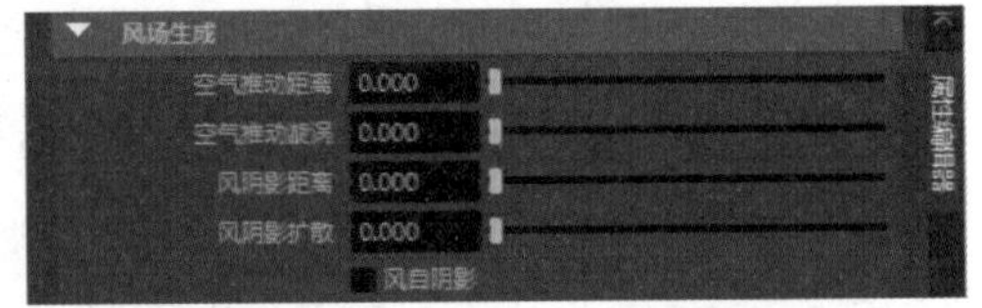
图 10-16 “风场生成”卷展栏

- 空气推动距离：指定一个距离，在该距离内，当前 nCloth 对象的运动创建的风会影响处于同一 Nucleus 系统中的其他 nCloth 对象。
- 空气推动漩涡：指定在由当前 nCloth 对象推动的空气流动中循环或旋转的量，以及在由当前 nCloth 对象的运动创建的风的流动中卷曲的量。
- 风阴影距离：指定一个距离，在该距离内，当前 nCloth 对象会从其系统中的其他 nCloth、nParticle 和被动对象阻止其 Nucleus 系统的动力学风。
- 风阴影扩散：指定当前 nCloth 对象在阻止其 Nucleus 系统中的动力学风时，动力学风围绕当前 nCloth 对象卷曲的量。

10.2.5 “压力”卷展栏

展开“压力”卷展栏，如图 10-17 所示，其中主要选项的功能说明如下。

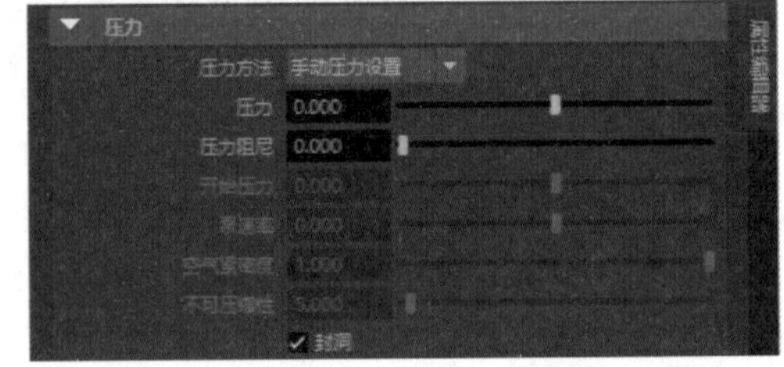
图 10-17 “压力”卷展栏

- 压力方法：用于设置计算压力的方式。
- 压力：用于计算压力对当前 nCloth 对象的曲面法线方向应用力。
- 压力阻尼：指定为当前 nCloth 对象减弱空气压力的量。
- 开始压力：指定在当前 nCloth 对象的模拟的开始帧处，当前 nCloth 对象内部的相对空气压力。

- 泵速率：指定将空气压力添加到当前 nCloth 对象的速率。
- 空气紧密度：指定空气可以从当前 nCloth 对象漏出的速率，或当前 nCloth 对象表面的可渗透程度。
- 不可压缩性：指定当前 nCloth 对象的内部空气体积的不可压缩性。

10.2.6 “质量设置”卷展栏

展开“质量设置”卷展栏，如图 10-18 所示，其中主要选项的功能说明如下。

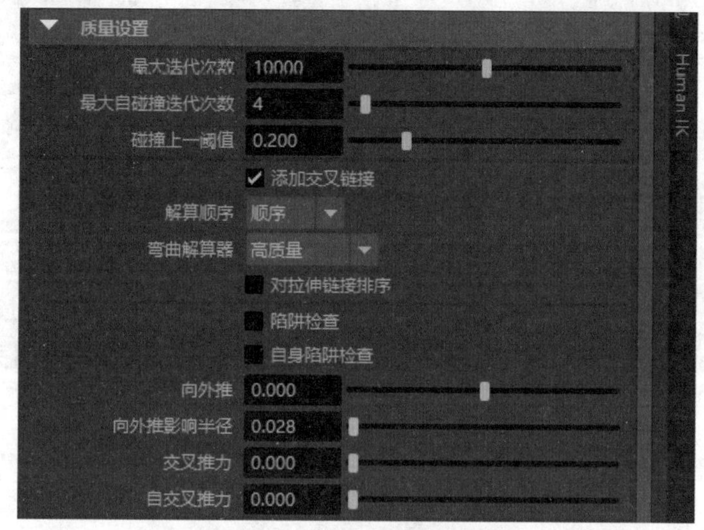

图 10-18　“质量设置”卷展栏

- 最大迭代次数：为当前 nCloth 对象的动力学特性指定每个模拟步骤的最大迭代次数。
- 最大自碰撞迭代次数：为当前 nCloth 对象指定每个模拟步骤的最大自碰撞迭代次数。迭代次数是在一个模拟步长内发生的计算次数。随着迭代次数的增加，精确度会提高，但计算时间也会增加。
- 碰撞上一阈值：设定碰撞迭代次数是否为每个模拟步长中执行的最后一个计算。
- 添加交叉链接：向当前 nCloth 对象添加交叉链接。对于包含 3 个以上顶点的面，这样做会创建链接，从而使每个顶点连接到每个其他顶点。
- 解算顺序：指定是否以“顺序”或“平行”的方式，对当前 nCloth 对象的链接求值。
- 弯曲解算器：设定用于计算“弯曲阻力”的解算器方法，有“简单”“高质量”和“翻转跟踪”这 3 个选项。
- 向外推：是指将相交或穿透的对象向外推，直至达到当前 nCloth 对象曲面中最近点的力。如果值为 1，则将对象向外推一个步长；如果值较小，则会将其向外推更多步长，但结果会更平滑。
- 向外推影响半径：指定当前 nCloth 对象的“向外推”属性所影响的半径范围。
- 交叉推力：指沿着与当前 nCloth 对象交叉的轮廓应用于对象的力。
- 自交叉推力：指沿当前 nCloth 对象与其自身交叉的轮廓应用力。

10.2.7 使用 nCloth 示例文件

为了便于用户学习，Maya 软件提供了多个完整的布料动画场景文件，用户可将其应用于具体的动画制作中。在菜单栏中选择 nCloth |“获取 nCloth 示例”命令，如图 10-19 所示，可在打开的“内容浏览器”窗口中快速找到这些布料动画场景文件，如图 10-20 所示。

图 10-19 选择“获取 nCloth 示例”命令

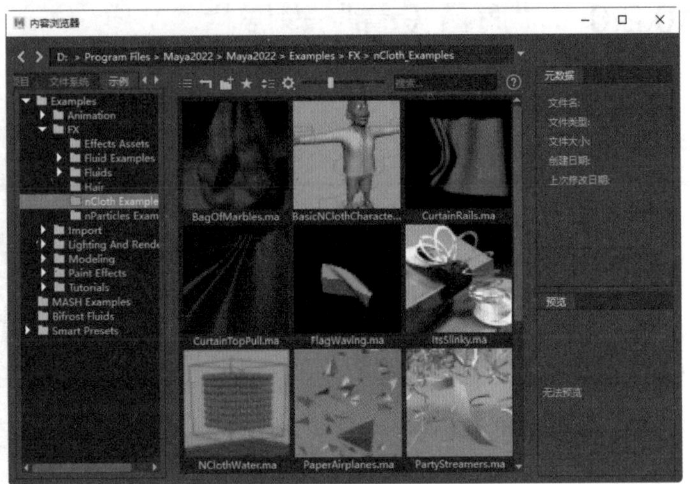

图 10-20 “内容浏览器”窗口

10.3 实例：制作布料下落动画

【例 10-1】本实例将讲解如何制作布料下落的动画，效果如图 10-21 所示。

图 10-21 布料下落动画

01 启动 Maya 2022 软件，在“多边形建模”工具架中单击“多边形立方体”按钮，在场景中创建一个多边形立方体模型，结果如图 10-22 所示。

02 在“多边形建模”工具架中单击“多边形平面”按钮，然后在“通道盒 / 层编辑器”面板的“细分宽度”文本框中输入 65，在“高度细分数”文本框中输入 40，如图 10-23 所示。

03 将多边形平面移至图 10-24 所示的位置。

04 选择当前场景中的多边形平面模型，在 FX 工具架中单击“从选定网格创建 nCloth”按钮，如图 10-25 所示，将平面模型设置为 nCloth 对象。

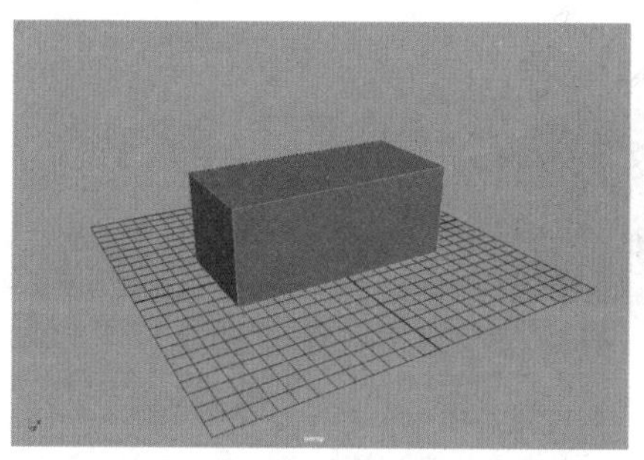

图 10-22　创建多边形立方体模型

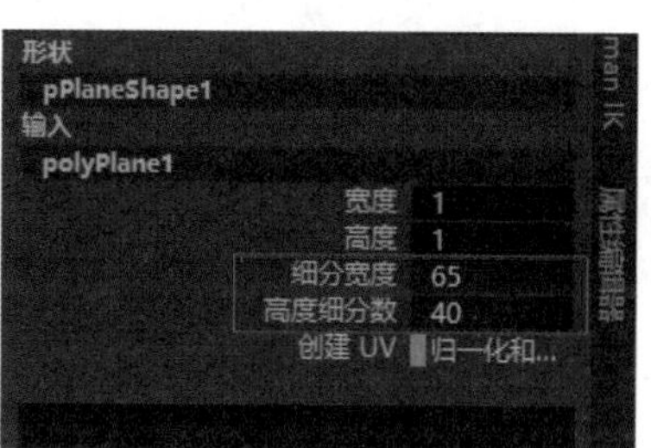

图 10-23　设置多边形立方体参数

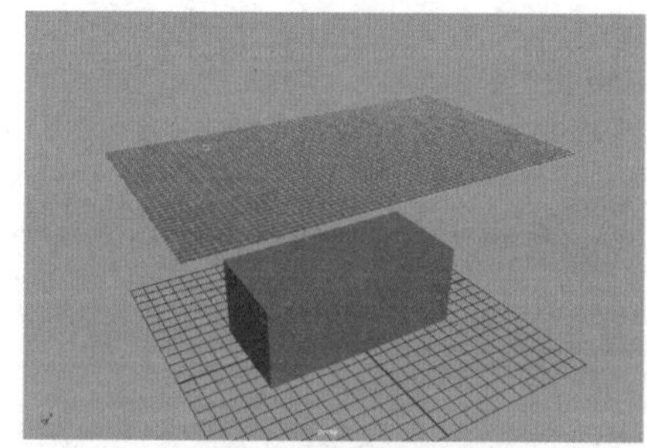

图 10-24　移动多边形平面模型

图 10-25　单击“从选定网格创建 nCloth”按钮

05 接下来选择多边形立方体模型，在 FX 工具架中单击“创建被动碰撞对象”按钮，如图 10-26 所示，将多边形立方体模型设置为可以被 nCloth 对象碰撞的物体。

06 在“大纲视图”面板中可以查看场景中的对象数量，如图 10-27 所示。

07 在播放控件中单击“向前播放”按钮▶，可以看到平面模型在默认状态下，因受到重力的影响自由下落，被立方体模型接住所产生的一种造型自然的布料效果，本实例的最终动画效果如图 10-21 所示。

图 10-26　单击“创建被动碰撞对象”按钮

图 10-27　查看对象数量

10.4　实例：制作抱枕模型

【例 10-2】本实例将主要讲解如何制作抱枕模型，如图 10-28 所示。

图 10-28　抱枕模型

01 在“多边形建模”工具架中单击“多边形立方体”按钮，在“通道盒 / 层编辑器”面板中，在“细分宽度”文本框中输入 50，在“高度细分数”文本框中输入 4，在“深度细分数”文本框中输入 50，如图 10-29 所示。

02 在场景中创建一个多边形立方体模型，并将其移至图 10-30 所示的位置。

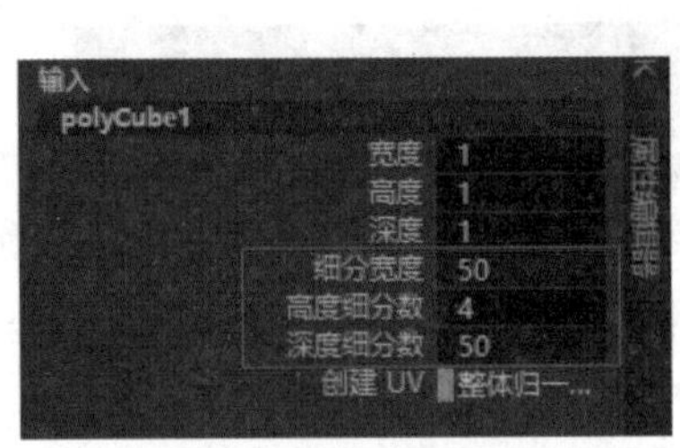

图 10-29　设置多边形立方体参数

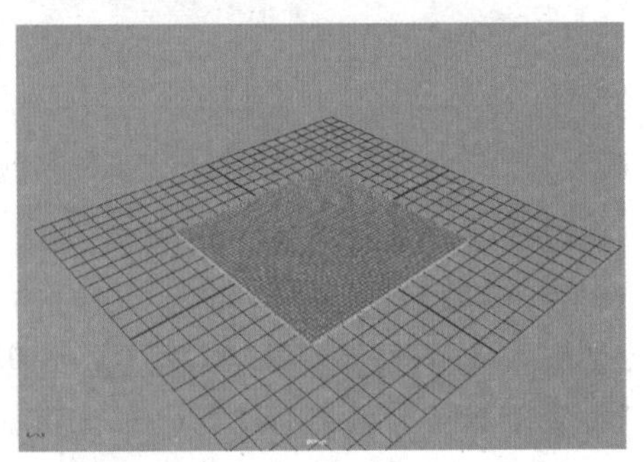

图 10-30　移动多边形立方体模型

03 选择多边形立方体模型，将 Maya 的模块切换至 FX，在菜单栏中选择 nCloth |“创建 nCloth”命令，如图 10-31 所示。

04 在“属性编辑器”面板中选择 nClothShape1 选项卡，展开“压力”卷展栏，在“压力”文本框中输入 0.3，如图 10-32 所示。

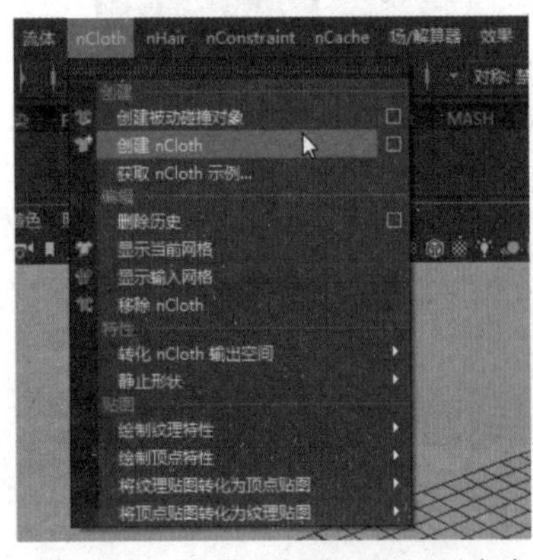

图 10-31　选择“创建 nCloth”命令

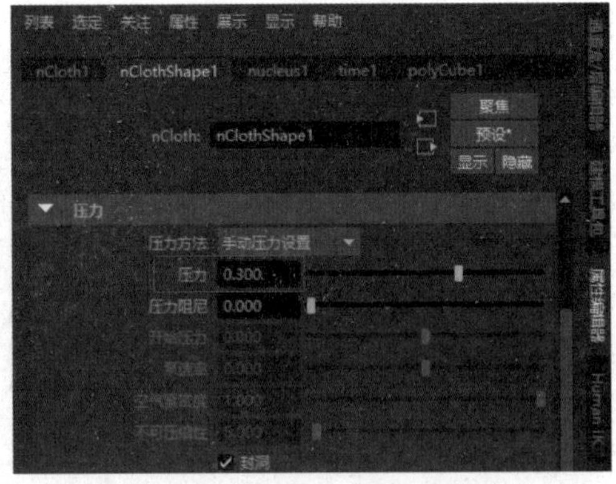

图 10-32　设置“压力”参数

05 选择 nucleus1 选项卡，展开“重力和风”卷展栏，在“重力”文本框中输入 0，如图 10-33 所示。

06 设置完成后，在播放控件中单击“向前播放”按钮▶，可以看到多边形立方体模型逐渐膨胀为一个抱枕造型，如图 10-34 所示。

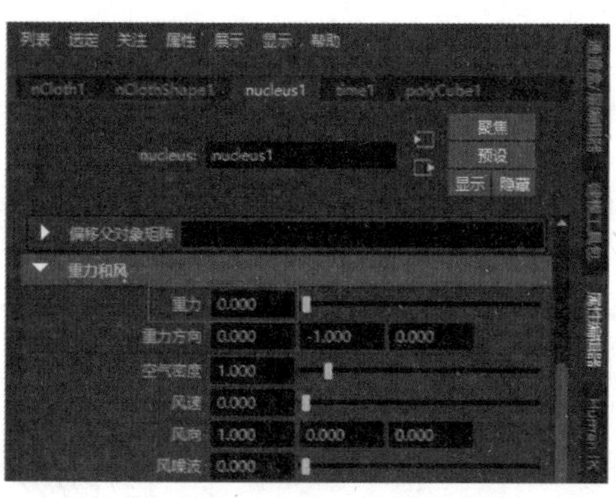

图 10-33　设置“重力”参数

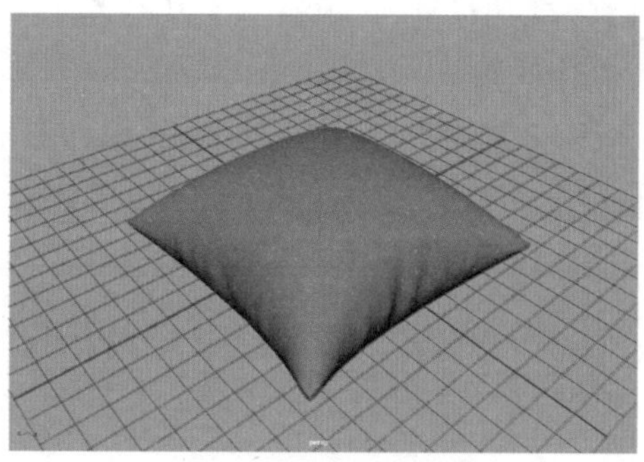
图 10-34　膨胀为抱枕造型

07 选择第 46 帧，然后选择场景中的抱枕模型，按 Ctrl+D 快捷键复制出一个抱枕副本，在大纲视图中按 Shift 键加选 pCube1、nucleus1 和 nCloth1 对象，如图 10-35 所示，按 H 键将其隐藏。

08 选择副本模型，右击并从弹出的菜单中选择“面”命令，进入面模式，选择如图 10-36 所示的一圈面。

图 10-35　加选对象

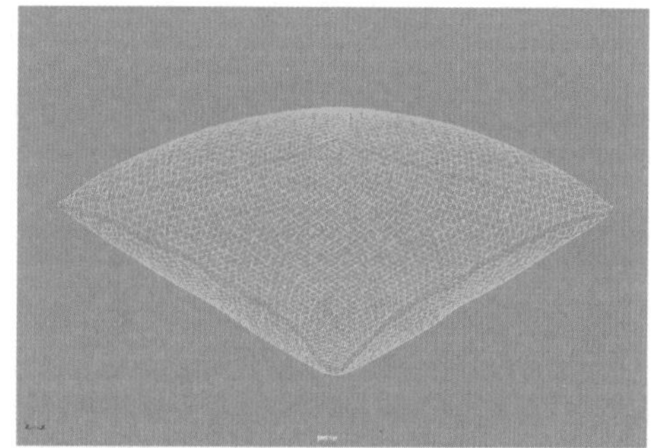
图 10-36　选择面

09 按 Ctrl+E 快捷键向外进行挤出操作，在打开的面板中，在“厚度”文本框中输入 0.1，如图 10-37 所示。

10 在菜单栏中选择“编辑”|“按类型删除”|“历史”命令，如图 10-38 所示，删除副本模型的历史。

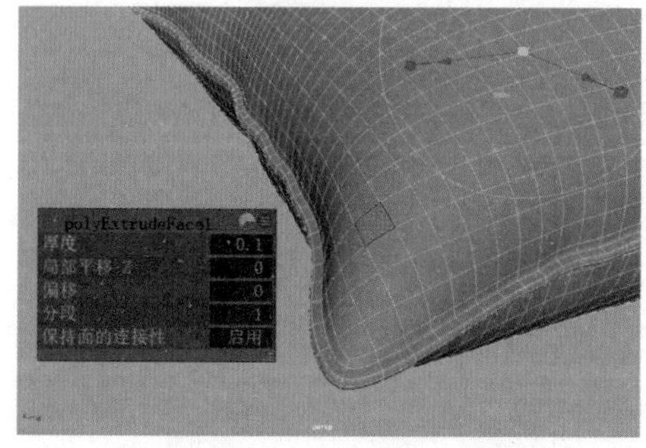

图 10-37　进行挤出操作

图 10-38　选择“历史”命令

11 抱枕模型的最终显示结果如图 10-28 所示。

10.5 实例：制作床单飘动动画

【例 10-3】 本实例将主要讲解如何制作床单飘动动画，动画效果如图 10-39 所示。

视频

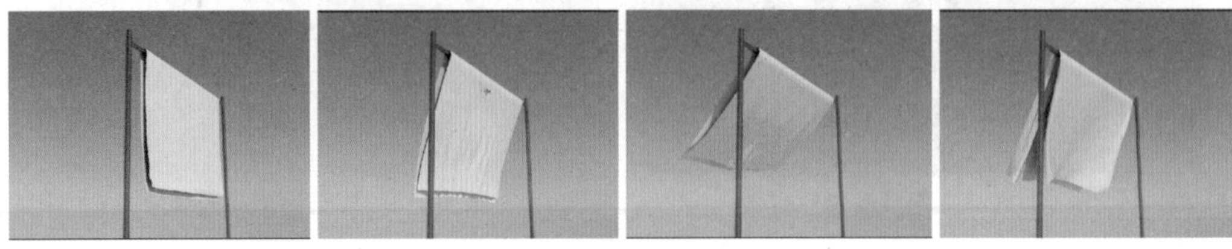

图 10-39 床单飘动动画

01 打开本书配套资源文件“床单.mb”，如图 10-40 所示，在场景中已设置了材质及灯光，然后选择床单模型。

02 将 Maya 的模块切换至 FX，在菜单栏中选择 nCloth |“创建 nCloth”命令，如图 10-41 所示。

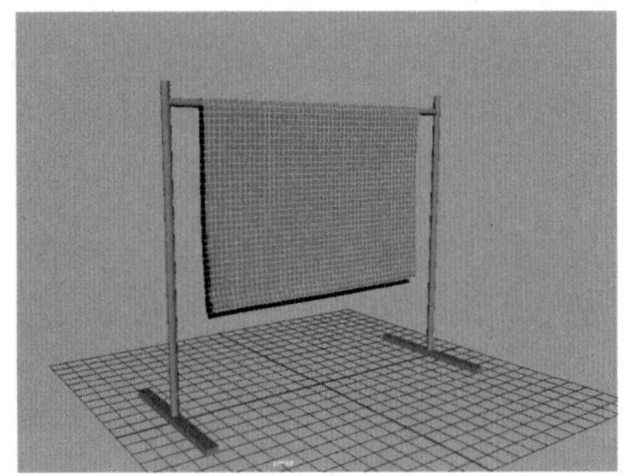

图 10-40 打开“床单.mb”文件

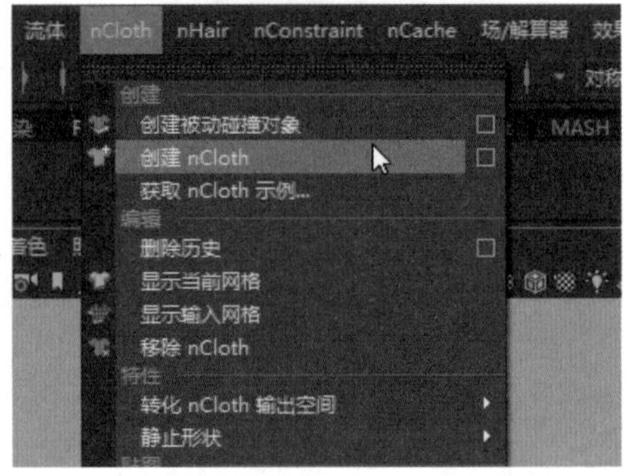

图 10-41 选择“创建 nCloth”命令

03 选择如图 10-42 左图所示的床单模型上的顶点，然后按 Shift 键加选晾衣杆模型，如图 10-42 右图所示。

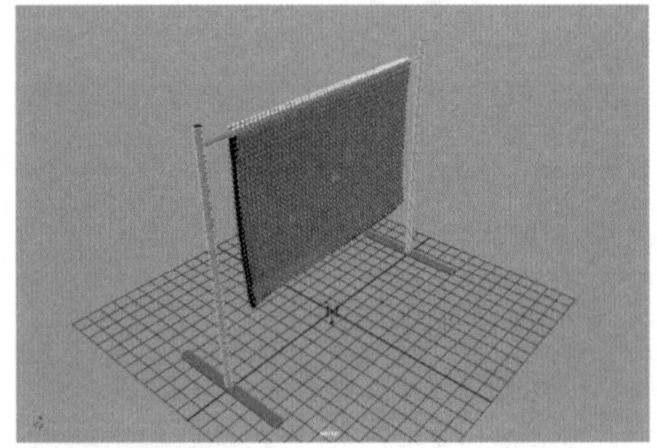

图 10-42 选择顶点和晾衣杆模型

04 在菜单栏中选择 nConstraint |“点到曲面”命令，如图 10-43 所示，将选择的顶点附加到晾衣杆模型上。

05 此时可以看到顶点与晾衣杆模型之间产生了绿色的虚线，如图 10-44 所示。

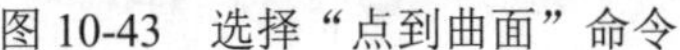
图 10-43　选择“点到曲面”命令

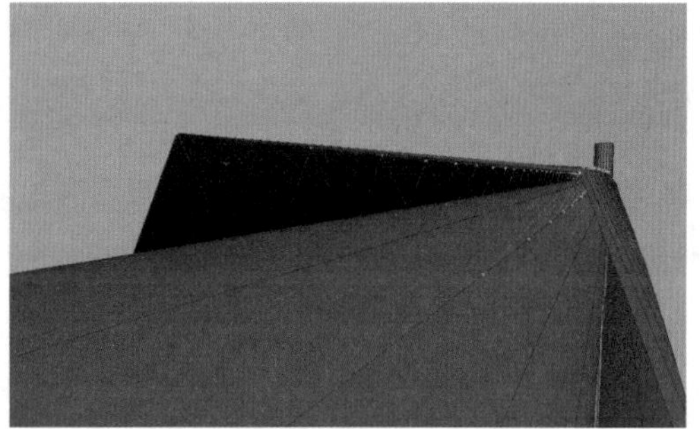
图 10-44　查看绿色虚线

06 选择晾衣杆模型，在菜单栏中选择 nCloth |“创建被动碰撞对象”命令，如图 10-45 所示。

07 在大纲视图中选择 nucleus1 对象，在“属性编辑器”面板中展开“重力和风”卷展栏，在“重力方向”Y 轴文本框中输入 -1，在“空气密度”文本框中输入 0.4，在“风速”文本框中输入 10，在“风向”Z 轴文本框中输入 -1，在“风噪波”文本框中输入 0.03，如图 10-46 所示。

图 10-45　选择“创建被动碰撞对象”命令

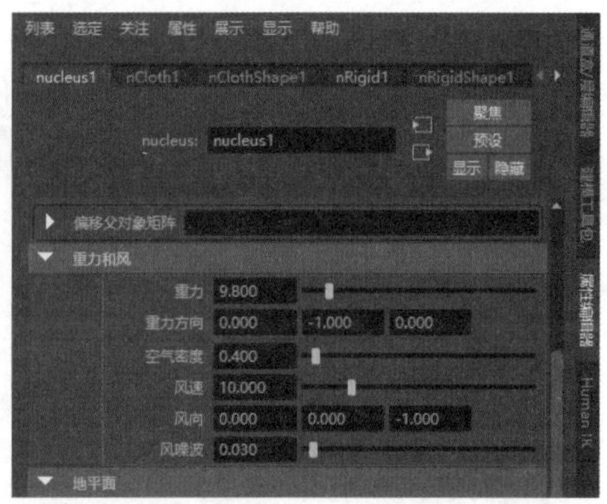

图 10-46　设置“重力和风”卷展栏

08 在大纲视图中选择 nCloth1 对象，在“属性编辑器”面板中展开“动力学特性”卷展栏，在“弯曲阻力”文本框中输入 0.02，如图 10-47 所示。

09 设置完成后，在播放控件中单击“向前播放”按钮▶，本实例的最终动画效果如图 10-39 所示。

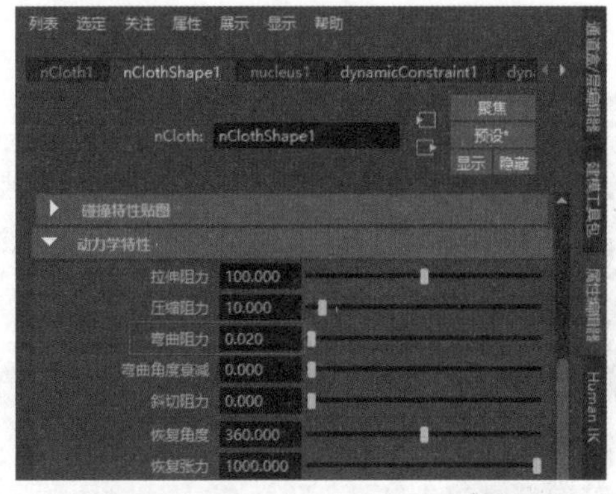

图 10-47　设置“动力学特性”卷展栏

10.6　实例：制作窗帘拉开动画

【例 10-4】 本实例将主要讲解如何制作窗帘拉开动画，动画效果如图 10-48 所示。

视频

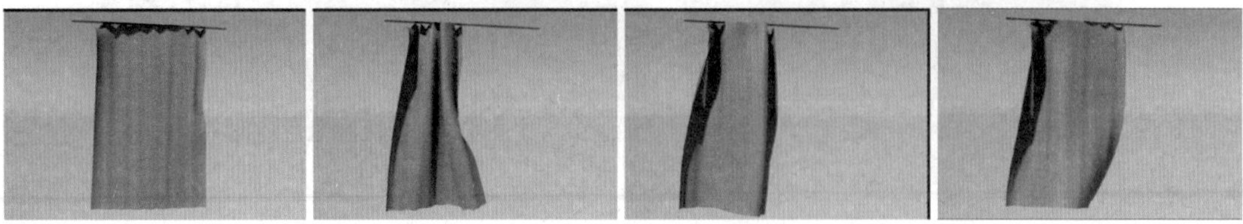

图 10-48　窗帘拉开动画

01 打开本书配套资源文件“窗帘.mb”，如图 10-49 所示，在场景中已设置了材质及灯光，然后选择场景中的曲线。

02 在菜单栏中选中“曲面”|“挤出”命令右侧的复选框，如图 10-50 所示。

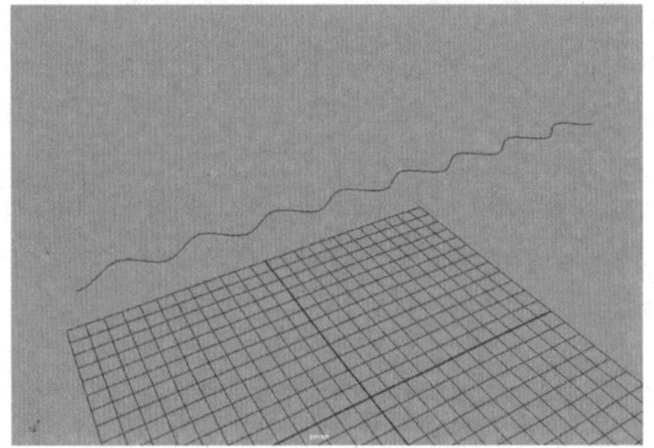

图 10-49　打开“窗帘.mb”文件

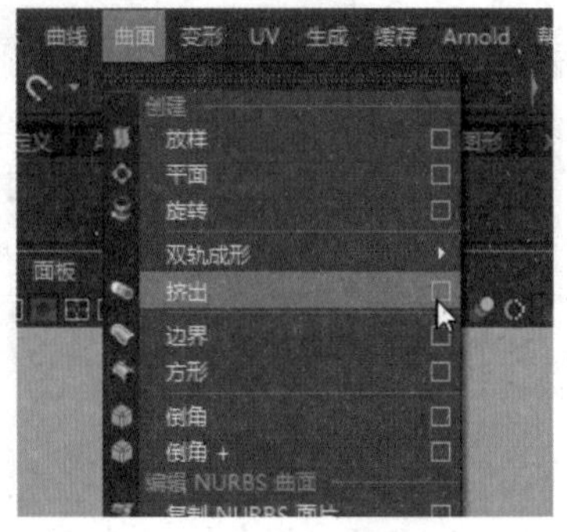

图 10-50　选中“挤出”命令右侧的复选框

03 打开“挤出选项”窗口，在“样式”选项中选中“距离”单选按钮，在“挤出长度”文本框中输入 30，在“输出几何体”选项中选中“多边形”单选按钮，在“类型”选项中选中“四边形”单选按钮，在“细分方法”选项中选中“计数”单选按钮，在“计数”文本框中输入 1000，然后单击“应用”按钮，如图 10-51 所示。

04 模型的挤出结果如图 10-52 所示。

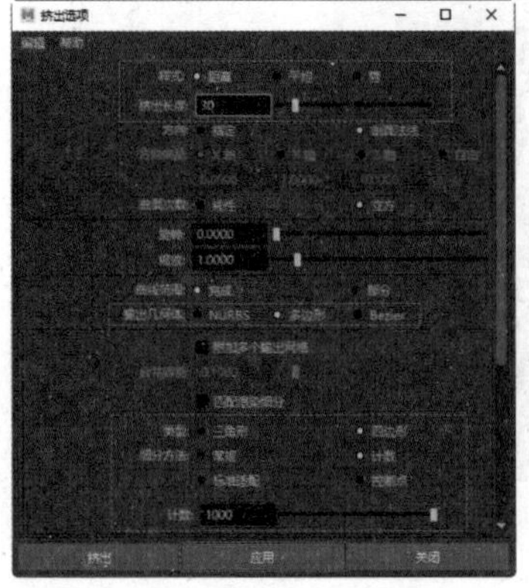

图 10-51　设置“挤出选项”窗口

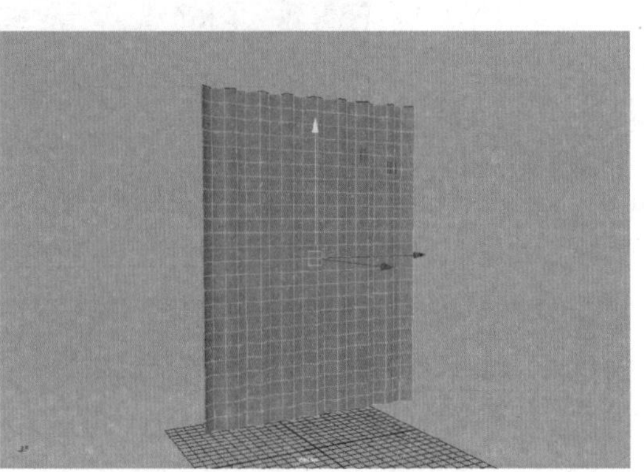

图 10-52　模型的挤出结果

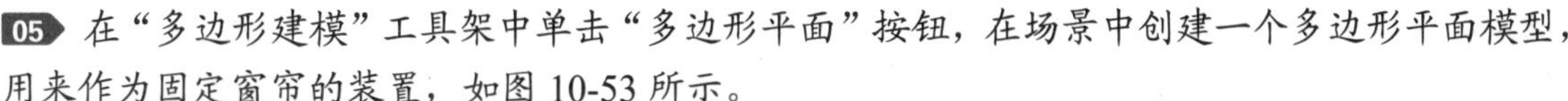

05 在“多边形建模”工具架中单击“多边形平面”按钮，在场景中创建一个多边形平面模型，用来作为固定窗帘的装置，如图 10-53 所示。

06 选择当前场景中的窗帘模型，在 FX 工具架中单击“从选定网格创建 nCloth”按钮，如图 10-54 所示，将其设置为 nCloth 对象。

图 10-53　创建多边形平面模型

图 10-54　单击“从选定网格创建 nCloth”按钮

07 选择多边形平面模型，在 FX 工具架中单击“创建被动碰撞对象”按钮，如图 10-55 所示，将其设置为可以被 nCloth 对象碰撞的物体。

08 选择场景中的窗帘模型，右击并从弹出的菜单中选择“顶点”命令，进入顶点模式，然后选择如图 10-56 所示的顶点。

图 10-55　单击“创建被动碰撞对象”按钮

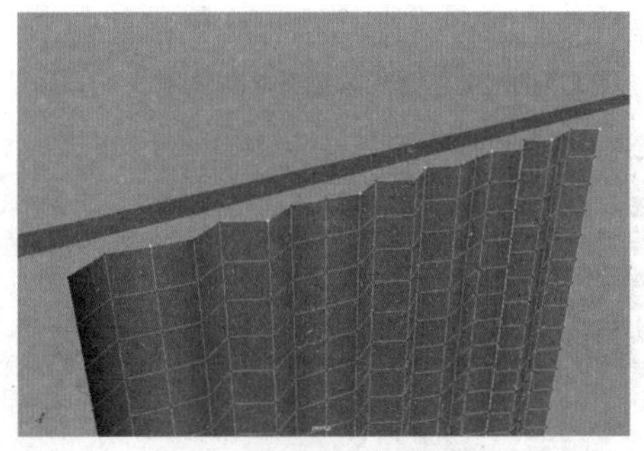

图 10-56　选择顶点

09 按 Shift 键加选场景中的多边形平面模型，在菜单栏中选择 nConstraint |“在曲面上滑动”命令，如图 10-57 所示。

10 即可将选择的顶点附加到多边形平面模型上，如图 10-58 所示。

图 10-57　选择“在曲面上滑动”命令

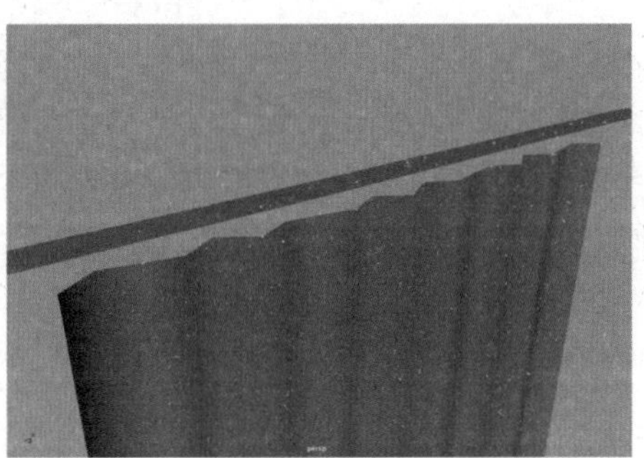

图 10-58　连接顶点与曲面

11 在“属性编辑器”面板中，展开“动态约束属性”卷展栏，在“约束方法”下拉列表中选择“焊接”选项，如图 10-59 所示。

12 以类似的方式在窗帘模型上选择如图 10-60 所示的顶点。

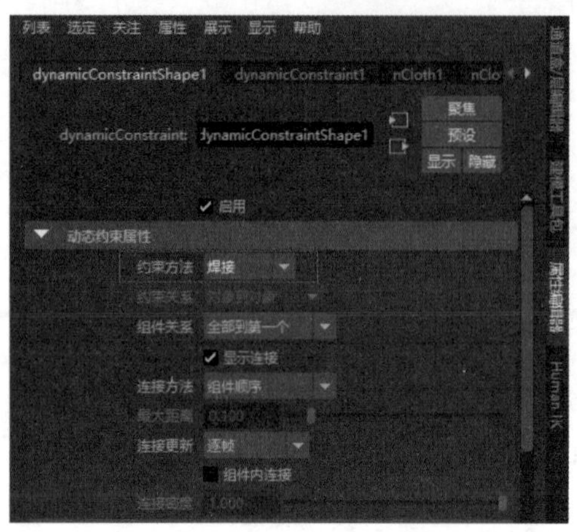

图 10-59　选择“焊接”选项

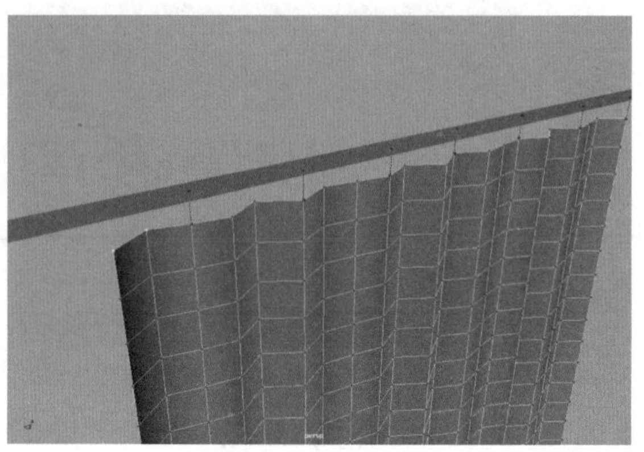

图 10-60　选择顶点

13 在菜单栏中选择 nConstraint |“变换约束”命令，如图 10-61 所示，将窗帘的一角固定至场景空间中。

14 此时在场景中会显示如图 10-62 所示的形状。

图 10-61　选择“变换约束”命令

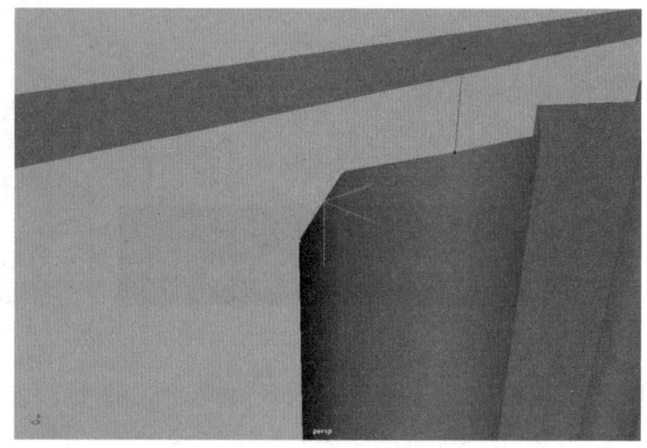

图 10-62　设置变换约束后的形状

15 再次以类似的方式在窗帘模型上选择如图 10-63 所示的顶点，在菜单栏中选择 nConstraint |“变换约束”命令，对窗帘的另一边进行变换约束设置。

16 设置完成后，观察“大纲视图”面板，可以看到本实例中创建了 3 个动力学约束，如图 10-64 所示。

17 在“大纲视图”面板中选择 dynamicConstraint3 对象，然后选择第 1 帧，在“通道盒 / 层编辑器”面板中，将鼠标悬浮停靠在“平移 X”属性上，然后右击，从弹出的菜单中选择“为选定项设置关键帧”命令设置关键帧，结果如图 10-65 所示。

18 在第 80 帧位置处，在场景中将 dynamicConstraint3 移至图 10-66 所示的位置。

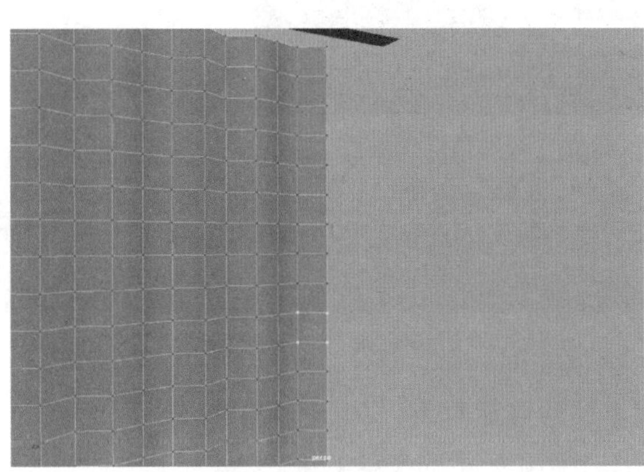

图 10-63　选择顶点

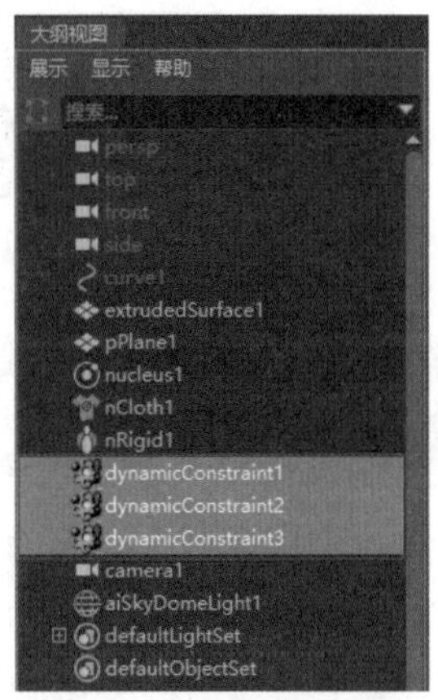

图 10-64　3 个动力学约束

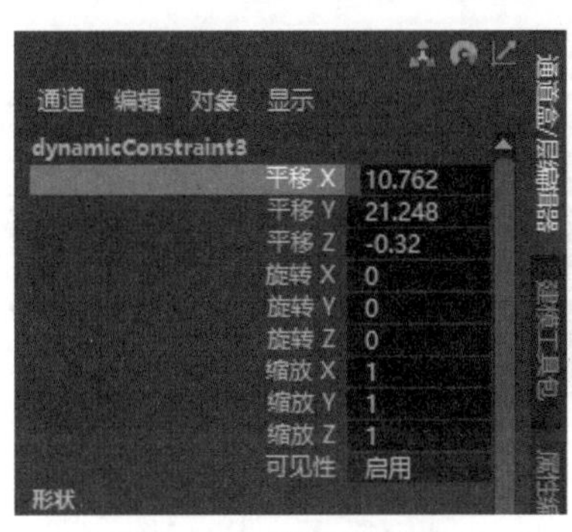

图 10-65　设置关键帧

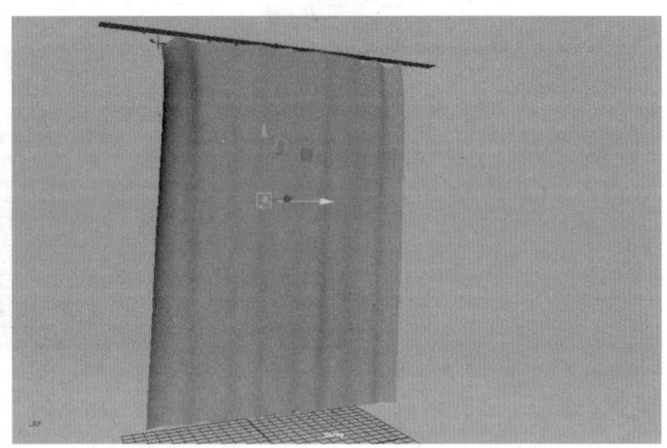

图 10-66　移动动力学约束的位置

19 按照步骤 17 的方法，对其位移属性设置关键帧，如图 10-67 所示。

20 选择第 160 帧，然后将 dynamicConstraint3 移至初始位置，如图 10-68 所示，并对其位移属性设置关键帧。

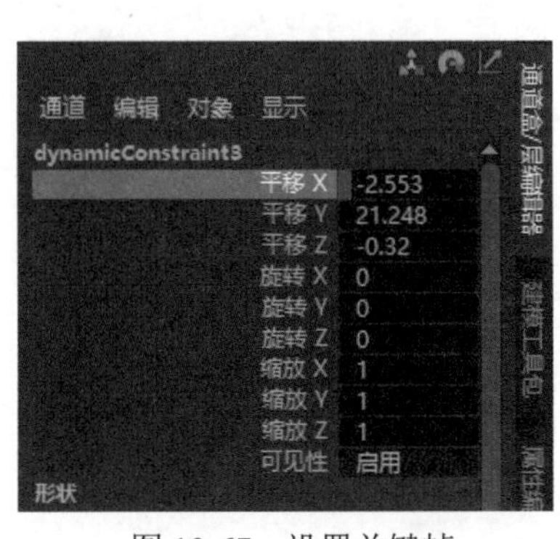

图 10-67　设置关键帧

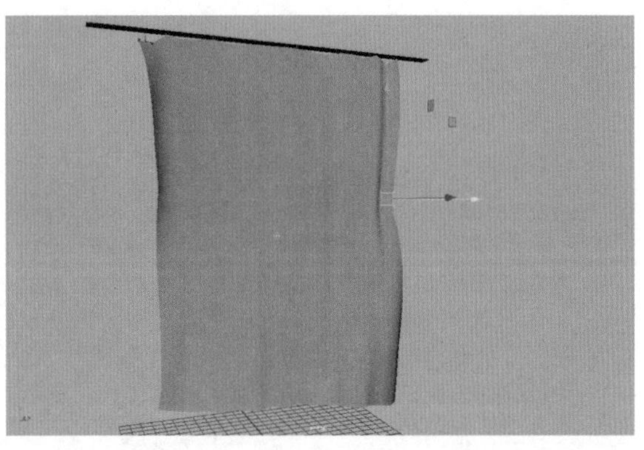

图 10-68　移动动力学约束至初始位置

21 在“大纲视图”面板中选择 nucleus1 对象，然后在“属性编辑器”面板中展开“时间属性”卷展栏，在“开始帧”文本框中输入 -60，如图 10-69 所示。

22 设置完成后，在播放控件中单击“向前播放”按钮▶，本实例的最终动画效果如图 10-48 所示。

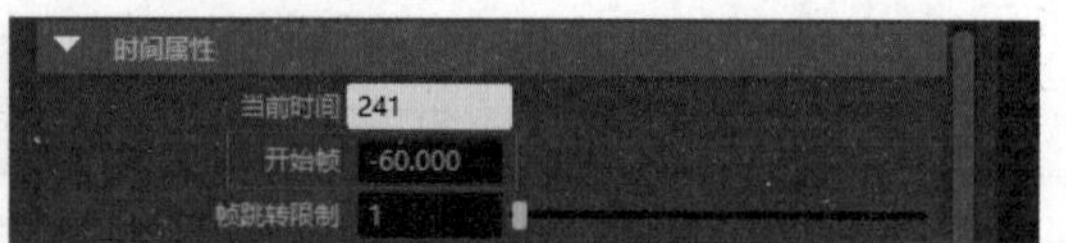

图 10-69　设置“开始帧”参数

10.7　习题

1. 简述在 Maya 2022 中如何为物体创建 nCloth。
2. 简述在 Maya 2022 中如何为物体创建被动碰撞对象。
3. 运用本章所学的知识，尝试制作如图 10-70 所示的布料效果。

图 10-70　布料效果

第 11 章

粒子动画技术

在 Maya 2022 中，使用粒子特效能够有效地模拟场景中出现的水、雾、雪和光等特殊效果。本章将主要介绍 Maya 粒子系统的基本工具和基本概念，以及使用粒子、发射器和体积场创建不同特效的方法。

| 二维码教学视频 |

【例 11-1】 制作火球特效动画
【例 11-2】 制作文字消散动画
【例 11-3】 制作涂抹果酱动画
【例 11-4】 制作液体倾倒动画

11.1 粒子特效概述

使用粒子系统可以设置若干粒子的外观和变化，可以为粒子设定动画并进行渲染。n 粒子基于 Maya 的动力学模拟框架而开发，帮助动画师模拟出理想的动画效果。粒子特效在众多影视特效中占据首位，且在游戏中经常能看到如爆炸特效、烟雾特效或者群组动画特效等，如图 11-1 所示，这使得场景更贴近真实感。

Maya 的粒子系统功能十分强大，主要分为旧版粒子系统和新版的 n 粒子系统两部分。这两个粒子系统在命令的设置及使用上有着明显的差异，是两个完全独立的粒子系统。旧版粒子系统的命令被单独整合，置于 nParticle 菜单的最下方，如图 11-2 所示。

图 11-1　渲染作品

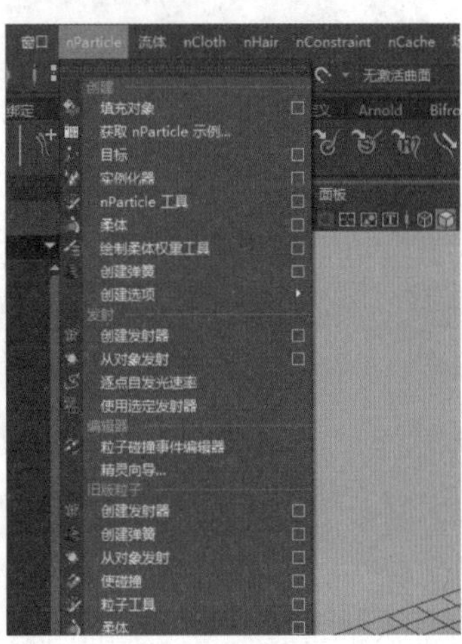

图 11-2　旧版粒子系统的命令

11.2 粒子动画

将工具架切换至 FX，即可看到有关粒子发射器的两个图标按钮，一个是“创建发射器”按钮，一个是“添加发射器”按钮，如图 11-3 所示。

在菜单栏中选择 nParticle |“创建选项”命令，可打开“创建选项”子菜单，该子菜单中有各种不同类型的粒子供用户选择，如图 11-4 所示。

图 11-3　有关粒子发射器的两个按钮

图 11-4　可供用户选择的不同粒子类型

在“属性编辑器”面板中，可对粒子的属性进行设置，如图 11-5 所示。

“场 / 解算器”是为调整动力学对象 (如流体、柔体、nParticle 和 nCloth) 的运动效果而设置的力。例如，可以将漩涡场连接到发射的 n 粒子以创建漩涡运动；使用空气场可以吹动场景中的 n 粒子以创建飘散运动，如图 11-6 所示。

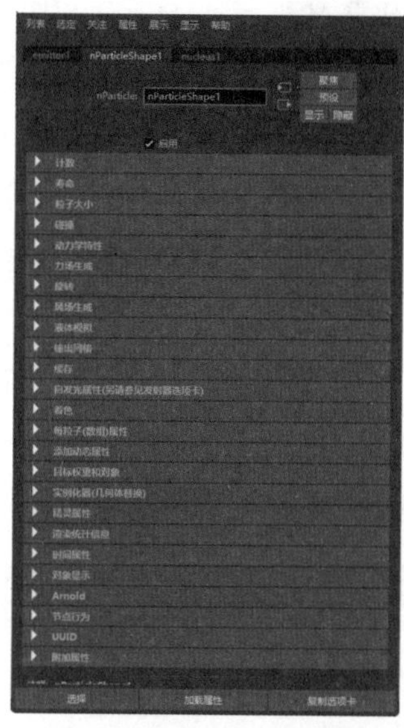

图 11-5　设置粒子的属性

图 11-6　“场 / 解算器”菜单

11.2.1　“计数”卷展栏

展开“计数”卷展栏，如图 11-7 所示，各选项的功能说明如下。

图 11-7　“计数”卷展栏

- 计数：用于显示场景中当前 n 粒子的数量。
- 事件总数：用于显示粒子的事件数量。

11.2.2　“寿命”卷展栏

展开“寿命”卷展栏，如图 11-8 所示，各选项的功能说明如下。

图 11-8　“寿命”卷展栏

- 寿命模式：用于设置 n 粒子在场景中的存在时间，有“永生”“恒定”“随机范围”“仅寿命 PP”4 种可选模式。
- 寿命：用于指定粒子的寿命值。
- 寿命随机：用于标识每个粒子的寿命的随机变化范围。
- 常规种子：表示生成随机数的种子。

11.2.3 “粒子大小”卷展栏

展开“粒子大小”卷展栏，如图 11-9 所示，其中主要选项的功能说明如下。

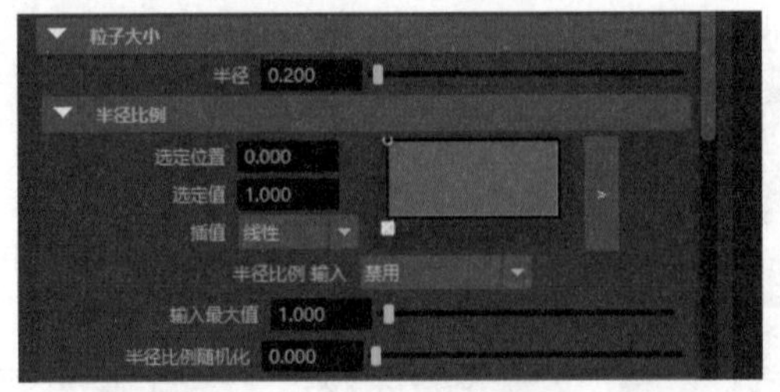

图 11-9　“粒子大小”卷展栏

- 半径：用来设置粒子的半径大小。
- 半径比例输入：指定属性用于映射“半径比例”渐变的值。
- 输入最大值：用于设置渐变使用范围的最大值。
- 半径比例随机化：用于设置每个粒子属性值的随机倍增。

11.2.4 “碰撞”卷展栏

展开“碰撞”卷展栏，如图 11-10 所示，其中主要选项的功能说明如下。

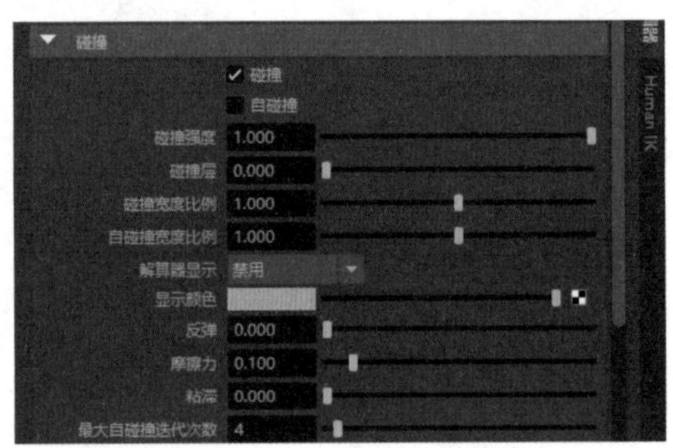

图 11-10　“碰撞”卷展栏

- 碰撞：选中该复选框后，当前的 n 粒子对象将与共用同一个 Maya Nucleus 解算器的被动对象、nCloth 对象和其他 n 粒子对象发生碰撞。
- 自碰撞：选中该复选框后，n 粒子对象生成的粒子将互相碰撞。
- 碰撞强度：指定 n 粒子与其他 Nucleus 对象之间的碰撞强度。
- 碰撞层：将当前的 n 粒子对象指定给特定的碰撞层。
- 碰撞宽度比例：指定相对于 n 粒子半径值的碰撞厚度。
- 自碰撞宽度比例：指定相对于 n 粒子半径值的自碰撞厚度。
- 解算器显示：指定场景视图中将显示当前 n 粒子对象的 Nucleus 解算器信息。Maya 提供了“禁用”“碰撞厚度”“自碰撞厚度”这 3 个选项供用户选择。
- 显示颜色：指定碰撞体积的显示颜色。
- 反弹：指定 n 粒子在进行自碰撞或与共用同一个 Maya Nucleus 解算器的被动对象、nCloth 对象或其他 n 粒子对象发生碰撞时的偏转量或反弹量。

- 摩擦力：指定 n 粒子在进行自碰撞或与共用同一个 Maya Nucleus 解算器的被动对象、nCloth 对象和其他 n 粒子对象发生碰撞时的相对运动阻力程度。
- 粘滞：指定当 nCloth、n 粒子和被动对象发生碰撞时，n 粒子对象粘贴到其他 Nucleus 对象的倾向。
- 最大自碰撞迭代次数：指定当前 n 粒子对象的动力学自碰撞所模拟的计算次数。

11.2.5　“动力学特性”卷展栏

“动力学特性”卷展栏内的参数如图 11-11 所示。

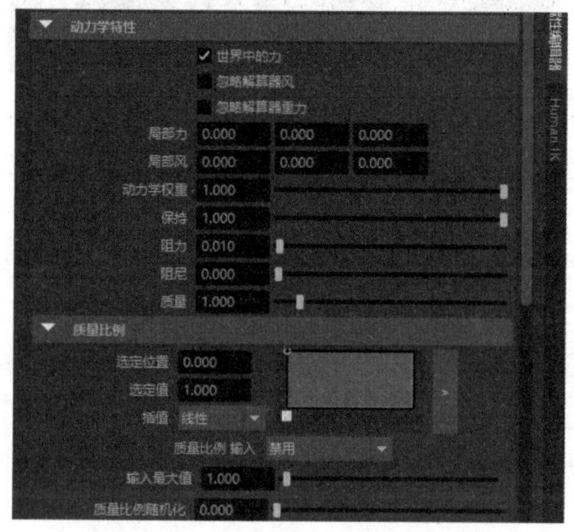

图 11-11　“动力学特性”卷展栏

- 世界中的力：选中该复选框，可以使 n 粒子进行额外的世界空间的重力计算。
- 忽略解算器风：选中该复选框，将禁用当前 n 粒子对象的解算器“风”。
- 忽略解算器重力：选中该复选框，将禁用当前 n 粒子对象的解算器“重力”。
- 局部力：将一个类似于 Nucleus 重力的力按照指定的量和方向应用于 n 粒子对象。该力仅应用于局部，并不影响指定给同一解算器的其他 Nucleus 对象。
- 局部风：将一个类似于 Nucleus 风的力按照指定的量和方向应用于 n 粒子对象。该风仅应用于局部，并不影响指定给同一解算器的其他 Nucleus 对象。
- 动力学权重：可用于调整场、碰撞、弹簧和目标对粒子产生的效果。值为 0 将使连接至粒子对象的场、碰撞、弹簧和目标没有效果。值为 1 将提供全效。输入小于 1 的值将设定比例效果。
- 保持：用于控制粒子对象的速率在帧与帧之间的保持程度。
- 阻力：指定施加于当前 n 粒子对象的阻力大小。
- 阻尼：指定当前 n 粒子的运动的阻尼量。
- 质量：指定当前 n 粒子对象的基本质量。
- 选定位置：表示选定值在渐变上的位置，介于左侧的 0 和右侧的 1 之间。
- 选定值：表示渐变上的选定位置的每个粒子属性值。
- 插值：控制每个粒子属性值在渐变上的每个位置之间的融合方式。默认设置为“线性”。

- 质量比例输入：指定哪些属性用于映射“质量比例”渐变值。
- 输入最大值：设置渐变使用范围的最大值。
- 质量比例随机化：设定每个粒子属性值的随机倍增。

11.2.6 “液体模拟”卷展栏

展开“液体模拟”卷展栏，如图 11-12 所示，各选项的功能说明如下。

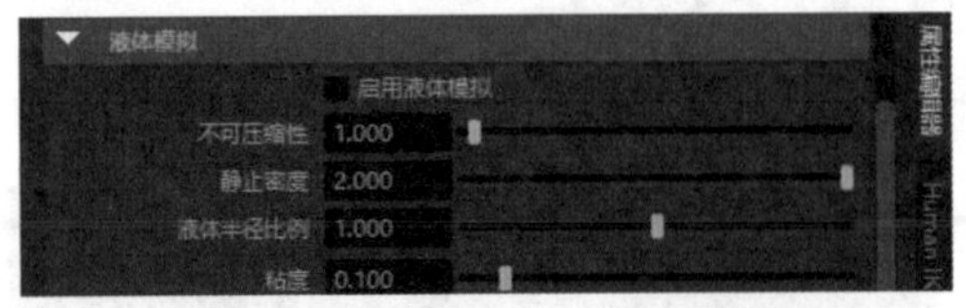

图 11-12　“液体模拟”卷展栏

- 启用液体模拟：选中该复选框后，“液体模拟”属性将被添加到 n 粒子对象。这样 n 粒子就可以重叠，从而形成液体的连续曲面。
- 不可压缩性：指定液体 n 粒子抗压缩的量。
- 静止密度：设定 n 粒子对象处于静止状态时液体中的 n 粒子的排列情况。
- 液体半径比例：指定基于 n 粒子“半径”的 n 粒子重叠量。较低的值将增加 n 粒子之间的重叠。对于多数液体而言，0.5 这个值就足以获得良好的结果。
- 粘度：代表液体流动的阻力，或材质的厚度和不流动程度。如果该值很大，液体将像柏油一样流动。如果该值很小，液体将像水一样流动。

11.2.7 “输出网格”卷展栏

展开“输出网格”卷展栏，如图 11-13 所示，其中主要选项的功能说明如下。

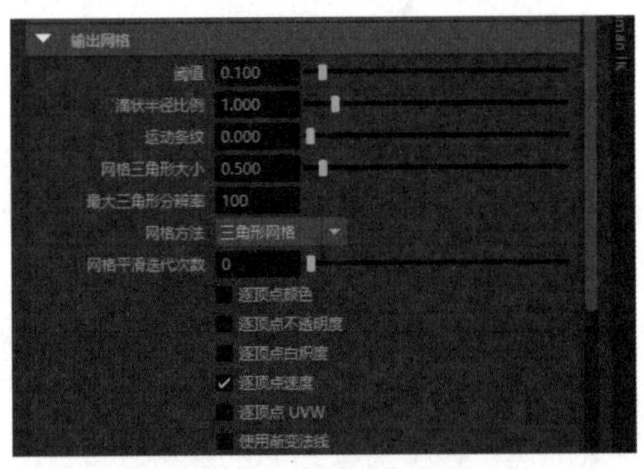

图 11-13　“输出网格”卷展栏

- 阈值：用于调整 n 粒子创建的曲面的平滑度。
- 滴状半径比例：指定 n 粒子“半径”的比例缩放量，以便在 n 粒子上创建适当平滑的曲面。
- 运动条纹：根据 n 粒子运动的方向及其在一个时间段内移动的距离拉长单个 n 粒子。
- 网格三角形大小：指定创建 n 粒子输出网格所使用的三角形的尺寸。
- 最大三角形分辨率：指定创建输出网格时所使用的栅格大小。

- 网格方法：指定生成 n 粒子输出网格等值面所使用的多边形网格的类型，有“三角形网格”“四面体”“锐角四面体”“四边形网格”这 4 种可选方法。
- 网格平滑迭代次数：指定应用于 n 粒子输出网格的平滑度。平滑迭代次数可增加三角形各边的长度，使拓扑更均匀，并生成更为平滑的等值面。输出网格的平滑度随着“网格平滑迭代次数”值的增大而增加，但计算时间也将随之增加。

11.2.8　“着色”卷展栏

展开“着色”卷展栏，如图 11-14 所示，其中主要选项的功能说明如下。

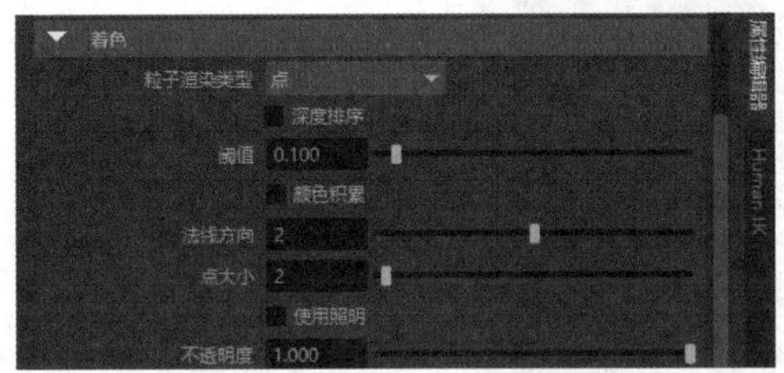

图 11-14　“着色”卷展栏

- 粒子渲染类型：用于设置 Maya 使用何种类型来渲染 n 粒子，在这里，Maya 提供了 10 种类型供用户选择，分别为“点”“多点”“多条纹”“数值”“球体”“精灵”“条纹”“滴状曲面 (s/w)”“云 (s/w)”“管状体 (s/w)”。使用不同的粒子渲染类型，n 粒子在场景中的显示效果也不同。
- 深度排序：用于设置布尔属性是否对粒子进行深度排序计算。
- 阈值：用于控制 n 粒子生成曲面的平滑度。
- 法线方向：用于更改 n 粒子的法线方向。
- 点大小：用于控制 n 粒子的显示大小。
- 不透明度：用于控制 n 粒子的不透明程度。

11.3　实例：制作火球特效动画

【例 11-1】 本实例主要讲解如何使用 n 粒子来模拟火球运动的特殊效果，最终渲染效果如图 11-15 所示。 视频

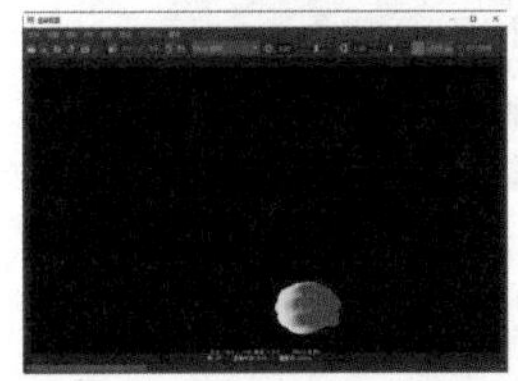
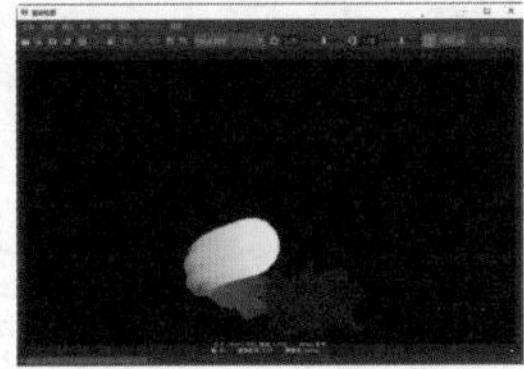
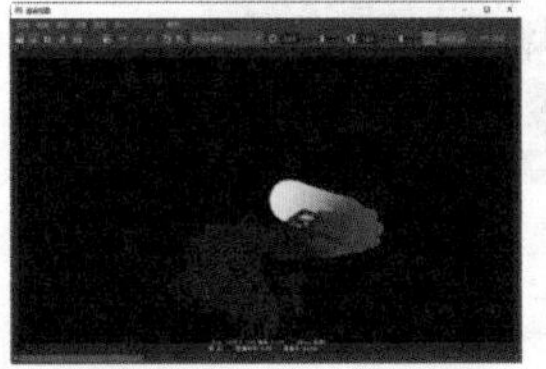
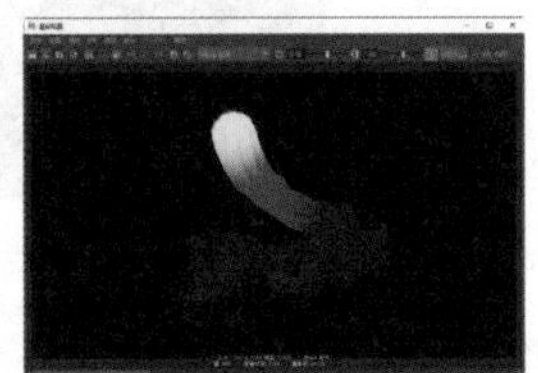

图 11-15　火球渲染效果

01 启动 Maya 2022 软件，在菜单栏中选择“文件”|“项目窗口”命令，可在打开的“项目窗口”窗口中设置项目文件。单击“项目窗口”窗口中“当前项目”文本框右侧的“新建”按钮，可

根据自己的情况设定文件保存路径，如保存在计算机任意的磁盘空间中，然后单击“接受”按钮，如图 11-16 所示。

02 在“曲线 / 曲面”工具架中单击“EP 曲线工具”按钮，在场景中绘制一条曲线，然后在“多边形建模”工具架中单击“多边形球体”按钮，在场景中创建一个多边形球体模型，如图 11-17 所示，接着调整多边形球体的大小。

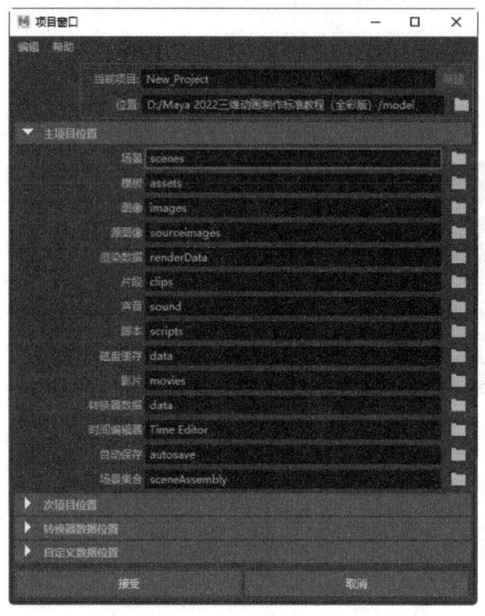

图 11-16 设置项目文件

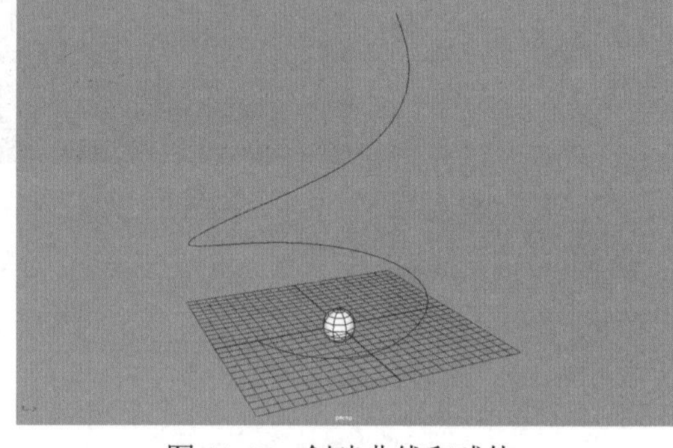

图 11-17 创建曲线和球体

03 选择多边形球体，设置“旋转 Z”数值为 90，然后在菜单栏中选择“修改” | “冻结变换”命令，重置坐标轴，结果如图 11-18 所示。

04 将 Maya 的菜单集切换至“动画”，选择场景中的多边形球体，按 Shift 键加选场景中的 EP 曲线，在菜单栏中选择“约束” | “运动路径” | “连接到运动路径”命令，如图 11-19 所示。

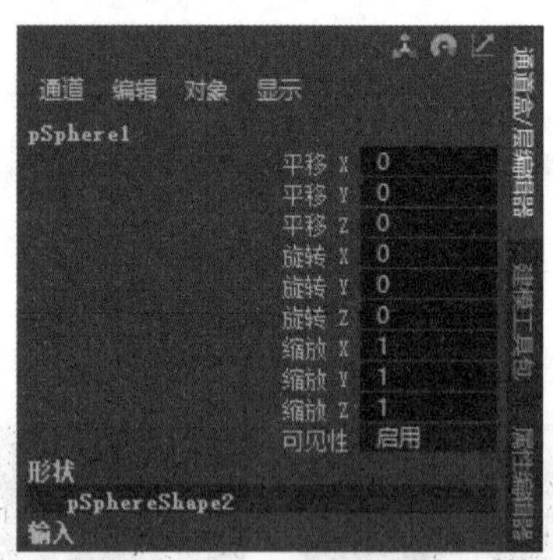

图 11-18 重置坐标轴

图 11-19 选择“连接到运动路径”命令

05 即可将多边形球体的运动约束到场景中的曲线上，结果如图 11-20 所示。

06 将 Maya 的菜单集切换至 FX，选择场景中的多边形球体，然后在菜单栏中选择 nParticle | “从对象发射”命令，将多边形球体设置为可以发射 n 粒子的发射器。设置完成后，播放场景动画，可以看到在默认状态下，从球体上的顶点开始发射 n 粒子，如图 11-21 所示。

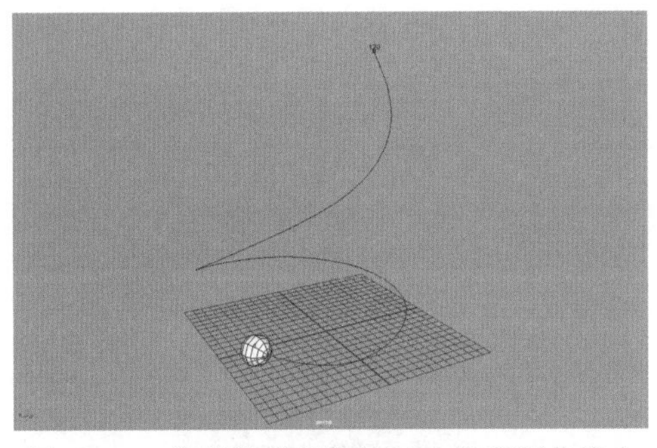
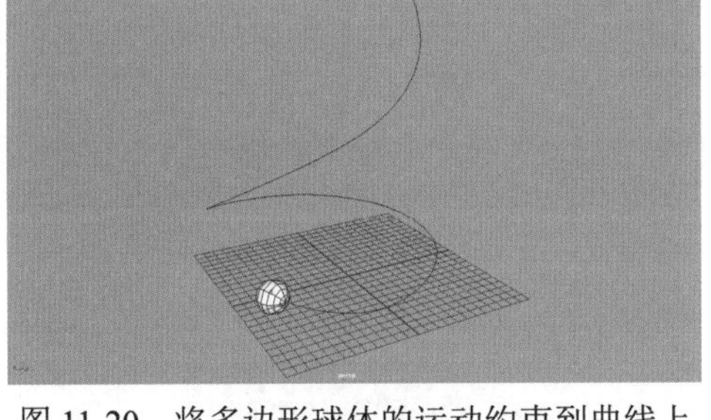

图 11-20　将多边形球体的运动约束到曲线上

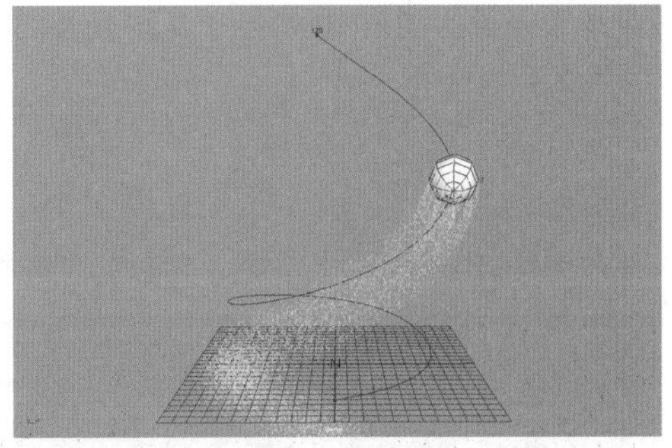

图 11-21　从球体上的顶点开始发射 n 粒子

07 选择场景中的 n 粒子对象，然后在“属性编辑器”面板中选择 emitter1 选项卡，展开“基础自发光速率属性”卷展栏，在“速率”文本框中输入 0，如图 11-22 所示。

08 在播放控件中单击“向前播放”按钮▶以正向播放动画，n 粒子的运动效果如图 11-23 所示。

图 11-22　设置“速率”参数

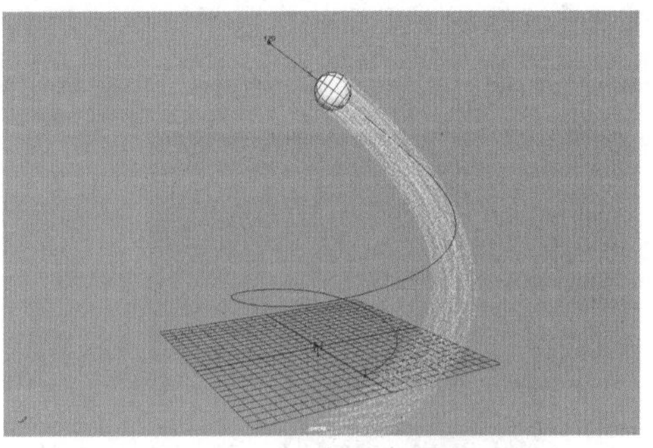

图 11-23　n 粒子的运动效果

09 展开“基本发射器属性”卷展栏，在“速率 (粒子 / 秒)”文本框中输入 900，如图 11-24 所示，提高粒子的发射速率，这样可以得到更多的粒子。

10 在“属性编辑器”面板中选择 nParticleShape1 选项卡，然后展开“动力学特性”卷展栏，选中“忽略解算器重力”复选框，如图 11-25 所示。

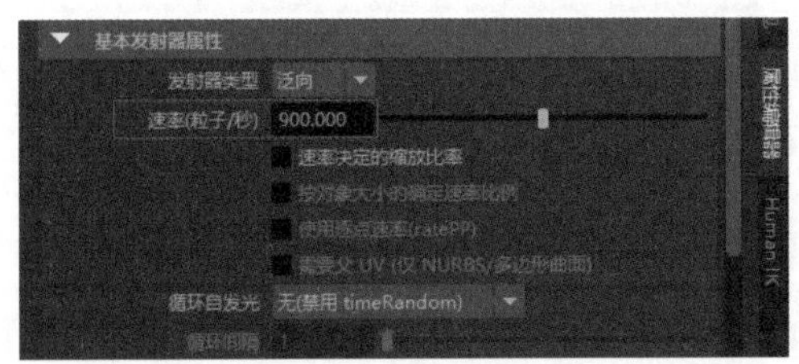

图 11-24　设置“速率 (粒子 / 秒)”参数

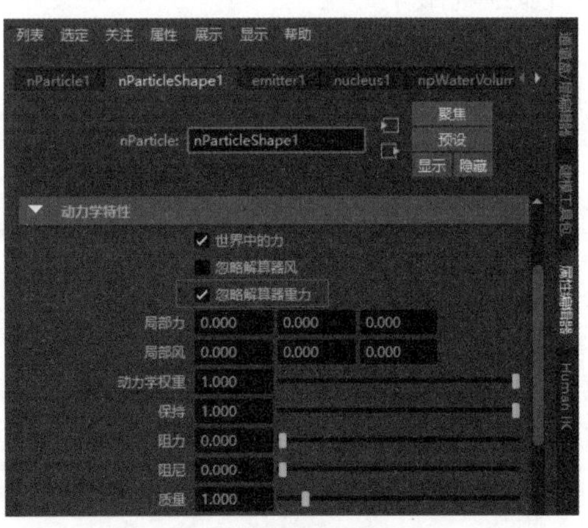

图 11-25　选中“忽略解算器重力”复选框

11 展开“寿命”卷展栏，在“寿命模式”下拉列表中选择“恒定”选项，在“寿命”文本框中输入 2.5，如图 11-26 所示。

12 播放场景动画，可以看到粒子尾部发生了变化，如图 11-27 所示。

图 11-26　展开“寿命”卷展栏并设置参数

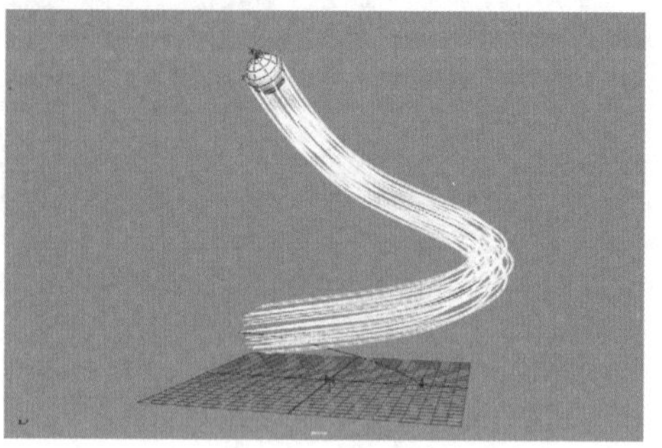
图 11-27　粒子尾部发生了变化

13 选择场景中的 n 粒子对象，在菜单栏中选中“场 / 解算器”|“湍流”命令，如图 11-28 所示，为 n 粒子的运动增加细节。

14 在“属性编辑器”面板中展开“湍流场属性”卷展栏，在“幅值”文本框中输入 10，在“衰减”文本框中输入 0.4，在“频率”文本框中输入 0.5，如图 11-29 所示。

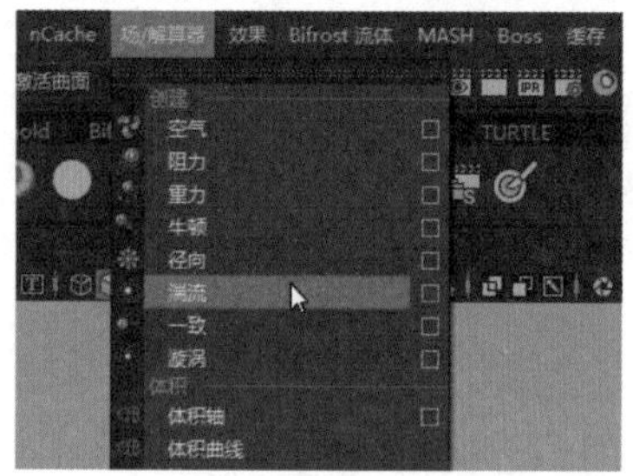

图 11-28　选择“湍流”命令

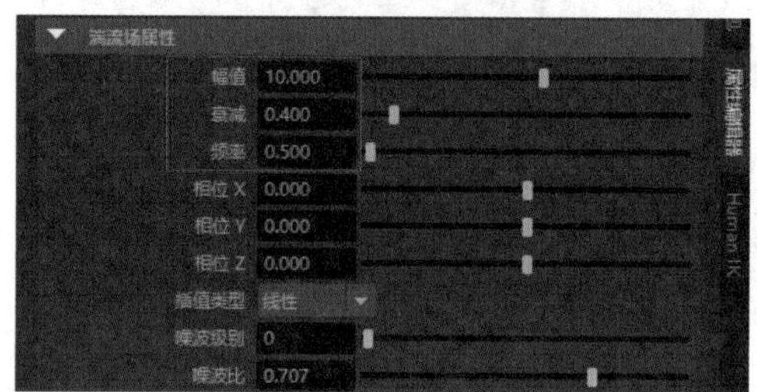

图 11-29　展开“湍流场属性”卷展栏并设置参数

注意

如果用户对场景中的球体模型大小不满意，可使用“缩放工具”微调一下球体模型的大小，这样可以调整光线之间的距离。

15 播放动画，场景中 n 粒子的运动效果如图 11-30 所示。

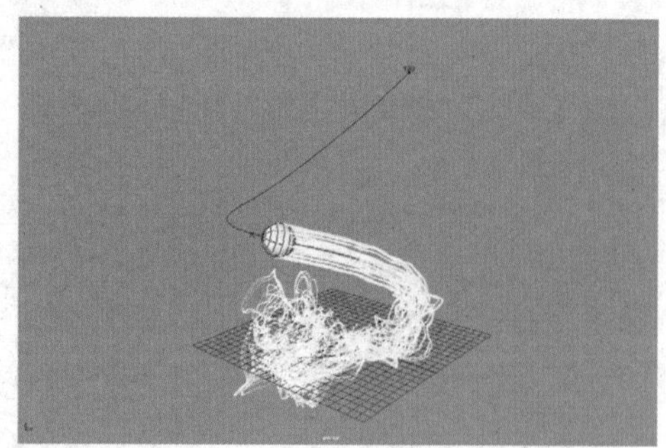
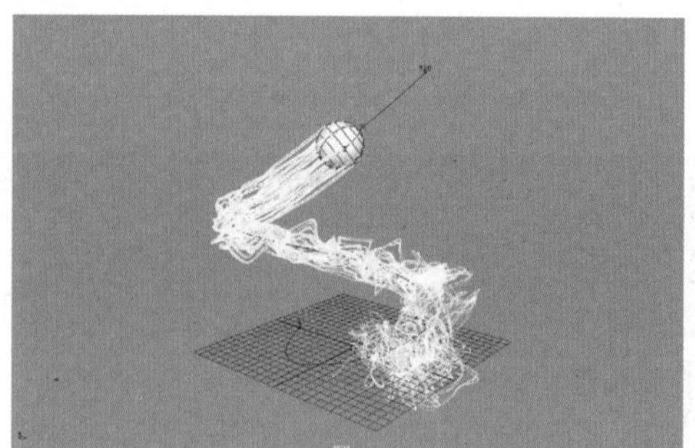
图 11-30　播放场景动画

16 选择场景中的 n 粒子对象，展开“着色”卷展栏，在“粒子渲染类型”下拉列表中选择“云 (s/w)”选项，如图 11-31 所示。

17 选择 n 粒子，展开“粒子大小”卷展栏，在“半径”文本框中输入 1.5，展开“半径比例”卷展栏，在其中调整 n 粒子的半径比例图，并在“半径比例 输入”下拉列表中选择“年龄”选项，如图 11-32 所示。

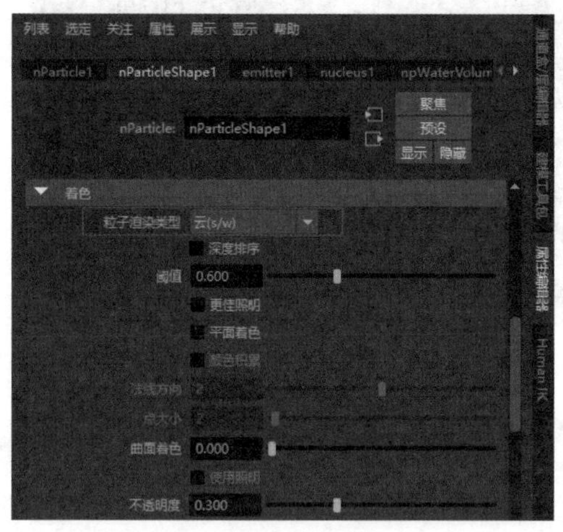

图 11-31　设置粒子渲染类型

图 11-32　展开“粒子大小”卷展栏并设置参数

18 展开“不透明度比例”卷展栏，调整 n 粒子的不透明度比例图，然后在“不透明度比例 输入”下拉列表中选择“年龄”选项，如图 11-33 所示。

19 展开“白炽度”卷展栏，调整 n 粒子的颜色比例图，然后在“白炽度 输入”下拉列表中选择“年龄”选项，如图 11-34 所示。

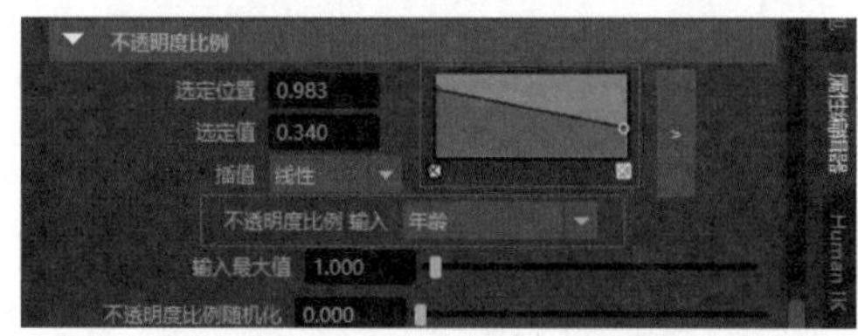

图 11-33　展开“不透明度比例”卷展栏并设置参数

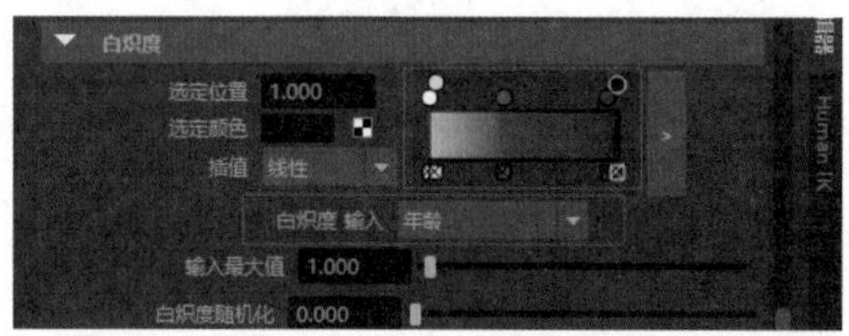

图 11-34　展开“白炽度”卷展栏并设置参数

20 播放动画，场景中 n 粒子的运动效果如图 11-35 所示。

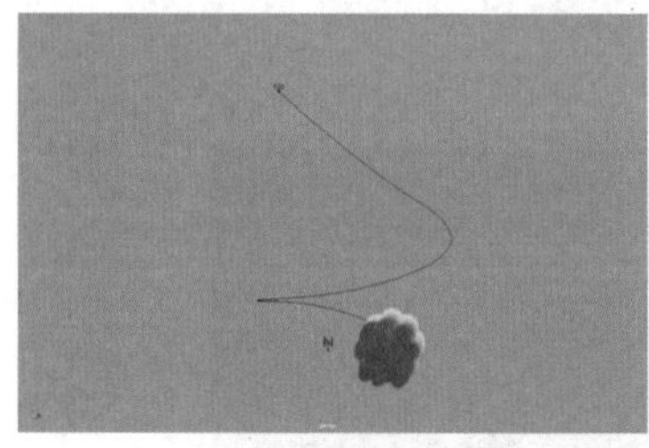

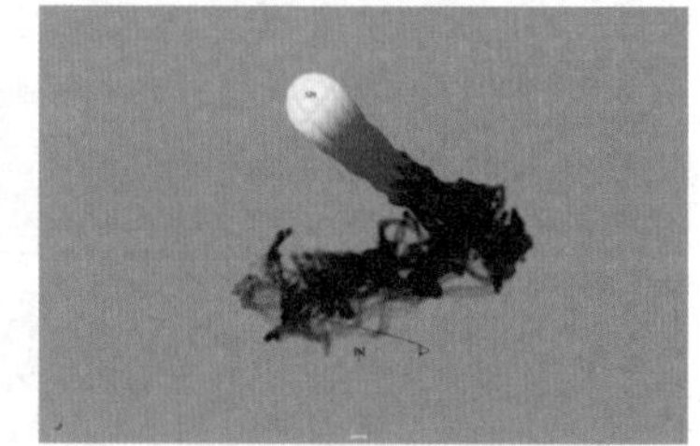

图 11-35　火球动画的运动效果

21 选择 n 粒子对象，在“属性编辑器”面板中打开 npWaterVolume 选项卡，展开“公用材质属性”卷展栏，在“辉光强度”文本框中输入 0.1，如图 11-36 所示。

22 在状态行中单击“打开渲染视图”按钮，打开“渲染视图”窗口，在“选择渲染器”下拉列表中选择“Maya 软件”命令来渲染场景，如图 11-37 所示。

23 播放动画，观察火焰运动的动画效果，如图 11-15 所示。

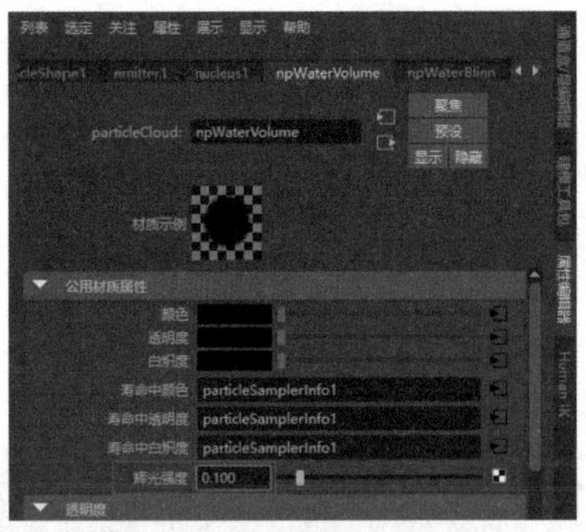

图 11-36　设置“辉光强度”数值

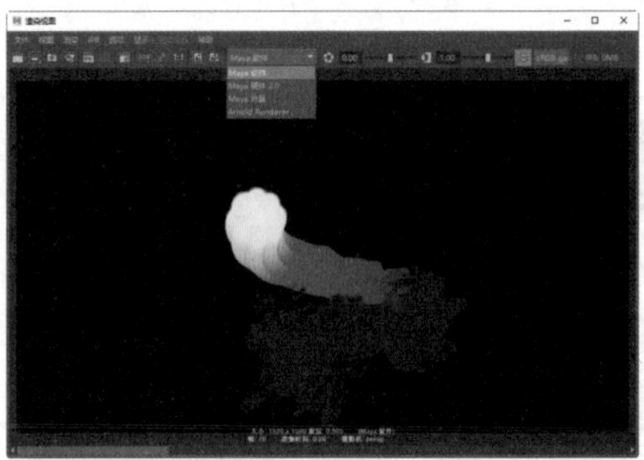

图 11-37　选择“Maya 软件”命令渲染场景

11.4　实例：制作文字消散动画

【例 11-2】本实例主要讲解如何利用 n 粒子制作文字消散动画，最终效果如图 11-38 所示。

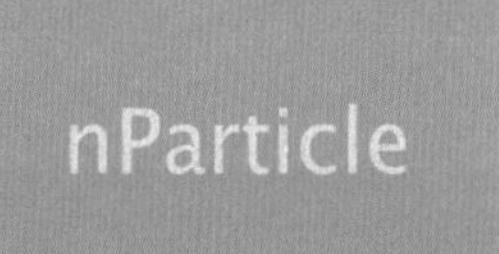

图 11-38　文字消散动画最终效果

01 启动 Maya 2022，在菜单栏中选择“文件”|“项目窗口”命令，打开“项目窗口”窗口并设置项目文件。在“多边形建模”工具架上单击“多边形类型”按钮，在场景中创建一个文字模型，如图 11-39 所示。

02 在“属性编辑器”的“输入一些类型”文本框内，将其文字内容改为 nParticle，如图 11-40 所示。

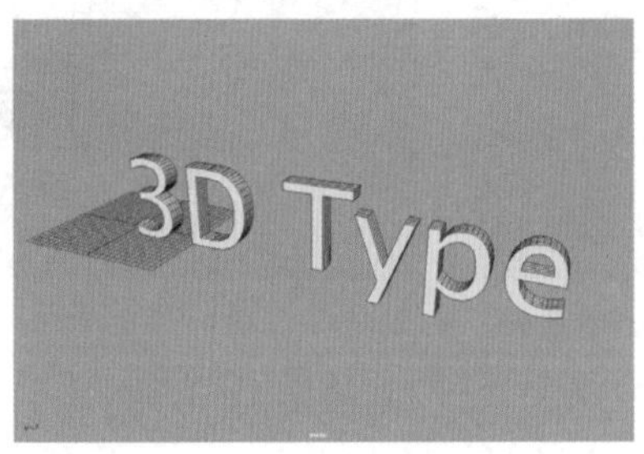

图 11-39　创建文字模型

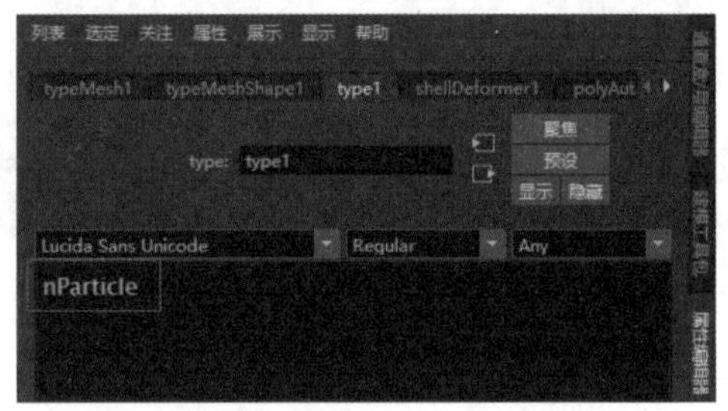

图 11-40　修改文字内容

03 可以发现，场景中的文字模型发生了变化，如图 11-41 所示。

04 展开“可变形类型”卷展栏，选中“可变形类型”复选框，然后在“挤出”卷展栏中取消“启用挤出”复选框的选中状态，如图 11-42 所示。

图 11-41　文字模型发生了变化　　图 11-42　设置参数

05 观察场景中的文字模型，如图 11-43 所示。

06 选择文字模型，在 FX 工具架中单击“添加发射器”按钮，展开“基本发射器属性”卷展栏，在“发射器类型”下拉列表中选择“表面”选项，在“速率 (粒子 / 秒)”文本框中输入 5000，如图 11-44 所示。

图 11-43　观察场景中的文字模型

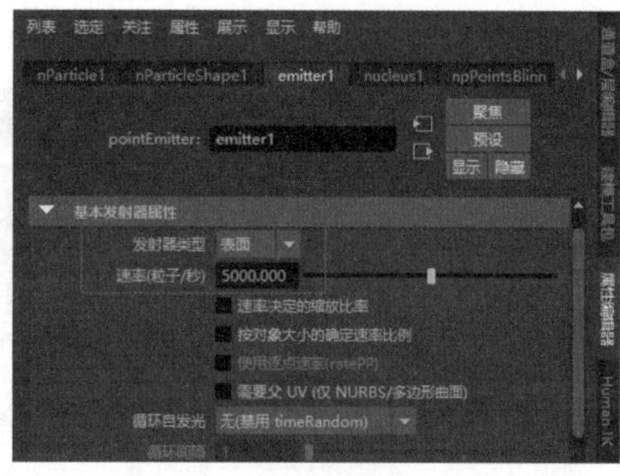

图 11-44　展开“基本发射器属性”卷展栏并设置参数

07 展开“基础自发光速率属性”卷展栏，在“速率”文本框中输入 0，如图 11-45 所示。

08 选择 nParticleShape1 选项卡，展开“动力学特性”卷展栏，选中“忽略解算器重力”复选框，如图 11-46 所示。

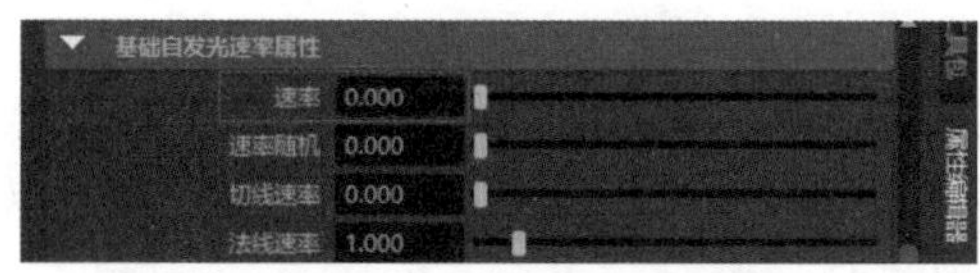

图 11-45　设置“速率”参数

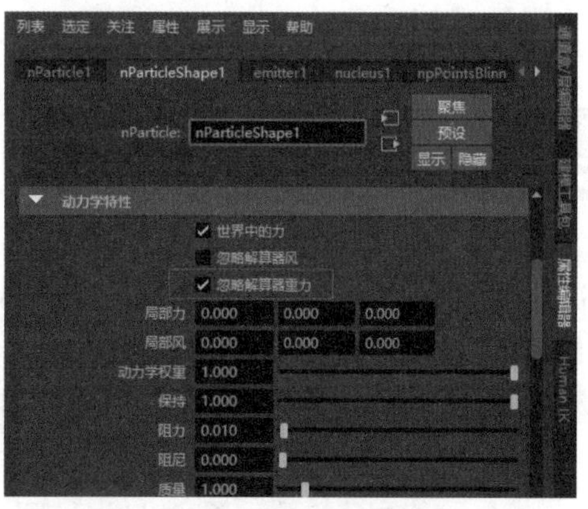

图 11-46　选中“忽略解算器重力”复选框

09 展开“着色”卷展栏，在“粒子渲染类型”下拉列表中选择“球体”选项，如图 11-47 所示。

10 在播放控件中单击“向前播放”按钮▶以正向播放动画，文字模型上的每个顶点都会不断生成新的粒子，并依附在文字模型上，如图 11-48 所示。

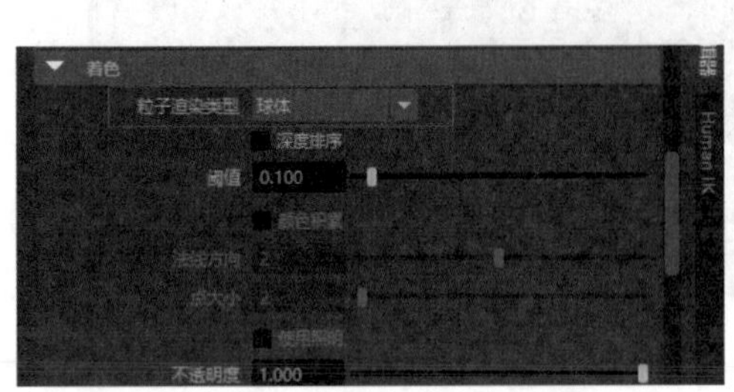

图 11-47　设置粒子渲染类型

图 11-48　不断生成新粒子

11 展开“粒子大小”卷展栏，在“半径”文本框中输入 0.05，如图 11-49 所示，降低 n 粒子的半径。

12 选择 n 粒子，将时间指示器移到最后一帧，在菜单栏中选择“场 / 解算器”|“初始状态”|“为选定对象设定”命令，如图 11-50 所示，使粒子自始至终保持初始化形态。

图 11-49　设置“半径”参数

图 11-50　选择“为选定对象设定”命令

13 按 H 键隐藏文字模型，拖曳时间指示器可以在场景中得到由许多粒子组成的模型，如图 11-51 所示。

14 选择 n 粒子，在菜单栏中选中“场 / 解算器”|“湍流”命令右侧的复选框，打开“湍流选项”窗口，在该窗口的菜单栏中选择“编辑”|“重置设置”命令，如图 11-52 所示，将数值恢复到初始默认状态，单击“创建”按钮，为粒子添加湍流场。

15 展开“湍流场属性”卷展栏，在“幅值”文本框中输入 60，在“衰减”文本框中输入 0.2，如图 11-53 所示。

16 展开“体积控制属性”卷展栏，在“体积形状”下拉列表中选择“球体”选项，如图 11-54 所示。

图 11-51　拖曳时间指示器并观察 n 粒子

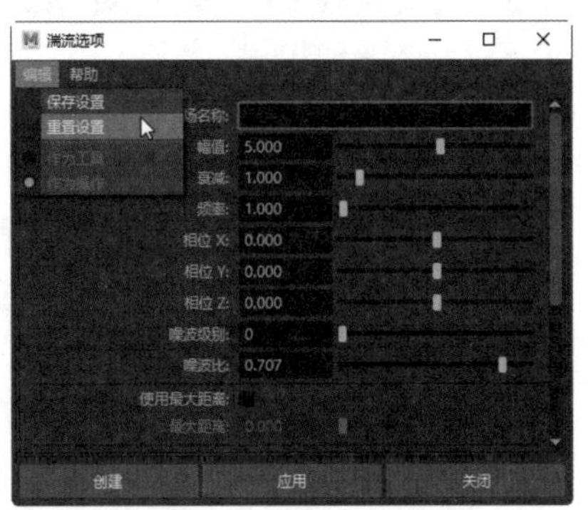

图 11-52　创建湍流场

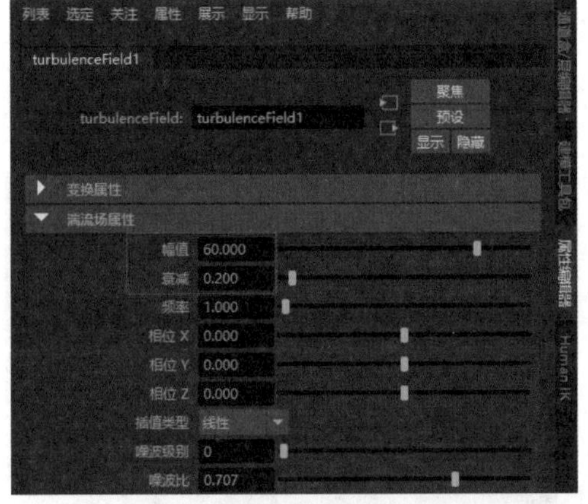

图 11-53　展开“湍流场属性”卷展栏并设置参数

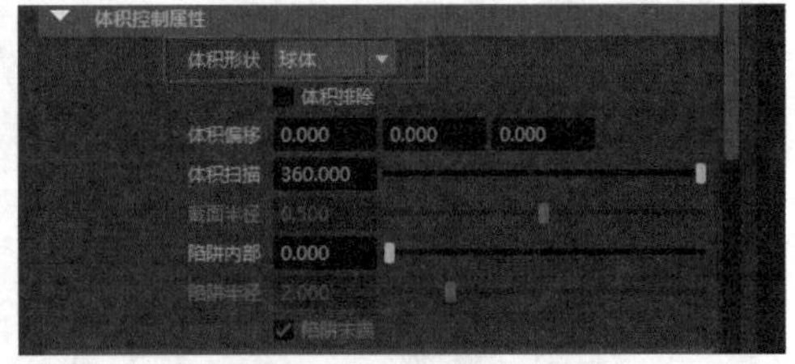

图 11-54　设置体积形状

17 将当前时间指示器移至第 1 帧，在“通道盒 / 层编辑器”面板中设置湍流场的“缩放 X”“缩放 Y”“缩放 Z”数值均为 1，然后右击，选择“为选定项设置关键帧”命令，此时“缩放 X”“缩放 Y”“缩放 Z”选项右侧均变为红色，如图 11-55 所示。

18 将当前时间指示器移至第 120 帧，设置湍流场的“缩放 X”“缩放 Y”“缩放 Z”数值均为 80，然后右击，选择“为选定项设置关键帧”命令，此时“缩放 X”“缩放 Y”“缩放 Z”选项右侧均变为红色，如图 11-56 所示，湍流场的大小一定要确保能包裹住整个模型。

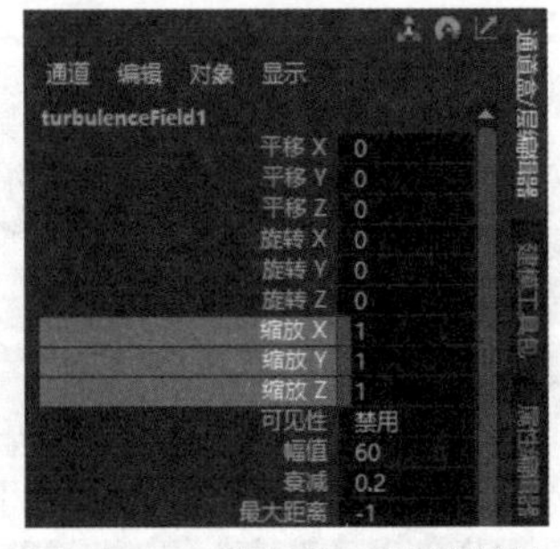

图 11-55　设置第 1 帧关键帧

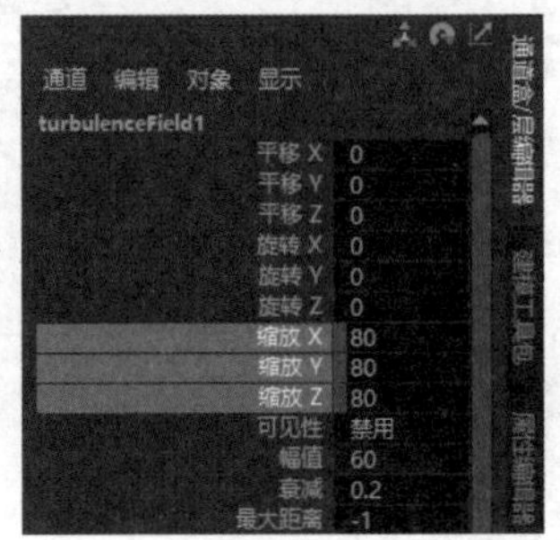

图 11-56　设置第 120 帧关键帧

19 播放动画，观察湍流场的动画效果，如图 11-38 所示。

11.5 实例：制作涂抹果酱动画

【例 11-3】 本例主要讲解如何使用 n 粒子来模拟涂抹果酱的特殊动画效果，如图 11-57 所示。视频

图 11-57 涂抹果酱动画

01 打开本书配套资源文件“果酱.mb”，如图 11-58 所示，在场景中已设置了材质及灯光。

02 将 Maya 的模块切换至 FX，在菜单栏中选择 nParticle |“创建选项”|“水”命令，如图 11-59 所示。

图 11-58 打开“果酱.mb”文件

图 11-59 选择“水”命令

03 在菜单栏中选中 nParticle |“nParticle 工具”命令右侧的复选框，如图 11-60 所示。

04 打开“工具设置”窗口，选中“草图粒子”复选框，在“粒子数”文本框中输入 5，在“最大半径”文本框中输入 0.5，如图 11-61 所示。

图 11-60 选中“nParticle 工具”命令右侧的复选框

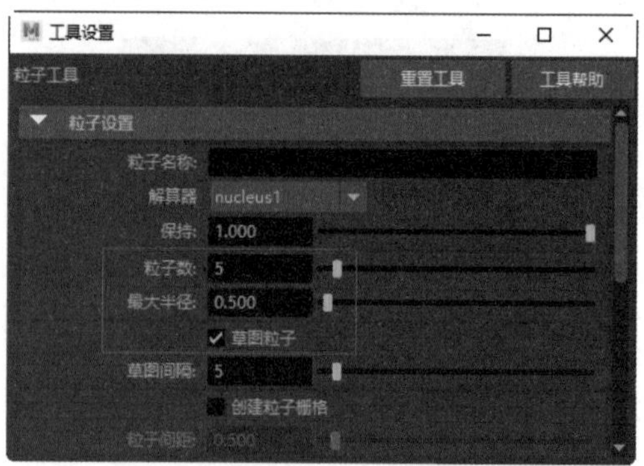

图 11-61 设置参数

05 在场景中绘制粒子，结果如图 11-62 所示。

06 按 Enter 键结束绘制，并将其移至图 11-63 所示的位置。

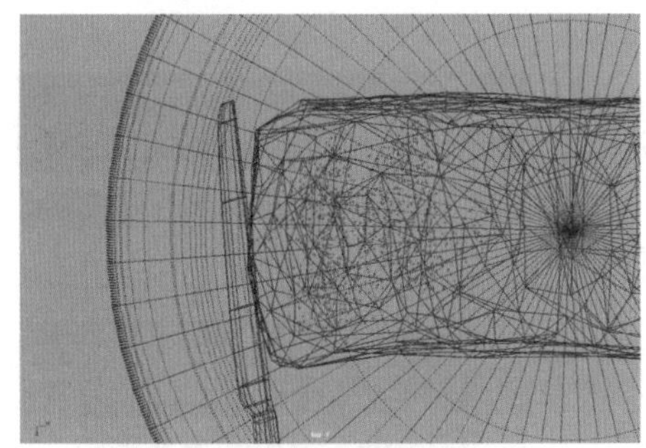

图 11-62 绘制粒子

图 11-63 移动粒子

07 选择场景中的面包和盘子模型，在菜单栏中选择 nCloth |“创建被动碰撞对象”命令，如图 11-64 所示。

08 选择 n 粒子，在“属性编辑器”面板中选择 nParticleShape1 选项卡，展开“粒子大小”卷展栏，在“半径”文本框中输入 0.130，如图 11-65 所示。

图 11-64 选择“创建被动碰撞对象”命令

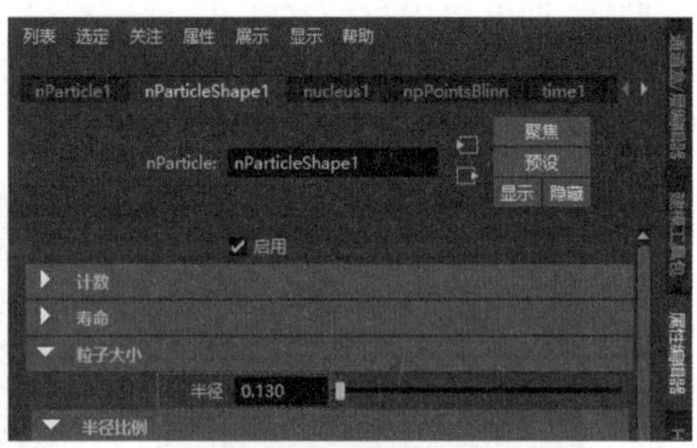

图 11-65 设置 n 粒子半径

09 展开“液体模拟”卷展栏，在“粘度”文本框中输入 10，如图 11-66 所示，增加粒子的黏性。

10 选择 nRigidShape1 选项卡，展开“碰撞”卷展栏，在“摩擦力”文本框中输入 0.8，在“粘滞”文本框中输入 1，如图 11-67 所示。

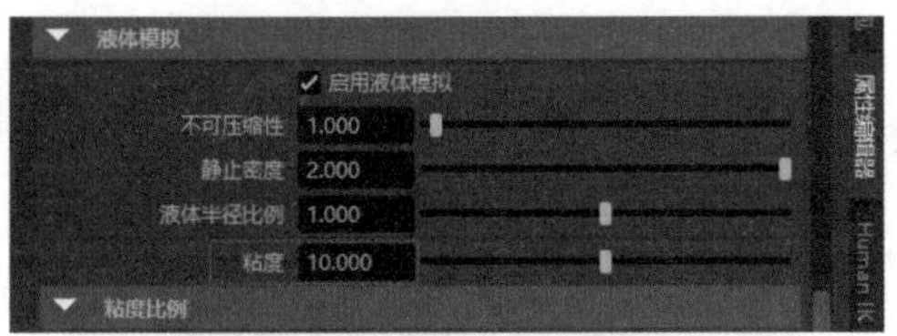

图 11-66 设置 n 粒子粘度

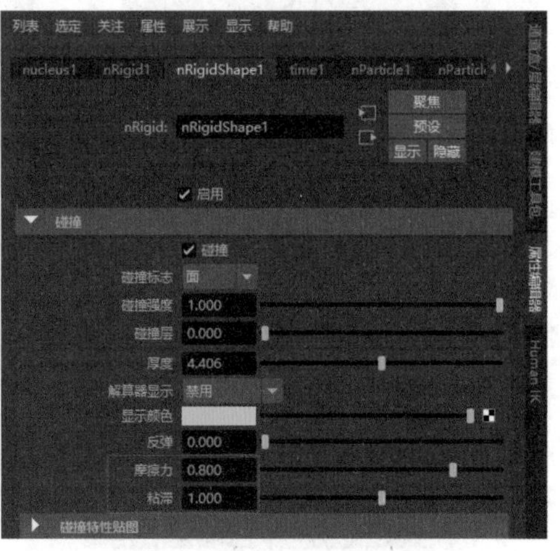

图 11-67 设置“碰撞”卷展栏

11 播放动画，找到 n 粒子从初始状态全部落下的第一帧，如图 11-68 所示。

12 大部分动画都需要设定好初始帧，选择“场 / 解算器”|“初始状态”|“为选定对象设定”命令，如图 11-69 所示。

图 11-68　播放动画并找到 n 粒子落下的第一帧

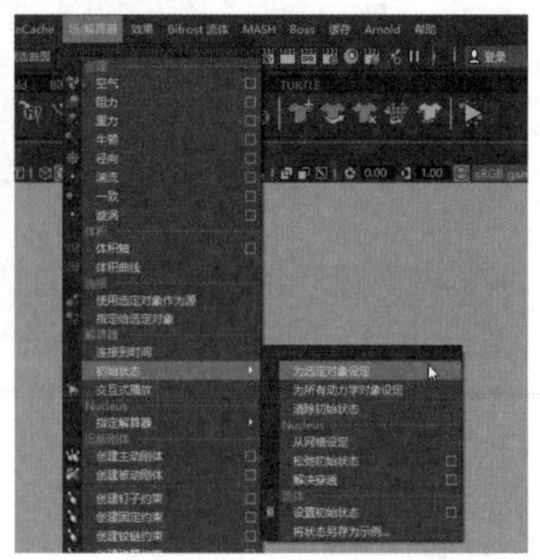
图 11-69　选择“为选定对象设定”命令

13 在场景中选择 n 粒子，选择“修改”|“转化”|“nParticle 到多边形”命令，如图 11-70 所示，将当前所选择的 n 粒子转化为多边形。

14 选择 nParticleShape1 选项卡，展开“输出网格”卷展栏，在“滴状半径比例”文本框中输入 2.2，在“网格三角形大小”文本框中输入 0.08，如图 11-71 所示。

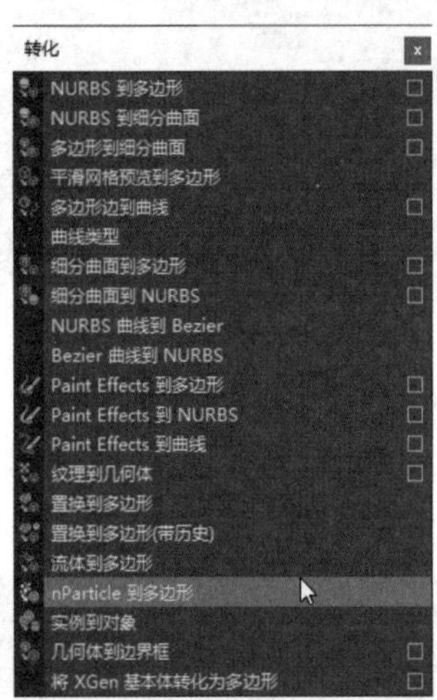

图 11-70　选择“nParticle 到多边形”命令

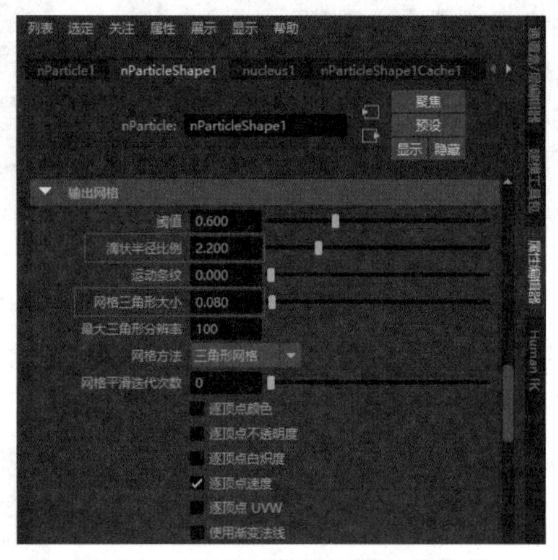

图 11-71　设置“输出网格”卷展栏

15 设置完成后，果酱的显示结果如图 11-72 所示。

16 在“渲染”工具架中单击“标准曲面材质”按钮，如图 11-73 所示，为其赋予标准曲面材质。

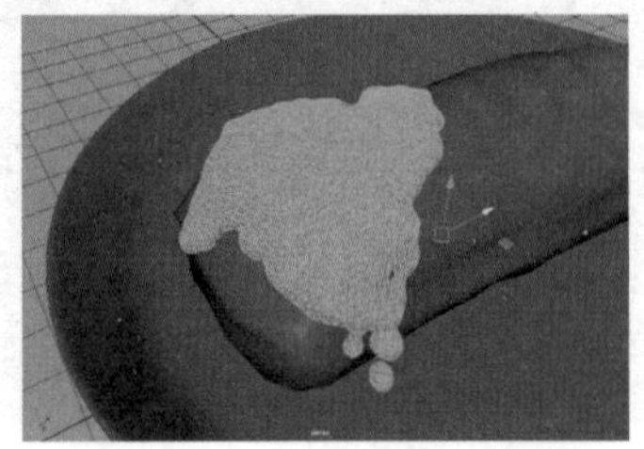
图 11-72　果酱的显示结果

图 11-73　单击“标准曲面材质”按钮

17 在“属性编辑器”面板中，展开“基础”卷展栏，设置“颜色”属性，如图 11-74 所示。

18 颜色属性的具体参数设置如图 11-75 所示。

19 设置完成后，播放动画，观察涂抹果酱的动画效果，如图 11-57 所示。

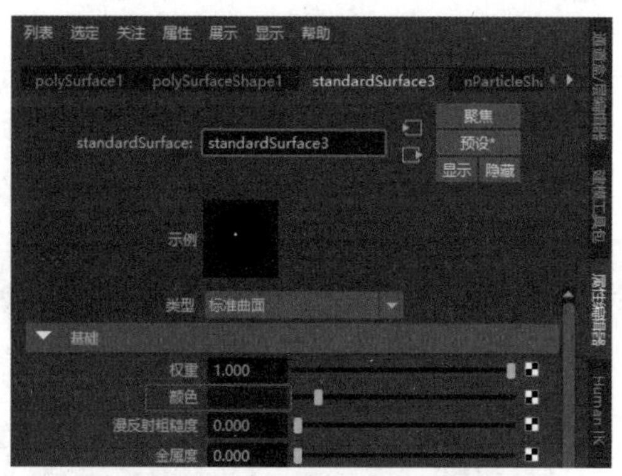
图 11-74　设置“颜色”属性

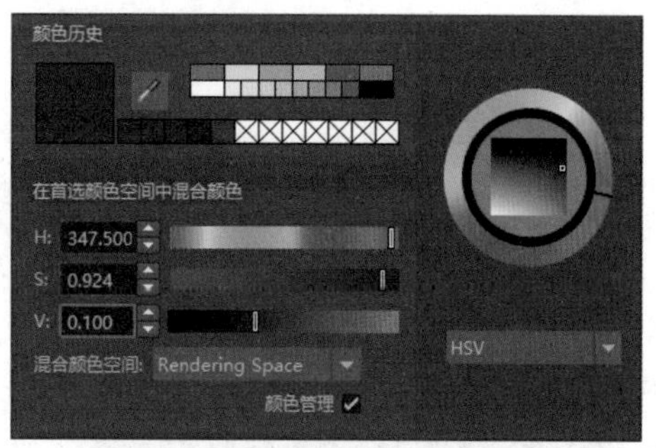
图 11-75　设置“颜色”参数

11.6　实例：制作液体倾倒动画

【例 11-4】本实例主要讲解如何使用 n 粒子来模拟液体倾倒的特殊动画效果，如图 11-76 所示。视频

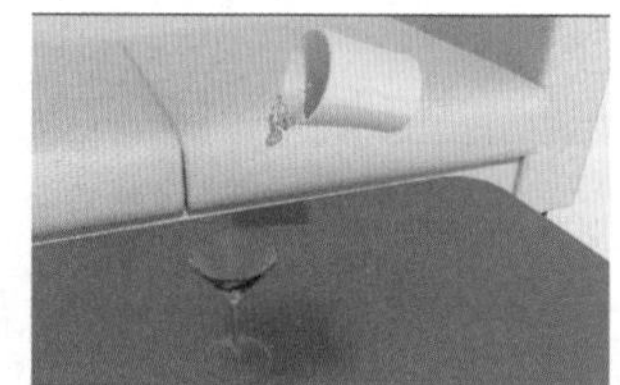
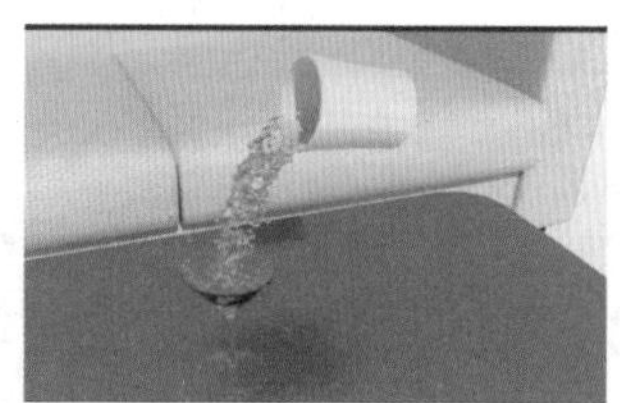
图 11-76　液体倾倒动画渲染效果

01 打开本书配套资源文件“液体倾倒.mb”，如图 11-77 所示，在场景中已设置了材质及灯光。

02 将 Maya 的模块切换至 FX，在菜单栏中选择 nParticle |“创建选项”|“水”命令，如图 11-78 所示。

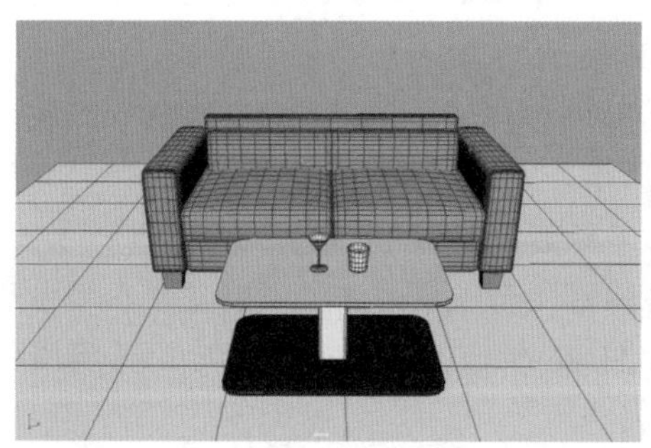
图 11-77　打开“液体倾倒.mb”文件

图 11-78　选择“水”命令

03 选中圆柱形杯子模型，在菜单栏中选中 nParticle |“填充对象”命令右侧的复选框，如图 11-79 所示。

04 打开“粒子填充选项”窗口，在“分辨率”文本框中输入 15，并选中“双壁”复选框，如图 11-80 所示。

图 11-79 选中“填充对象”命令右侧的复选框

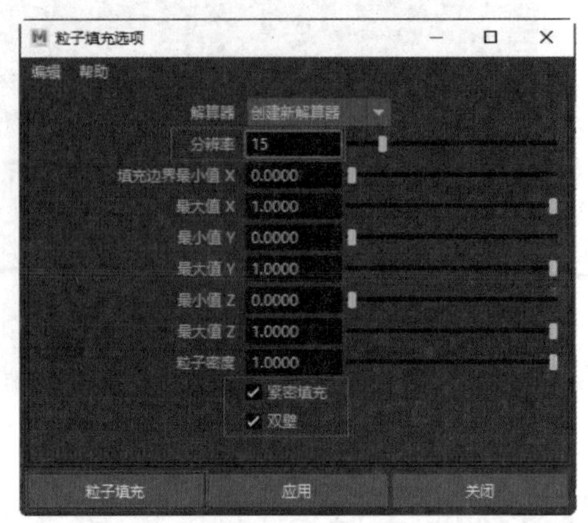

图 11-80 设置参数

05 为圆柱形杯子模型填充 n 粒子，如图 11-81 所示，“双壁”选项只用于具有厚度(也就是具有双面)的物体上。

06 在播放控件中单击“向前播放”按钮 以正向播放动画，用户可以看到由于没有设置 n 粒子碰撞，n 粒子因为受到自身重力影响，会产生下落并穿出模型的情况，如图 11-82 所示。

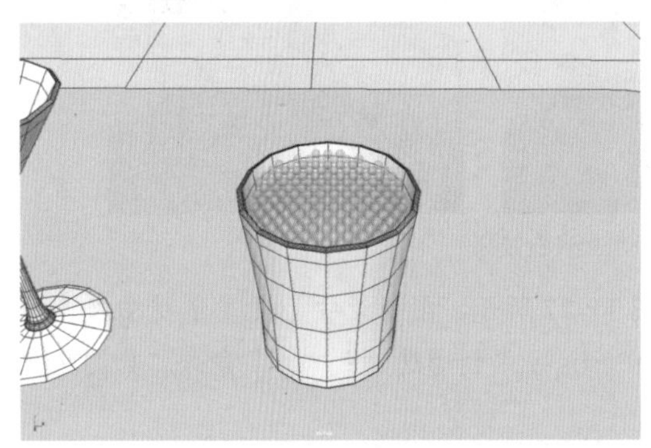

图 11-81 填充 n 粒子

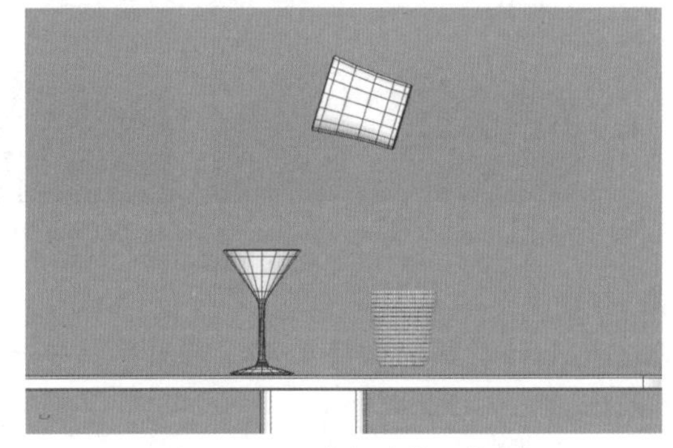

图 11-82 观察杯中的 n 粒子

07 选择场景中的两个杯子模型，在菜单栏中选择 nCloth |“创建被动碰撞对象”命令，如图 11-83 所示，使这两个模型可以与 n 粒子产生碰撞。

08 选择 n 粒子，在“通道盒 / 层编辑器”面板中选择 nParticleShape1 选项卡，展开“碰撞”卷展栏，选中“自碰撞”复选框，如图 11-84 所示。

09 播放动画后会发现，液体会从初始状态向下降落，如图 11-85 所示。

10 选择圆柱形杯子模型，在“通道盒 / 层编辑器”面板中右击“旋转 Z”和“平移 Y”，从弹出的菜单中选择“禁用选定项”命令，如图 11-86 所示，禁用选定项后，关闭圆柱形杯子的动画效果。

11 此时红色关键帧会变成黄色，如图 11-87 所示。

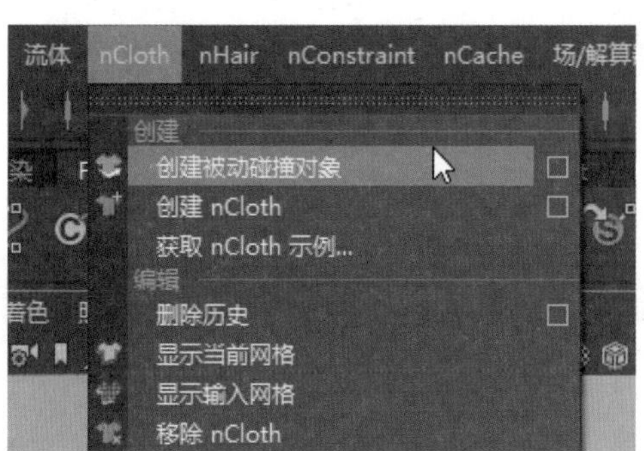

图 11-83　选择“创建被动碰撞对象”命令

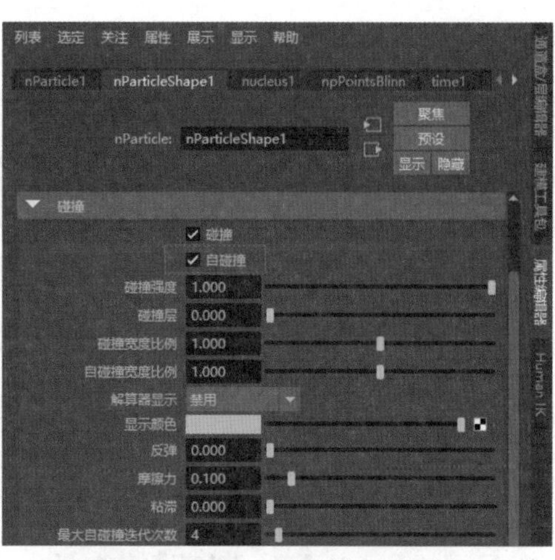

图 11-84　选中“自碰撞”复选框

图 11-85　播放动画并观察 n 粒子

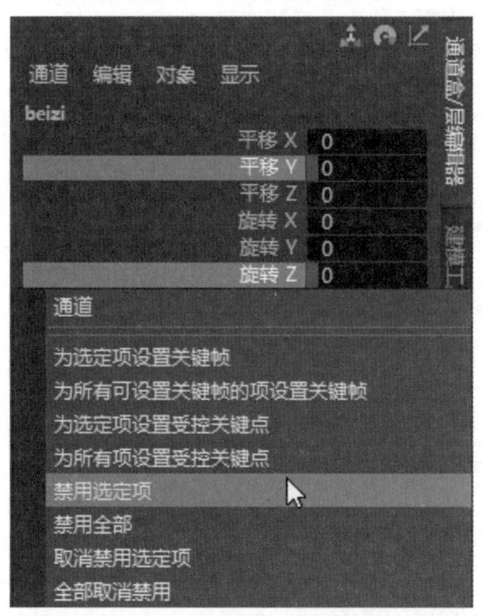

图 11-86　选择“禁用选定项”命令

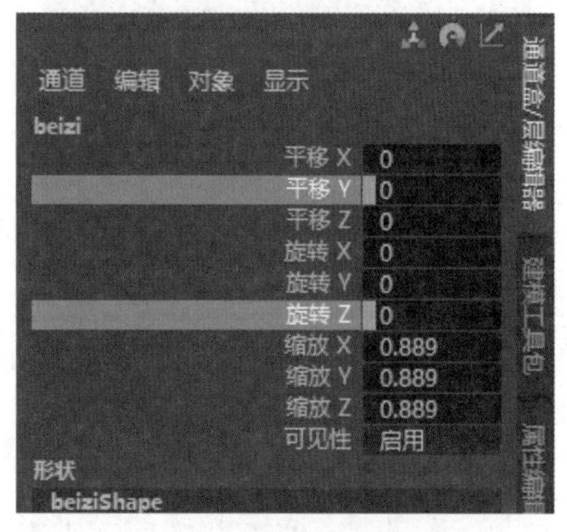

图 11-87　关键帧已变成黄色

12 播放动画，找到 n 粒子从初始状态全部落下的第一帧，大部分动画都需要设定好初始帧，在菜单栏中选择“场 / 解算器”|“初始状态”|“为选定对象设定”命令，如图 11-88 所示。

13 播放动画，可以看到 n 粒子从第一帧开始的初始状态已变成全部下落的状态，如图 11-89 所示。

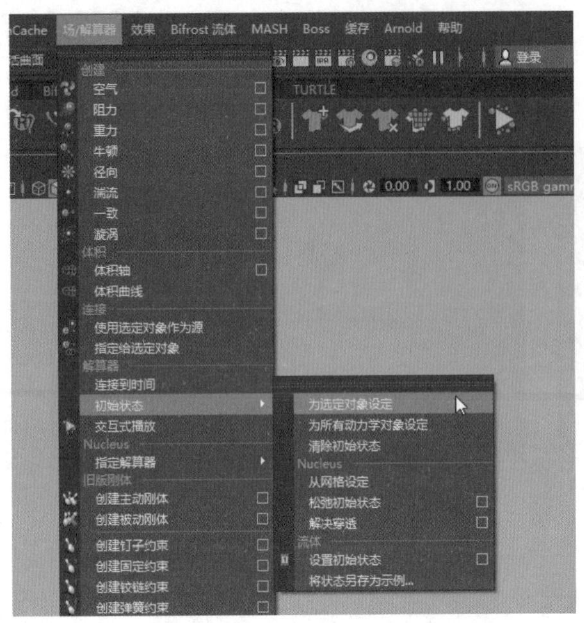

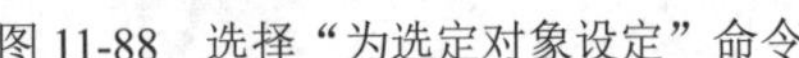
图 11-88　选择“为选定对象设定”命令

图 11-89　n 粒子全部下落的状态

14 选中圆柱体杯子模型，在“通道盒 / 层编辑器”面板中右击“旋转 Z”和“平移 Y”，从弹出的菜单中选择“取消禁用选定项”命令，如图 11-90 所示。

15 此时关键帧会变成红色，如图 11-91 所示。

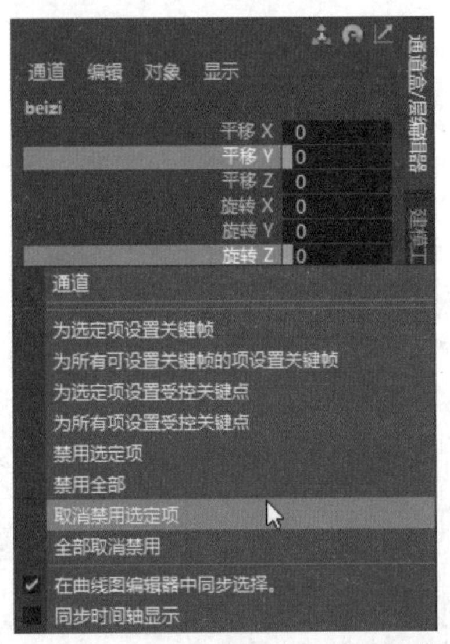

图 11-90　选择“取消禁用选定项”命令

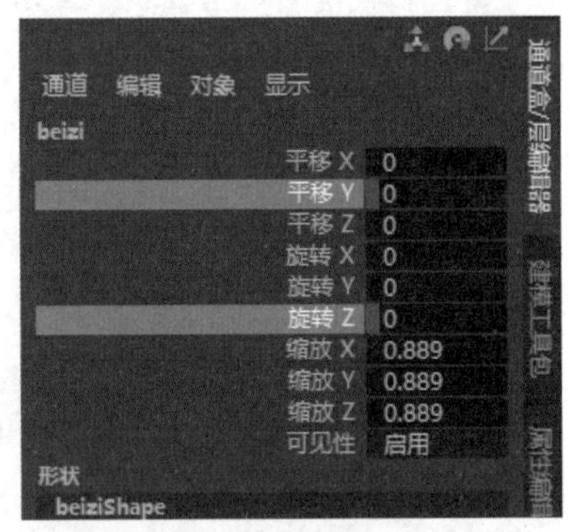

图 11-91　关键帧已变成红色

16 播放动画，可见场景中 n 粒子的动画形态结果如图 11-92 所示。

17 选择 n 粒子，在“属性编辑器”面板中打开 nParticleShape1 选项卡，展开“液体模拟”卷展栏，选中“启用液体模拟”复选框，在“液体半径比例”文本框中输入 1.2，如图 11-93 所示。

18 在场景中选择 n 粒子，在菜单栏中选择“修改”|“转化”|“nParticle 到多边形”命令，如图 11-94 所示，将当前所选择的 n 粒子转化为多边形。

19 在“属性编辑器”面板中展开“输出网格”卷展栏，在“滴状半径比例”文本框中输入 2.6，在“网格方法”下拉列表中选择“三角形网格”选项，在“网格平滑迭代次数”文本框中输入 2，在“网格三角形大小”文本框中输入 0.08，在“最大三角形分辨率”文本框中输入 300，如图 11-95 所示。

图 11-92　n 粒子的动画形态结果

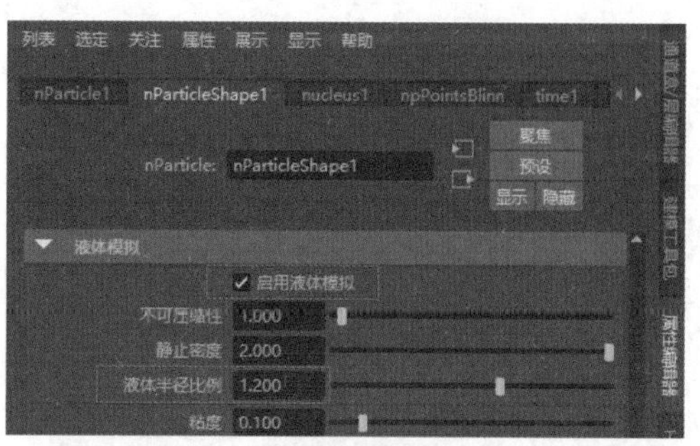

图 11-93　展开“液体模拟”卷展栏并设置参数

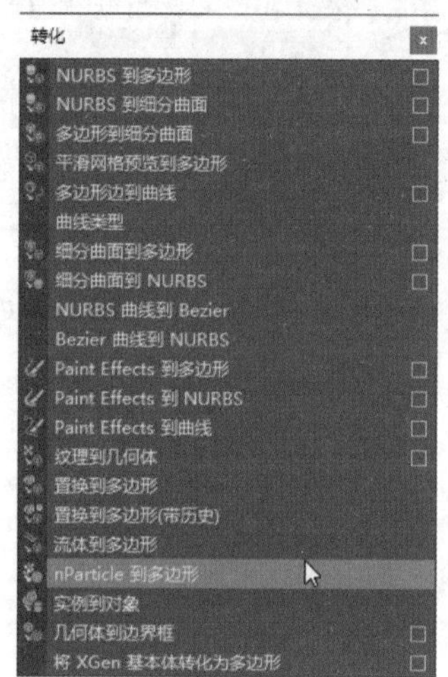

图 11-94　选择“nParticle 到多边形”命令

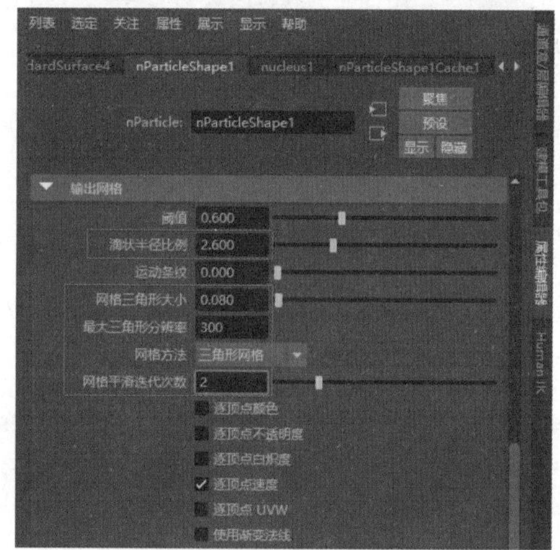

图 11-95　展开“输出网格”卷展栏并设置参数

20 播放动画，在视图中观察液体的形状，如图 11-96 所示。

21 选择高脚杯，在状态行中单击 Hypershade 按钮，打开 Hypershade 窗口，然后在“创建”面板中选择 Arnold | Shader | aiStandardSurface 命令，如图 11-97 所示，为 n 粒子添加 Arnold 材质。

图 11-96　播放动画并观察液体的形状

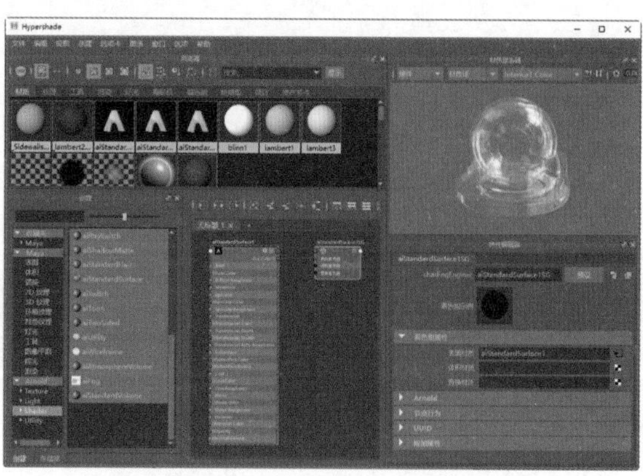

图 11-97　为 n 粒子添加 Arnold 材质

22 在“属性编辑器”面板中选择“预设”| Glass |“替换”命令，如图 11-98 所示，为其添加玻璃材质。

23 选择液体模型，按照同样的方法为其赋予 Arnold 材质，然后选择“预设”| Clear_Water |“替换”命令，如图 11-99 所示，为其添加水材质。

24 播放动画，观察倒水的动画效果，如图 11-76 所示。

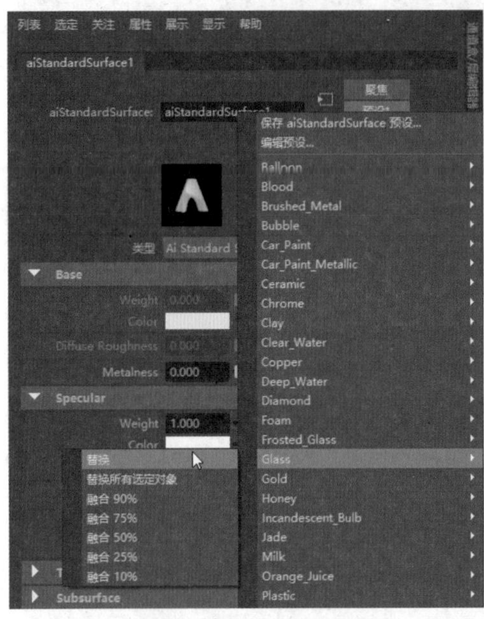

图 11-98　添加玻璃材质

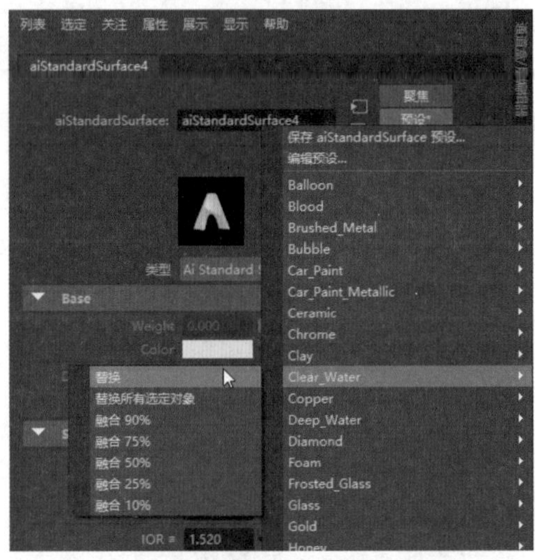

图 11-99　添加水材质

11.7　习题

1. 简述如何在场景中创建发射器。
2. 简述在制作 n 粒子动画效果的过程中，场 / 解算器的作用是什么。
3. 根据本章所学的内容，尝试制作涂抹果酱动画。

第 12 章
综合实例解析

本章将通过制作斧子和古建筑模型，向读者展示使用 Maya 2022 进行游戏道具和古建筑建模的方法，帮助读者进一步学习更多的常用建模方法、命令和制作流程，引导读者快速掌握制作道具及古建筑模型时的布线方法与技巧。

二维码教学视频

【例 12-1】 创建项目文件
【例 12-2】 导入参考图
【例 12-3】 制作斧头
【例 12-4】 制作斧柄
【例 12-5】 制作斧子装饰物
【例 12-6】 制作台基和踏跺
【例 12-7】 制作檐柱和倒挂楣子
【例 12-8】 制作额枋和屋顶
【例 12-9】 制作角梁、垂脊和瓦
【例 12-10】 制作宝顶和鹅颈椅

12.1 游戏道具斧子建模

道具通常指的是游戏中玩家用来操作的虚拟物体。游戏道具一般分为装备类、宝石类、使用类、特效类等。武器属于游戏道具中的装备类，它是丰富游戏角色的点睛之笔，要想让角色看起来丰富生动，就需要将游戏武器的形体与质感表现出来。道具建模主要是训练形体的造型能力，因为大多数道具不会像角色一样运动，所以对布线的要求也偏低。要想制作出优秀的道具模型，必须根据游戏项目的需求将其形体与质感表现出来。

建模师会依据原画设计进行造型分析，把复杂的造型高度概括，分解成较简单的几何形体组合。本节以一个游戏武器斧子建模为例，如图 12-1 所示，利用 Maya 2022 软件提供的基本几何形体进行参数设置，调整几何形体的点、边、面并进行细化修改，创建出所需要的模型。

图 12-1　斧子模型

12.1.1 创建项目文件

【例 12-1】本实例将讲解如何创建项目文件。视频

01 打开 Maya 2022 软件，在菜单栏中选择“文件”|“项目窗口”命令，打开“项目窗口”窗口，单击“当前项目”文本框右侧的“新建”按钮，根据自己的情况设定文件保存路径，可以设置保存在计算机任意的磁盘空间中，如图 12-2 所示，然后单击“接受”按钮。

02 项目创建成功后，打开 fuzi 文件夹中的 sourceimages(源图像)文件夹，创建一个 tex 文件夹，将两张参考图复制、粘贴至该文件夹内，如图 12-3 所示。

图 12-2　设置“项目窗口”窗口

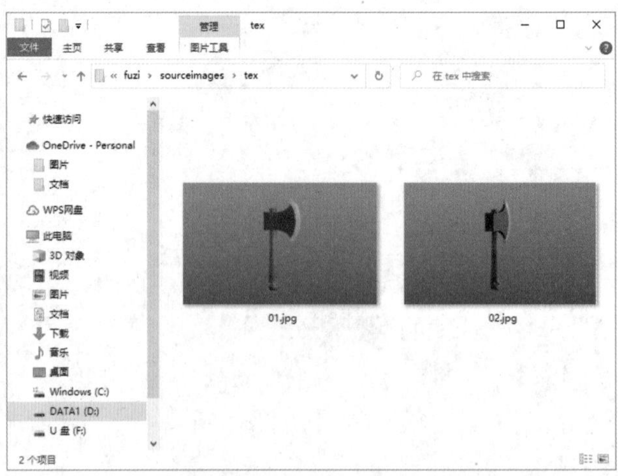

图 12-3　放入参考图

12.1.2　导入参考图

【例 12-2】本实例将讲解如何导入参考图。视频

01 启动 Maya 2022，按住空格键，从弹出的快捷菜单中选择 Maya 命令，然后将鼠标向下拖动选择“前视图”命令，如图 12-4 左图所示，在面板菜单中选择“视图”|“图像平面”|“导入图像”命令，如图 12-4 右图所示。

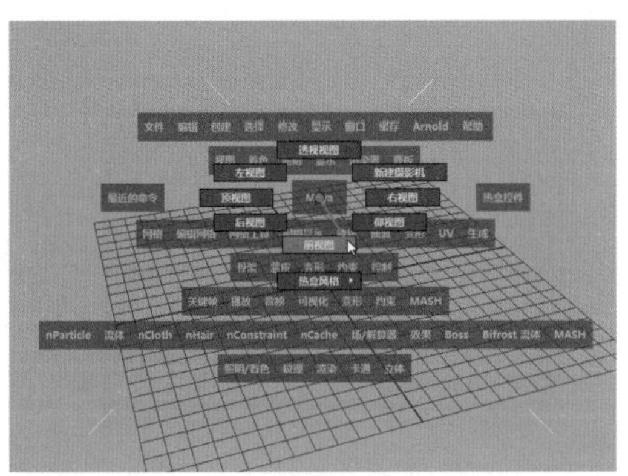

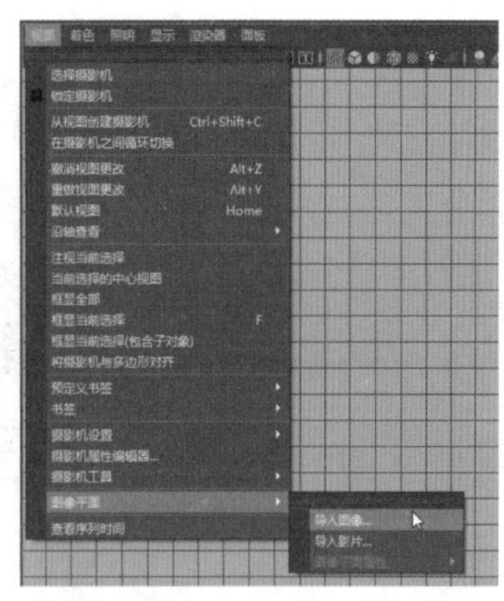

图 12-4　进入前视图并选择“导入图像”命令

02 Maya 会弹出“打开”对话框并自动链接到 sourceimages 文件夹内，选择第一张斧子前视参考图，如图 12-5 左图所示。这时场景中会出现一张参考图，如图 12-5 右图所示。

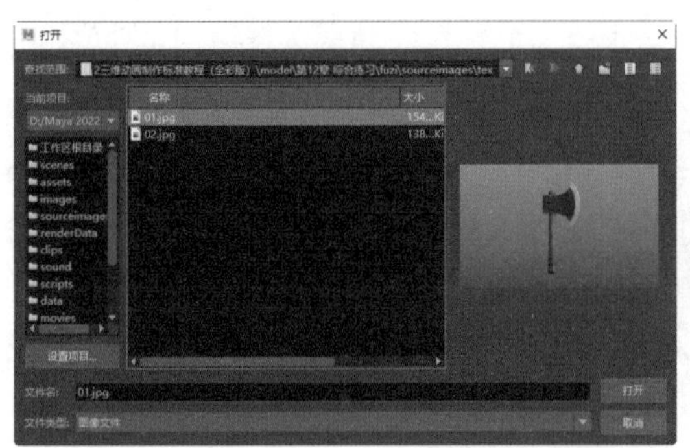

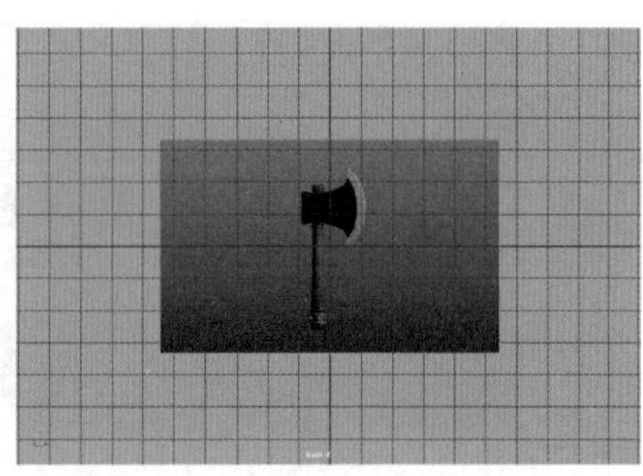

图 12-5　导入斧子前视参考图

03 按照步骤 2 的方法，导入第二张斧子参考图，如图 12-6 左图所示，这时场景中会出现两张参考图，然后选择这两张参考图，将其上移至网格之上，并调整其位置，如图 12-6 右图所示。

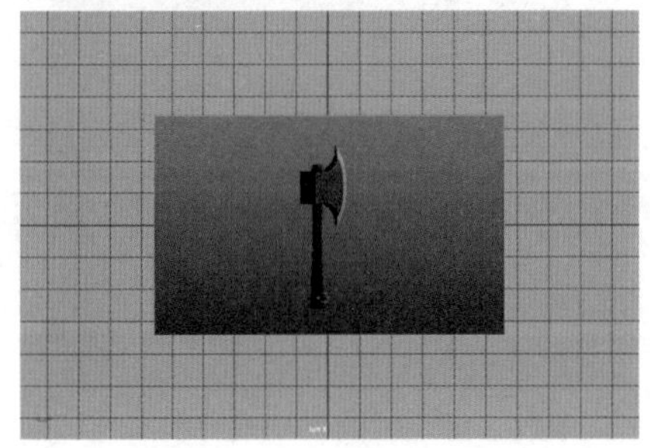

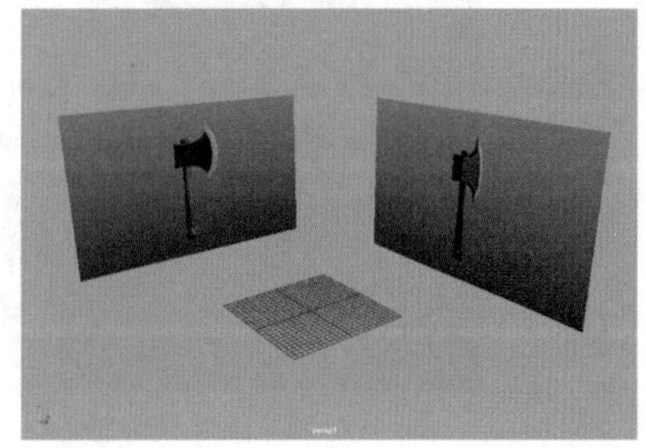

图 12-6　继续导入参考图并调整其位置

12.1.3 制作斧头

【例 12-3】本实例将讲解如何制作斧头。视频

01 在“多边形建模”工具架中单击“多边形平面”按钮，在场景中创建一个多边形平面模型。在“属性编辑器”面板中的“旋转 X”文本框中输入 90，在“细分宽度”文本框和“高度细分数”文本框中均输入 1，如图 12-7 所示。

02 切换至前视图，调整多边形平面的比例，如图 12-8 所示。

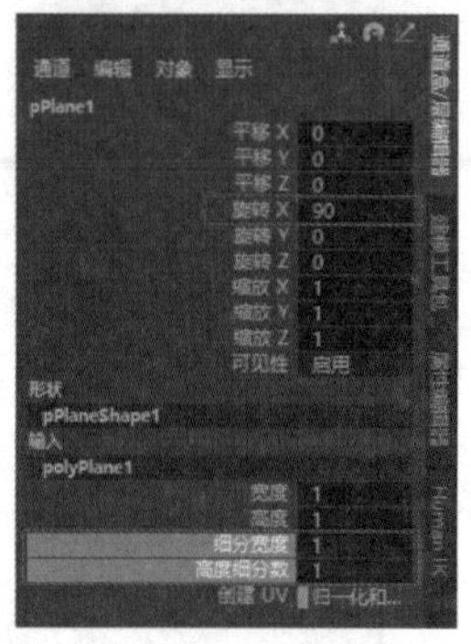

图 12-7 设置多边形平面的参数

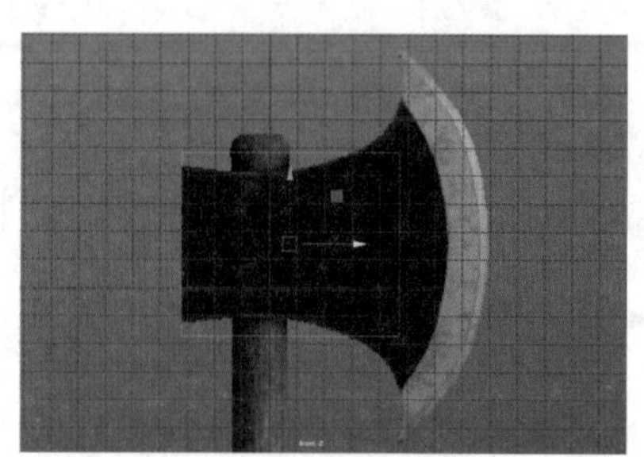

图 12-8 调整多边形平面的比例

03 右击并从弹出的菜单中选择“边”命令，进入“边”模式，调整多边形平面的造型，然后按 Shift 键并右击，从弹出的菜单中选择“环形边工具”|“到环形边并分割”命令，如图 12-9 所示。

04 按 R 键激活“缩放工具”命令，调整多边形平面的造型，结果如图 12-10 所示。

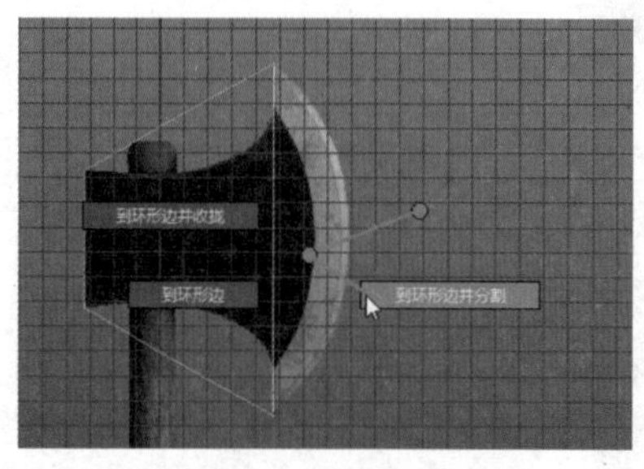

图 12-9 选择“到循环边并分割”命令

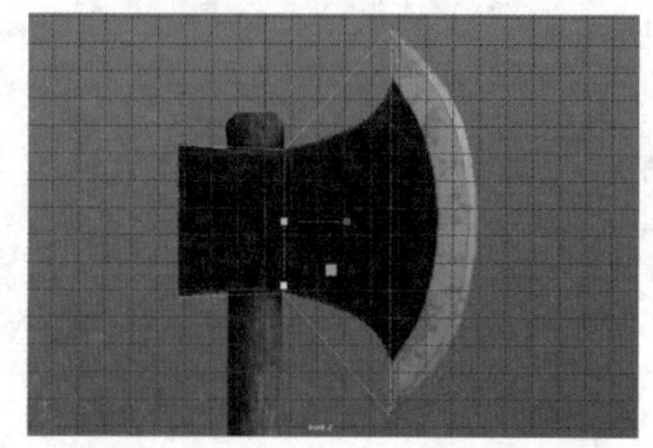

图 12-10 调整多边形平面的造型

05 按照步骤 3 的方法继续添加边，如图 12-11 所示。

06 进入“面”模式，删除下半部分的面，结果如图 12-12 所示。

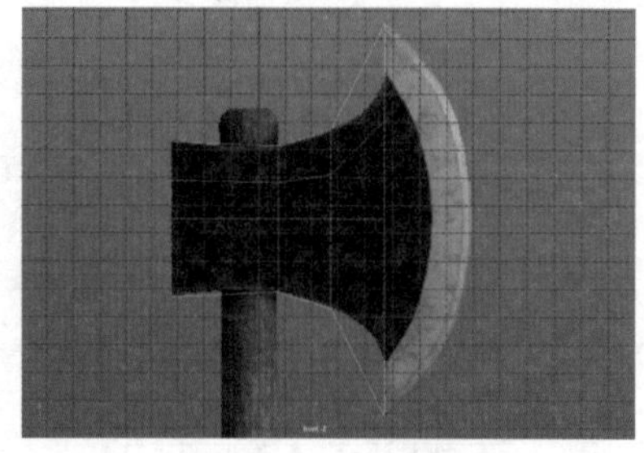

图 12-11 添加边

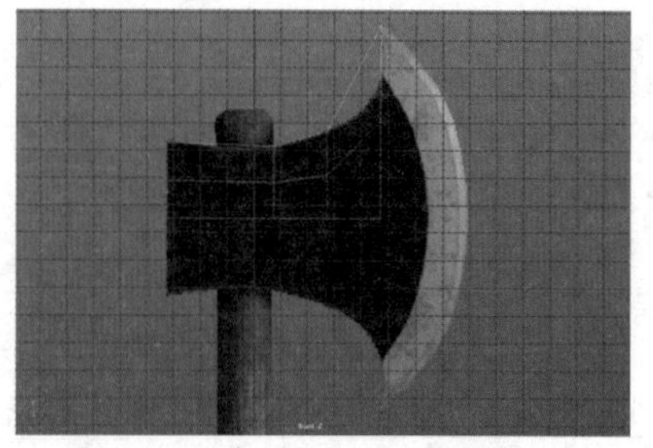

图 12-12 删除下半部分的面

07 进入“对象模式”，在菜单栏中选中“编辑”|“特殊复制”命令右侧的复选框，如图 12-13 所示。

08 打开“特殊复制选项”窗口，选中“实例”单选按钮，在“缩放”Z 轴文本框中输入 -1，然后单击“特殊复制”按钮，如图 12-14 所示。

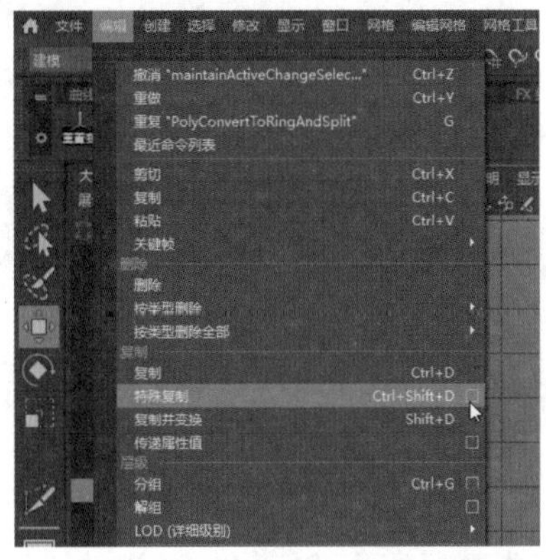

图 12-13　选中“特殊复制”命令右侧的复选框

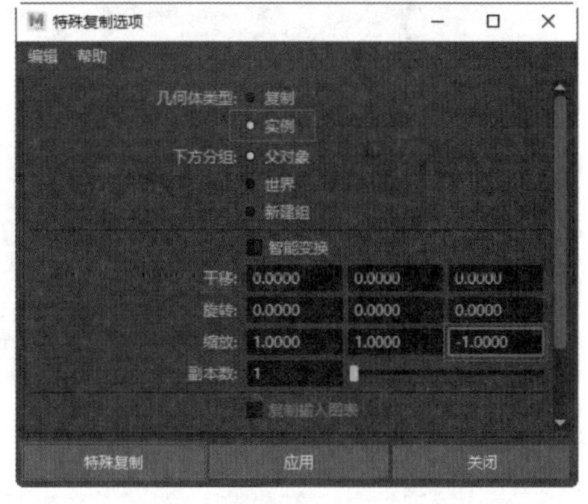

图 12-14　设置“特殊复制选项”窗口中的参数

09 完成特殊复制后，结果如图 12-15 所示，可通过同样的方法实例复制出下半部分的模型。

10 按照步骤 3 到步骤 4 的方法，继续添加边并调整其造型，调整出斧头的大致造型，如图 12-16 所示。

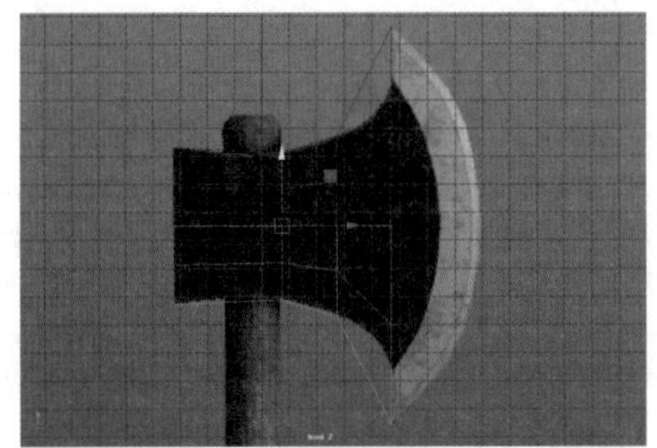

图 12-15　复制出下半部分的模型

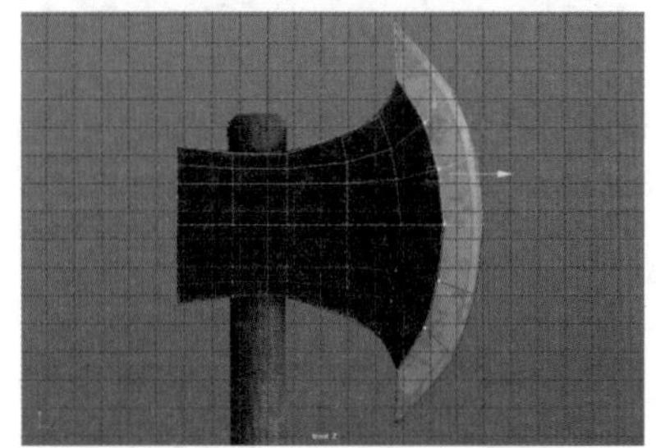

图 12-16　调整出斧头的大致造型

11 切换到“透视视图”模式，按 Shift 键加选多边形平面及副本模型，并右击，从弹出的菜单中选择“结合”命令，如图 12-17 所示，将上下两部分模型结合为一个模型。

12 框选交界处的点，按 Shift 键并右击，从弹出的菜单中选中“合并顶点”|“合并顶点”命令右侧的复选框，如图 12-18 所示。

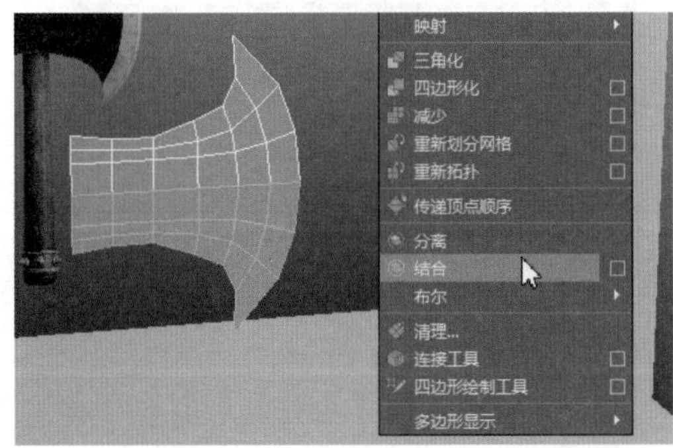

图 12-17　选择“结合”命令

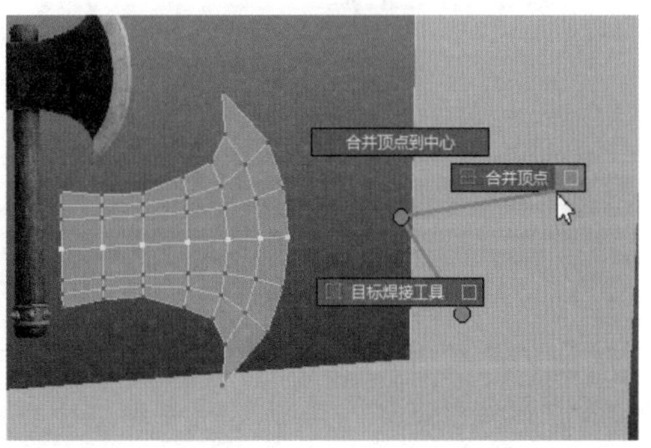

图 12-18　选择“合并顶点”命令右侧的复选框

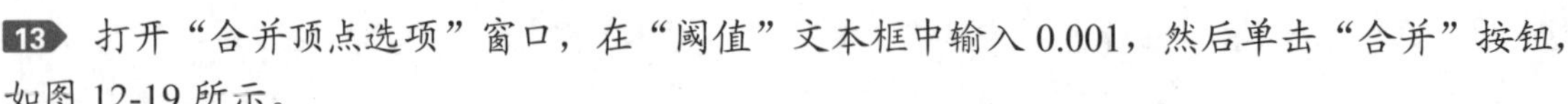

13 打开“合并顶点选项”窗口，在“阈值”文本框中输入 0.001，然后单击“合并”按钮，如图 12-19 所示。

14 按 Ctrl+E 快捷键激活“挤出”命令，沿 Z 轴挤出，如图 12-20 所示，制作出模型的厚度。

图 12-19 设置“合并顶点选项”窗口中的参数

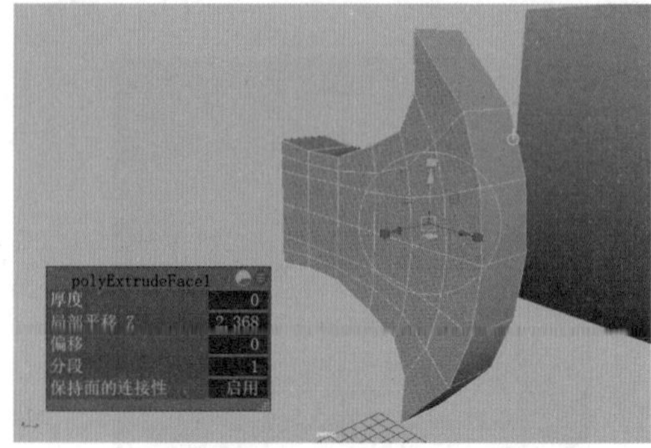

图 12-20 沿 Z 轴挤出

15 进入“对象模式”，然后进入顶视图，按 W 键，在菜单栏中选择“修改”|“中心枢轴”命令，如图 12-21 所示，将枢轴重置到选定对象的中心位置。

16 按 X 键激活“捕捉到栅格”命令，将其沿 Z 轴移到栅格中心位置，结果如图 12-22 所示。

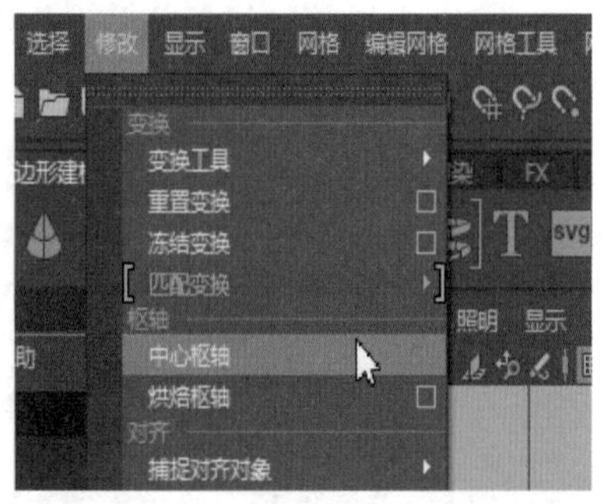

图 12-21 选择“中心枢轴”命令

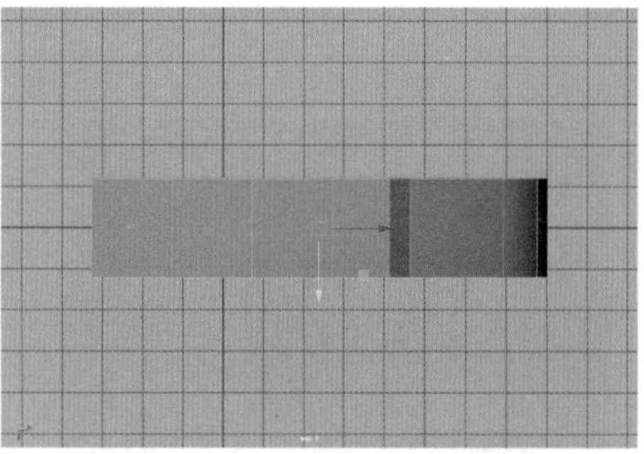

图 12-22 移到栅格中心位置

17 按 Shift 键加选如图 12-23 左图所示的边，按 R 键激活“缩放工具”命令，沿 Z 轴进行缩放，调整斧刃的造型，如图 12-23 右图所示。

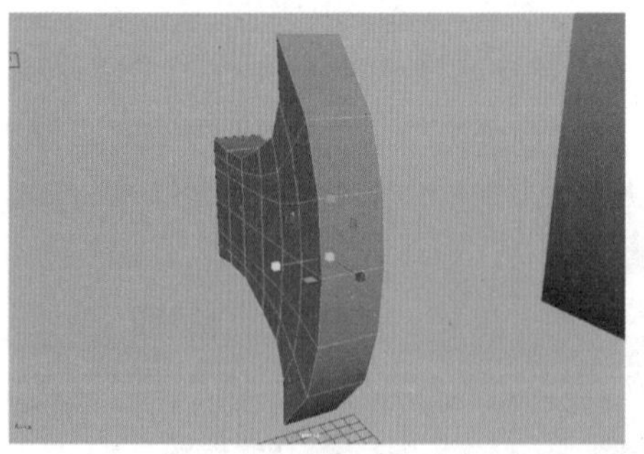

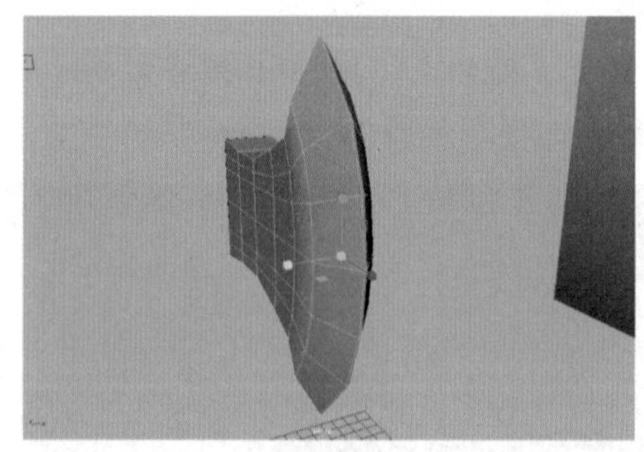

图 12-23 调整斧刃的造型

18 按照步骤 17 所示的方法继续调整斧头模型的造型，如图 12-24 所示。

19 在“多边形建模”工具架中单击“多切割工具”按钮，在斧刃处按 Ctrl 键，即可浏览循环边的位置，如图 12-25 所示，确定位置后单击即可添加一条循环边。

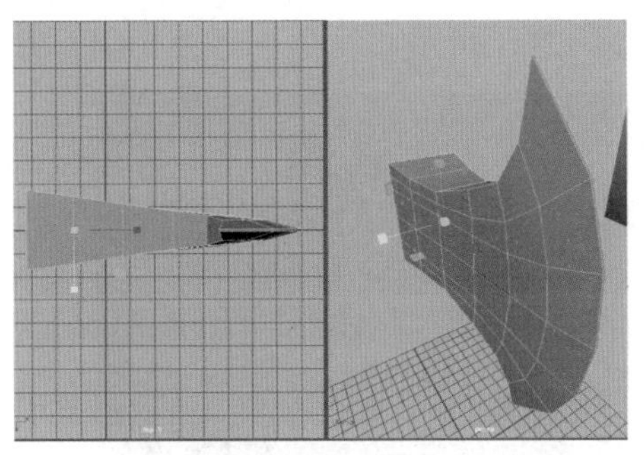

图 12-24　调整斧头模型的造型

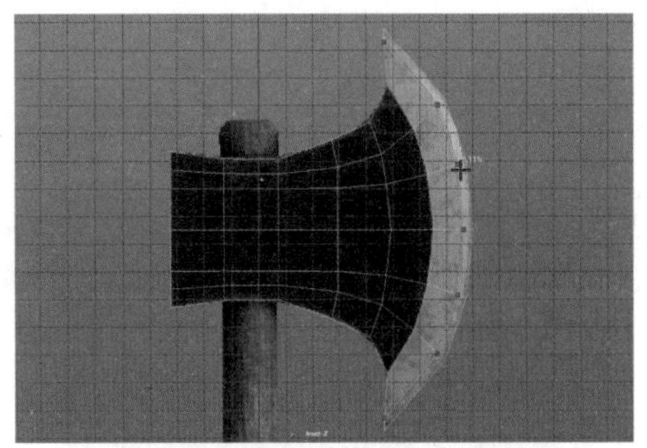

图 12-25　添加一条循环边

20 调整斧刃的造型，如图 12-26 所示。

21 选择如图 12-27 所示的边。

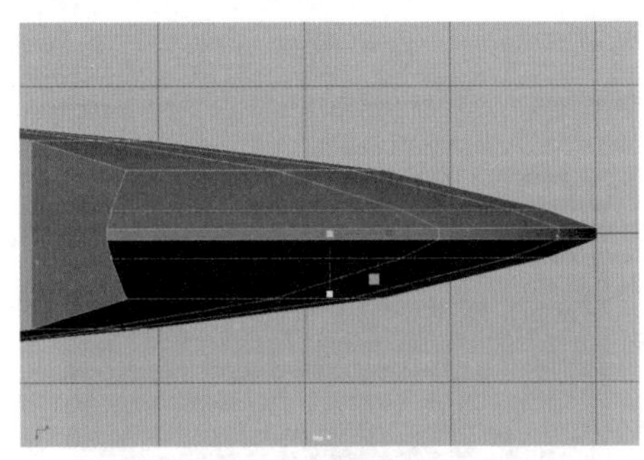

图 12-26　调整斧刃的造型

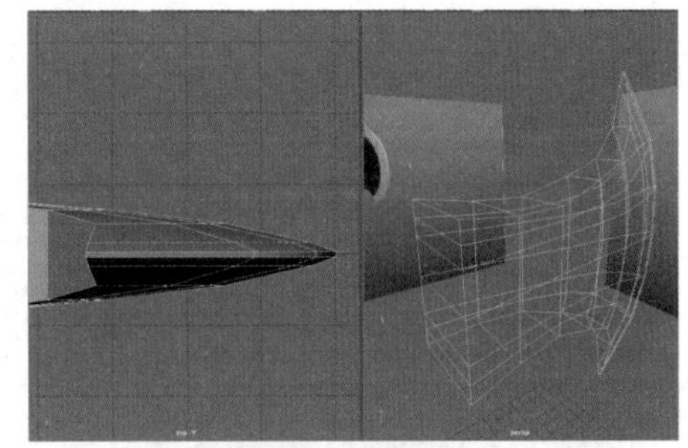

图 12-27　选择边

22 按 Ctrl+B 快捷键激活"倒角"命令，在打开的面板中，在"分数"微调框中输入 0.5，在"分段"文本框中输入 2，如图 12-28 所示。

23 按 3 键进入平滑质量显示，如图 12-29 所示，这样能够帮助用户快速预览低模细分之后的效果。

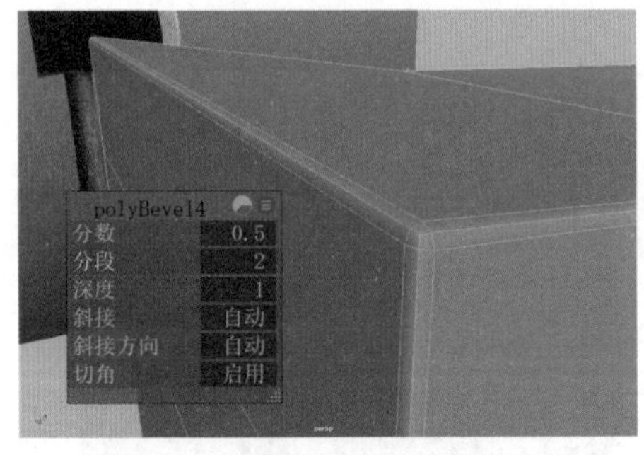

图 12-28　设置"倒角"命令参数

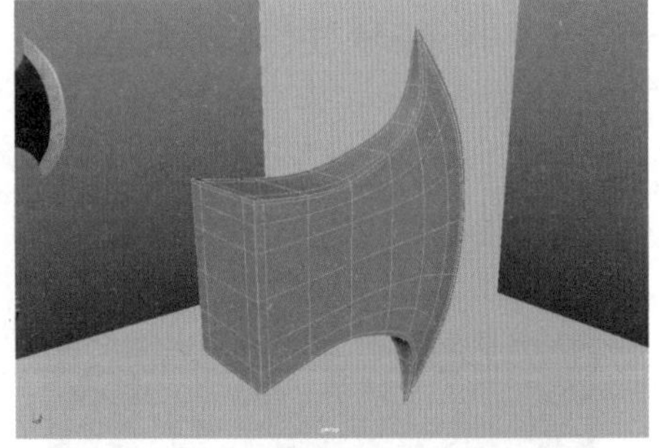

图 12-29　按 3 键进入平滑质量显示

12.1.4　制作斧柄

【例 12-4】本实例将讲解如何制作斧柄模型。视频

01 在"多边形建模"工具架中单击"多边形圆柱体"按钮，在场景中创建一个多边形圆柱体模型。在"属性编辑器"面板中的"轴向细分数"文本框中输入 12，如图 12-30 所示。

02 根据参考图，调整多边形圆柱体的比例，如图 12-31 所示。

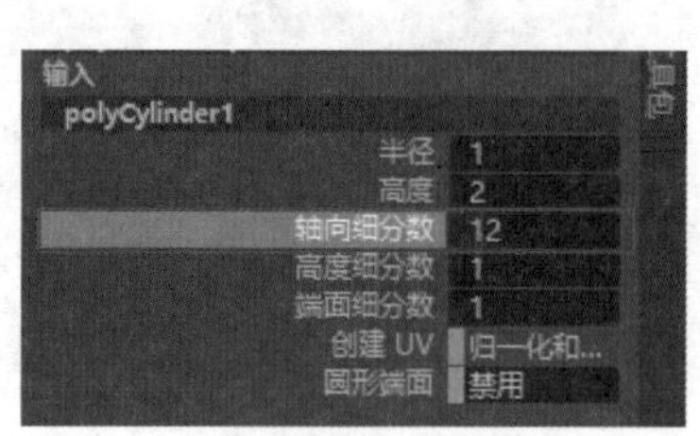

图 12-30 设置“轴向细分数”参数

图 12-31 调整多边形圆柱体的比例

03 进入“边”模式，选择一条边，按 Shift 键并右击，从弹出的菜单中选中“插入循环边工具”命令右侧的复选框，如图 12-32 所示。

04 打开“工具设置”窗口，选中“多个循环边”单选按钮，在“循环边数”文本框中输入 3，如图 12-33 所示。

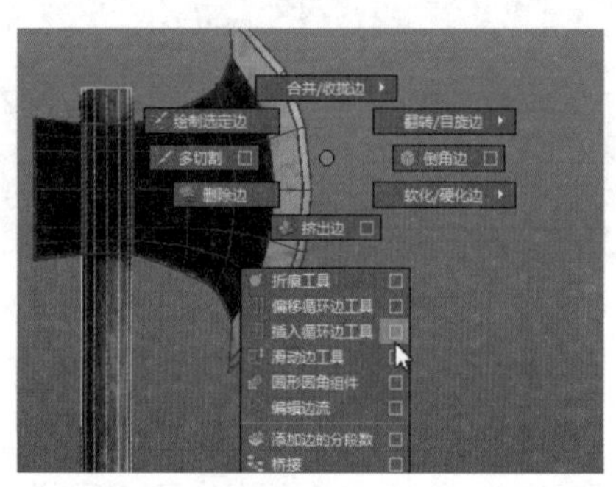

图 12-32 选中“插入循环边工具”命令右侧的复选框

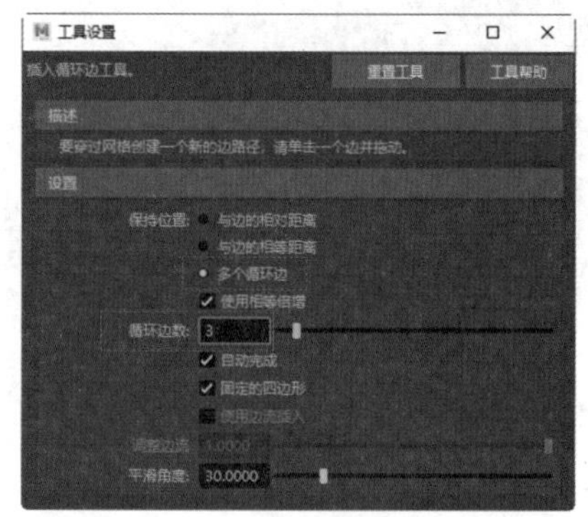

图 12-33 设置“工具设置”窗口

05 在多边形圆柱体上单击，即可添加等距离的三条边，并按 R 键对其进行缩放，制作出斧柄模型的造型，如图 12-34 所示。

06 选择顶部和底部的边，按 Ctrl+B 快捷键激活“倒角”命令，在打开的面板中，在“分数”文本框中输入 0.5，在“分段”文本框中输入 2，如图 12-35 所示。

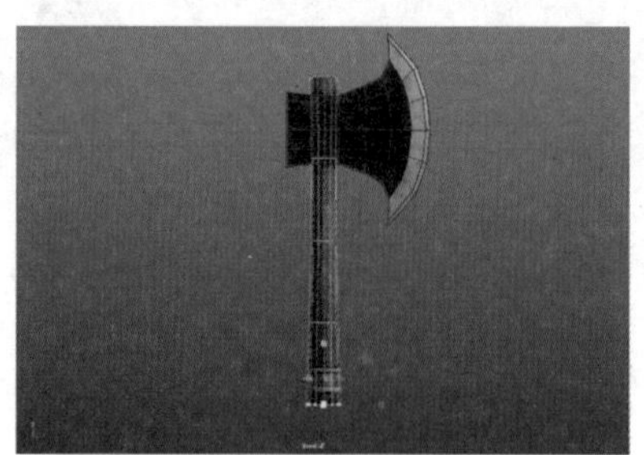

图 12-34 制作出斧柄模型的造型

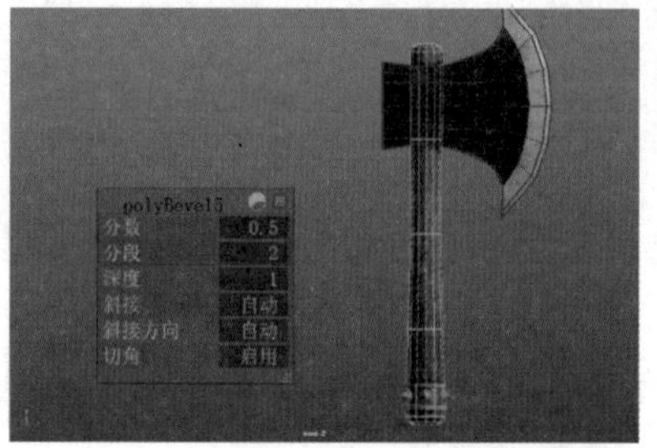

图 12-35 选择边并激活“倒角”命令

12.1.5 制作斧子装饰物

【例 12-5】 本实例将讲解如何制作斧子装饰物。

01 在场景中创建一个多边形圆柱体，在“属性编辑器”面板中的“轴向细分数”文本框中输入 16，根据参考图调整多边形圆柱体的比例，结果如图 12-36 所示。

02 进入“边”模式，按 Shift 键并右击，从弹出的菜单中选中“插入循环边工具”命令右侧的复选框，打开“工具设置”窗口，选中“多个循环边”单选按钮，在“循环边数”文本框中输入 2，在多边形圆柱体模型上单击即可添加两条边，然后按 R 键将其沿 Y 轴进行缩放，调整两条循环边的间距，如图 12-37 所示。

图 12-36 调整多边形圆柱体的比例

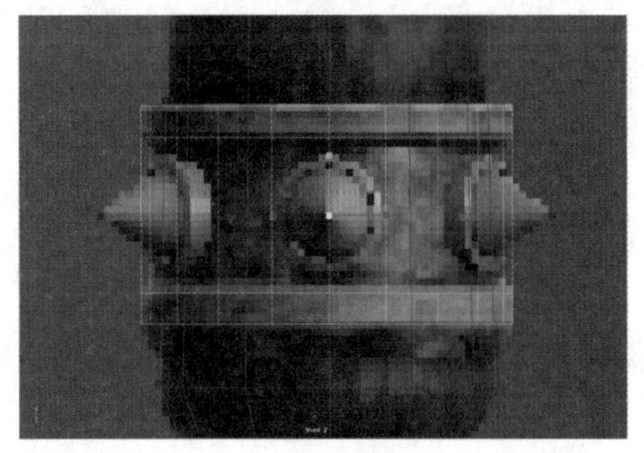

图 12-37 调整两条循环边的间距

03 框选中间部分的面，按 Ctrl+E 快捷键激活“挤出”命令，向内挤出，并将其沿 Y 轴向中心缩放，如图 12-38 所示。

04 选择顶部和底部的边，如图 12-39 所示。

图 12-38 向内挤出

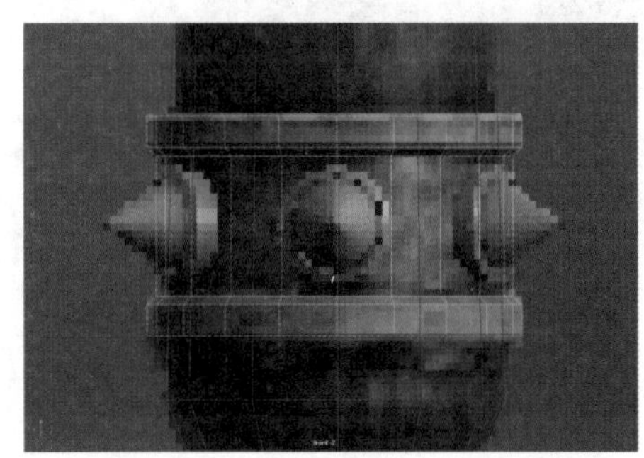

图 12-39 选择顶部和底部的边

05 按 Ctrl+E 快捷键激活“倒角”命令，在打开的面板中，在“分数”文本框中输入 0.3，在“分段”文本框中输入 1，如图 12-40 所示。

06 框选底部的点，调整其造型，结果如图 12-41 所示。

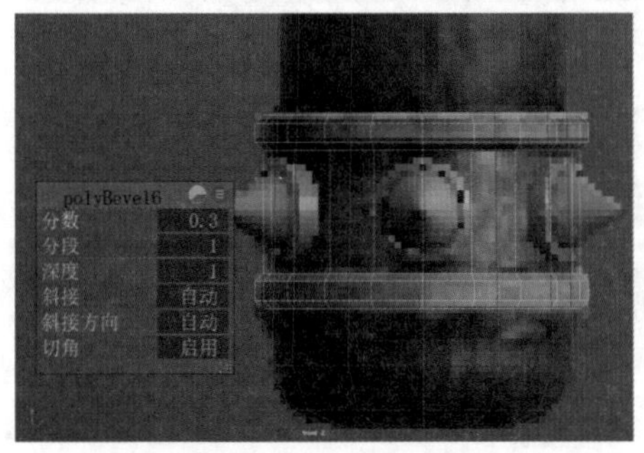

图 12-40 激活“倒角”命令

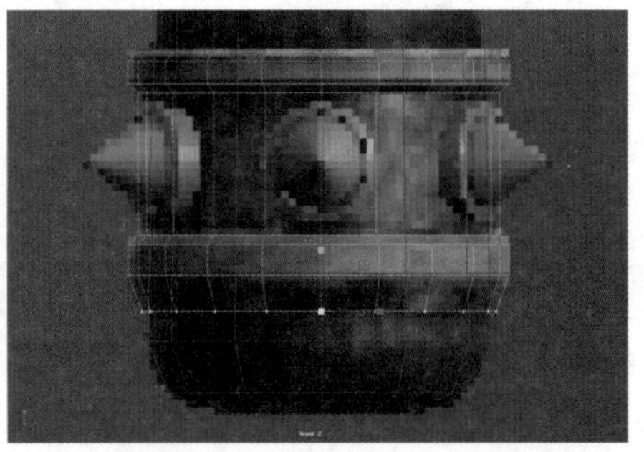

图 12-41 调整底部点后的结果

07 选择如图 12-42 所示的边。

08 按 Ctrl+E 快捷键激活“倒角”命令，在打开的面板中，在“分数”文本框中输入 0.1，在“分段”文本框中输入 2，如图 12-43 所示。

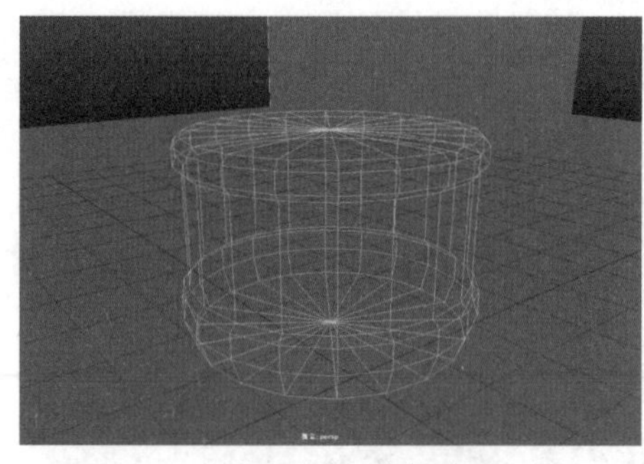

图 12-42　选择边

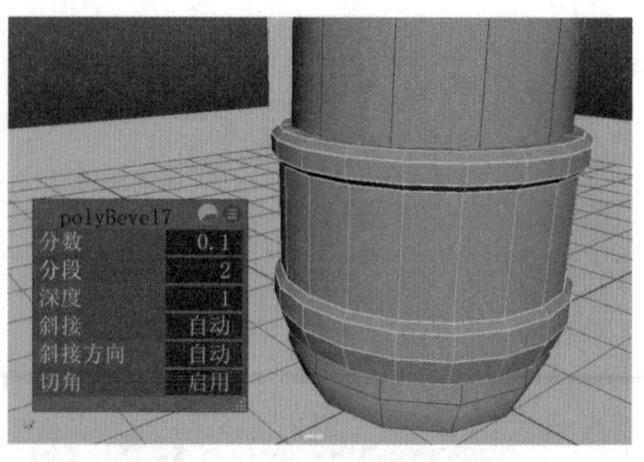

图 12-43　激活“倒角”命令

09 在场景中创建一个多边形圆锥体，删除底部的面，在“属性编辑器”面板中，在“旋转 X”文本框中输入 90，然后双击选择如图 12-44 所示的边。

10 然后按 Ctrl+E 快捷键激活“挤出”命令，向外挤出如图 12-45 所示的结果。

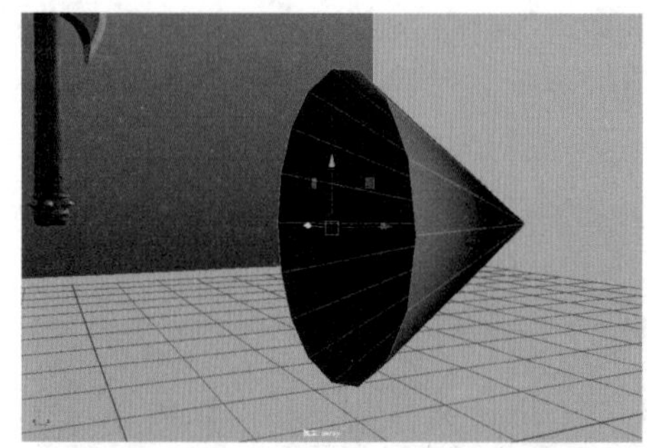

图 12-44　创建多边形圆锥体并选择边

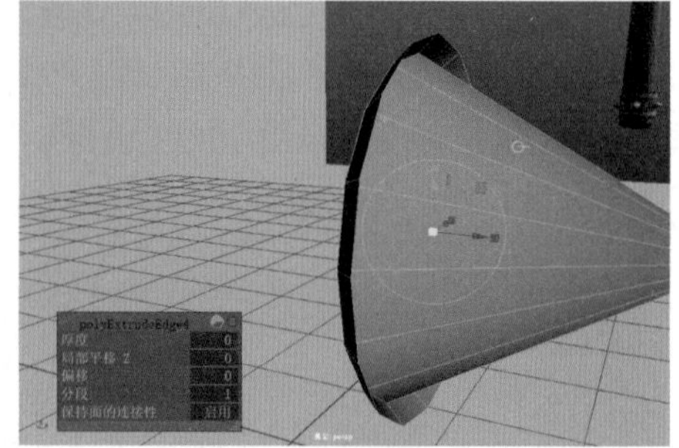

图 12-45　向外挤出

11 按照步骤 10 所示的方法，多次执行“挤出”命令，制作出装饰物的造型，结果如图 12-46 所示。

12 选择如图 12-47 所示的边。

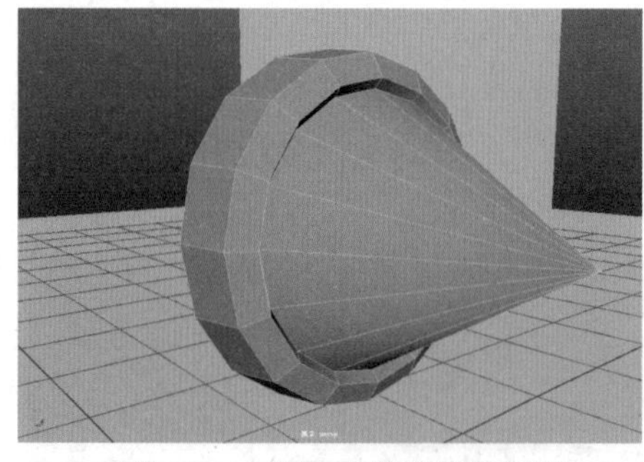

图 12-46　制作出装饰物的造型

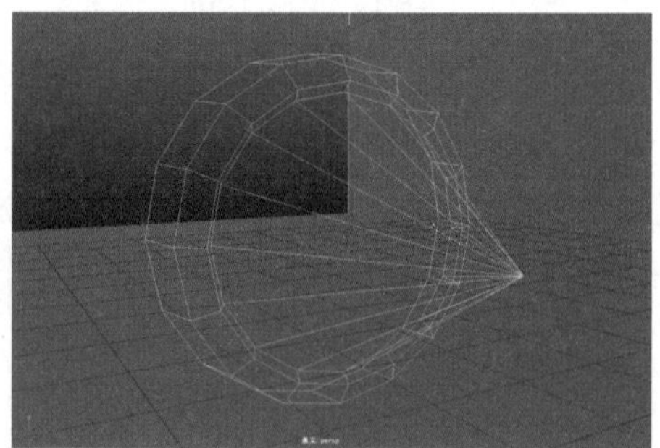

图 12-47　选择边

13 按 Ctrl+B 快捷键激活“倒角”命令，在打开的面板中，在“分数”文本框中输入 0.1，在“分段”文本框中输入 2，如图 12-48 所示。

14 在“多边形工具架”中单击“多切割工具”按钮，按 Ctrl 键在如图 12-49 所示的位置单击鼠标，添加线段。

图 12-48　激活“倒角”命令

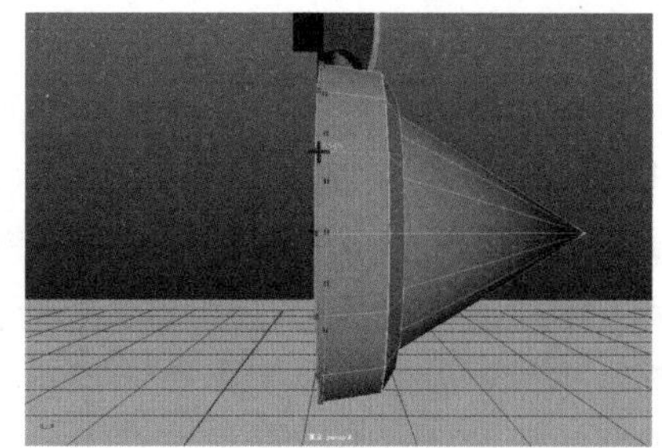

图 12-49　添加线段

15 按 Shift 键并拖曳鼠标，在三角装饰物尖端垂直切割出一条循环边，如图 12-50 所示。

16 调整装饰物的位置，切换到顶视图，按 D 键进入自定义枢轴编辑模式，然后按 X 键激活“吸附到栅格”命令，将枢轴沿 Y 轴吸附至斧柄模型的中心位置，如图 12-51 所示。

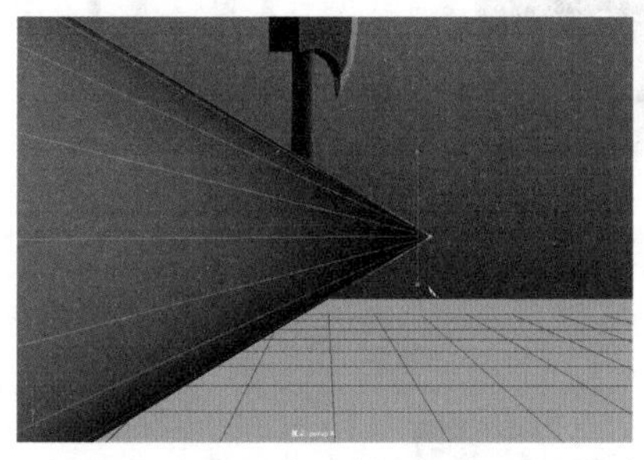

图 12-50　垂直切割出一条循环边

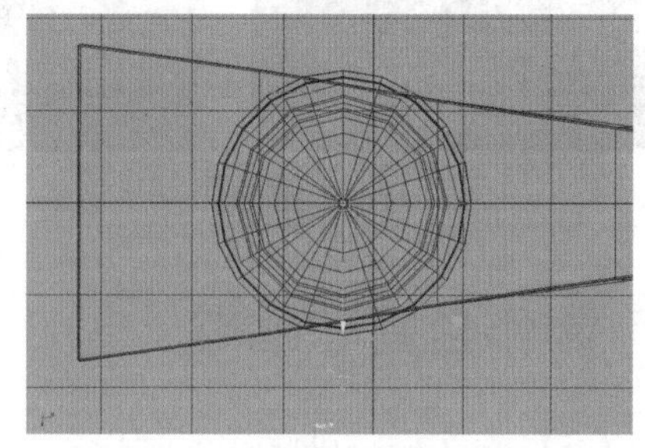

图 12-51　调整装饰物枢轴位置

17 在菜单栏中选中“编辑”|“特殊复制”命令右侧的复选框，打开“特殊复制选项”窗口，选中“实例”单选按钮，在“旋转”Y 轴文本框中输入 60，在“副本数”文本框中输入 5，然后单击“特殊复制”按钮，如图 12-52 所示。

18 此时，即可沿斧柄中心旋转实例复制出 5 个其余的装饰模型，结果如图 12-53 所示。

19 设置完成后，斧子模型的最终效果如图 12-1 所示。

图 12-52　设置“特殊复制选项”窗口中的参数

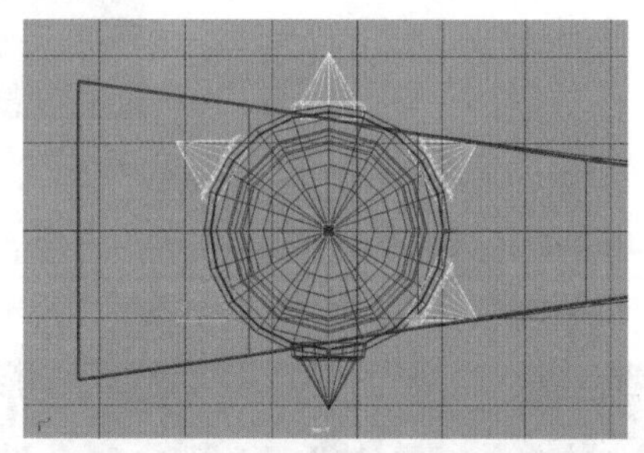

图 12-53　复制出其余的装饰模型

12.2　游戏场景建筑建模

游戏场景是游戏中不可或缺的元素之一，游戏中的历史、文化、时代、地理等因素反映了游戏的世界观和背景，向玩家传达视觉信息，从而也是吸引玩家的重要因素之一。游戏场景的风格主要有写实风格、写意风格和卡通风格三大类，由游戏的设定来决定，如图 12-54 所示。

本节将学习如何利用综合建模的方法制作游戏场景中的古建筑模型，如图 12-55 所示。古建筑的基本构造虽然比较复杂，但是网络游戏建筑模型不同于影视建筑模型，在模型制作时并不需要把所有的建筑构造都通过建模的方式建造出来。考虑到网络游戏的运行速度，通常网络游戏建模都是尽量用最少的面把模型结构表现出来，把外观能看到的模型部分制作出来即可。游戏建筑模型的制作重点是概括出场景大致的形体结构和比例，掌握好建筑构造穿插关系和建筑结构转折关系，有些建筑构造需要用贴图的方式进行处理。

图 12-54　游戏的场景风格

图 12-55　亭子模型

12.2.1　制作台基和踏跺

【例 12-6】 本实例将讲解如何制作台基和踏跺。视频

01 单击工具架左下方的“工具架编辑器”按钮，从弹出的菜单中选择“新建工具架”命令，如图 12-56 所示，进行自定义工具架。可以将建模时常用的工具放在新建的工具架中，方便后续使用。

图 12-56　新建工具架

02 按 Ctrl+Shift 快捷键，然后单击工具架或菜单栏中的命令，即可将所需的命令添加至新建的工具架中，如图 12-57 所示。

图 12-57　添加工具命令

03 在“多边形建模”工具架中单击“多边形圆柱体”按钮，然后在“通道盒 / 层编辑器”面板的“轴向细分数”文本框中输入 6，并调整其比例，结果如图 12-58 所示。

04 选择台基侧面的一圈面，按 Ctrl+E 快捷键激活“挤出”命令，挤出台基的厚度，如图 12-59 所示。

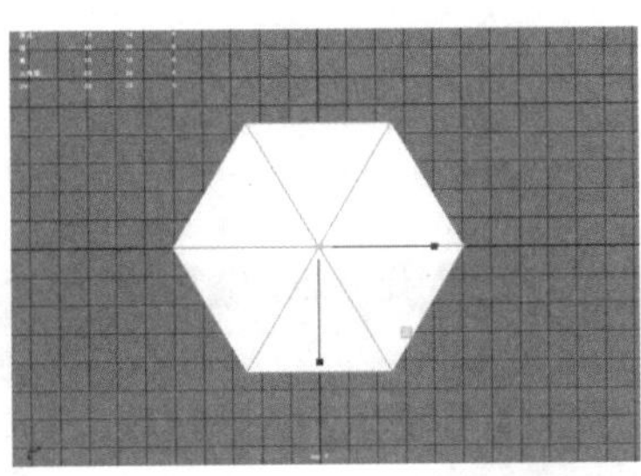

图 12-58　新建一个多边形圆柱体

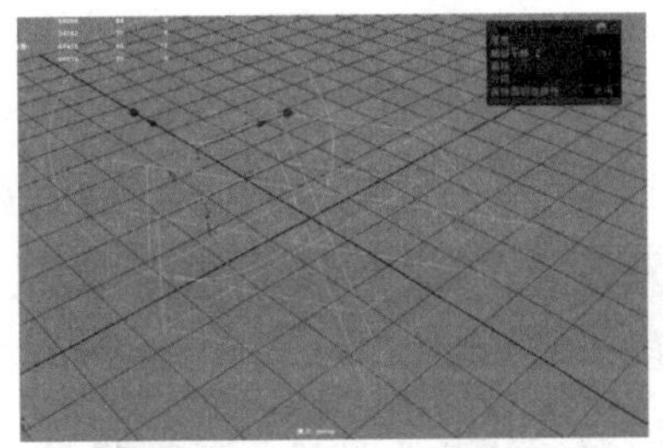
图 12-59　挤出台基的厚度

05 按 V 键激活“捕捉到点”命令，并调整其位置和比例，如图 12-60 所示。

06 选择左右两侧的面，如图 12-61 所示。

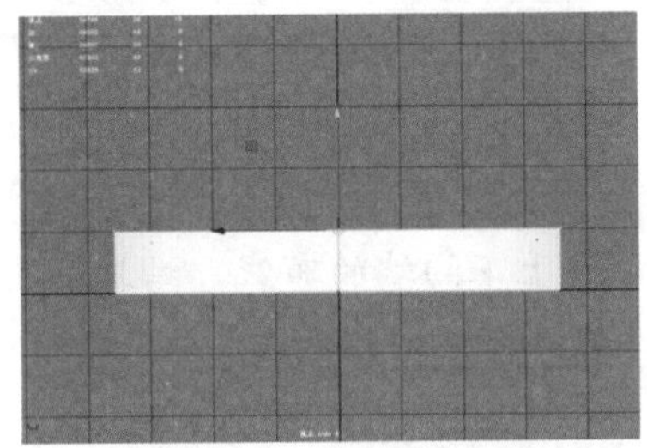
图 12-60　调整台基的位置和比例

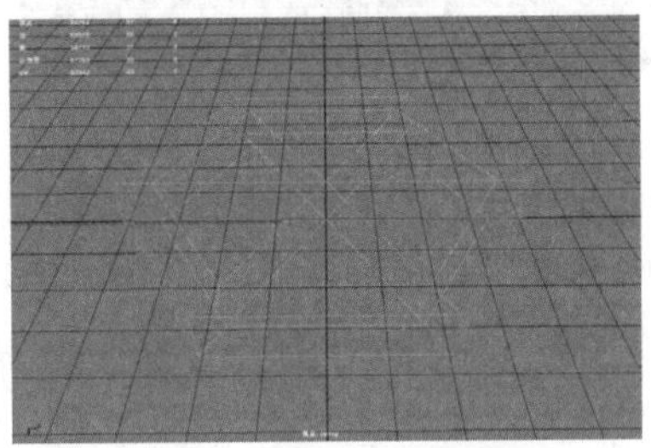
图 12-61　选择左右两侧的面

07 按 Ctrl+E 键激活“挤出”命令，在打开的面板中，在“保持面的连接性”中选择“禁用”，设置“偏移”数值为 43.8，如图 12-62 所示。

08 使用缩放工具沿 Y 轴调整面的高度，再次执行“挤出”命令。在打开的面板中，在“局部平移 Z”文本框中输入 -0.05，在“偏移”文本框中输入 4.2，制作出凹槽结构，结果如图 12-63 所示。

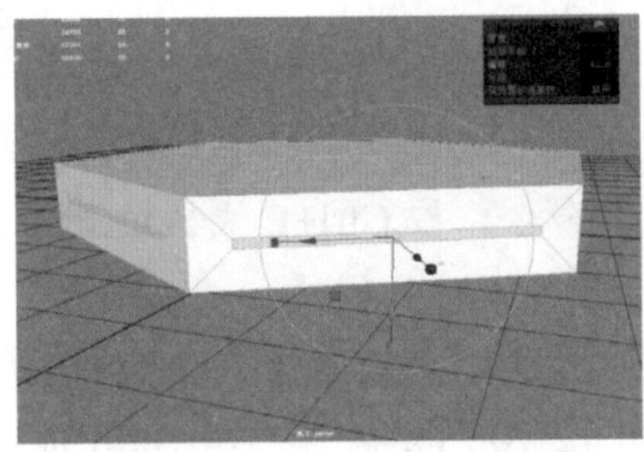
图 12-62　执行“挤出”操作

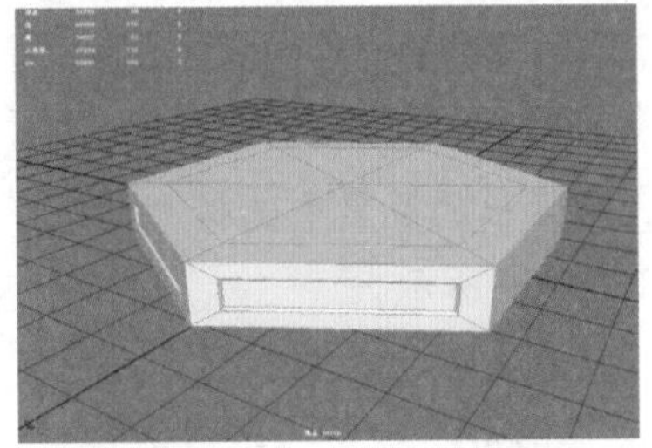
图 12-63　制作出凹槽结构

09 在“多边形建模”工具架中单击“多切割工具”按钮，为台基前后两端添加线段，Ctrl+Shift 快捷键进行垂直切割，继续向下连接到底部的顶点，如图 12-64 所示。

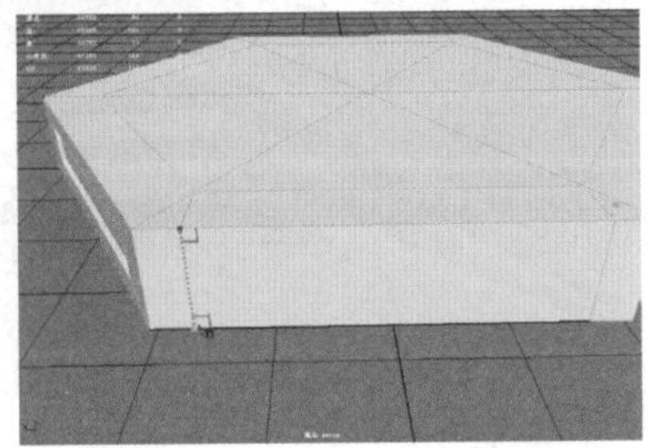
图 12-64　添加线段

10 选择前后两端的边，使用缩放工具沿 X 轴向中心拖曳，调整台基的布线，如图 12-65 所示。

11 选择台基顶部一侧的面，然后按 Shift 键并右击，从弹出的菜单中选择“提取面”命令，提取出所选择的面，结果如图 12-66 所示。

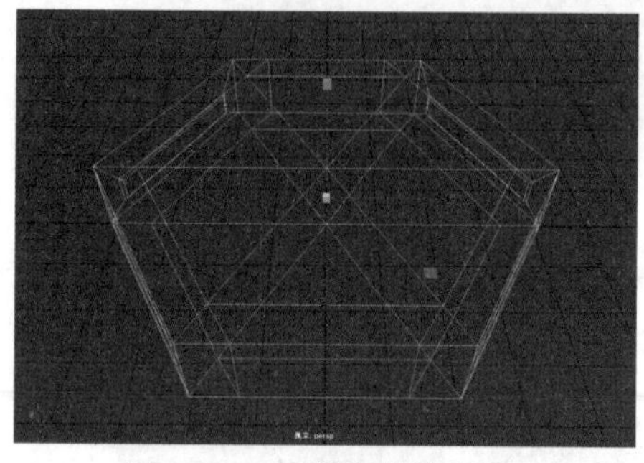
图 12-65　调整台基的布线

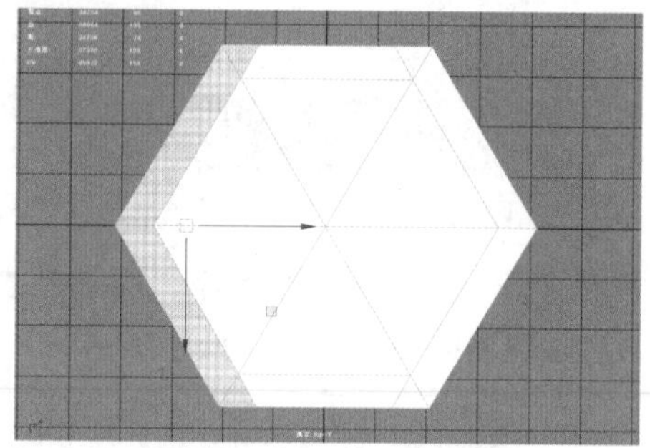
图 12-66　提取出所选择的面

12 在视图按钮中单击“隔离选择”按钮，独显出复制的面，进入“点”模式，在“多边形建模”工具架中单击“目标焊接工具”按钮，调整上下两端的布线，结果如图 12-67 所示。

13 再次单击“隔离选择”按钮，取消独显模式，选择模型四周的边，按 Ctrl+E 快捷键激活“挤出”命令，向外挤出，如图 12-68 所示。

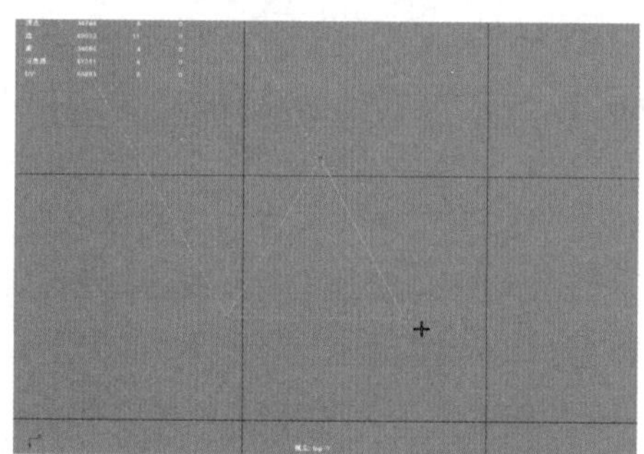
图 12-67　调整上下两端的布线

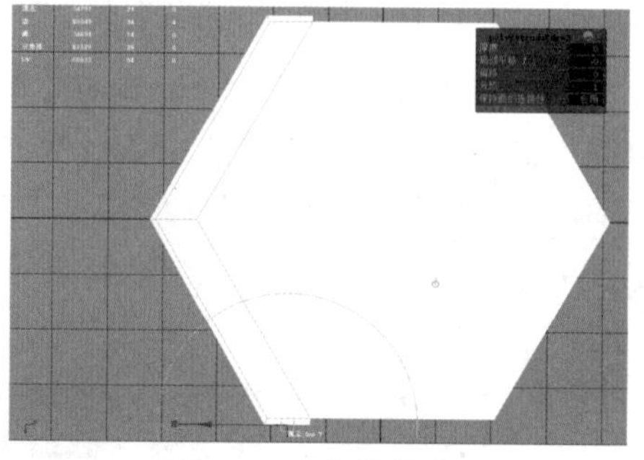
图 12-68　向外挤出

14 右击鼠标，从弹出的菜单中选择“对象模式”命令，按 Ctrl+E 快捷键激活“挤出”命令，挤出厚度，如图 12-69 所示。

15 多次执行“挤出”命令，制作出三层阶梯式的结构，分别选择三层阶梯式模型一侧的面。按 Ctrl+B 键激活“倒角”命令，过渡边缘，如图 12-70 所示。然后按 Shift 键并右击，从弹出的菜单中选择“结合”命令，使其结合为一个对象。

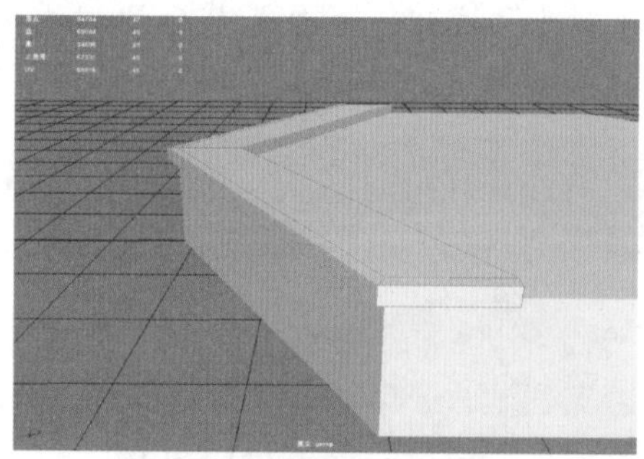
图 12-69　挤出台面的厚度

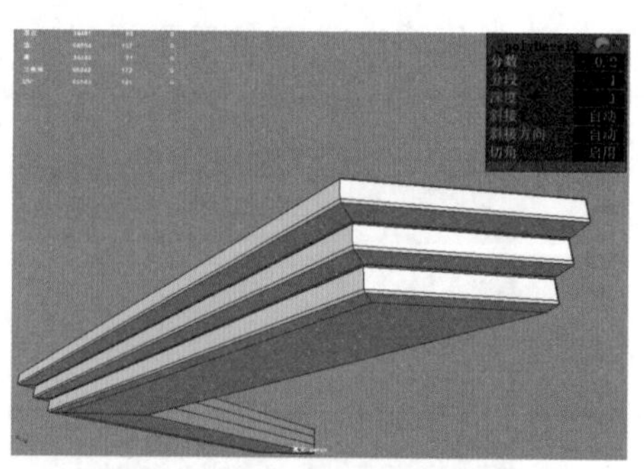
图 12-70　制作出三层阶梯式结构

16 按 W 键显示枢轴，在菜单栏中选择“修改”菜单，在打开的菜单中依次选择“中心枢轴”“冻结变换”“重置变换”命令，如图 12-71 所示，重置枢轴，将枢轴重置到选定对象的中心位置。

17 在菜单栏中选中“网格”|“镜像”命令右侧的复选框，打开“镜像选项”窗口，取消“切割几何体”复选框的选中状态，在“镜像轴”选项组中选中 X 单选按钮，单击“应用”按钮，如图 12-72 所示。

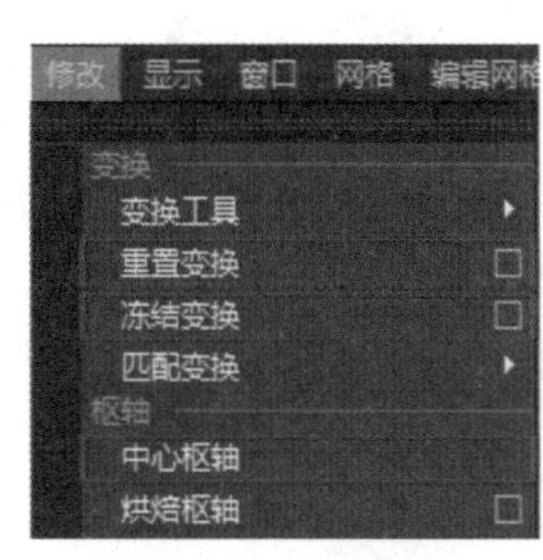

图 12-71 重置枢轴

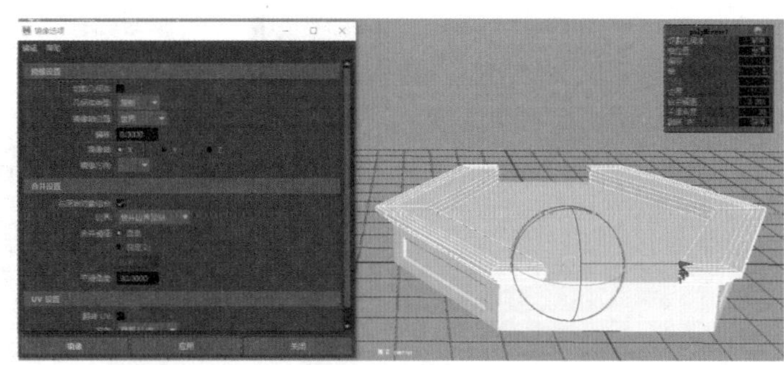

图 12-72 设置“镜像复制”属性镜像复制出另一半

18 框选下方模型顶部的顶点，然后按 V 键向上吸附至最顶端，如图 12-73 所示。

19 选择如图 12-74 所示的面，然后按 Shift 键并右击，从弹出的菜单中选择“复制面”命令，复制出台基正面的一处面。

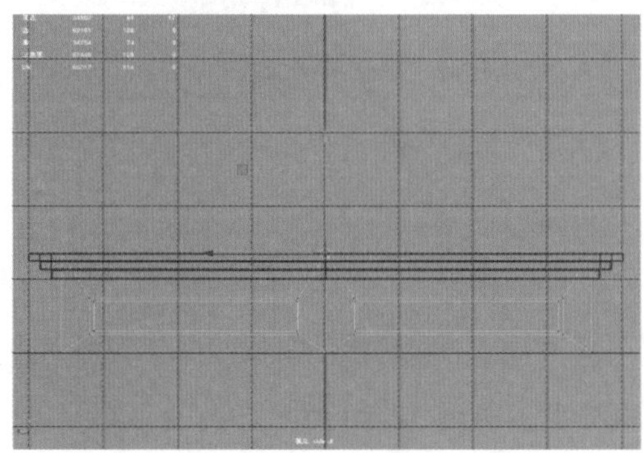

图 12-73 将顶点向上吸附到最顶端

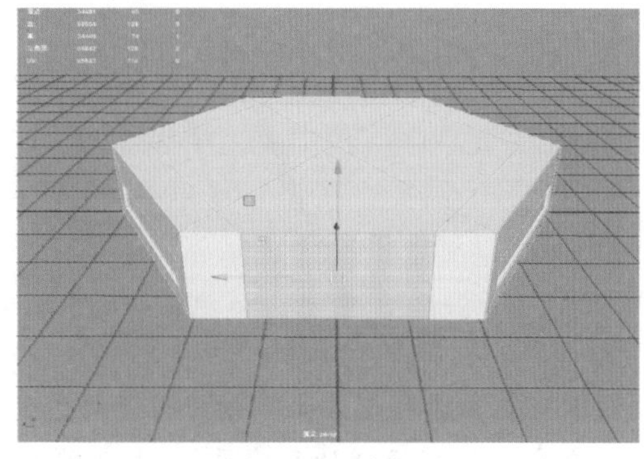

图 12-74 选择面

20 选择复制出的面，然后选择侧面的一条边，在建模工具包的“工具”卷展栏中单击“连接”按钮，在弹出的“连接选项”卷展栏中，在“分段”文本框中输入 3，如图 12-75 所示，按 Enter 键确认。

图 12-75 连接并设置分段

21 多次执行“挤出”操作制作出台阶，在打开的面板中，在“局部平移 Z”文本框中输入 0.5，如图 12-76 所示。

22 全选台阶的边，按 D 键，再按住 Shift 键并单击台阶的边，使中心枢轴的位置捕捉到台阶的边上，若中心枢轴方向不正确，可以按 Ctrl+Shift 快捷键，从弹出的菜单中选择“世界”命令，如图 12-77 所示，按 D 键结束命令。

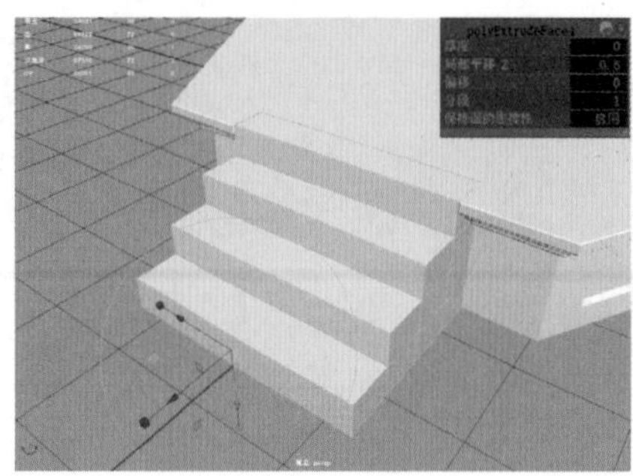

图 12-76　设置“局部平移 Z”参数

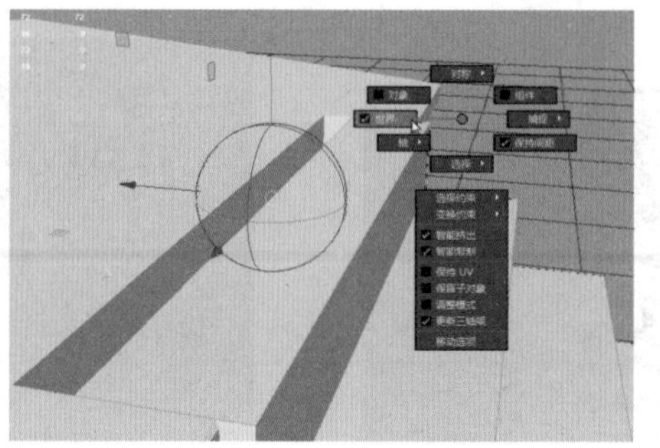

图 12-77　选择“世界”命令

23 按 V 键激活“捕捉到点”命令，将边吸附至台基处，如图 12-78 所示。

24 按照步骤 22 到步骤 23 所示的方法，继续调整台基的造型，如图 12-79 所示。

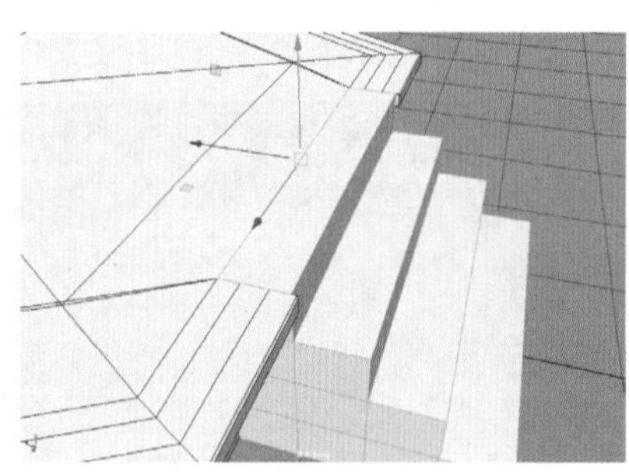

图 12-78　将边吸附到台基处

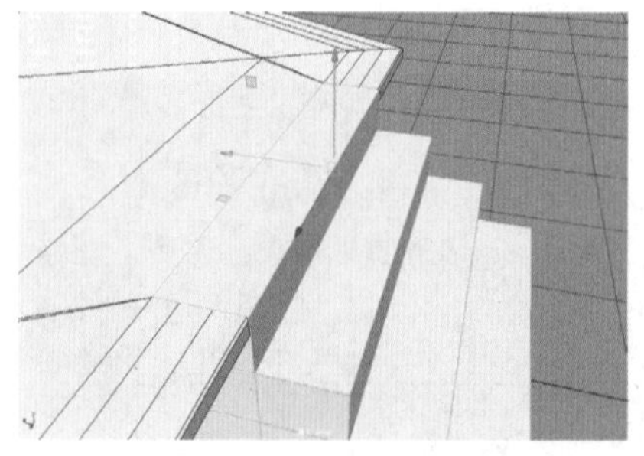

图 12-79　继续调整台基的造型

25 创建一个多边形正方体，制作台阶两边的象眼模型，如图 12-80 所示。

26 选择象眼模型顶部的面，再按 Shift 键并右击，从弹出的菜单中选择“复制面”命令，结果如图 12-81 所示。

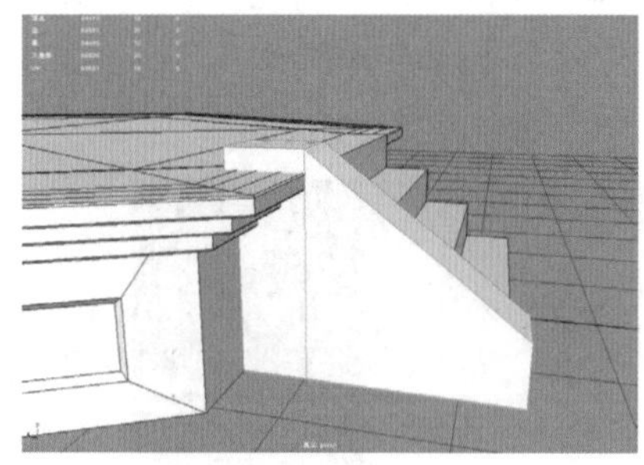

图 12-80　制作象眼模型

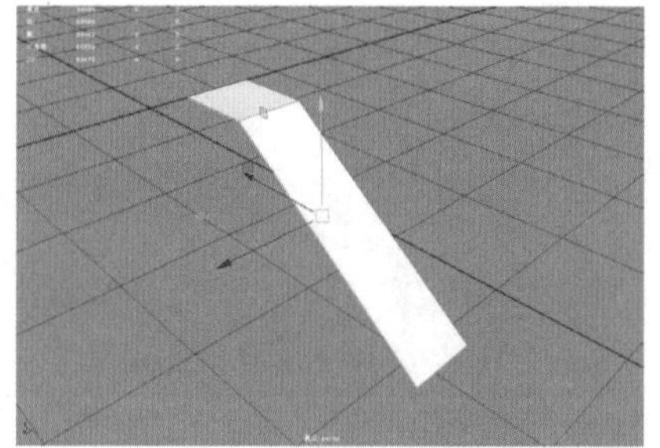

图 12-81　从象眼模型顶部复制面

27 选择复制出的面，按 Ctrl+R 键激活“挤出”命令，挤出斜坡的厚度，如图 12-82 所示。

28 选择外围的一圈面，按 Ctrl+E 快捷键激活“挤出”命令，向外挤出厚度，再按 Ctrl+B 快捷键激活“倒角”命令，过渡边缘。选择台面和斜坡两个模型，按 Shift 键并右击，从弹出的

菜单中选择“结合”命令，然后选择“编辑”|“按类型删除全部”|“历史”命令，如图 12-83 所示。之后按 Shift 键并右击，从弹出的菜单中选择“镜像”命令，镜像出另一边的斜坡。

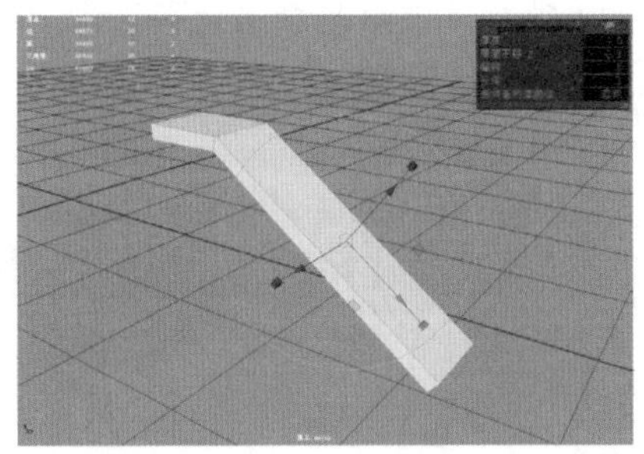

图 12-82　挤出斜坡的厚度

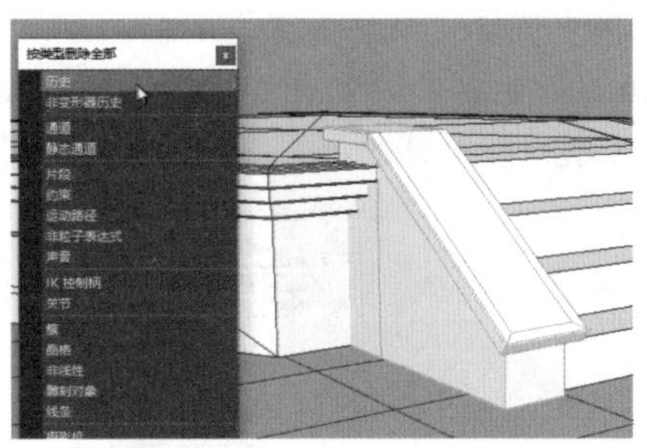

图 12-83　删除象眼模型历史

29 选择台阶转折处的边，按 Ctrl+B 快捷键激活“倒角”命令，在打开的面板中设置“分数”数值为 0.1，如图 12-84 所示。

30 选择台阶和斜坡两个模型，按 Shift 键并右击，从弹出的菜单中选择“结合”命令，选择楼梯模型，按 D 键激活“自定义枢轴”命令，再按 X 键将枢轴捕捉至栅格中心位置。然后按 Shift 键并右击，从弹出的菜单中选择“镜像”命令沿 Z 轴进行镜像复制，结果如图 12-85 所示。

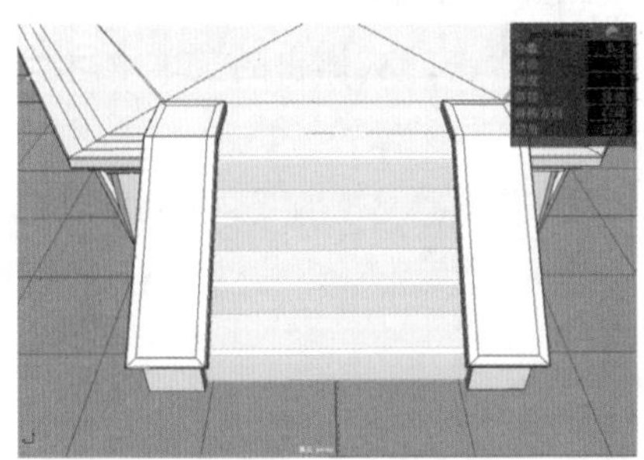

图 12-84　过渡台阶边缘

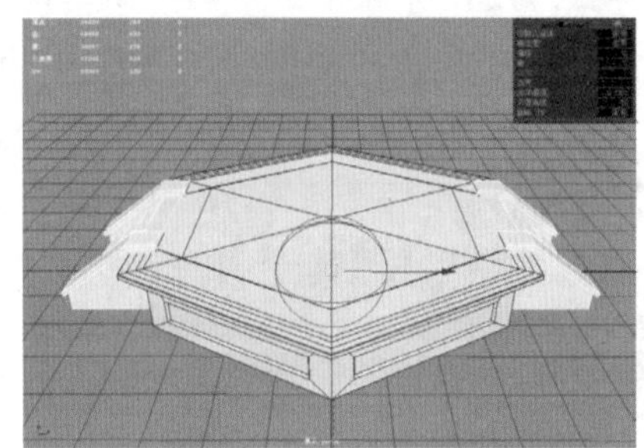

图 12-85　镜像出另一半楼梯

12.2.2　制作檐柱和倒挂楣子

【例 12-7】本实例将讲解如何制作檐柱和倒挂楣子。视频

01 在场景中创建一个多边形圆柱体，在“通道盒/层编辑器”面板的“轴向细分数”文本框中输入 24，调整檐柱的高度，如图 12-86 所示。

02 使檐柱的枢轴回归到世界坐标系，在菜单栏中选择“编辑”|“特殊复制”命令，依次复制出其余的檐柱，结果如图 12-87 所示。

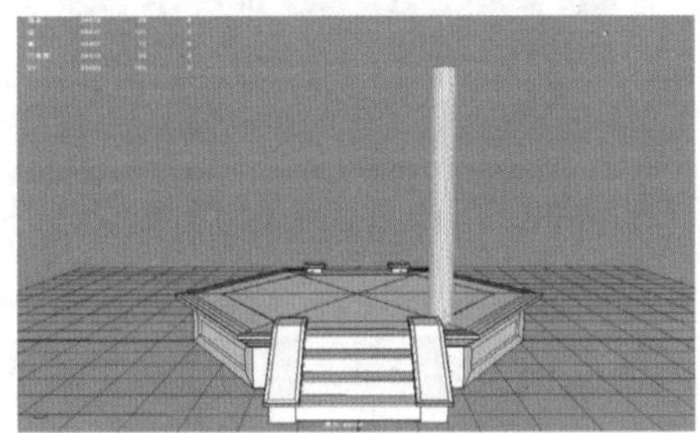

图 12-86　制作一根檐柱

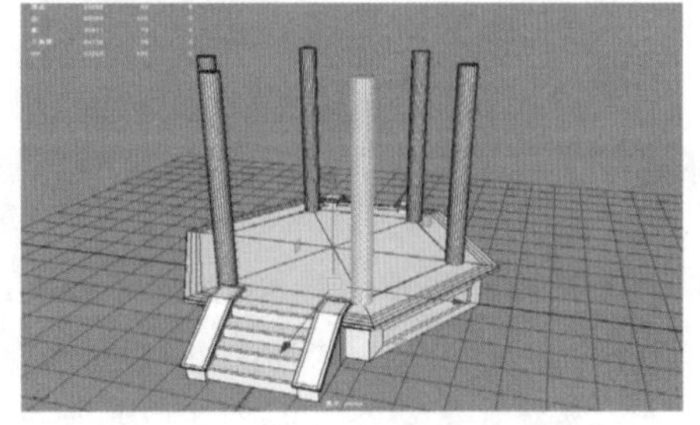

图 12-87　依次复制出其余的檐柱

03 按 Ctrl 键并右击，从弹出的菜单中选择“环形边工具”|“到环形边并分割”命令，调整柱顶石的结构，此时会发现柱顶石的外形不够平滑。选择中间的一条线段，按 Shift 键并右击，从弹出的菜单中选择“编辑边流”命令，如图 12-88 所示，调整柱顶石线段。

04 使柱顶石的枢轴回归到世界坐标系，选择“编辑”|“特殊复制”命令，复制出其余的柱顶石，结果如图 12-89 所示。

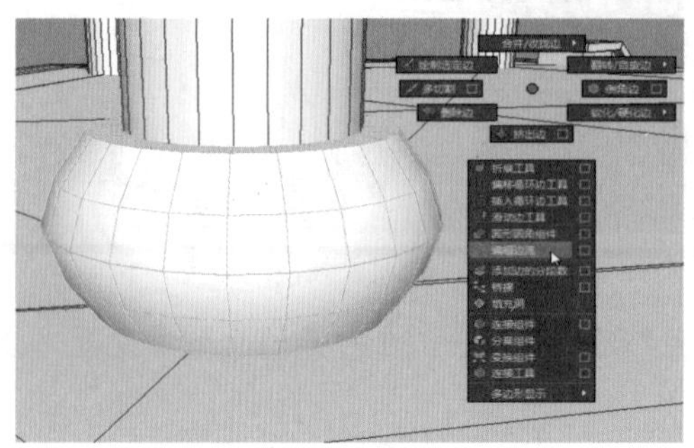

图 12-88 选择“编辑边流”命令

图 12-89 复制出其余的柱顶石

05 选择台基顶部的面，按 Shift 键并右击，从弹出的菜单中选择“复制面”命令，然后执行“挤出”操作制作出厚度，并删除上下两个面，结果如图 12-90 所示。

06 留下一个面，将多余的面删除，然后按 Shift 键并右击，从弹出的菜单中选择“连接工具”命令进行布线，结果如图 12-91 所示。

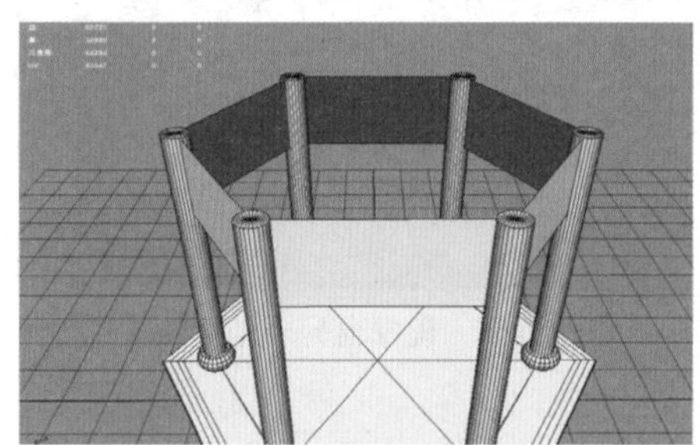

图 12-90 制作出倒挂楣子的造型

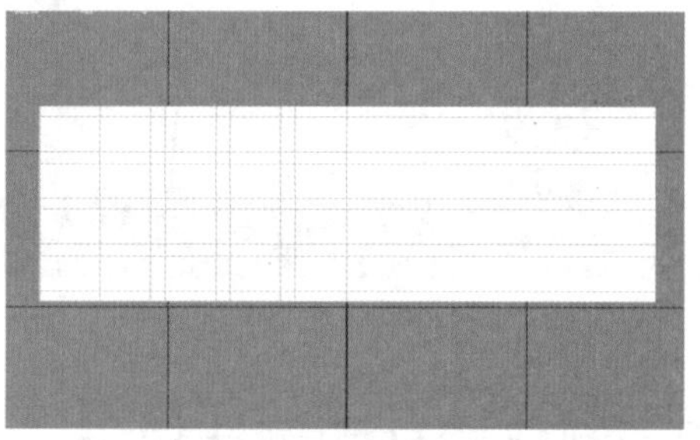

图 12-91 使用“连接工具”命令进行布线

07 删除多余的面，制作出镂空效果，如图 12-92 所示。

08 选择模型，然后按 Shift 键并右击，从弹出的菜单中选择“镜像”命令，结果如图 12-93 所示。

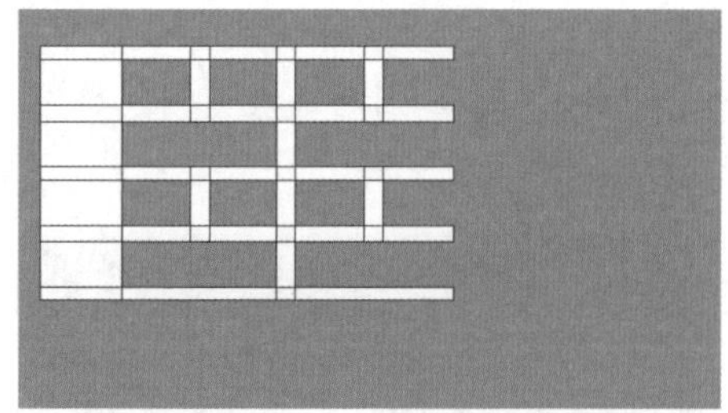

图 12-92 制作镂空效果

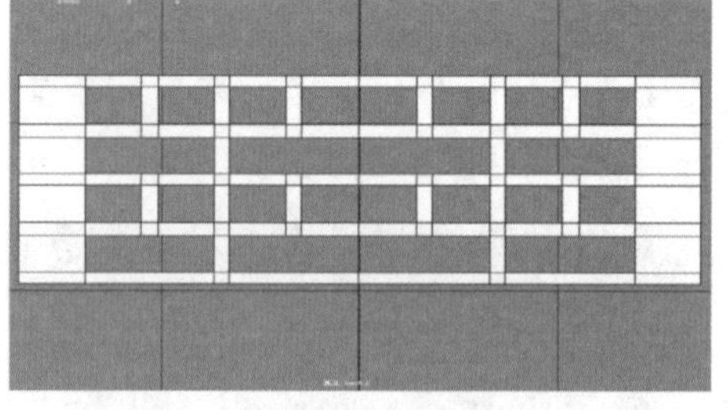

图 12-93 镜像出倒挂楣子的另一半

09 选择左右两端的模型，按 Shift 键并右击，从弹出的菜单中选择“结合”命令。框选交界处的顶点，使用缩放工具沿 X 轴向中心拖曳，然后按 Shift 键并右击，从弹出的菜单中选择“合并顶点”|“合并顶点”命令，如图 12-94 所示。

10 使倒挂楣子的枢轴捕捉至栅格中心位置，选择“编辑”|“特殊复制”命令，制作出其余的倒挂楣子模型。然后选择模型，按 Ctrl+E 快捷键激活“挤出”命令，制作出厚度，如图 12-95 所示，选择模型，在菜单栏中选择“网格显示”|“反向”命令。

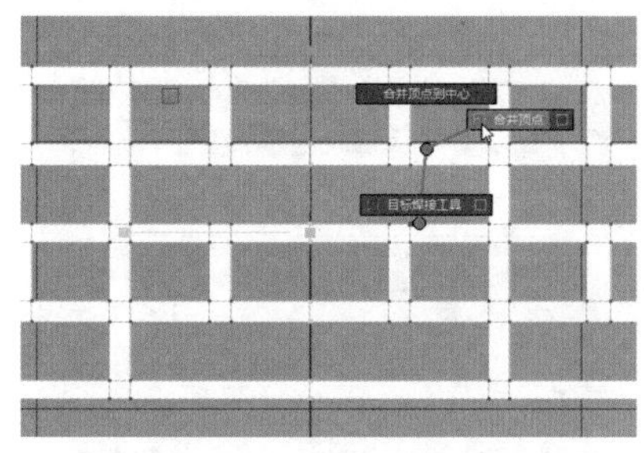

图 12-94　合并倒挂楣子中部的顶点

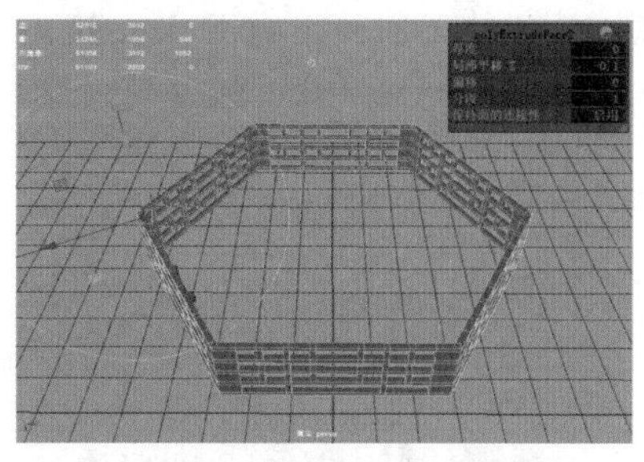

图 12-95　挤出倒挂楣子的厚度

11 选择倒挂楣子顶部的一圈面，按 Shift 键并右击，从弹出的菜单中选择“复制面”命令，并删除多余的边，多次按 Ctrl+E 快捷键激活“挤出”命令，然后选择下端一圈的边，按 Ctrl+B 快捷键激活“倒角”命令，将“分数”数值设置为 0.2，制作出倒角结构，如图 12-96 所示。

12 按照步骤 11 所示的方法制作倒挂楣子底部的模型，如图 12-97 所示。设置完成后，重置倒挂楣子的坐标参数，删除倒挂楣子的历史，并执行“组合”命令。

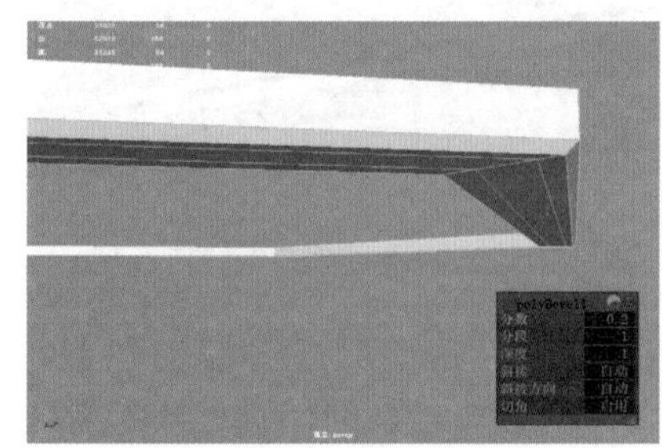

图 12-96　制作出倒角结构

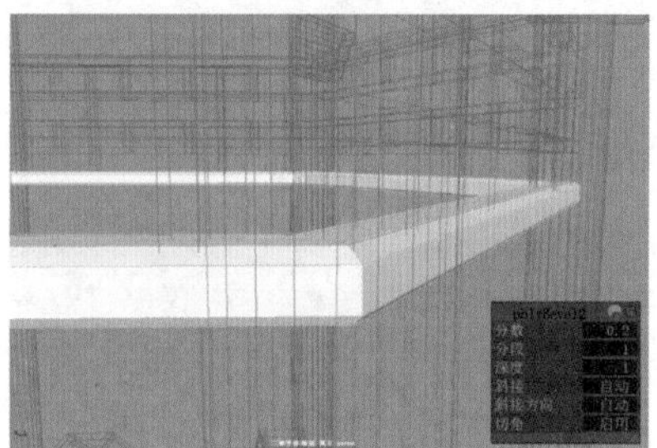

图 12-97　制作倒挂楣子底部的模型

12.2.3　制作额枋和屋顶

【例 12-8】本实例将讲解如何制作额枋和屋顶。视频

01 选择台基顶部的面，按 Shift 键并右击，从弹出的菜单中选择“复制面”命令，移动坐标轴将复制的面向上垂直移出来，然后选择复制出的面中间的顶点，将其沿着 Y 轴向上拖出来，如图 12-98 所示。

02 选择底部的边线，按 Ctrl+E 快捷键激活“挤出”命令，向下挤出，如图 12-99 所示。

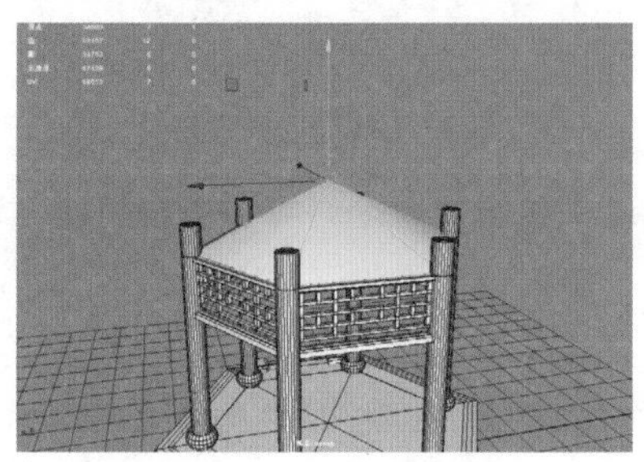

图 12-98　向上拖曳顶点

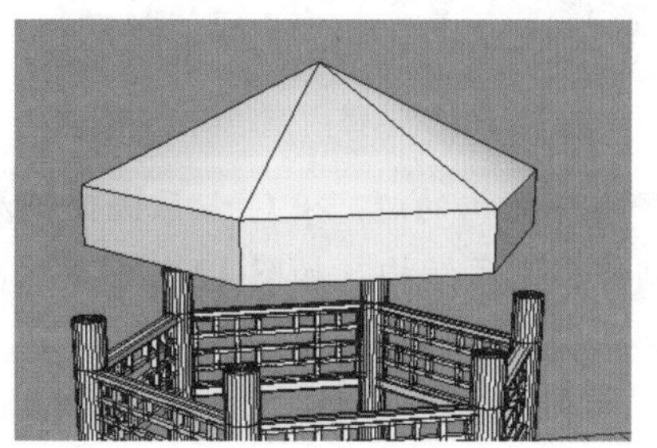

图 12-99　向下挤出

03 选择挤出的面，按Shift键并右击，从弹出的菜单中选择“提取面”命令，然后在“多边形建模”工具架中单击“多切割工具”按钮，按Shift键插入一条循环边，如图12-100所示。

04 选择底部的一圈面，多次按Ctrl+R快捷键执行“挤出”命令，沿Z轴向内挤出，如图12-101所示，然后选择底部的一圈面，按Delete键删除。

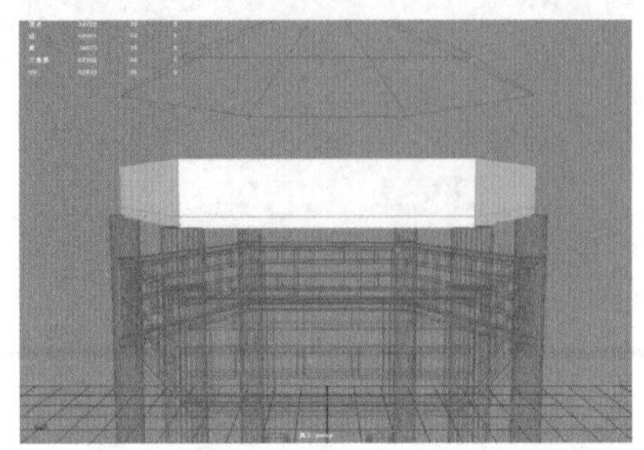

图12-100 在提取出的面上插入一条循环边

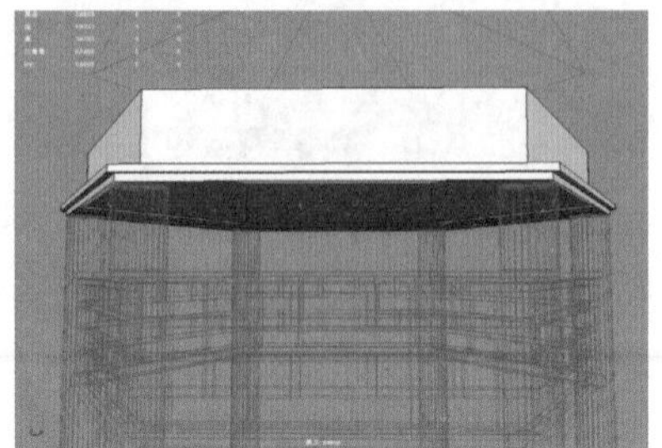

图12-101 沿Z轴向内挤出

05 选择上半部分一圈的面，按Shift键并右击，从弹出的菜单中选择“提取面”命令，分离出上下两个结构，如图12-102所示。

06 选择下方模型的底部边，按Ctrl+R键激活“挤出”命令，向内挤出，如图12-103所示。

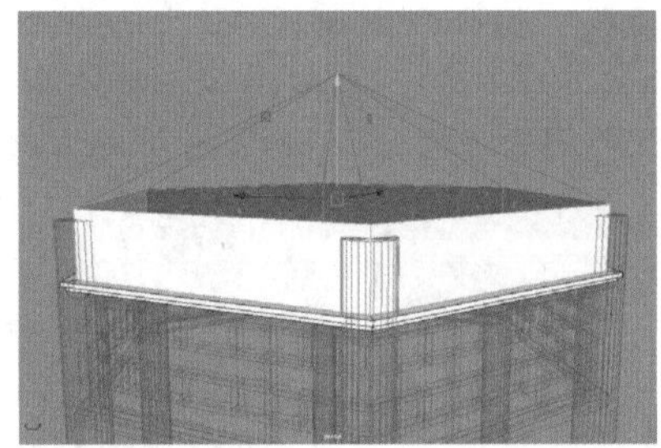

图12-102 分离出上下两个结构

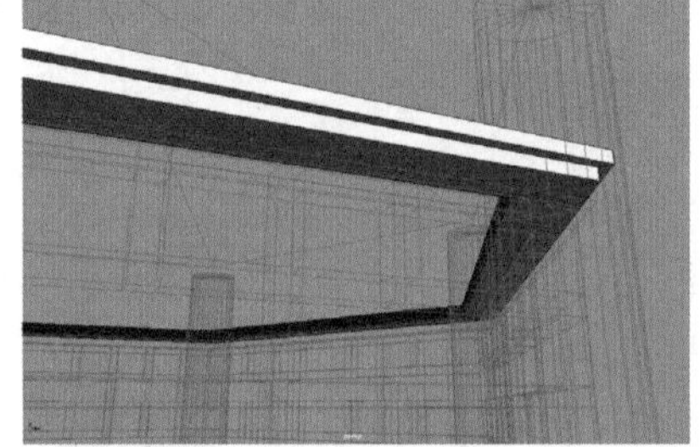

图12-103 选择底部边向内挤出

07 选择内侧的边，执行“挤出”命令，向下挤出，如图12-104所示。

08 按Ctrl键并右击，选择“到顶点”|“到顶点”命令，在“多边形建模”工具架中单击“目标焊接工具”按钮，分别合并顶点，结果如图12-105所示。

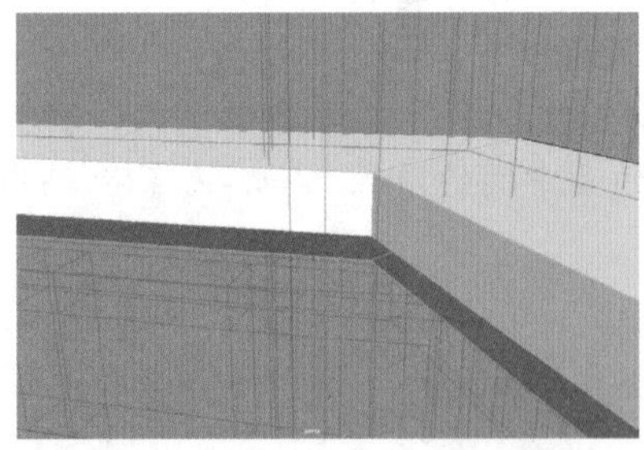

图12-104 选择内侧边向下挤出

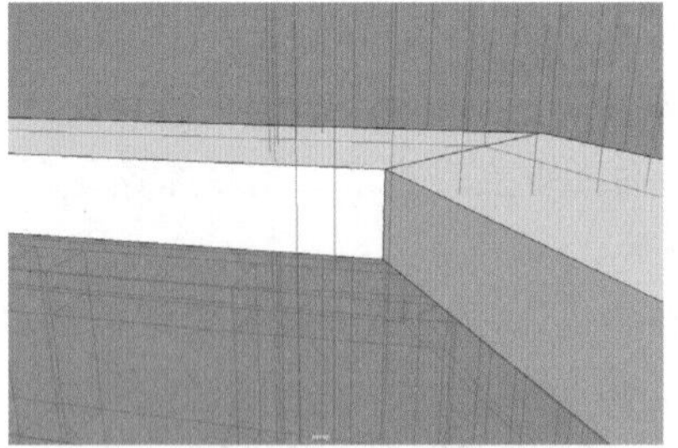

图12-105 合并顶点

09 选择下半部分结构的边，按Ctrl+E快捷键激活“挤出”命令，再按Ctrl+B快捷键激活“倒角”命令，制作出倒角结构，如图12-106所示。

10 选择上方的模型，按Ctrl+E快捷键激活“挤出”命令向内挤出，此时会发现出现了黑面。全选面，按Shift键并右击，从弹出的菜单中选择“面法线”|“反转法线”命令，结果如图12-107所示。

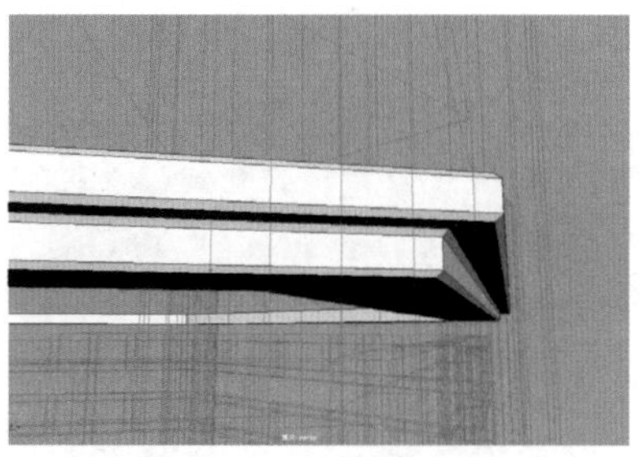

图 12-106　制作出倒角结构

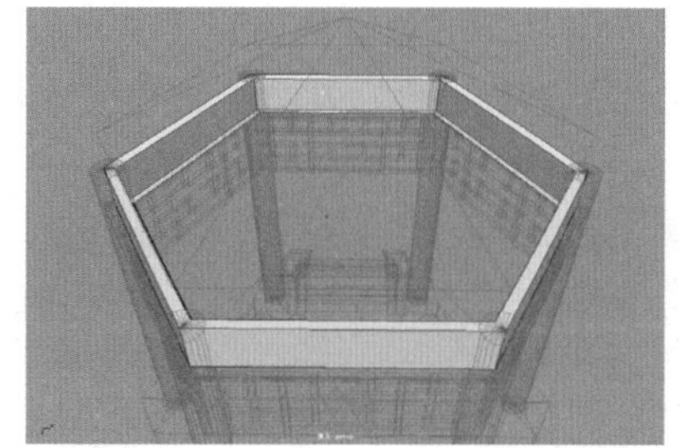

图 12-107　反转法线

11 按 Shift 键并右击，从弹出的菜单中选择“插入循环边工具”命令，然后调整循环边的位置，如图 12-108 所示。

12 选择面，按 Ctrl+E 快捷键激活“挤出”命令，向外挤出，然后选择上下两端的边线，再按 Ctrl+B 快捷键激活“倒角”命令，过渡挤出部位的边，结果如图 12-109 所示。

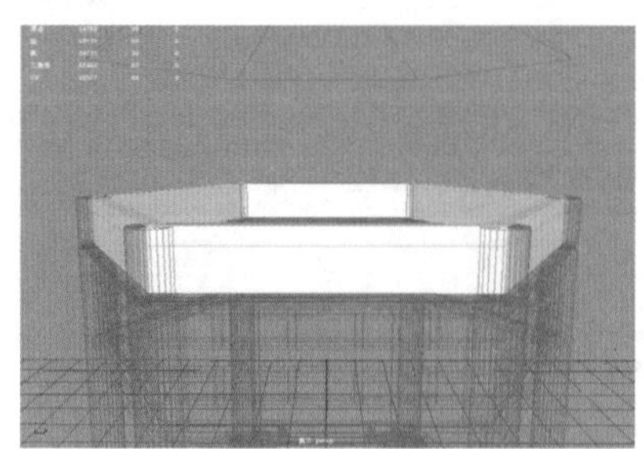

图 12-108　在模型上插入循环边

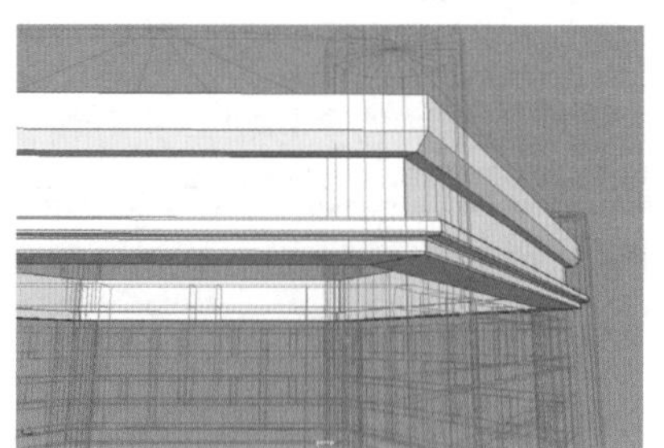

图 12-109　过渡挤出部位的边

12.2.4　制作角梁、垂脊和瓦

【例 12-9】本实例将讲解如何制作角梁、垂脊和瓦。视频

01 切换到前视图，按 Shift 键并右击，从弹出的菜单中选择“创建多边形工具”命令，通过单击的方式，绘制出角梁的形状，按 Enter 键确认，结果如图 12-110 所示。

02 在“多边形建模”工具架中单击“多切割工具”按钮，修改布线，并调整角梁的形状，如图 12-111 所示。

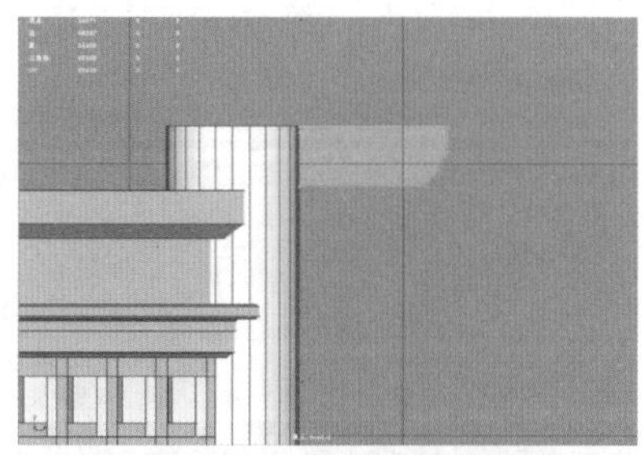

图 12-110　绘制出角梁的形状

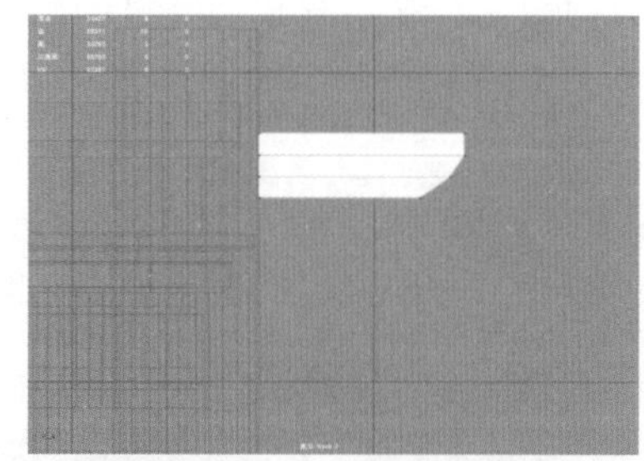

图 12-111　调整角梁布线

03 按 Ctrl+D 快捷键向下复制出两个副本，调整其比例，然后在“多边形建模”工具架中单击“结合”按钮。之后框选衔接处边界的顶点，按 Shift 键并右击，从弹出的菜单中选择“合并顶点”|“合并顶点”命令，结果如图 12-112 所示。

04 选择模型，按 Ctrl+E 快捷键激活“挤出”命令，然后选择边线，按 Ctrl+B 快捷键激活“倒角”命令，在打开的面板中，在“分数”文本框中输入 0.5，结果如图 12-113 所示。

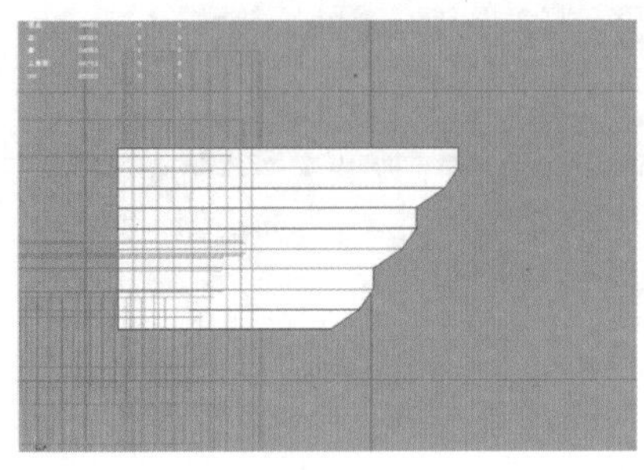

图 12-112　合并角梁之间交界处的点

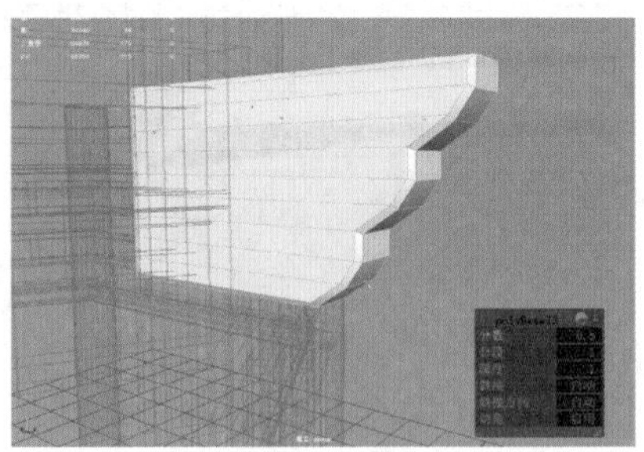

图 12-113　对角梁边线执行“倒角”操作

05 将角梁枢轴回归到世界坐标系，按 Ctrl+D 键复制出一个副本，然后在“通道盒 / 层编辑器”中，在“旋转”Y 轴文本框中输入 60。之后按 Shift+D 快捷键复制并转换 4 次，复制出一圈的角梁，结果如图 12-114 所示。

06 选择屋顶模型，单击“多切割工具”按钮，按住 Shift 键切割出 3 条平行的循环边，使用缩放工具对插入的边进行缩放。之后按 Shift 键并右击，从弹出的菜单中选择“编辑边流”命令，使线段变得流畅，结果如图 12-115 所示。

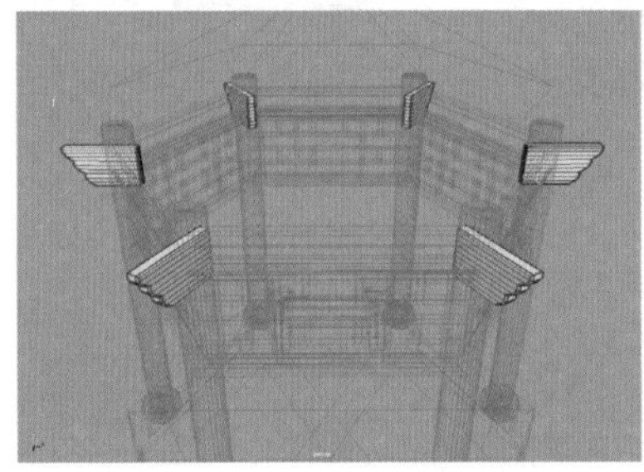

图 12-114　复制出其余的角梁

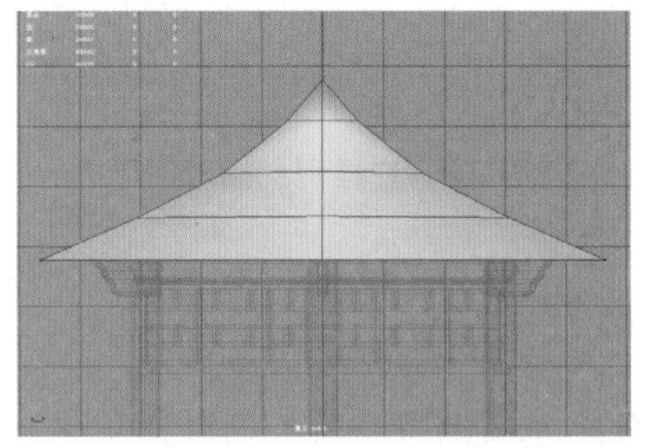

图 12-115　调整屋顶布线

07 按住 Shift 键在顶部添加边，删除顶端的面，然后双击选择底部的一圈边，按 Ctrl+R 快捷键激活“挤出”命令，向外挤出屋顶的边，如图 12-116 所示。

08 选择屋顶模型，按 Ctrl+E 快捷键激活“挤出”命令，向内挤出，制作出屋顶的厚度。之后选择屋顶模型的面，在菜单栏中选择“面法线”|“反转法线”命令，结果如图 12-117 所示。

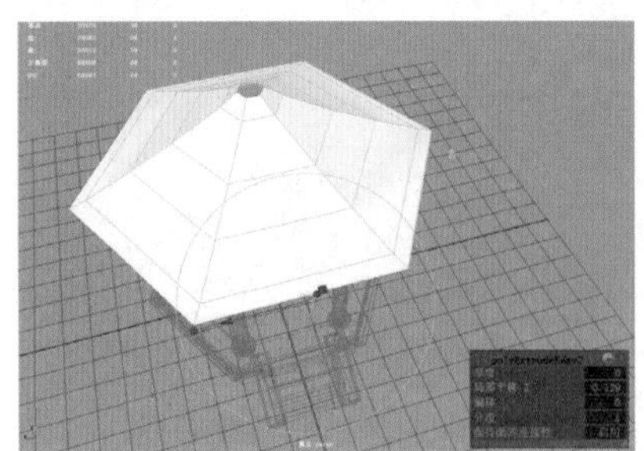

图 12-116　向外挤出屋顶的边

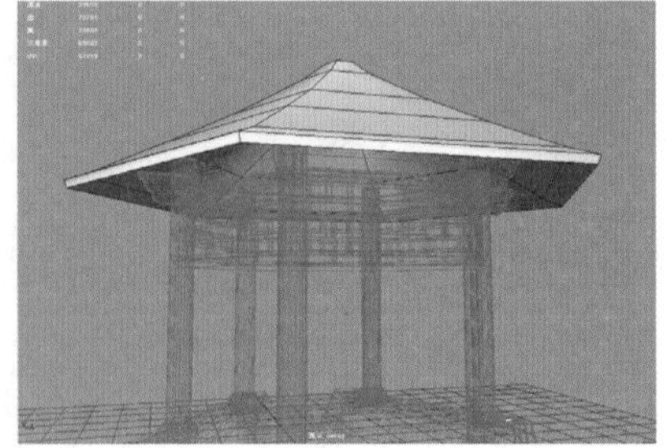

图 12-117　制作出屋顶的厚度

09 选择边界边，按 Ctrl+B 快捷键激活“倒角”命令，在打开的面板中设置“分数”数值为 0.68，结果如图 12-118 所示。

10 选择倒角出的面，按 Shift 键并右击，从弹出的菜单中选择“复制面”命令，然后按 Ctrl+E 快捷键激活“挤出”命令，制作垂脊的造型，如图 12-119 所示。

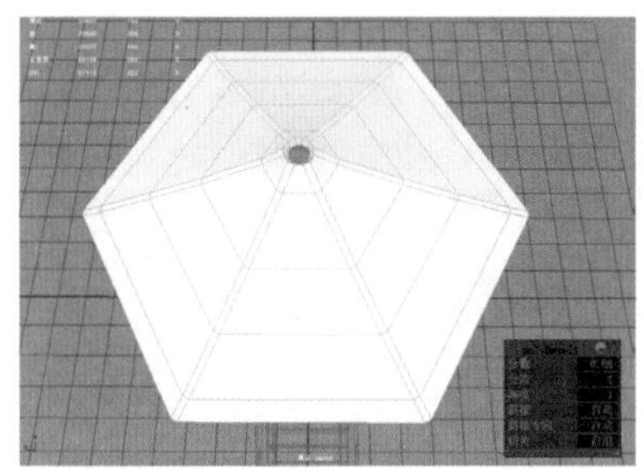

图 12-118　执行“倒角”操作

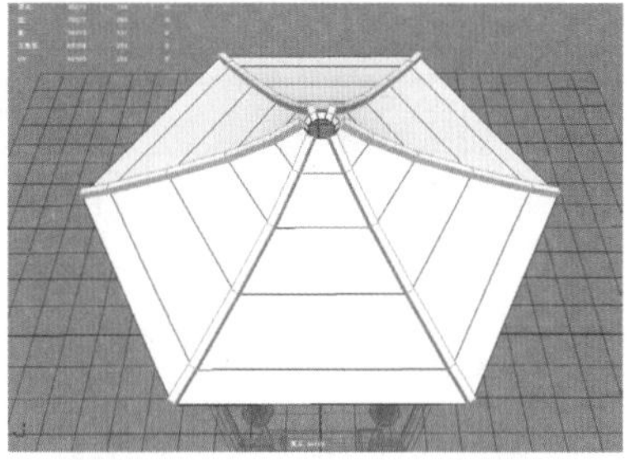

图 12-119　制作垂脊的造型

11 选择一条垂脊模型的边，按 Ctrl 键并右击，从弹出的菜单中选择“环形边工具”|“到环形边并分割”命令，然后选择循环边，按 Ctrl+B 快捷键激活“倒角”命令，在打开的面板中设置“分数”数值为 0.45，结果如图 12-120 所示。

12 复制顶部倒角出来的面，然后按 Ctrl+B 快捷键激活“倒角”命令，向外挤出，制作出厚度，如图 12-121 所示。

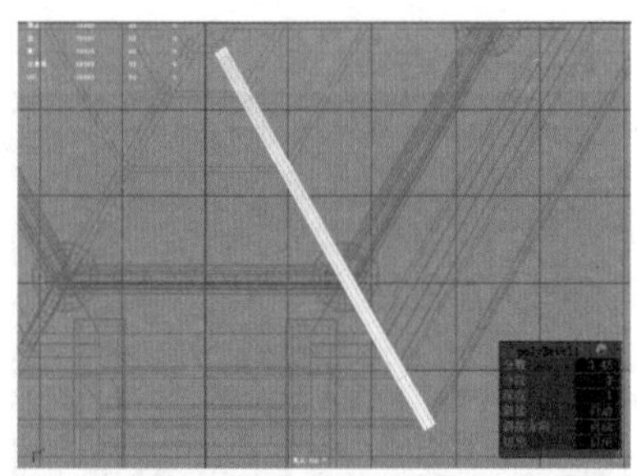

图 12-120　在垂脊模型上插入循环边并进行倒角

图 12-121　复制倒角出的面并制作出厚度

13 在菜单栏中选择“编辑”|“特殊复制”命令，复制其余的垂脊。选择一条垂脊的边，按 Ctrl 键并右击，从弹出的菜单中选择“环形边工具”|“到环形边并分割”命令，在中间位置插入一条循环边，如图 12-122 所示。

14 选择插入的循环边，在菜单栏中选择“修改”|“转化”|“多边形边到曲线”命令，如图 12-123 所示。

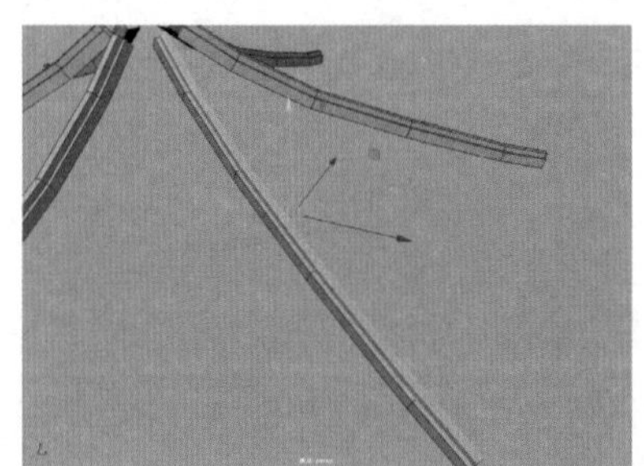

图 12-122　在中间位置插入一条循环边

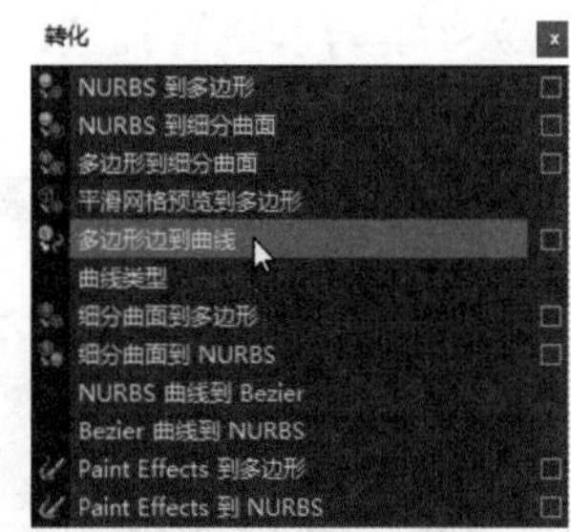

图 12-123　选择“多边形边到曲线”命令

15 即可从中提取出一条曲线，如图 12-124 所示。

16 创建一个多边形圆柱体，在“通道盒/层编辑器”面板的“旋转 X”文本框中输入 90、在“半径”文本框中输入 0.12、在“高度”文本框中输入 8、在“轴向细分数”文本框中输入 16、在“高度细分数”文本框中输入 12，结果如图 12-125 所示。

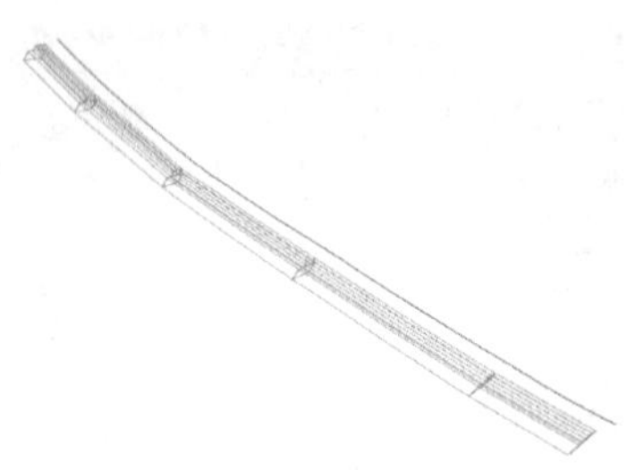
图 12-124　提取出一条曲线

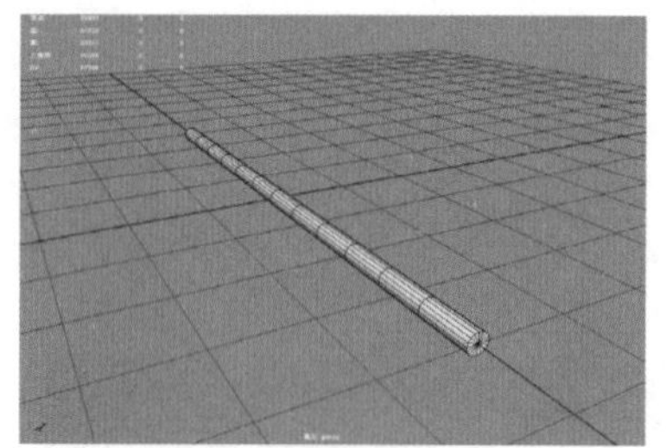
图 12-125　创建一个多边形圆柱体

17 每隔一条线段选择双击一条循环边，按 Ctrl+B 快捷键激活“倒角”命令，在打开的面板中，在“分数”文本框中输入 0.04，然后按 Ctrl+E 快捷键激活“挤出”命令，在打开的面板中，在“局部平移 Z”文本框中输入 -0.023，制作凹槽结构，结果如图 12-126 所示。

18 调整提取出的曲线的长度，使尾端向外延伸。在菜单栏中选中“曲线”|“重建”命令右侧的复选框，打开“重建曲线选项”窗口，在“跨度数”文本框中输入 10，然后单击“应用”按钮，如图 12-127 所示。

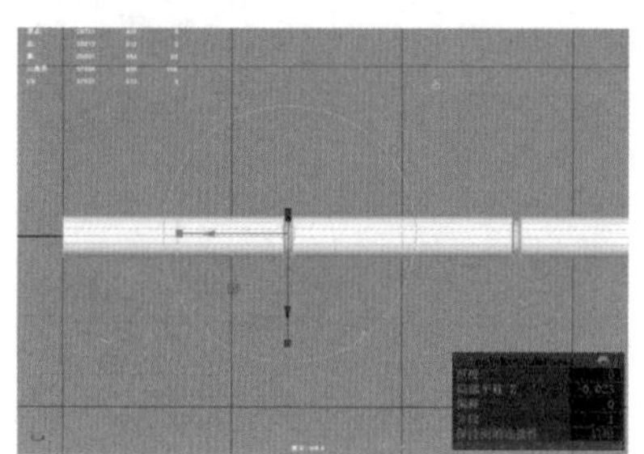
图 12-126　制作凹槽结构

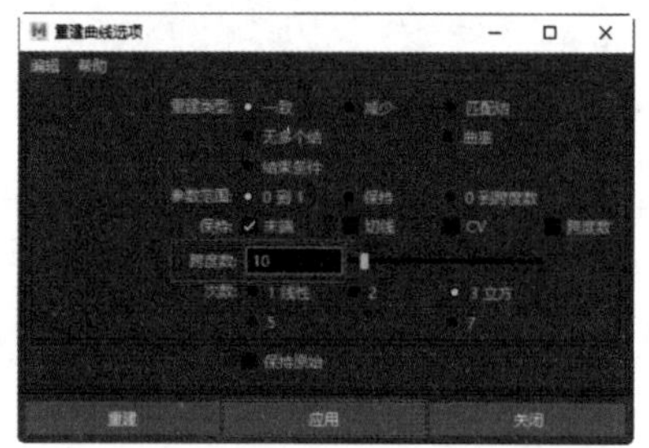

图 12-127　设置“重建曲线选项”窗口中的参数

19 选择圆柱体和曲线，在“自定义”工具架中单击“冻结变换”按钮，然后先选择曲线，再选择多边形圆柱体，在菜单栏中选择“变形”|“曲线扭曲”命令，如图 12-128 所示，即可使多边形圆柱体移至曲线位置上并沿曲线方向进行拉伸。

20 选择多边形圆柱体，选择“编辑”|“特殊复制”命令复制出其余的模型。选择屋顶模型，多次按 Ctrl 键并右击，从弹出的菜单中选择“环形边工具”|“到环形边并分割”命令，插入循环边，使用缩放工具对其进行缩放，调整屋顶造型，结果如图 12-129 所示。

图 12-128　选择“曲线扭曲”命令

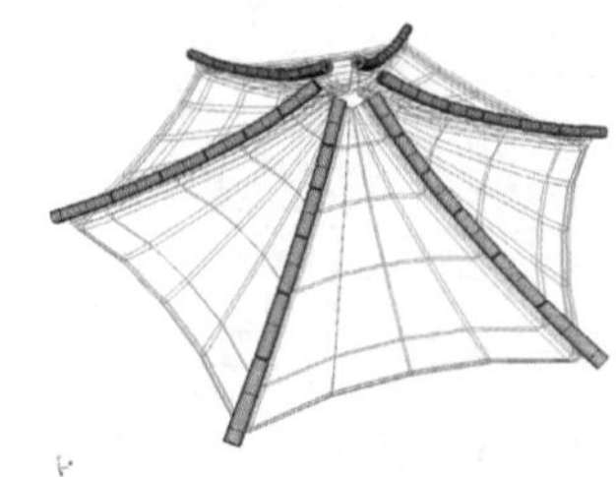
图 12-129　复制出其余的多边形圆柱体

21 按 Ctrl+D 快捷键复制一个多边形圆柱体，并调整其比例，结果如图 12-130 所示。

22 依次复制其余 4 个沟头瓦，并删除穿插的部分，如图 12-131 所示。

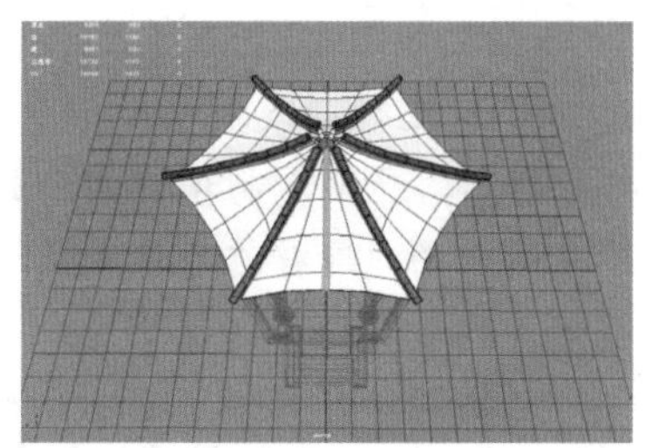

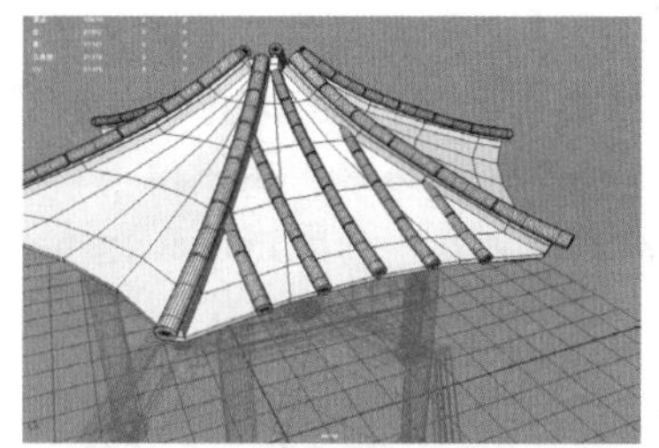

图 12-130　复制一个多边形圆柱体并调整其大小　　图 12-131　复制其余的沟头瓦

23 创建一个多边形立方体，并插入三条循环边，然后选择插入的循环边，按 Shift 键并右击，从弹出的菜单中选择"编辑边流"命令，然后调整瓦片模型的造型，如图 12-132 所示。

24 按 Ctrl+D 快捷键复制一个瓦片模型，调整好位置后按 Shift+D 快捷键复制并转换，先复制一列瓦片模型，选择所有瓦片，按 Shift 键并右击，从弹出的菜单中选择"结合"命令，并继续复制其余四列瓦片，调整位置并删除穿插出来的面，然后选择四列瓦片，按 Shift 键并右击，从弹出的菜单中选择"结合"命令，结果如图 12-133 所示。

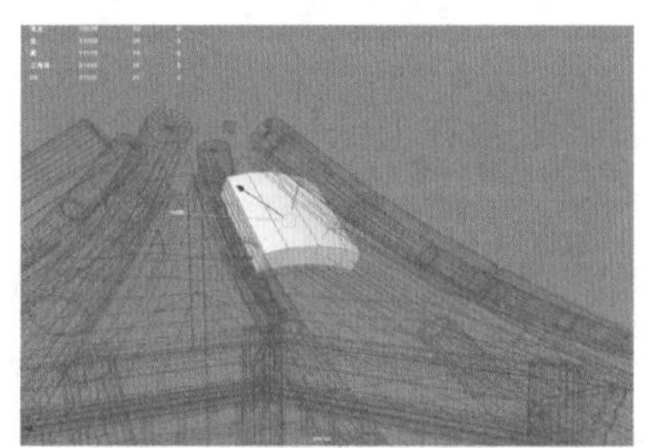

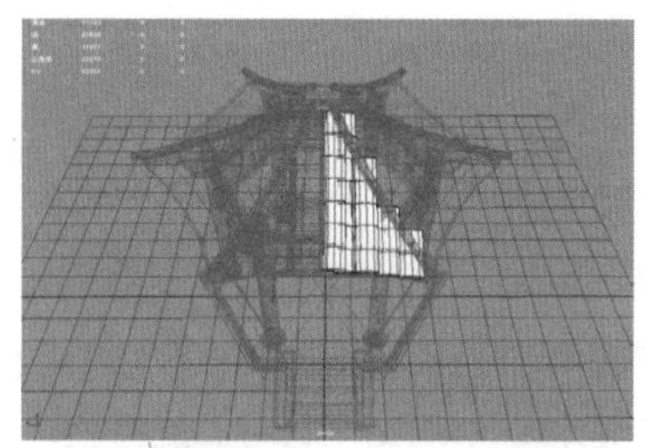

图 12-132　选择"编辑边流"命令调整瓦片造型　图 12-133　复制其余几列瓦片并进行结合

25 按 Shift 键并右击，从弹出的菜单中选择"镜像"命令沿 X 轴镜像复制，选择所有瓦片并单击"结合"按钮，然后顺着垂脊的方向，在"多边形建模"工具架中单击"多切割工具"按钮，使用套索工具快速选择穿插的部分，按 Delete 键将其删除，结果如图 12-134 所示。

26 选择沟头瓦和瓦片并在菜单栏中选择"网格"|"结合"命令，使其枢轴回归到世界坐标系，然后按 Ctrl+D 快捷键复制一组副本。在"属性编辑器"面板的"旋转 Y"文本框中输入 60，然后按 Shift+D 快捷键复制并转换 5 次，结果如图 12-135 所示。

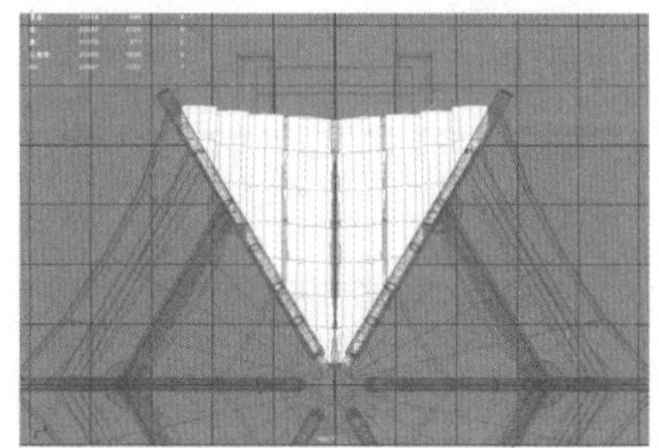

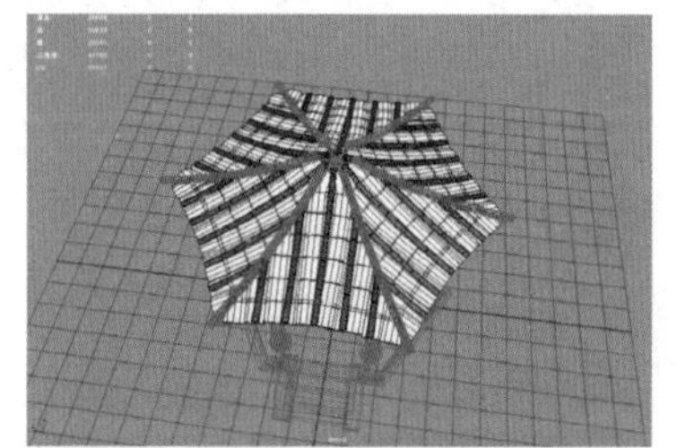

图 12-134　切割并删除穿插的部分　　图 12-135　复制其余的瓦片

12.2.5　制作宝顶和鹅颈椅

【例 12-10】本实例将讲解如何制作宝顶和鹅颈椅。

01 创建一个多边形圆柱体，设置轴向细分数为 6，选择顶部的面，按 Ctrl+E 快捷键激活“挤出”命令，向上挤出顶部的面，并调整多边形圆柱体的比例，如图 12-136 所示。

02 再次选择顶部的面，按 Shift 键并右击，从弹出的菜单中选择“复制面”命令，调整面的比例，然后按 Ctrl+E 快捷键激活“挤出”命令，将面向上挤出，继续复制顶部的面并挤出厚度。在建模工具包的“工具”卷展栏中选择“连接”命令，在弹出的“连接选项”选项卡的“分段”文本框中输入 2，插入两条循环边，使用缩放工具调整两条线段的距离，如图 12-137 所示。

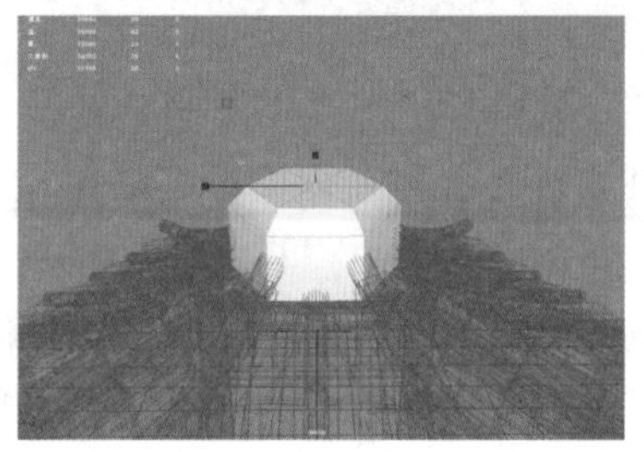

图 12-136　调整多边形圆柱体的比例

图 12-137　继续复制顶部的面并调整造型

03 按照步骤 01 到步骤 02 的方法，制作宝顶造型，并按 Ctrl+B 快捷键激活“倒角”命令，过渡边缘，结果如图 12-138 所示。

04 创建一个多边形立方体，按 W 键显示对象的枢轴，然后按 Ctrl+Shift 快捷键，从弹出的菜单中选择“组件”命令，如图 12-139 所示。

图 12-138　制作宝顶造型并进行卡线

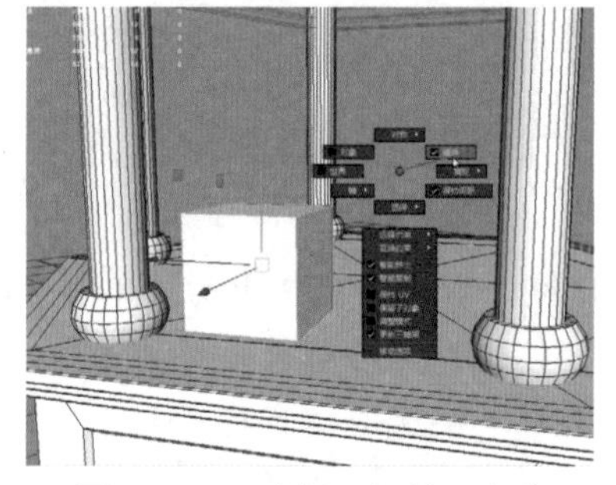

图 12-139　选择“组件”命令

05 调整多边形立方体的形状，按 Shift 键并右击，从弹出的菜单中选择“插入循环边工具”命令，插入两条循环边，并使用缩放工具调整两条线段的距离，然后选择左右两端的面，按 Ctrl+E 快捷键激活“挤出”命令，调整其造型，如图 12-140 所示。

06 在“多边形建模”工具架中单击“目标焊接工具”按钮，将倒角出的顶点焊接到边界上，如图 12-141 所示。

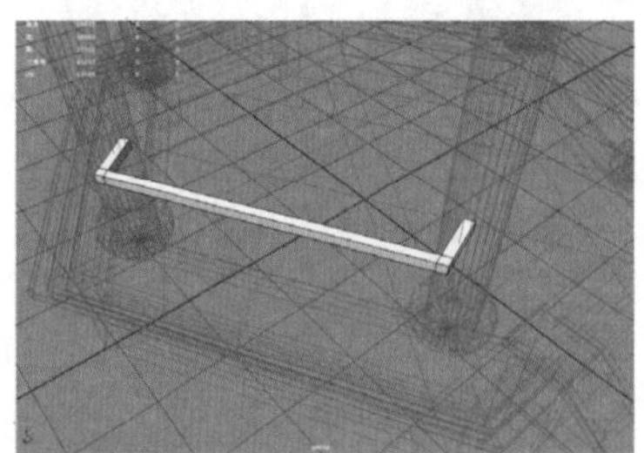

图 12-140　调整多边形立方体造型

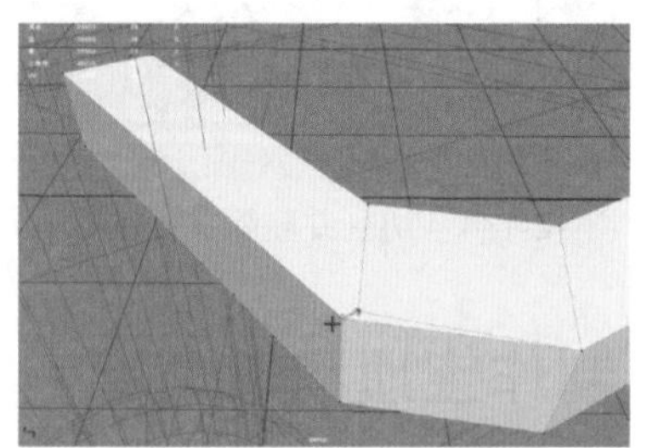

图 12-141　焊接顶点

07 选择面，按 Shift 键并右击，从弹出的菜单中选择“复制面”命令，并调整复制的面的位置，如图 12-142 所示。

08 分别选择所复制的模型两端的边，使用缩放工具使两端分别处于同一水平面，再按 Shift 键并右击，从弹出的菜单中选择“填充洞”命令，如图 12-143 所示，然后选择模型的一圈面，按 Ctrl+B 快捷键激活“倒角”命令，过渡边缘。

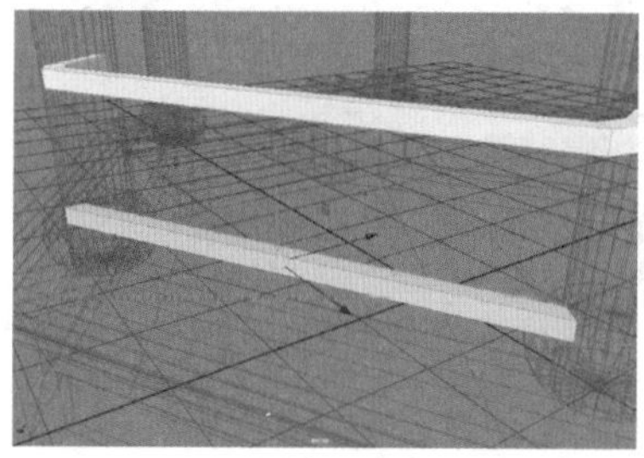

图 12-142　复制面并调整位置

图 12-143　选择“填充洞”命令

09 再创建一个多边形立方体，在“通道盒 / 层编辑器”面板的“旋转 Y”文本框中输入 30，然后按 Shift 键并右击，从弹出的菜单中选择“插入循环边工具”命令，并调整靠背的结构，如图 12-144 所示。

10 选择模型，按 Ctrl+D 快捷键复制一个副本，向右移动一段距离，然后按 Shift+D 快捷键复制并转换，制作靠背，如图 12-145 所示。

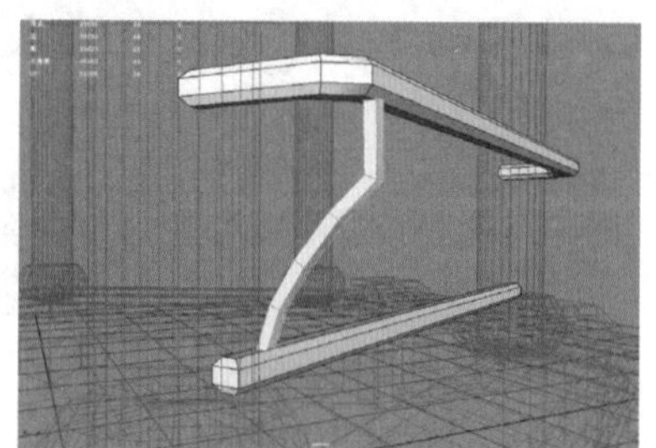

图 12-144　再创建一个立方体并调整结构

图 12-145　制作靠背

11 选择靠背下端的面，按 Shift 键并右击，从弹出的菜单中选择“复制面”命令，然后按 Ctrl+E 快捷键激活“挤出”命令，制作座凳的造型，如图 12-146 所示。

12 选择座凳模型的底面，按 Ctrl+E 快捷键激活“挤出”命令，制作底座，如图 12-147 所示。

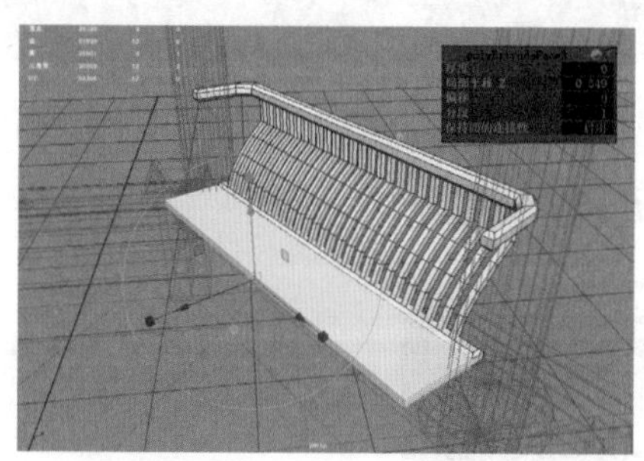

图 12-146　制作座凳

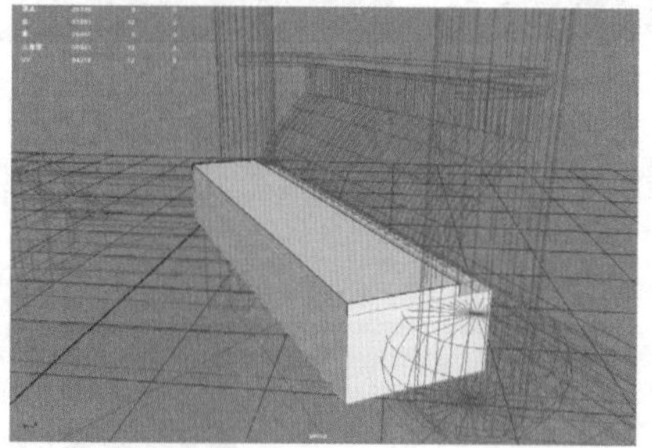

图 12-147　制作底座

13 独显出底座模型，按 Shift 键并右击，从弹出的菜单中选择“插入循环边工具”命令，插入一条循环边，删除多余的面。单击“目标焊接工具”按钮，修改底座结构，如图 12-148 所示。

14 选择底座模型两侧相对应的边，按Shift键并右击，从弹出的菜单中选择“桥接”命令，然后双击选择三边形洞口的边，按Shift键并右击，从弹出的菜单中选择“填充洞”命令，填充底座空洞部分，如图12-149所示。

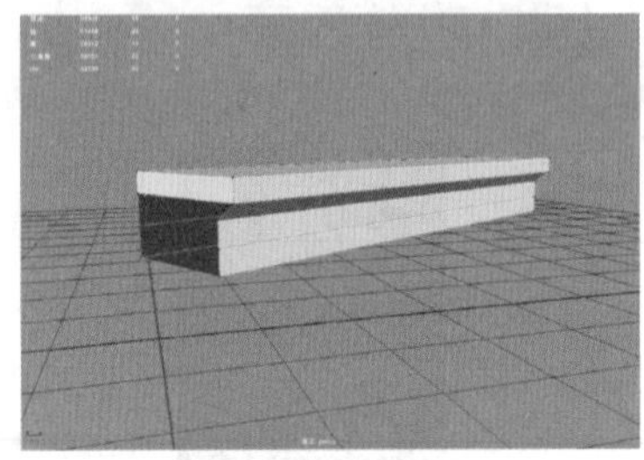

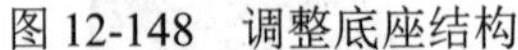

图12-148 调整底座结构

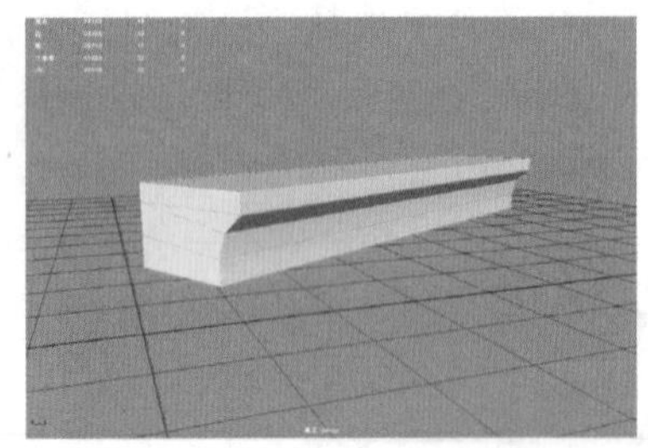

图12-149 填充底座空洞部分

15 选择底座上的面，按Shift键并右击，从弹出的菜单中选择“复制面”命令，然后按Ctrl+E快捷键激活“挤出”命令，按Ctrl+B快捷键激活“倒角”命令，在打开的面板中，在“分数”文本框中输入0.4，制作底部凸出结构，如图12-150所示。

16 选择座凳的边，按Ctrl+B快捷键激活“倒角”命令，在打开的面板中，在“分数”文本框中输入0.5，结果如图12-151所示。

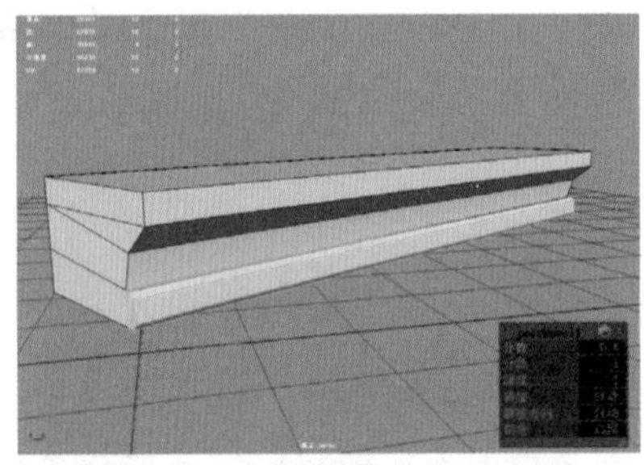

图12-150 制作底部凸出结构

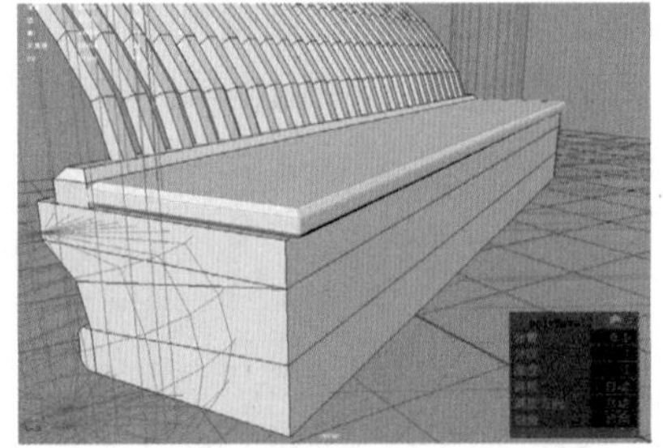

图12-151 选择座凳的边并执行“倒角”命令

17 选择靠背、座凳、底座三个模型，单击“结合”按钮，在菜单栏中选择“编辑”|“特殊复制”命令，复制其余的鹅颈椅模型。框选所有模型，执行“编辑”|“按类型删除”|“历史”命令，亭子模型的最终效果如图12-55所示。

12.3 习题

1. 收集相关游戏道具的三维模型及参考图，并对游戏道具模型的结构进行分析。

2. 创建如图12-152所示的古建筑亭子模型，要求熟练掌握游戏场景古建筑模型的制作规范和布线规律。

图12-152 亭子模型